С. А. ДУПЛИЙ

ПОЛУСУПЕРМНОГООБРАЗИЯ И ПОЛУГРУППЫ

Издательство "Крок"
Харьков

ББК 84.Р7
Д 84
УДК 539.12

Д у п л и й С. А. Полусупермногообразия и полугруппы.- Харьков: "Крок".- 220 с.

Ил. 3. Табл. 3. Библиогр. 805 назв.

Р е ц е н з е н т ы:

Ю. А. Бережной, А. Я. Буринский, В. Г. Зима, А. А. Капустников, А. В. Келарев, Г. Ч. Куринной, П. И. Фомин

D u p l i j S. A. Semisupermanifolds and semigroups.- Kharkov: "Krok".- 220 p.

The book is devoted to abstract aspects of modern theory of supermanifolds and superconformal manifolds and properties of supermatrix semigroups. A direction in constructing supersymmetric and superstring models based on consequent and strong consideration and inclusion of semigroups, ideals and noninvertible features into their mathematical structure is proposed. A theory of semisupermanifolds and noninvertible generalization of superconformal and hyperbolic geometries are built. New continuous supermatrix representations of semigroups are investigated.

For researchers in semigroup application methods and supersymmetric particle theories.

Ill. 3. Tabl. 3. Bibliogr. 805.

R e f e r e e s:

Yu. A. Berezhnoy (Dept. of Physics and Technology, Kharkov National University)
A. Ya. Burinskii (NSI, Russian Academy of Science, Moscow)
P. I. Fomin (Bogolyubov Inst. Theor. Physics, Kiev)
A. A. Kapustnikov (Dept. of Physics, Dnepropetrovsk University)
A. V. Kelarev (Mathematics Dept., University of Wisconsin, Madison)
G. Ch. Kourinnoy (Dept. of Mathematics, Kharkov National University)
V. G. Zima (Dept. of Physics and Technology, Kharkov National University)

Comments, thoughts and ideas are welcome to
`Steven.A.Duplij@univer.kharkov.ua`

ISBN 966-7083-93-X

СОДЕРЖАНИЕ

СПИСОК УСЛОВНЫХ ОБОЗНАЧЕНИЙ

Латинскими наклонными буквами обозначены четные величины a, b, Q и функции f, g, F, G; греческими буквами $\alpha, \beta, \theta, \varDelta$ — нечетные;

$\mathrm{M}, \mathrm{S}, \mathrm{T}, \mathrm{A}, \mathrm{D} \ldots$ — матрицы и суперматрицы;

$\mathcal{M}, \mathcal{S}, \mathcal{P}, \mathcal{Q}, \mathcal{R} \ldots$ — полуматрицы и полуминоры;

$\mathfrak{M}, \mathfrak{S}, \mathfrak{T}, \mathfrak{A}, \mathfrak{D} \ldots$ — множества с умножением $(\star)$;

$\mathbf{M}, \mathbf{S}, \mathbf{T}, \mathbf{A}, \mathbf{D}, \mathbf{I} \ldots$ — абстрактные полугруппы с умножением $(*)$;

$\boldsymbol{S}, \boldsymbol{T}, \boldsymbol{A}, \boldsymbol{D} \ldots$ — полугруппы преобразований;

$\mathcal{T}, \mathcal{U}, \mathcal{A}, \mathcal{B}, \mathcal{H}, \mathcal{G} \ldots$ — преобразования с умножением $(\circ)$;

$\mathbb{C}^{n|m}, \mathbb{R}^{n|m}, \mathbb{D}^{n|m}, \mathbb{V}_{\alpha\beta} \ldots$ — (супер)пространства и области в них;

$\boldsymbol{\Lambda}^{n|m} \ldots$ — линейные суперпространства;

$T\mathbb{C}^{n|m} \left(T^*\mathbb{C}^{n|m}\right) \ldots$ — (ко)касательные суперпространства;

$\mathscr{M}, \mathscr{N}, \mathscr{X}, \mathscr{Y}, \mathscr{U}_\alpha \ldots$ — (супер)многообразия и области в них;

$\mathbb{Z}, \mathbb{K}, \mathbb{N}, \Lambda_0, \Lambda_1 \ldots$ — (супер)числовые поля;

$\mathscr{L}, \mathscr{R}, \mathscr{D}, \mathscr{H} \ldots$ — отношения Грина;

$\mathsf{L}, \mathsf{R}, \mathsf{D}, \mathsf{H} \ldots$ — классы эквивалентности с умножением $(\diamond)$;

$\boldsymbol{\Pi}, \boldsymbol{\Theta}_V, \boldsymbol{\Theta}_H, \boldsymbol{\Upsilon}_L, \boldsymbol{\Upsilon}_R, \mathsf{st} \ldots$ — транспонирования;

$\hat{\mathsf{S}}, \hat{\mathsf{T}}, \hat{\mathsf{A}}, \hat{\mathsf{D}} \ldots$ — операторы;

$\boldsymbol{r}, \boldsymbol{d}, \boldsymbol{D} \ldots$ — инвариванты;

$\Phi_{\alpha\beta}, \Lambda_{\alpha\beta} \ldots$ — функции перехода с композицией $(\circ)$;

$\varphi, \pi, \lambda \ldots$ — морфизмы и отображения;

$(\cdot)$ — умножение в грассмановой алгебре;

$(\odot_{\mathrm{X}}), (\circledcirc_{\mathrm{X}})$ — сэндвич умножения;

$\epsilon[x]$ — числовая часть величины x (отбрасывание нильпотентов);

SA — супераналитический;

SCf — суперконформный;

TPt — сплетающий четность (twisting parity of tangent space).

ПРЕДИСЛОВИЕ

Важным достижением в построении единой теории всех фундаментальных взаимодействий — электромагнитного, слабого, сильного и гравитационного — явилось развитие методов суперсимметрии и супергравитации, которые позволили разрешить такие трудности предшествующих суперсимметрии калибровочных теорий фундаментальных взаимодействий (квантовой электродинамики, квантовой хромодинамики и модели Вайнберга-Салама), как включение гравитации и рассмотрение процессов при планковских энергиях. Нелокальное многомерное обобщение супергравитации – теория суперструн – дала ответ на многие открытые вопросы, связанные с неперенормируемостью и космологической постоянной, а также с последовательной унификацией всех фундаментальных взаимодействий. Дальнейший прогресс в понимании глубинных физических основ строения материи, в свою очередь, требует интенсивных поисков нестандартных путей разрешения известных проблем и привлечения принципиально новых теоретических идей. Наиболее фундаментальными и общими являются абстрактные алгебраические свойства теории, лежащей в основе физики элементарных частиц. Как правило, вначале исследований такие свойства вводятся с математической точки зрения и лишь затем формулируются на языке физических законов и предсказаний результатов эксперимента.

Так произошло и в случае суперсимметрии: антикоммутирующие величины рассматривались многими математиками еще начиная с прошлого столетия. Но лишь после открытия суперсимметрии физиками в начале 70-х годов она превратилась из чисто математической теории в "индустриальную" основу современного "моделестроения" с физическими конструкциями и конкретными предсказаниями новых элементарных частиц — суперпартнеров. Настоящий "бум суперсимметризации" потряс теоретическую физику 70-х и 80-х: все, что могло "суперсимметризоваться", незамедлительно "суперсимметризовалось". Основные ингредиенты теории после очевидных модификаций наделялись приставкой "супер", а затем построение уже суперсимметричной модели, исключая несущественные и не принимаемые в расчет моменты, копировались шаг за шагом из подобной несуперсимметричной версии, и последняя обязана была быть некоторым ее непрерывным пределом. Однако при этом абстрактные алгебраические свойства физической теории или вовсе не претерпевали изменений, либо влияние "суперсимметризации" было просто символичным. Так предполагалось, что именно супергруппы представляют собой адекватное суперобобщение соответствующих групп. И это удивительно, поскольку среди основных переменных суперсимметричной теории изначально присутствуют необратимые объекты и делители нуля. В частности, концепция суперпространства, допускающего унификацию описания бозонных и фермионных секторов теории, основана на введении дополнительных нильпотентных координат, тогда многие отображения и функции становятся необратимыми по определению. И все же, как это ни странно и ни парадоксально с математической точки зрения, они искусственно и необоснованно исключались из рассмотрения. Данная процедура была названа "факторизацией по нильпотентам" в физике (в теории полугрупп эта процедура хорошо известна и называется факторизацией Риса) и она (в основном неаргументированно) применялась или подразумевалась при суперсимметризациях.

На самом деле, все преобразования множества, содержащего нильпотенты, или все отображения суперпространства сохраняющего вид определенной структуры образуют *полугруппу* (а не группу) относительно композиции. Поэтому категория групп, в рамках которой строились несуперсимметричные теории элементарных частиц, должна быть обобщена до *категории полугрупп* при математически строгом включении суперсимметрии в основополагающие принципы теории. Другими словами, переход от пространства к суперпространству должен сопровождаться одновременным *переходом от групп к суперполугруппам*, а не супергруппам — "супер" обобщение физической теории должно сопровождаться "полу" обобщением ее математики в целом. Тогда в глобальном теоретико-групповом смысле суперсимметричные модели элементарных частиц обязаны иметь структуру полугруппы, в то время, как наблюдаемый их сектор при настоящих энергиях может удовлетворительно описываться их обратимой групповой частью. Поэтому не следует ограничиваться исследованиями лишь последней, поскольку свойства идеальной и групповой частей взаимообусловлены и взаимозависимы. В этом контексте важным также является пересмотр стандартного анзаца "факторизации", а именно — "факторизовать по не-нильпотентам", т. е. изучать "негрупповые" (или идеальные) свойства суперсимметричных теорий.

Таким образом, построение и исследование таких суперсимметричных моделей элементарных частиц, которые, с одной стороны, обладали бы математической общностью и корректностью в рамках аппарата теории полугрупп, а с другой стороны, имели бы достаточную физическую предсказательную силу, представляет значительный интерес. Основной объект в теории суперструн — это мировая поверхность струны, следовательно построение и изучение необратимых и полугрупповых обобщений супермногообразий и суперконформной дифференциальной геометрии представляет собой первоочередную задачу. В этой связи чрезвычайно важной является также проблема обратного влияния суперсимметрии на теорию полугрупп. Так, подробное исследование необратимых суперматриц приводит к новым и неожиданным результатам в идеальном строении и теории представлений суперматричных полугрупп, что, в свою очередь, может способствовать последовательному и корректному построению новых суперсимметричных моделей элементарных частиц, основанных на полугрупповых принципах. Именно разработка и применение полугрупповых методов в суперсимметричных моделях, включение полугрупп, идеалов и необратимых свойств в исследование их математической структур и является основной целью настоящей книги.

Основные результаты исследований опубликованы в [1–28] и трудах международных конференций, на которых докладывались работы автора. В электронном виде публикации также доступны по адресам: `http://gluon.physik.uni-kl.de/~duplij` и `http://www-home.univer.kharkov.ua/duplij`.

Различные вопросы, связанные с материалом книги, интенсивно и многократно обсуждались на конференциях и семинарах с такими учеными, как Ader J.-P., Aspinwall P., Borowiec A., Brandt F., Cariñena J. F., Ćirić M., Comtét A., de Wit B., Deligne P., Dudek W., Duff M. J., Frydryszak F., Gates J., Grisaru M. T., Howie J. M., Jarvis P., Kelarev A., Kupsch J., Lawson M. V., Li F., Lukierski J., Marcinek W., Müller-Hoissen F., Nieuwenhuizen P., O'Raifeartaigh L., Okniñski J., Preston G. B., Rühl W., Rabin J. M., Schein B. M., Sezgin E., Stasheff J., Tucker R. W., Umble R., Wess J., Wightman A. S., Акулов В. П., Алексеевский Д. В., Аринкин Д., Бережной Ю. А., Бессмертный М. Ф., Бугрий А. И., Буринский А., Ваксман Л. Л., Воронов А. А., Громов Н. А. Демичев А. П., Дринфельд В. Г., Зима В. Г., Капустников А. А., Куренной Г. Ч., Лейтес Д. А., Любашенко В., Манин Ю. И., Меренков Н. П., Натанзон С. М., Новиков Б. В., Пашнев А. И., Синельщиков С. С., Смилга А. В., Степановский Ю. П., Фаддеев Л. Д., Фомин П. И., которым автор выражает искреннюю и глубокую благодарность за плодотворные дискуссии, а также А. А. Виноградскому за лингвистичекий анализ и правку текста. Автор считает своим долгом поблагодарить международный фонд им. Алексадра фон Гумбольда (Бонн) за финансовую поддержку.

РАЗДЕЛ 1

ТЕОРИЯ АБСТРАКТНЫХ ПОЛУГРУПП

Введем понятия алгебраической теории полугрупп [29–31], необходимые для понимания основного текста.

1.1. Группоиды, полугруппы и идеалы

Бинарной операцией на множестве $\mathcal{S}$ называется отображение $\mathcal{S} \times \mathcal{S}$ в $\mathcal{S}$, где $\mathcal{S} \times \mathcal{S}$ есть множество всех упорядоченных пар элементов из $\mathcal{S}$. Если это отображение обозначается $(*)$, то образ в $\mathcal{S}$ элемента $(\mathbf{a}, \mathbf{b}) \in \mathcal{S} \times \mathcal{S}$ будет обозначаться через $\mathbf{a} * \mathbf{b}$. *Частичной бинарной операцией* на множестве $\mathcal{S}$ называется отображение непустого подмножества множества $\mathcal{S} \times \mathcal{S}$ в $\mathcal{S}$. Под *частичным группоидом* мы будем понимать систему $\{\mathcal{S}; *\}$, состоящую из непустого множества $\mathcal{S}$ и частичной бинарной операции $(*)$ на нем. Бинарная операция $(*)$ на множестве $\mathcal{S}$ называется *ассоциативной*, если $\mathbf{a}*(\mathbf{b}*\mathbf{c}) = (\mathbf{a}*\mathbf{b})*\mathbf{c}$ для всех $\mathbf{a}, \mathbf{b}, \mathbf{c}$, из $\mathcal{S}$. *Полугруппа* $\mathbf{S}$ - это такой группоид $\{\mathcal{S}; *\}$, в котором операция $(*)$ ассоциативна.

Отображение α множества $\mathcal{X}$ в множество $\mathcal{Y}$ есть отображение *на*, если каждый элемент из $\mathcal{Y}$ является образом по крайней мере одного элемента из $\mathcal{X}$. Отображение α множества $\mathcal{X}$ в $\mathcal{Y}$ *взаимно однозначно*, если различные элементы из $\mathcal{Y}$ отображаются посредством α в различные элементы из $\mathcal{Y}$. Взаимно однозначное отображение множества $\mathcal{X}$ на себя будет называться *подстановкой* множества $\mathcal{X}$, даже если $\mathcal{X}$ конечно. Множество $\mathbf{T}_{\mathcal{X}}$ всех подстановок множества $\mathcal{X}$ с операцией суперпозиции называется *симметрической группой на* $\mathcal{X}$.

Для любого положительного целого числа n назовем *n-й степенью* $\mathbf{a}^{*n}$ элемента $\mathbf{a}$ полугруппы $\mathbf{S}$ элемент $\mathbf{a}_1 * \mathbf{a}_2 * ...\mathbf{a}_n$ при $\mathbf{a}_1 = \mathbf{a}_2 = ... = \mathbf{a}_n = \mathbf{a}$. Следующие два "закона показателей" $\mathbf{a}^{*m+n} = \mathbf{a}^{*m}\mathbf{a}^{*n}$, $(\mathbf{a}^{*m})^{*n} = \mathbf{a}^{*mn}$ очевидно, выполняются для любого $\mathbf{a} \in \mathbf{S}$ и для любых положительных чисел m и n.

Непустое подмножество $\mathcal{T}$ группоида $\mathcal{S}$ называется его *подгруппоидом (подполугруппой*, если $(*)$ ассоциативно), если из включений $\mathbf{a} \in \mathcal{T}$ и $\mathbf{b} \in \mathcal{T}$ следует, что $\mathbf{a} * \mathbf{b} \in \mathcal{T}$. Пересечение любого семейства подгруппоидов, очевидно, либо пусто, либо является подгруппоидом. Если $\mathcal{A}$ - непустое подмножество группоида $\mathcal{S}$, то пересечение всех группоидов из $\mathcal{S}$, содержащих $\mathcal{A}$ ($\mathcal{S}$ само является одним из таких подгруппоидов), есть подгруппоид $< \mathcal{A} >$ группоида $\mathcal{S}$, содержащий $\mathcal{A}$ и содержащийся в каждом подгруппоиде из $\mathcal{S}$, содержащем $\mathcal{A}$. Если $\mathbf{S}$ - полугруппа, то любой подгруппоид из $\mathbf{S}$ является подполугруппой.

Если $\mathcal{S}$ - группоид, то мощность $|\mathcal{S}|$ множества $\mathcal{S}$ называется *порядком* $\mathcal{S}$. Если этот порядок конечен, то мы можем задать бинарную операцию в $\mathcal{S}$ посредством ее *таблицы умножения(таблицы Кэли)* так же, как и для конечных групп; часто такой наглядный способ задания полезен даже для бесконечного $\mathcal{S}$. Таблица Кэли это квадратная матрица, состоящая из элементов полугруппы $\mathcal{S}$, строки и столбцы которой занумерованы элементами из $\mathcal{S}$ таким образом, что элемент, находящийся в $\mathbf{a}$- строке и $\mathbf{b}$-столбце $(\mathbf{a}, \mathbf{b} \in \mathcal{S})$, равен произведению $\mathbf{a} * \mathbf{b}$.

Элемент $\mathbf{a}$ группоида $\mathcal{S}$ *сократим слева (справа)*, если для любых $\mathbf{x}, \mathbf{y} \in \mathcal{S}$ из соотношения $\mathbf{a} * \mathbf{x} = \mathbf{a} * \mathbf{y}$ $(\mathbf{x} * \mathbf{a} = \mathbf{y} * \mathbf{a})$ следует равенство $\mathbf{x} = \mathbf{y}$. Группоид $\mathcal{S}$ называется *группоидом с левым (правым) сокращением*, если каждый элемент из $\mathcal{S}$ сократим слева (справа). Таким образом, $\mathcal{S}$ - *группоид с сокращениями*, если $\mathcal{S}$ есть группоид и с левым, и с правым сокращением.

Два элемента $\mathbf{a}$ и $\mathbf{b}$ группоида $\mathcal{S}$ *коммутируют*, если $\mathbf{a} * \mathbf{b} = \mathbf{b} * \mathbf{a}$. В этом случае выполняется еще один "закон показателей": $(\mathbf{a} * \mathbf{b})^{*n} = \mathbf{a}^{*n}\mathbf{b}^{*n}$. Группоид $\mathcal{S}$

называется *коммутативным*, если любые два его элемента коммутируют. Элемент группоида $\mathcal{S}$, коммутирующий с каждым элементом из $\mathcal{S}$, называется *центральным элементом.* Для произвольного подмножества $\mathfrak{X}$ группоида $\mathcal{S}$ множество

$$\mathrm{Cent}\,(\mathfrak{X}) = \{\mathbf{a} \in \mathcal{S} \mid \mathbf{a} * \mathbf{x} = \mathbf{x} * \mathbf{a},\ \forall \mathbf{x} \in \mathfrak{X}\} \tag{1.1}$$

называется *централизатором* подмножества $\mathfrak{X}$.

Если $\mathbf{S}$ — полугруппа, множество всех центральных элементов $\mathbf{S}$, либо пусто, либо является подполугруппой. В последнем случае $\mathrm{Cent}\,(\mathfrak{X})$ называется *центром* полугруппы $\mathbf{S}$.

Элемент $\mathbf{e}$ полугруппы $\mathbf{S}$ называется *левой (правой) единицей*, если $\mathbf{e} * \mathbf{a} = \mathbf{a}$ ($\mathbf{a} * \mathbf{e} = \mathbf{a}$) для всех $\mathbf{a} \in \mathbf{S}$. Элемент $\mathbf{e}$ полугруппы $\mathbf{S}$ называется *двусторонней единицей* (или просто *единицей*), если $\mathbf{e}$ — и левая, и правая единица. Заметим, что если $\mathbf{S}$ содержит левую единицу $\mathbf{e}$ и правую единицу $\mathbf{f}$, то $\mathbf{e} = \mathbf{f}$; действительно, $\mathbf{e} * \mathbf{f} = \mathbf{f}$, так как $\mathbf{e}$ — левая единица, и $\mathbf{e} * \mathbf{f} = \mathbf{e}$, так как $\mathbf{f}$ - правая единица.

Как следствие этого факта получаем, что для полугруппы $\mathbf{S}$ выполняется в точности одно из следующих утверждений:

Утверждение 1.1. 1. $\mathbf{S}$ *не имеет ни левых, ни правых единиц;*

2. $\mathbf{S}$ *обладает по крайней мере одной левой единицей, но не имеет правых единиц;*

3. $\mathbf{S}$ *обладает по крайней мере одной правой единице, но не имеет левых единиц;*

4. $\mathbf{S}$ *обладает единственной двусторонней единицей и не имеет других левых или правых единиц.*

Элемент $\mathbf{z}$ полугруппы $\mathbf{S}$ называется *левым (правым) нулем,* если $\mathbf{z} * \mathbf{a} = \mathbf{z}$ ($\mathbf{a} * \mathbf{z} = \mathbf{z}$) для любого $\mathbf{a} \in \mathbf{S}$. Элемент $\mathbf{z}$ полугруппы $\mathbf{S}$ называется *нулем*, если $\mathbf{z}$ — и левый, и правый нуль. Если полугруппа $\mathbf{S}$ обладает левым нулем $\mathbf{z}_1$ и правым нулем $\mathbf{z}_2$, то $\mathbf{z}_1 = \mathbf{z}_2$. Следовательно, для любой полугруппы $\mathbf{S}$ выполняется в точности одно из предыдущих четырех утверждений с заменой в них слова *"единица"* на слово *"нуль"*.

Пусть $\mathfrak{X}$ - произвольное множество. Определим бинарную операцию ($\circledast_R$) в $\mathfrak{X}$, полагая $\mathbf{x} \circledast_R \mathbf{y} = \mathbf{y}$ для всех $\mathbf{x}, \mathbf{y} \in \mathfrak{X}$. Ассоциативность легко проверяется. Назовем $\mathbf{X}_R = \{\mathfrak{X}; \circledast_R\}$ *полугруппой правых нулей.* Каждый элемент из $\mathbf{X}_R$ является правым нулем и левый единицей одновременно. *Полугруппа левых нулей* $\mathbf{X}_L = \{\mathfrak{X}; \circledast_L\}$ определяется двойственным образом ($\mathbf{x} \circledast_L \mathbf{y} = \mathbf{x}$ для всех $\mathbf{x}, \mathbf{y} \in \mathfrak{X}$). Несмотря на кажущуюся их тривиальность, эти полугруппы естественным образом появляются в ряде исследований.

Полугруппу $\mathbf{S}$ с нулем $\mathbf{z}$ будем называть *полугруппой с нулевым умножением,* если $\mathbf{a} * \mathbf{b} = \mathbf{z}$ для всех $\mathbf{a}, \mathbf{b}, \in \mathbf{S}$. Пусть $\mathbf{S}$ — произвольная полугруппа, и пусть $\mathbf{1} \notin \mathbf{S}$ — символ, не являющийся элементом из $\mathbf{S}$. Распространим бинарную операцию, заданную в $\mathbf{S}$, на множество $\mathbf{S}^1 = \mathbf{S} \bigcup \mathbf{1}$, полагая, $\mathbf{1} * \mathbf{1} = \mathbf{1}$ и $\mathbf{1} * \mathbf{a} = \mathbf{a} * \mathbf{1} = \mathbf{a}$ для любого $\mathbf{a} \in \mathbf{S}$. Легко проверить, что $\mathbf{S}^1$ есть полугруппа с единицей $\mathbf{1}$. Аналогичным образом можно присоединить нуль $\mathbf{0}$ к $\mathbf{S}$, а именно $\mathbf{S}^0 = \mathbf{S} \bigcup \mathbf{0}$, $\mathbf{0} * \mathbf{0} = \mathbf{0} * \mathbf{a} = \mathbf{a} * \mathbf{0} = \mathbf{0}$ для всех $\mathbf{a} \in \mathbf{S}$.

Элемент $\mathbf{e}$ полугруппы $\mathbf{S}$ называется *идемпотентом,* если $\mathbf{e} * \mathbf{e} = \mathbf{e}$. Односторонние единицы и нули суть идемпотентны. Если каждый элемент полугруппы $\mathbf{S}$ есть идемпотент, то будем говорить, что $\mathbf{S}$ является *полугруппой идемпотентов* или *связкой.*

Умножение множеств определяется формулой

$$\mathbf{A} \star \mathbf{B} \stackrel{def}{=} \bigcup \{\mathbf{a} * \mathbf{b} \mid \mathbf{a} \in \mathbf{A},\ \ \mathbf{b} \in \mathbf{B}\}\,. \tag{1.2}$$

Подмножество $\mathbf{L}$ полугруппы $\mathbf{S}$ называют *левым идеалом*, если $\mathbf{S} \star \mathbf{L} \subseteq \mathbf{L}$. Двойственно определяется правый идеал; так что $\mathbf{R}$ — *правый идеал* полугруппы $\mathbf{S}$.

если $\mathbf{R} \star \mathbf{S} \subseteq \mathbf{R}$. Левые и правые идеалы вместе обычно называются *односторонними.* Подмножество полугруппы, являющееся как левым, так и правым идеалом, называется *двусторонним идеалом* или просто *идеалом.* Если $\mathbf{I}$ есть левый (правый, двусторонний) идеал полугруппы $\mathbf{S}$, то пишут $\mathbf{I} \trianglelefteq_l \mathbf{S}$ ($\mathbf{I} \trianglelefteq_r \mathbf{S}, \mathbf{I} \trianglelefteq \mathbf{S}$), опуская черточку внизу, если идеал собственный. Всякий односторонний идеал является подполугруппой. Для любого подмножества $\mathbf{A}$ полугруппы $\mathbf{S}$ множество $\mathbf{S} \star \mathbf{A}$ ($\mathbf{A} \star \mathbf{S}$, $\mathbf{S}\star\mathbf{A}\star\mathbf{S}$) будет левым (правым, двусторонним) идеалом; в частности, таковым будет множество $\mathbf{S} \star \mathbf{a}$ ($\mathbf{a} \star \mathbf{S}$, $\mathbf{S} \star \mathbf{a} \star \mathbf{S}$) для любого элемента $\mathbf{a} \in \mathbf{S}$. Для любого n полугруппа $\mathbf{S}^{\star n}$ есть идеал в $\mathbf{S}$. Если $\mathbf{S}^{\star n} = \mathbf{S}^{\star n+k}$ для некоторого k, то $\mathbf{S}^{\star n} = \mathbf{S}^{\star m}$ для любого $m \geq n$; если $\mathbf{S}^{\star 2} = \mathbf{S}$, то полугруппа $\mathbf{S}$ называется *глобально идемпотентной.* Для любого $\mathbf{a} \in \mathbf{S}$ множество $\mathbf{L}(\mathbf{a}) = \{\mathbf{a}\} \bigcup \mathbf{S} \star \mathbf{a}$ ($\mathbf{R}(\mathbf{a}) = \{\mathbf{a}\} \bigcup \mathbf{a} \star \mathbf{S}$, $\mathbf{J}(\mathbf{a}) = \{\mathbf{a}\} \bigcup \mathbf{S} \star \mathbf{a} \bigcup \mathbf{a} \star \mathbf{S} \bigcup \mathbf{a} \star \mathbf{S} \star \mathbf{a}$) будет левым (правым, двусторонним) идеалом, содержащим $\mathbf{a}$ и содержащимся в любом левом (правом, двустороннем) идеале $\mathbf{I}$ таком, что $\mathbf{a} \in \mathbf{I}$, идеал $\mathbf{L}(\mathbf{a})$ ($\mathbf{R}(\mathbf{a}), \mathbf{J}(\mathbf{a})$) называют *главным левым (правым, двусторонним) идеалом*, порожденным элементом $\mathbf{a}$. Подполугруппу $\mathbf{T}$ полугруппы $\mathbf{S}$ называют *изолированной* (*вполне изолированной*), если для любого $\mathbf{a} \in \mathbf{S}$ и любого натурального n (любых $\mathbf{a}, \mathbf{b} \in \mathbf{S}$) из того, что $\mathbf{a}^{*n} \in \mathbf{T}$ ($\mathbf{a}, \mathbf{b} \in \mathbf{T}$), следует, что $\mathbf{a} \in \mathbf{T}$ (хотя бы один из элементов $\mathbf{a}, \mathbf{b}$ принадлежит $\mathbf{T}$); если это условие выполняется тогда и только тогда, когда $\mathbf{S} \setminus \mathbf{T}$ есть объединение подполугрупп (подполугруппа) или $\mathbf{T} = \mathbf{S}$. Вполне изолированный идеал называется также *вполне первичным или простым.*

Подполугруппа $\mathbf{T}$ полугруппы $\mathbf{S}$ называется *выпуклой* (или *фильтром*, если для любых $\mathbf{a}, \mathbf{b} \in \mathbf{S}$ из того, что $\mathbf{a} * \mathbf{b} \in \mathbf{T}$, следует $\mathbf{a} \in \mathbf{T}$ и $\mathbf{b} \in \mathbf{T}$; это условие выполняется, очевидно, тогда и только тогда, когда $\mathbf{T} = \mathbf{S} \setminus \mathbf{I}$ для некоторого (необходимо вполне изолированного) идеала $\mathbf{I}$ или $\mathbf{T} = \mathbf{I}$. Всякое множество попарно не пересекающихся подполугрупп $\mathbf{T}_i$ полугруппы будем называть *россыпью.* Типичный пример — россыпь максимальных подгрупп. Если $\{\mathbf{T}_i\}_{i \in I}$ — россыпь полугруппы $\mathbf{S}$ такая, что $\bigcup_{i \in I} \mathbf{T}_i = \mathbf{S}$ (т. е. компоненты россыпи образуют разбиение $\mathbf{S}$), то будем говорить, что данная россыпь *покрывает* $\mathbf{S}$. Если $\bigcup_{i \in I} \mathbf{T}_i$ является порождающим множеством полугруппы $\mathbf{S}$, то будем говорить, что россыпь $\{\mathbf{T}_i\}_{i \in I}$ *порождает* $\mathbf{S}$.

1.2. Полугруппы и преобразования

Одним из важнейших примеров полугрупп является множество $\mathcal{T}(\mathfrak{X})$ всех преобразований (отображений в себя) произвольного множества $\mathfrak{X}$. Образ элемента $x \in \mathfrak{X}$ при действии преобразования $\alpha \in \mathcal{T}$ будем обозначать через $x\alpha$. *Произведение (суперпозиция, композиция)* $\alpha \circ \beta$ преобразований α и β задается тогда формулой $x(\alpha\beta) = (x\alpha)\beta$. Введенная операция ассоциативна, так что $\mathcal{T}(\mathfrak{X})$ превращается в полугруппу, которая называется *симметрической полугруппой* или *полной полугруппой преобразований* на множестве $\mathfrak{X}$.

Принципиальная важность симметрических полугрупп состоит в том, что справедлив следующий аналог известной теоремы Кэли для групп: любая полугруппа вложима в подходящую симметрическую полугруппу; или, другими словами, любая полугруппа изоморфна некоторой полугруппе преобразований. Говорят также, что любая полугруппа изоморфно *представима* преобразованиями. Обсуждаемое сейчас утверждение может быть уточнено: полугруппа $\mathbf{S}$ вложима в $\mathcal{T}(\mathfrak{X})$, где множество $\mathfrak{X}$ либо совпадает с $\mathbf{S}$, либо получается из $\mathbf{S}$ с добавлением одного элемента. Умножение в множестве $\mathcal{T}(\mathfrak{X})$ можно определить и "справа налево" (записывая символы отображений слева от соответствующих элементов $\mathfrak{X}$); положим для любого $x \in \mathfrak{X}$

$$\alpha \circ \beta(x) \stackrel{def}{=} \alpha(\beta(x)) \tag{1.3}$$

Полученная таким образом полугруппа (ее также называют симметрической) двойственна введеной выше полугруппе $\mathcal{T}(X)$. Мы будем пользоваться в тексте определением (1.3).

Многие изучаемые полугруппы преобразований оказываются подполугруппами каких-либо из перечисленных выше полугрупп. Наиболее типична ситуация, когда множество $\mathfrak{X}$ наделено той или иной математической структурой, и рассматриваются ее эндоморфизмы, т. е. преобразования, согласованные с этой структурой — сохраняющие соответствующие отношения и (или) операции, заданные на $\mathfrak{X}$. Совокупность $\mathrm{End}\,\mathfrak{X}$ всех эндоморфизмов данной структуры является подполугруппой в $\mathcal{T}(\mathfrak{X})$ — это *полугруппа эндоморфизмов.* Классический пример такой ситуации — полугруппа $\mathrm{End}_{\mathbb{F}}V$ линейных операторов векторного пространства V над телом $\mathbb{F}$.

1.3. Обратимость, нильпотентность и регулярность

Моноидом называется полугруппа с единицей $\mathbf{1}$. Элемент $\mathbf{a}$ моноида $\mathbf{S}$ называется *обратимым справа* (*слева*), если существует такой элемент $\mathbf{b} \in \mathbf{S}$, что $\mathbf{a} * \mathbf{b} = \mathbf{1}$ ($\mathbf{b} * \mathbf{a} = \mathbf{1}$). Элемент, обратимый слева и справа, называется двусторонне обратимым или просто *обратимым.* Множество $\mathbf{G}_r(\mathbf{S})$ (множество $\mathbf{G}_l(\mathbf{S})$) всех обратимых справа (слева) элементов моноида $\mathbf{S}$ является подмоноидом с правым (левым) сокращением; множество $\mathbf{G}(\mathbf{S}) = \mathbf{G}_r(\mathbf{S}) \cap \mathbf{G}_l(\mathbf{S})$ всех обратимых элементов является (максимальной) подгруппой в $\mathbf{S}$, называется *группой обратимых элементов*моноида $\mathbf{S}$. Группа $\mathbf{G}(\mathbf{S})$ тогда и только тогда включает в себя все односторонние обратимые элементы (т. е. верно равенство $\mathbf{G}_r(\mathbf{S}) = \mathbf{G}_l(\mathbf{S})$), когда $\mathbf{G}(\mathbf{S})$ выпукла в $\mathbf{S}$; при этом множество $\mathbf{S} \setminus \mathbf{G}(\mathbf{S})$, если оно не пусто, является наибольшим отличным от $\mathbf{S}$ идеалом в $\mathbf{S}$. Полугруппа $\mathbf{S}$ с таким свойством называется полугруппой с *отделяющейся групповой частью.* Полугруппами с отделяющейся групповой частью будут всякий конечный и всякий комутативный моноид, всякий моноид с сокращением, всякий моноид матриц над полем, а также полугруппы,рассматриваемы в основном тексте.

Элемент $\mathbf{a}$ полугруппы $\mathbf{S} = \mathbf{S}^0$ с нулем $\mathbf{0}$ называют *левым* (*правым*) *делителем нуля,* если $\mathbf{a} \neq \mathbf{0}$ и в $\mathbf{S}$ существует такой элемент $\mathbf{b} \neq \mathbf{0}$,что $\mathbf{a} * \mathbf{b} = \mathbf{0}$ ($\mathbf{b} * \mathbf{a} = \mathbf{0}$). Элемент $\mathbf{a}$ из $\mathbf{S} = \mathbf{S}^0$называется *нильэлементом* (или *нильпотентным* элементом), если $\mathbf{a}^{*n} = \mathbf{0}$ для некоторого натурального n ; наименьшее n с таким свойством называется *индексом* элемента $\mathbf{a}$. Нильэлемент индекса > 1 является, очевидно, делителем нуля (левым и правым) . Множество нильэлеменов полугруппы $\mathbf{S} = \mathbf{S}^0$ обозначается $\mathrm{Nil}\,\mathbf{S}$. Элемент $\mathbf{a}$ *аннулирует слева* (*справа*) подмножество $\mathfrak{X} \subseteq \mathbf{S}$, если $\mathbf{a}*\mathfrak{X} = \mathbf{0}$ ($\mathfrak{X}*\mathbf{a} = \mathbf{0}$). Множество $\mathrm{Ann}_L\mathfrak{X} = \{\mathbf{a} \mid \mathbf{a}*\mathfrak{X} = \mathbf{0}\}$ называется *левым аннулятором* множества $\mathfrak{X}$; двойственно определяется *правый аннулятор* $\mathrm{Ann}_R\mathfrak{X}$. Множество $\mathrm{Ann}\,\mathfrak{X} = \mathrm{Ann}_L\mathfrak{X} \cap \mathrm{Ann}_R\mathfrak{X}$ называется (двусторонним) *аннулятором* множества $\mathfrak{X}$. Свойства аннуляторов в полугруппах с нулем параллельны свойствам аннуляторов в кольцах; в частности, если $\mathfrak{X}$ есть левый (правый) идеал, то $\mathrm{Ann}_L\mathfrak{X}$ ($\mathrm{Ann}_R\mathfrak{X}$) является двусторонним идеалом.

Если аннулятор содержит ненулевые элементы, то его называют *нетривиальным,* в противном случае — *тривильаным.*

Для полугруппы $\mathbf{S}$ через $\mathcal{E}(\mathbf{S})$ обозначают множество всех ее идемпотентов, определяемых $\mathbf{e}^{*2}= \mathbf{e}$. Во многих рассмотрениях полезную роль играет отношение *естественного частичного порядка* на $\mathcal{E}(\mathbf{S})$ заданное условием:

$$\mathbf{e} \leq \mathbf{f} \Leftrightarrow \mathbf{e} * \mathbf{f} = \mathbf{f} * \mathbf{e} = \mathbf{e}. \tag{1.4}$$

В этом смысле можно, например, говорить о цепях и антицепях в $\mathcal{E}(\mathbf{S})$. Очевидно, что единица (нуль) полугруппы $\mathbf{S}$ будет наибольшим (наименьшим) элементом в $\mathcal{E}(\mathbf{S})$. Идемпотент $\mathbf{e} \neq \mathbf{0}$ называется *примитивным,* если $\mathbf{e}$ является минимальным элементом в множестве ненулевых идемпотентов из $\mathcal{E}(\mathbf{S})$. В частности, всякий односторонний нуль полугруппы, не являющейся двусторонним нулем, будет примитивным. В полугруппе с левым (правым) сокращением всякий идемпотент является левой (правой) единицей. Следовательно, в полугруппе с сокращением может быть не более одного идемпотента, и если таковой есть, то это единица. Идемпотент $\mathbf{e}$ полугруппы $\mathbf{S}$ называется *центральным,* если $\mathbf{e} \in \mathrm{Cent}\,(\mathbf{S})$, т. е. $\mathbf{e} * \mathbf{x} = \mathbf{x} * \mathbf{e}$ для любого $\mathbf{e} \in \mathbf{S}$. Полугруппу, содержащую единственный идемпотент, называют *унипотентной.* Полугруппу, каждый элемент которой является идемпотентом, называют *полугруппой идемпотентов (или идемпотентной полугруппой),* а также *связкой.* Коммутативная связка называется *полурешеткой.* Последний термин оправдан, если рассмотреть на полурешетке $\mathbf{S}$ отношение естественного частичного порядка, заданное формулой (1.4), то для любых $\mathbf{a}, \mathbf{b} \in \mathbf{S}$ произведение $\mathbf{a} * \mathbf{b}$ будет равно $\inf(\mathbf{a}, \mathbf{b})$; и обратно, если $\mathcal{P}$— частично упорядоченное множество, в котором любые два элемента имеют точную нижнюю грань, то операция $(\circledcirc)$, заданная условием $a \circledcirc b = \inf(a, b)$, превращает $\mathcal{P}$ в коммутативную связку.

Простейшие примеры некоммутативных связок представляют *полугруппы левых (правых) нулей,* удовлетворяющие, по определению, тождеству $\mathbf{x} * \mathbf{y} = \mathbf{x}$ $(\mathbf{x} * \mathbf{y} = \mathbf{y})$. Полугруппу левых (правых) нулей называют также *левосингулярной (правосингулярной)*; полугруппа, являющаяся левосингулярной или правосингулярной, называется *сингулярной.* Сингулярная полугруппа не только некоммутативна, она обладает следующим свойством "антикоммутативности": $\mathbf{a} * \mathbf{b} \neq \mathbf{b} * \mathbf{a}$ для любых различных элементов $\mathbf{a}$ и $\mathbf{b}$. Произвольная полугруппа с указанным свойством, очевидно, является связкой и удовлетворяет тождеству $\mathbf{x} * \mathbf{y} * \mathbf{x} = \mathbf{x}$; такие полугруппы называются *прямоугольными* (или *прямоугольными связками*).

Элемент $\mathbf{a}$ полугруппы $\mathbf{S}$ называется регулярным, если имеет место включение $\mathbf{a} \in \mathbf{a} \star \mathbf{S} \star \mathbf{a}$, т. е., если в $\mathbf{S}$ существует такой элемент $\mathbf{x}$, что $\mathbf{a} = \mathbf{a} * \mathbf{x} * \mathbf{a}$. Из последнего равенства вытекает, что элементы $\mathbf{e} = \mathbf{a} * \mathbf{x}$ и $\mathbf{f} = \mathbf{x} * \mathbf{a}$ — идемпотенты, причем элемент $\mathbf{e}$ (элемент $\mathbf{f}$) служит для $\mathbf{a}$ левой (правой) единицей; если при этом $\mathbf{e} = \mathbf{f}$, то $\mathbf{a}$ будет групповым элементом. Обратно, если элемент $\mathbf{a} \in \mathbf{S}$ обладает левой (правой) единицей, принадлежащей множеству $\mathbf{a} \star \mathbf{S}$ (множеству $\mathbf{S} \star \mathbf{a}$) то $\mathbf{a}$, очевидно, регулярен. Элемент $\mathbf{a}$ регулярен тогда и только тогда, когда главный левый идеал $\mathbf{L}(\mathbf{a})$ (главный правый идеал $\mathbf{R}(\mathbf{a})$) порождается некоторым идемпотентом. Элементы $\mathbf{a}$ и $\mathbf{b}$ называются *инверсными* друг к другу (*обобщеннообратными, регулярносопряженными*), если $\mathbf{a} * \mathbf{b} * \mathbf{a} = \mathbf{a}$ и $\mathbf{b} * \mathbf{a} * \mathbf{b} = \mathbf{b}$. Всякий регулярный элемент обладает хотя бы одним инверсным к нему элементом. Всякий группой элемент $\mathbf{g}$ будет регулярным, обратный к нему в соответствующей максимальной подгруппе $\mathbf{G}$ элемент $\mathbf{g}^{-1}$будет инверсным к $\mathbf{g}$ (подчеркнем, что вне $\mathbf{G}$ могут существовать и другие инверсные к $\mathbf{g}$ элементы), и кроме того, $\mathbf{g}$ и $\mathbf{g}^{-1}$ перестановочны. Обратно, два перестановочных инверсных друг к другу элемента будут групповыми и взаимно обратными в соответствующей подгруппе $\mathbf{G}_e$. Групповые элементы называют также *вполне регулярными.*

Для элемента $\mathbf{a}$ произвольной полугруппы среди степеней $\mathbf{a}$, $\mathbf{a}^{*2}\ldots$ будет лишь конечное число различных тогда и только тогда, когда некоторая степень $\mathbf{a}$ равна идемпотенту; элемент $\mathbf{a}$ с таким свойством называется элементом *конечного порядка,* в противном случае $\mathbf{a}$ называется элементом *бесконечного порядка.* Полугруппа, все элементы которой иметют конечный порядок, называется *периодической.* Периодическая полугруппа с законом сокращения будет группой. Полярный к группам класс унипотентных периодических полугрупп составляют *нильполугруппы* — полугруппы с нулем $\mathbf{0}$, все элементы которых суть нильэлементы. Полугруппа $\mathbf{S} = \mathbf{S}^0$ называется *нильпотентной*, если $\mathbf{S}^{\star n} = \mathbf{0}$ для некоторого n; при желании указать n говорят о *n-ступенно-нильпотентной* (или *n-нильпотентной*) полугруппе, наименьшее n с таким свойством называют *ступенью нильпотентности.* Всякая нильпотентная полугруппа будет, очевидно, нильполугруппой с *нулевым умножением.* Полугруппу называют *левой (правой) нильполугруппой*, если некоторая степень каждого ее элемента есть левый (правый) нуль. Полугруппу $\mathbf{S}$ называют *нильпотентной слева(справа)*, если для некоторого n множество $\mathbf{S}^{\star n}$ состоит из левых (правых) нулей.

1.4. Отношения и гомоморфизмы

Бинарное отношение ρ на полугруппе $\mathbf{S}$ называется *стабильным* (или *устойчивым*) *слева,* если для любых $\mathbf{a}, \mathbf{b}, \mathbf{c} \in \mathbf{S}$ из $\mathbf{a}\rho\mathbf{b}$ следует $(\mathbf{c} * \mathbf{a})\,\rho\mathbf{b}$. Двойственно определяется *стабильность справа.* Отношение, стабильное слева и справа, называется (двусторонне) *стабильным.* Стабильная эквивалентность на полугруппе называется *конгруэнцией.*

Если ρ — конгруэнция на полугруппе $\mathbf{S}$, то фактормножество $\mathbf{S}/\rho$ превращается в полугруппу заданием на нем операции $(\bullet)$, определяемой формулой $\rho(\mathbf{x})\bullet\rho(\mathbf{y}) = \rho(\mathbf{x} * \mathbf{y})$. Эта полугруппа называется *факторполугруппой* полугруппы $\mathbf{S}$ по конгуэнции ρ.

Отображение $\rho^{\#} : \mathbf{S} \to \mathbf{S}/\rho$, ставящее в соответствие каждому элементу содержащий его ρ-класс

$$\rho(\mathbf{x}) \stackrel{def}{=} \{\mathbf{y} \in \mathbf{S} \mid \mathbf{x}\rho\mathbf{y}\}, \qquad (1.5)$$

является сюръективным гомоморфизмом, он называется *естественным* (или *каноническим*) *гомоморфизмом* $\mathbf{S}$ на $\mathbf{S}/\rho$. Для произвольного гомоморфизма $\varphi : \mathbf{S} \to \mathbf{T}$ отношение $\ker\varphi = \{(\mathbf{a}, \mathbf{b}) \in \mathbf{S} \times \mathbf{S} \mid \mathbf{a}\varphi = \mathbf{b}\varphi\}$, называемое *ядром гомоморфизма*φ,есть конгруэнция на $\mathbf{S}$, причем факторполугруппа $\mathbf{S}/\ker\varphi$ изоморфна $\mathbf{T}$; более точно, существует изоморфизм ψ полугруппы $\mathbf{S}/\ker\varphi$ на $\mathbf{T}$ такой, что $\psi = (\ker\varphi)^{\#}\,\psi$. Приведенные утверждения представляют собой конкретную версию *теоремы о гомоморфизмах*, верной для любых универсальных алгебр. Если ρ, τ — конгруэнции на полугруппе S, причем $\rho \subseteq \tau$,то существует (единственный) сюръективный гомоморфизм $\chi : \mathbf{S}/\rho \to \mathbf{S}/\tau$ такой, что $\tau^{\#} = \rho^{\#} \circ \chi$.

Утверждение 1.2. *Следующие условия для непустого подмножества* $\mathfrak{N}$ *полугруппы* $\mathbf{S}$ *эквивалентны:*

1. $\mathfrak{N}$ *является классом некоторой конгруэнции на* $\mathbf{S}$.
2. *Для любых* $\mathbf{a}$, $\mathbf{b} \in \mathfrak{N}$ *и любых* $\mathbf{x}, \mathbf{y}, \in \mathbf{S}$ *из* $\mathbf{x} * \mathbf{a} * \mathbf{y} \in \mathfrak{N}$ *следует* $\mathbf{x} * \mathbf{b} * \mathbf{y} \in \mathfrak{N}$.

Подмножество $\mathfrak{N}$ удовлетворяющее этим условиям, называется *нормальным комплексом.* Нормальный комплекс $\mathfrak{N}$, содержащий подполугруппу, будет подполугруппой (конкретная версия общеалгебраического факта). В частности, $\mathfrak{N}$ будет подполугруппой, если $\mathfrak{N}$ содержит идемпотент. Для регулярных полугрупп и эпигрупп справедливо обратное утверждение: всякий нормальный комплекс, являющийся подполугруппой, содержит идемпотент.

Специальный случай нормального комплекса $\mathfrak{N}$ представляет собой *нормальная подполугруппа* $\mathbf{N}$ — так называют полный прообраз единицы при некотором гомоморфизме данной полугруппы на моноид. Подполугруппа $\mathbf{N}$ полугруппы $\mathbf{S}$ будет нормальной тогда и только тогда, когда для любого $\mathbf{a} \in \mathbf{N}$ и любых $\mathbf{x}, \mathbf{y} \in \mathbf{S}$ таких, что $\mathbf{x} * \mathbf{y} \in \mathbf{S}$, каждое из включений $\mathbf{x} * \mathbf{y} \in \mathbf{N}$ и $\mathbf{x} * \mathbf{a} * \mathbf{y} \in \mathbf{N}$ влечет за собой другое. Нормальные подполугруппы группы — это в точности ее нормальные подгруппы. В отличие от групп и колец, произвольная конгруэнция на полугруппе не определяется, вообще говоря, каким-либо одним из своих классов; это обусловливает специфику и сложность изучения конгруэнций на полугруппах.

Важный пример — рисовские конгруэции на произвольной полугруппе. Пусть $\mathbf{I}$ — идеал полугруппы $\mathbf{S}$. Определим отношение $\rho_{\mathbf{I}}$ на $\mathbf{S}$, полагая

$$\rho_{\mathbf{I}} = \{(\mathbf{a}, \mathbf{b}) \in \mathbf{S} \times \mathbf{S} \,|\, \mathbf{a}, \mathbf{b} \in \mathbf{I}\text{или } \mathbf{a} = \mathbf{b}\}. \qquad (1.6)$$

Легко видеть,что $\rho_{\mathbf{I}}$— конгруэция; ее называют *идеальной* или *рисовской конгруэнцией* (или конгруэнцией Риса), соответствующей идеалу $\mathbf{I}$. Классы конгруэции

$\rho_{\mathbf{I}}$ — это идеал $\mathbf{I}$ и (если $\mathbf{I} \neq \mathbf{S}$) одноэлементные подмножества $\{\mathbf{a}\}$, где $\mathbf{a} \in \mathbf{S} \setminus \mathbf{I}$. Фактор полугруппу $\mathbf{S}/\rho_{\mathbf{I}}$, как правило обозначают $\mathbf{S}/\mathbf{I}$ и называют *факторполугруппой Риса* полугруппы $\mathbf{S}$ по идеалу $\mathbf{I}$. Факторполугруппа Риса всегда есть полугруппа с нулем. Образно говоря, $\mathbf{S}/\mathbf{I}$ получается из $\mathbf{S}$ "склеиванием" всех элементов идеала $\mathbf{I}$ и превращением их в нуль. Таким образом, идеалы представляют собой полярный по отношению к нормальным подполугруппам тип нормальных комплексов: они (и, очевидно, только они) являются полными прообразами нуля при гомоморфизмах данной полугруппы на полугруппу с нулем. Если в определении рисовской конгруэнции идеал $\mathbf{I}$ заменить произвольным левым(правым) идеалом, то введенное отношение $\rho_{\mathbf{I}}$ будет левой (правой) конгруэнцией.

Всякий гомоморфный образ $\mathbf{A}$ произвольной подполугруппы $\mathbf{T}$ полугруппы $\mathbf{S}$ называется *фактором* или *делителем* полугруппы $\mathbf{S}$; говорят, также, что $\mathbf{A}$ *делит* $\mathbf{S}$, и пишут $\mathbf{A}|\mathbf{S}$. Если $\mathbf{A} \simeq \mathbf{T}/\mathbf{I}$,где $\mathbf{I} \trianglelefteq \mathbf{T}$, то $\mathbf{A}$ называют *рисовским фактором.* Если $\mathbf{T}$, есть эпигруппа, то такой (рисовский) фактор будем называть (рисовским) эпифактором. Для любых подполугруппы $\mathbf{T}$ и идеала $\mathbf{J}$ из $\mathbf{S}$ множество $\mathbf{T} \cup \mathbf{J}$ будет подполугруппой; если при этом $\mathbf{T} \cap \mathbf{J} \neq \varnothing$, то $\mathbf{T} \cap \mathbf{J} \trianglelefteq \mathbf{T}$ и $\mathbf{T} \cup \mathbf{J}/\mathbf{J} \simeq \mathbf{T}/\mathbf{T} \cap \mathbf{J}$. Если $\mathbf{J}$ и $\mathbf{K}$ — идеалы из $\mathbf{S}$, причем $\mathbf{J} \subseteq \mathbf{K}$, то $\mathbf{K}/\mathbf{J} \trianglelefteq \mathbf{S}/\mathbf{J}$ и $(\mathbf{S}/\mathbf{J})/(\mathbf{K}/\mathbf{J}) \simeq \mathbf{S}/\mathbf{K}$. Если $\mathbf{J} \trianglelefteq \mathbf{S}$, то полугруппа $\mathbf{S}$ называется *идеальным расширением полугруппы* $\mathbf{J}$ при помощи полугруппы $\mathbf{S}/\mathbf{J}$. Класс $\mathcal{K}$ называется *замкнутым относительно идеальных расширений* (*идеалов, факторполугрупп Риса*), если идеальное расширение $\mathcal{K}$-полугруппы при помощи $\mathcal{K}$-полугруппы (идеал $\mathcal{K}$-полугруппы, факторполугруппа Риса $\mathcal{K}$-полугруппы) будет $\mathcal{K}$-полугруппой. Идеальное расширение данной полугруппы при помощи нильпотентной полугруппы(нильполугруппы) называют ее *нильпотентным расширением (нильрасширением).*

Подмножество $\mathfrak{T}$ из $\mathbf{S}$, содержащее в точности один элемент из каждого ρ-класса, называется *трансверсалом.* Таким образом, подмножество $\mathfrak{T}$ и отношение ρ *трансверсальны* (и каждое из них трансверсально другому).

Любое отображение $\theta : \mathbf{S} \to \mathbf{S}'$ определяет на $\mathbf{S}$ эквивалентность

$$\ker\theta = \{(\mathbf{x},\mathbf{y}) \in \mathbf{S} \times \mathbf{S} : \theta(\mathbf{x}) = \theta(\mathbf{y})\}. \tag{1.7}$$

Если θ сюръективно, то отображение $\hat{\theta} : \mathbf{S}/\ker\theta \to \mathbf{S}'$, определяемое равенством $\hat{\theta}(\rho(\mathbf{x})) = \theta(x)$ для любого $\mathbf{x} \in \mathbf{S}$, является биекцией (теорема об изоморфизме для множеств). Существует также биекция произвольного трансверсала множества $\mathbf{S}$ по модулю $\ker\theta$ на $\mathbf{S}'$.

Частичное упорядочение бинарных отношений индуцирует структуру решетки на множестве всех эквивалентностей на $\mathbf{S}$. В самом деле, для произвольных эквивалентностей ρ_1 и ρ_2 на $\mathbf{S}$ мы имеем

$$\inf(\rho_1,\rho_2) = \rho_1 \cap \rho_2, \quad \sup(\rho_1,\rho_2) = \bigcup_{n\in N} (\rho_1 \cup \rho_2)^n. \tag{1.8}$$

Если дан сюръективный гомоморфизм $\theta : \mathbf{S} \to \mathbf{S}'$, определим на $\mathbf{S}$ конгруэнцию $\mathrm{Ker}\,\theta$ (ядерную конгруэнцию отображения θ) :

$$\mathrm{Ker}\,\theta = \{(\mathbf{x},\mathbf{y}) \in \mathbf{S} \times \mathbf{S} : \theta(\mathbf{x}) = \theta(\mathbf{y})\}.$$

Единственная возможность удовлетворяющей равенству $\hat{\theta} \circ \chi_{\mathrm{Ker}\,\theta} = \theta$, это положить $\hat{\theta}(\tilde{\mathbf{x}}) = \theta(\mathbf{x})$ для любого $x \in \mathbf{S}$,где $\tilde{\mathbf{x}} = \chi_{\mathrm{Ker}\,\theta}(\mathbf{x})$. Этот результат является частным случаем следующей теоремы.

Теорема 1.3. *Пусть $\theta : \mathbf{S} \to \mathbf{S}'$ — гомоморфизм полугруппы $\mathbf{S}$ на полугруппу $\mathbf{S}'$, ρ — конгруэнция на $\mathbf{S}$, для которой $\mathrm{Ker}\,\theta \subseteq \rho$. Определим бинарное отношение ρ' на $\mathbf{S}'$, положив*

$$\rho' = \{(\mathbf{x}',\mathbf{y}') \in \mathbf{S}' \times \mathbf{S}' \mid \exists \mathbf{x},\mathbf{y} \in \mathbf{S},\, \mathbf{x}\rho\mathbf{y},\, \theta(\mathbf{x}) = \mathbf{x}', \theta(\mathbf{y}) = \mathbf{y}'\}.$$

Тогда:

1. *Отношение* ρ' *есть конгруэнция на* $\mathbf{S}'$.

2. *Существует единственное отображение* $\hat{\theta}$ *из* $\mathbf{S}/\rho$ *в* $\mathbf{S}'/\rho'$, *такое, что* $\hat{\theta} \circ \chi_\rho = \chi_{\rho'} \circ \theta$, *причем* $\hat{\theta}$ — *изоморфизм.*

3. *Отображение* $\rho' \longmapsto \rho$ *определяет изоморфизм решетки всех конгруэнций на* $\mathbf{S}$, *содержащих* $\operatorname{Ker}\theta$, *на решетку всех конгруэнций на* $\mathbf{S}'$.

1.5. Теория идеалов

Двусторонний идеал $\mathbf{I}$ полугруппы $\mathbf{S}$ называется *минимальным идеалом,* если для любого идела $\mathbf{J} \subseteq \mathbf{S}$ из $\mathbf{J} \subseteq \mathbf{I}$ следует $\mathbf{J} = \mathbf{I}$. Если $\mathbf{I}$ — минимальный идеал и $\mathbf{J}$ —любой другой идеал, то пересечение $\mathbf{I} \cap \mathbf{J}$ непусто, поскольку $\mathbf{I} \star \mathbf{J} \subseteq \mathbf{I} \cap \mathbf{J}$; кроме того, включение $\mathbf{I} \cap \mathbf{J} \subseteq \mathbf{I}$ влечет за собой равенство $\mathbf{I} \cap \mathbf{J} = \mathbf{I}$ и поэтому $\mathbf{J} \subseteq \mathbf{I}$. Таким образом, минимальный идеал является универсально минимальным (т. е. наименьшим) и, следовательно, *единственным.* По этой причине минимальный идеал полугруппы (если он существует) называют ее ядром Сушкевича. Любая конечная полугруппа обладает минимальным идеалом.

Полугруппа называется *простой*, если она не содержит идеалов, отличных от самой себя. Если полугруппа $\mathbf{S}$ проста, то для любого $\mathbf{a} \in \mathbf{S}$ выполняется равенство $\mathbf{S} \star \mathbf{a} \star \mathbf{S} = \mathbf{S}$. Обратно, если $\mathbf{S} \star \mathbf{a} \star \mathbf{S} = \mathbf{S}$ для любого $\mathbf{a} \in \mathbf{S}$, то, взяв идеал $\mathbf{I}$ в $\mathbf{S}$ и элемент $\mathbf{a} \in \mathbf{I}$, получим $\mathbf{S} = \mathbf{S} \star \mathbf{a} \star \mathbf{S} \subseteq \mathbf{I}$, т. е. $\mathbf{S} = \mathbf{I}$, и потому $\mathbf{S}$ проста. Следовательно, чтобы доказать простоту полугруппы $\mathbf{S}$, достаточно предъявить по крайней мере одну пару $\mathbf{x}, \mathbf{y}$ — решение уравнения $\mathbf{x} * \mathbf{a} * \mathbf{y} = \mathbf{b}$ — для любых $\mathbf{a}, \mathbf{b} \in \mathbf{S}$.

Определение 1.4. *Главным идеальным рядом полугруппы* $\mathbf{S}$ *называется конечная цепь* $\mathbf{I}_1 \subset \mathbf{I}_2 \subset \ldots \subset \mathbf{I}_n = \mathbf{S}$ *идеалов из* $\mathbf{S}$, *где* $\mathbf{I}_1$ — *мимальный идеал, а* $\mathbf{I}_k$ *является максимальным среди идеалов из* $\mathbf{S}$, *содержащихся в* $\mathbf{I}_{k+1}$, $k = 1, 2, \ldots, n-1$. *Факторполугруппы Риса* $\mathbf{I}_{k+1}/\mathbf{I}_k$ *и идеал* $\mathbf{J}_1$ *называются факторами этого ряда.*

Пример **1.5.** Полугруппами с главными идеальными рядами являются, например, конечные полугруппы и полугруппа $\operatorname{End}_{\mathbb{K}}V$ всех линейных преобразований конечномероного векторного пространства V над полем $\mathbb{K}$.

Лемма 1.6. *Пусть* $\mathbf{I}$ — *идеал полугруппы* $\mathbf{S}$ *и* $\mathbf{J}$ — *максимальнный идеал из* $\mathbf{S}$, *строго содержащийся в* $\mathbf{I}$. *Для произвольного* $\mathbf{a} \in \mathbf{I} \setminus \mathbf{J}$ *обозначим через* $\mathbf{I}(\mathbf{a})$ *множество всех таких* $\mathbf{x} \in \mathbf{S}^1 \star \mathbf{a} \star \mathbf{S}^1$, *что* $\mathbf{S}^1 \star \mathbf{x} \star \mathbf{S}^1 \subset \mathbf{S}^1 \star \mathbf{a} \star \mathbf{S}^1$. *Тогда* $\mathbf{I}(\mathbf{a})$ *является идеалом в* S *и фактор полугруппы Риса* $\mathbf{S}^1 \star \mathbf{a} \star \mathbf{S}^1/\mathbf{I}(\mathbf{a})$ *и* $\mathbf{I}/\mathbf{J}$ *изоморфны.*

Множество $\mathbf{S}^1 \star \mathbf{a} \star \mathbf{S}^1 \setminus \mathbf{I}(\mathbf{a})$ есть $\mathscr{J}$-класс элемента $\mathbf{a}$. Заметим, что множество $\mathbf{I}(\mathbf{a})$, если оно непусто, является максимальным идеалом из $\mathbf{S}$, содержащимся в $\mathbf{S}^1 \star \mathbf{a} \star \mathbf{S}^1$. В самом деле, если $\mathbf{I}$ — такой идеал из $\mathbf{S}$, что $\mathbf{I}(\mathbf{a}) \subset \mathbf{I} \subseteq \mathbf{S}^1 \star \mathbf{a} \star \mathbf{S}^1$, то, взяв $\mathbf{x} \in \mathbf{I}$, $\mathbf{x} \notin \mathbf{I}(\mathbf{a})$, получим $\mathbf{S}^1 \star \mathbf{a} \star \mathbf{S}^1 = \mathbf{S}^1 \star \mathbf{x} \star \mathbf{S}^1 \subseteq \mathbf{I}$ и следовательно, $\mathbf{I} = \mathbf{S}^1 \star \mathbf{a} \star \mathbf{S}^1$. Из этого замечания вытекает, что полугруппа $\mathbf{S}^1 \star \mathbf{a} \star \mathbf{S}^1/\mathbf{I}(\mathbf{a})$ является 0-минимальным идеалом полугруппы $\mathbf{S}/\mathbf{I}(\mathbf{a})$.

1.6. Свойства отношений Грина

Отношения Грина на полугруппе $\mathbf{S}$ определяются формулами

$$\mathbf{a}\mathscr{R}\mathbf{b} \iff \mathbf{a} \star \mathbf{S}^1 = \mathbf{b} \star \mathbf{S}^1, \tag{1.9}$$

$$\mathbf{a}\mathscr{L}\mathbf{b} \iff \mathbf{S}^1 \star \mathbf{a} = \mathbf{S}^1 \star \mathbf{b}, \tag{1.10}$$

$$\mathbf{a}\mathscr{J}\mathbf{b} \iff \mathbf{S}^1 \star \mathbf{a} \star \mathbf{S}^1, \tag{1.11}$$

$$\mathscr{D} = \mathcal{R} \vee \mathscr{L}, \tag{1.12}$$

$$\mathscr{H} = \mathscr{R} \cap \mathscr{L}. \tag{1.13}$$

Из определения видно, что $\mathscr{R}$ (соответственно $\mathscr{L}$) есть левая (соответственно правая) конгруэнция. Остальные отношения являются вообще говоря, просто эквивалентностями. Класс элемента $\mathbf{a} \in \mathbf{S}$ обозначается латинской буквой, соответствующей валентности, с индексом $\mathbf{a}$: $\mathsf{R}_\mathbf{a}$ обозначает $\mathscr{R}$-класс элемента $\mathbf{a}$, $\mathsf{L}_\mathbf{a}$ — соответственно $\mathscr{L}$-класс и т.д. Отметим, что $\mathsf{J}_\mathbf{a} = \mathbf{S}^1 \star \mathbf{a} \star \mathbf{S}^1 \setminus \mathbf{I}(\mathbf{a})$, где идеал $\mathbf{I}(\mathbf{a})$ определен в Лемме 1.6.

Предложение 1.7. *Любая правая конгруэнция, содержащаяся в $\mathscr{L}$, коммутирует с любой левой конгруэнцией, содержащейся в $\mathscr{R}$.*

Следствие 1.8. $\mathscr{D} = \mathscr{R} \vee \mathscr{L} = \mathscr{R} \circ \mathscr{L} = \mathscr{L} \circ \mathscr{R}$

Доказательство. Так как $(\mathscr{R} \circ \mathscr{L}) \circ (\mathscr{R} \circ \mathscr{L}) = \mathscr{R} \circ \mathscr{R} \circ \mathscr{L} \circ \mathscr{L} \subseteq \mathscr{R} \circ \mathscr{L}$, отношение $\mathscr{R} \circ \mathscr{L}$ — эквивалентность на $\mathbf{S}$. Учитывая включение $\mathscr{R} \circ \mathscr{L} \supseteq \mathscr{R} \cup \mathscr{L}$ и определение отношения $\mathscr{R} \vee \mathscr{L}$, получаем $\mathscr{R} \vee \mathscr{L} = \mathscr{R} \circ \mathscr{L}$. ■

Предложение 1.9. *Если полугруппа $\mathbf{S}$ конечна, то $\mathscr{D} = \mathscr{J}$.*

Существует естественный частичный порядок на множестве классов каждого из отношений $\mathscr{H}, \mathscr{R}, \mathscr{L}, \mathscr{J}$. Напрмер, частичный порядок на множестве $\mathscr{R}$-классов определяется условием: $\mathsf{R}_\mathbf{a} \trianglelefteq \mathsf{R}_\mathbf{b}$, если и только если $\mathbf{a}\star\mathbf{S}^1 \subseteq \mathbf{b}\star\mathbf{S}^1$. Для глобального описания полугруппы $\mathbf{S}$ наиболее важен частичный порядок на множестве $\mathscr{J}$-классов, определяемый условием: $\mathsf{J}_\mathbf{a} \trianglelefteq \mathsf{J}_\mathbf{b}$, если и только если $\mathbf{S}^1 \star \mathbf{a} \star \mathbf{S}^1 \subseteq \mathbf{S}^1 \star \mathbf{b} \star \mathbf{S}^1$. Частично упорядоченное множество $\mathscr{J}$-классов мы назовем *остовом* полугруппы $\mathbf{S}$. Полугруппы, в которых $\mathscr{D} = \mathscr{J}$, могут быть описаны в терминах их остова и локального строения различных $\mathscr{D}$-классов.

РАЗДЕЛ 2

СУПЕРМАТРИЦЫ И НЕОБРАТИМОСТЬ

Здесь мы вначале изложим необходимые сведения из линейной супералгебры и теории суперматриц [32–34], а затем рассмотрим некоторые новые свойства, связанные с необратимостью суперматриц [9,11].

2.1. Линейная супералгебра

Линейным суперпространством называется $\mathbb{Z}_2$-градуированное линейное пространство $\mathbf{\Lambda}$, разложенное в прямую сумму $\mathbf{\Lambda} = \Lambda_0 \oplus \Lambda_1$. Элементы из Λ_0 и Λ_1 называются *однородными* (*четными* и *нечетными* соответственно) элементами. Если $a \in \Lambda_i$, где $i \in \mathbb{Z}_2$, то будем писать $\mathrm{p}(a) = \mathrm{i}$ и называть $\mathrm{p}(a)$ четностью элемента a. Любой элемент (за исключением нуля) может быть единственным образом представлен в виде $a = a_0 + a_1$, где $a_i \in \Lambda_i$. *Линейное подсуперпространство* — это такое $\mathbb{Z}_2$-градуированное подпространство $\mathrm{L} \subset \mathbf{\Lambda}$, что $\mathrm{L}_i = \mathrm{L} \cap \Lambda_i$. *Размерностью* $\mathbb{Z}_2$-градуированного линейного пространства называется пара $(p|q)$, где p — размерность четного и q — размерность нечетного подпространств. Будем обозначать $\mathbb{Z}_2$-градуированное линейное пространство с фиксированной четность как $\mathbf{\Lambda}^{p|q}$. Тогда четные и нечетные подсуперпространства будут обозначаться $\mathbf{\Lambda}^{p|0}$ и $\mathbf{\Lambda}^{0|q}$ соответственно. Отметим, что размерность $(p|q)$ не связана с числом образующих Λ.

Пусть $\mathbf{\Lambda}^{p|q}$ и $\mathbf{\Lambda}^{m|n}$ — линейные суперпространства. На $\mathbf{\Lambda}^{p|q} \oplus \mathbf{\Lambda}^{m|n}$, $\mathbf{\Lambda}^{p|q} \otimes \mathbf{\Lambda}^{m|n}$ и $\mathrm{Hom}\left(\mathbf{\Lambda}^{p|q}, \mathbf{\Lambda}^{m|n}\right)$ структура суперпространства вводится естественным образом. Элементы суперпространства $\mathrm{Hom}\left(\mathbf{\Lambda}^{p|q}, \mathbf{\Lambda}^{m|n}\right)$ называются *гомоморфизмами* из $\mathbf{\Lambda}^{p|q}$ в $\mathbf{\Lambda}^{m|n}$. Четные гомоморфизмы, т. е. элементы из $\mathrm{Hom}_0\left(\mathbf{\Lambda}^{p|q}, \mathbf{\Lambda}^{m|n}\right)$, называются *морфизмами суперпространств*. Обозначим через $\mathbf{\Pi}(\mathbf{\Lambda})$ суперпространство, определенное формулами $\mathbf{\Pi}(\Lambda_0) = \Lambda_1$, $\mathbf{\Pi}(\Lambda_1) = \Lambda_0$, т. е. $\mathbf{\Pi}$ — оператор смены четности, а гомоморфизм $\mathbf{\Pi} : \mathbf{\Lambda} \to \Pi(\mathbf{\Lambda})$ по назовем *каноническим нечетным гомоморфизмом суперпространства* $\mathbf{\Lambda}$ в $\mathbf{\Pi}(\mathbf{\Lambda})$.

Супералгеброй называется суперпространство A вместе с морфизмом суперпространств $\mathrm{A} \oplus \mathrm{A} \to \mathrm{A}$. Отметим, что каждая супералгебра является алгеброй. *Идеал* в супералгебре A — идеал алгебры A, являющийся одновременно подсуперпространством. *Подсупералгеброй* в A, являющаяся подсуперпространством. Пусть A и B — супералгебры. Гомоморфизм алгебр $\varphi : \mathrm{A} \to \mathrm{B}$ называется *морфизмом супералгебр*, если $\mathrm{p}(\varphi) = 0$. Для любой супералгебры A определим *коммутирование* (или *скобку*) $[,] : \mathrm{A} \oplus \mathrm{A} \to \mathrm{A}$ по правилу о знаках, положив $[\mathrm{a}, \mathrm{b}] = \mathrm{ab} - (-1)^{\mathrm{p(a)p(b)}} \mathrm{ba}$. Элементы $\mathrm{a}, \mathrm{b} \in \mathrm{A}$ называются *коммутирующими*, если $[\mathrm{a}, \mathrm{b}] = 0$. Супералгебра называется *коммутативной*, если любые два ее элемента коммутируют.

Централизатором множества S однородных элементов из A называется множество $C(\mathrm{S}) = \{\mathrm{a} \in \mathrm{A} \mid [\mathrm{a}, \mathrm{s}] = 0, \mathrm{s} \in \mathrm{S}\}$. *Нормализатором* такого множества S называется $N(\mathrm{S}) = \{\mathrm{a} \in \mathrm{A} \mid \mathrm{aS} = \mathrm{Sa}\}$. *Центром* супералгебры A называется множество $Z(\mathrm{A}) = \{\mathrm{a} \in \mathrm{A} \mid [\mathrm{a}, \mathrm{A}] = 0\}$. Множества $C(\mathrm{S})$ и $Z(\mathrm{A})$ являются коммутативными супералгебрами, а $N(\mathrm{S})$ — супералгеброй.

Обозначим через $\Lambda(n)$ внешнюю (грассманову) алгебру от n переменных $\xi_1, \ldots, \xi_n$ — образующих, которые удовлетворяют соотношениям $\xi_1 \xi_j + \xi_j \xi_i = 0$, $1 \leq i, j \leq n$. В частности $\xi_i^2 = 0$. Произвольный элемент $f \in \Lambda(n)$ можно единственным образом представить в виде

$$f = f_0 + \sum_{1 \le r \le n} \sum_{1 < i_1 < \ldots < i_r \le n} f_{i_1 \ldots i_r} \xi_{i_1} \ldots \xi_{i_r}. \tag{2.1}$$

Определим на $\Lambda(n)$ структуру супер態алгебры, полагая $\mathrm{p}(\xi_i) = 1$. Очевидно, что супералгебра $\Lambda(n)$ коммутативна. В дальнейшем $\Lambda(n)$ называется *супералгеброй Грассмана.*

Тензорным произведением супералгебр A и B называется суперпространство $\mathrm{A} \otimes \mathrm{B}$, на котором задана структура супералгебры по формуле

$$(\mathrm{a} \otimes \mathrm{b})(\mathrm{a}_1 \otimes \mathrm{b}_1) = (-1)^{\mathrm{p}(a_1)\mathrm{p}(b)} \mathrm{aa}_1 \otimes \mathrm{bb}_1, \tag{2.2}$$

где $\mathrm{a}, \mathrm{a}_1 \in \mathrm{A}$, $\mathrm{b}, \mathrm{b}_1 \in \mathrm{B}$.

Тензорное произведение коммутативных супералгебр является коммутативной супералгеброй. В частности, $\Lambda(n) \otimes \Lambda(m) \cong \Lambda(n+m)$. Каждой коммутативной супералгебре $\mathrm{C} = \mathrm{C}_0 \oplus \mathrm{C}_1$ соответствует *каноническая проекция* $\epsilon : \mathrm{C} \to \mathrm{C}/\mathrm{id}\,\mathrm{C}_1 = \mathrm{C}_0/(\mathrm{id}\,\mathrm{C}_1)^2$, где $\mathrm{id}\,\mathrm{X}$ обзначает идеал, порожденный множеством X.

Лемма 2.1. *Пусть* C *— коммутативная супералгебра. Тогда элемент* $\mathrm{c} \in \mathrm{C}$ *обратим в том случае, когда обратим* $\epsilon[\mathrm{c}]$.

Пусть A — супералгебра с единицей, M — некоторое суперпространство. *Левым действием* супералгебры A на M,или *левым* A*-действием*, называется морфизм суперпространств $\mathrm{A} \otimes M \to M$, удовлетворяющий условиям: $\mathrm{a}(\mathrm{b}m) = (\mathrm{ab})m$, $\mathrm{a}, \mathrm{b}, 1 \in \mathrm{A}$, $m \in M, 1m = m$. *Левым модулем* над A, или левым A-модулем, называется суперпространство M, на котором задано левое A-действие. Понятие *правого* A-модуля вводится аналогично. Пусть C-коммутативноая супералгебра. Тогда каждый левый C-модуль можно превратить в правый C-модуль (и наооборот):

$$m\mathrm{c} = \begin{cases} (-1)^{\mathrm{p}(m)p(\mathrm{c})}\, cm \\ (-1)^{(\mathrm{p}(m)+1)p(\mathrm{c})}\, cm \end{cases}, \tag{2.3}$$

где $\mathrm{c} \in \mathrm{C}, m \in M$. Структуры левого и правого модуля на M согласованы в следующем смысле:

$$(\mathrm{a}m)\,\mathrm{b} = \mathrm{a}(m\mathrm{b}), \quad \mathrm{a}, \mathrm{b} \in \mathrm{C},\ m \in M. \tag{2.4}$$

Множество C-гомоморфизмов из M в N является подсуперпространством в $\mathrm{Hom}\,(M,N)$,которое обозначается через $\mathrm{Hom}_{\mathrm{C}}(M,N)$. Когда $M = N$, суперпространство $\mathrm{Hom}_{\mathrm{C}}(M,N)$ обозначается через $\mathrm{End}_{\mathrm{C}}(M)$ называются *автоморфизмами* M, и они образуют группу $GL_{\mathrm{C}}(M)$. Определим на суперпространстве $\mathrm{Hom}_{\mathrm{C}}(M,\mathrm{C})$ структуру C-модуля, полагая

$$(\mathrm{cF})(m) = c(\mathrm{F}(m))\,;\ (\mathrm{F}c)(m) = \mathrm{F}(cm), \tag{2.5}$$

где $\mathrm{F} \in \mathrm{Hom}_{\mathrm{C}}(M,\mathrm{C})$. Из формул (2.3) и (2.5) немедленно следует, что

$$c\mathrm{F} = (-1)^{\mathrm{p(c)p(F)}}\,\mathrm{Fc} \tag{2.6}$$

Тензорным произведением C-модулей M и N называется тензорное произведение суперпространств $M \otimes N$, профакторизированное по соотношениям $mc \otimes n = m \otimes cn$, где $m \in M$, $n \in N$, $\mathrm{c} \in \mathrm{C}$. Обозначим факторпространство через $M \otimes_{\mathrm{C}} N$. На суперпространстве $M \otimes_{\mathrm{C}} N$ структрура C-модуля вводится по формулам $\mathrm{c}(m \otimes n) = cm \otimes n$, $(m \otimes n)\mathrm{c} = m \otimes n\mathrm{c}$. Легко проверяется, что C-модули $(L \otimes_{\mathrm{C}} M) \otimes_{\mathrm{C}} N$ и $L \otimes_{\mathrm{C}} (M \otimes_{\mathrm{C}} N)$ естественно изоморфны. Следовательно, такой C-модуль можно обозначить через $L \otimes_{\mathrm{C}} M \otimes_{\mathrm{C}} N$. Если A и B суть C-алгебры, то на C-модуле $\mathrm{A} \otimes_{\mathrm{C}} \mathrm{B}$ можно ввести структуру C-алгебры, полагая

$$\mathrm{c}(\mathrm{a} \otimes \mathrm{b}) = \mathrm{ca} \otimes \mathrm{b},\ \mathrm{c} \in \mathrm{C},\ \mathrm{a} \in \mathrm{A},\ \mathrm{b} \in \mathrm{B}. \tag{2.7}$$

Легко проверить, что изоморфизм С-модулей $\mathrm{T} : \mathrm{A} \otimes_{\mathrm{C}} \mathrm{B} \to \mathrm{B} \otimes_{\mathrm{C}} \mathrm{A}$ согласован с умножением и является поэтому изоморфизмом С-алгебр. Пусть I-множество, представленное в виде объединения непересекающихся подмножеств I_0 и I_1. *Базисом* С-модуля M называется набор однородных элементов $m_i \in M$, где $i \in I$, такой, что $\mathrm{p}(m_i) = 0$ при $i \in I_0$ и $p(m_i) = 1$ при $i \in I_1$, причем каждый элемент m однозначно записывается в виде суммы $\sum\limits_i \mathrm{c}_i m_i$, где все $\mathrm{c}_i \in \mathrm{C}$, кроме конечного числа, равны нулю. С-модуль называется *свободным*, если в нем можно выбрать базис, соответствующий некоторому набору индексов.

2.2. Суперматричная алгебра

Суперматричной структурой назовем матричную структуру с приписанной каждой строке и каждому столбцу четностью. Четность i-й строки обозначим $\mathrm{p}_{row}(i)$, четность j-столбца — $\mathrm{p}_{col}(j)$. Обычно суперматричная структура будет выбираться так, чтобы все четные строки и столбцы шли сначала, а нечетные — потом. Такая суперматричная структура будет называться *стандартной**). Стандартную суперматричную структуру можно записывать в блочном 2×2 виде:

$$\mathrm{M} = \begin{pmatrix} \mathrm{R} & \mathrm{S} \\ \mathrm{T} & \mathrm{U} \end{pmatrix}, \tag{2.8}$$

где $\mathrm{R}, \mathrm{S}, \mathrm{T}, \mathrm{U}$ — матричные структуры, согласованные с делением строк и столбцов на четные и нечетные. В случае обобщенной $\mathbb{Z}_3$ суперсимметрии [36] суперматричная структура описывается блочной 3×3 матрицей [37]. Если суперматричная структура содержит p четных и q нечетных строк и m четных и n нечетных столбцов, то размер этой структуры равен $(p|q) \times (m|n)$. *Порядком* суперматричной структуры размера $(p|q) \times (p|q)$ называется пара натуральных чисел $(p|q)$. Суперматричные структуры порядка $(p|q)$ соответствуют элементам $\mathrm{Hom}\left(\mathbf{\Lambda}^{p|q}, \mathbf{\Lambda}^{p|q}\right)$.

Пусть задана суперматричная структура M и некоторое суперпространство Λ. *Матрицей* с элементами из $\mathbf{\Lambda}$ называется множество $\{\mathrm{X}_{ij} \mid \mathrm{X}_{ij} \in \mathbf{\Lambda}\}$, соответствующее клеткам суперматричной структуры M. Определим на линейном пространстве матриц с элементами из $\mathbf{\Lambda}$ четность следующим образом: $\mathrm{p}(\mathrm{M}) = 0$, если $\mathrm{p}(\mathrm{X}_{ij}) + \mathrm{p}_{row}(i) + \mathrm{p}_{col}(j) = 0$, и $p(\mathrm{X}) = 1$, если $\mathrm{p}(\mathrm{X}_{ij}) + \mathrm{p}_{row}(i) + \mathrm{p}_{col}(j) = 1$, для всех i, j. Легко проверить, что относительно таким образом введенной четности линейное пространство матриц превращается в суперпространство. Если суперматричная структура стандартна, то определенис чстности матриц (2.8) можно переписать в виде $\mathrm{p}(\mathrm{M}) = 0$, если $\mathrm{p}(\mathrm{R}_{ij}) = \mathrm{p}(\mathrm{U}_{kl}) = 0$, $\mathrm{p}(\mathrm{S}_{il}) = \mathrm{p}(\mathrm{T}_{kj}) = 1$, и $\mathrm{p}(\mathrm{X}) = 1$, если $\mathrm{p}(\mathrm{R}_{ij}) = \mathrm{p}(\mathrm{U}_{kl}) = 1$, $\mathrm{p}(\mathrm{S}_{il}) = \mathrm{p}(\mathrm{T}_{kj}) = 0$.

Введем на суперпространстве матриц размера $(p|q) \times (m|n)$ с элементами из коммутативной супералгебры C структуру C-модуля, полагая

$$(\mathrm{Mc})_{ij} = (-1)^{\mathrm{p}(\mathrm{c})\mathrm{p}_{col}(j)} \mathrm{X}_{ij}\mathrm{c}, \quad (\mathrm{cX})_{ij} = (-1)^{\mathrm{p}(\mathrm{c})\mathrm{p}_{row}(i)} \mathrm{cX}_{ij}. \tag{2.9}$$

Эту структуру можно задать и другим, эквивалентным образом, а именно, определив для каждой пары целых чисел $(p|q)$ гомоморфизм супералгебр $\mathrm{C} \to \mathrm{Mat}_{\mathrm{C}}(p|q)$, который каждому элементу $\mathrm{c} \in \mathrm{C}$ ставит в соответствие диагональную матрицу

$$\mathrm{scalar}_{p|q}(\mathrm{C}) = \mathrm{diag}\left(\mathrm{c}, \ldots, \mathrm{c}, (-1)^{\mathrm{p(c)}} \mathrm{c}, \ldots, (-1)^{\mathrm{p(c)}} \mathrm{c}\right) \tag{2.10}$$

со стандартной суперматричной структурой. Теперь структуру С-модуля на суперпространстве матриц размера $(p, q) \times (m, n)$ можно ввести по формуле

$$\mathrm{cM} = \mathrm{scalar}_{p|q}(\mathrm{C}) \cdot \mathrm{M} = \mathrm{M} \cdot \mathrm{scalar}_{m|n}(\mathrm{C}). \tag{2.11}$$

Примечание. Нестандартные суперматричные структуры (когда нечетные элементы располагаются не блоками, а по диагоналям) рассматривались в [35].

Из ассоциативности матричного умножения следует, что

$$(cX)\,Y = c\,(XY)\,,\ (Xc)\,Y = X\,(cY)\,,\ X\,(Yc) = (XY)\,c \tag{2.12}$$

при $X, Y \in \mathrm{Mat}\ (p|q; C)$. Следовательно, супералгебра $\mathrm{Mat}_C\,(p|q)$ является C-алгеброй.

Пусть $M=(X_{ij})$ — матрица размера $(p,q)\times(m,n)$ с элементами из суперпространства $\mathbf{\Lambda}$. *Супертранспонированной* к ней назовем матрицу размера $(m,n)\times(p,q)$, элементы которой имеют вид:

$$\left(M^{st}\right)_{ij} = (-1)^{(p_{row}(i)+p_{col}(j))(p(X)+p_{row}(i))}\,X_{ji} =$$

$$(-1)^{(p_{row}(i)+p_{col}(j))(p(X)+p_{col}(j))}\,X_{ji}, \tag{2.13}$$

а суперматричная структура определяется естественным образом. В формуле (2.13) четности $p_{row}\,(i)$, $p_{col}\,(j)$ берутся согласовано с суперматричной структурой матрицы M. Как увидим, при таком выборе знаков переход от матрицы C-линейного оператора осуществляется с помощью супертранспонирования. Если суперматричная структура имеет стандартный вид, то формула (2.13) дает

$$M^{st} = \begin{pmatrix} R & S \\ T & U \end{pmatrix}^{st} = \begin{pmatrix} R^T & T^T \\ -S^T & U^T \end{pmatrix}, \tag{2.14}$$

если $p\,(M) = 0$, и

$$M^{st} = \begin{pmatrix} R & S \\ T & U \end{pmatrix}^{st} = \begin{pmatrix} R^T & -T^T \\ S^T & U^T \end{pmatrix}, \tag{2.15}$$

если $p\,(M) = 1$.Дважды транспонированная матрица имеет вид:

$$\left(\begin{pmatrix} R & S \\ T & U \end{pmatrix}^{st}\right)^{st} = \begin{pmatrix} R & -S \\ -T & U \end{pmatrix}. \tag{2.16}$$

Следовательно, порядок супертранспонирования равен 4.

2.3. Суперслед и супердетерминант

Пусть C — коммутативная супералгебра. Аналогом обычной матричной алгебры является супералгебра $\mathrm{Mat}_C\,(p|q)$. *Суперследом* называется гомоморфизм супералгебр $\mathrm{str}\ : \mathrm{Mat}_C\,(p|q) \to C$, определяемый по формуле

$$\mathrm{str}\,M = \sum_{i,j}\,(-1)^{(p(X)+1)p_{row}(i)}\,X_{ij} = \sum_{i,j}\,(-1)^{(p(X_{ij})+1)p_{row}(i)}\,X_{ij}. \tag{2.17}$$

Иначе говоря, если $M=\begin{pmatrix} R & S \\ T & U \end{pmatrix}$, то

$$\mathrm{str}\,M = \mathrm{tr}\,R - \mathrm{tr}\,U \tag{2.18}$$

для четных матриц $p\,(M) = 0$ и

$$\mathrm{str}\,M = \mathrm{tr}\,R + \mathrm{tr}\,U \tag{2.19}$$

для нечетных матриц $p\,(M) = 1$.

Определение 2.2. *Отображение* $\mathrm{str}\ : \mathrm{Mat}_C\,(p|q) \to C$ *является* C*-линейным гомоморфизмом.*

$$\mathrm{str}\,M^{st} = \mathrm{str}\,M,\ \ \mathrm{str}\,\mathbf{\Pi}\,(M) = (-1)^{p(X)+1}\,\mathrm{str}\,M. \tag{2.20}$$

Пусть X-матрица размера $(p|q)\times(m|n)$, Y-матрица размера $(m|n)\times(p|q)$. Тогда

$$\mathrm{str}\,XY = (-1)^{p(X)p(Y)}\,\mathrm{str}\,YX. \tag{2.21}$$

В частности, если $\mathrm{X}, \mathrm{D} \in \mathrm{Mat}_{\mathrm{C}}(p|q)$, где D есть четная обратимая матрица,то

$$\mathrm{str}\, \mathrm{DXD}^{-1} = \mathrm{str}\, \mathrm{X}. \qquad (2.22)$$

Будем обозначать через $GL(p|q; \mathrm{C})$ мультипликативную группу четных обратимых элементов из $\mathrm{Mat}_{\mathrm{C}}(p|q)$. Эта группа является аналогом обычной общей линейной группы. Определим гомоморфизм группы $GL(p|q; \mathrm{C})$ в группу C_0^* обратимых элементов из C_0 — аналог обычного определителя, положив

$$\mathrm{Ber}\, \mathrm{M} = \det\left(\mathrm{R} - \mathrm{SU}^{-1}\mathrm{T}\right) \det \mathrm{U}^{-1}. \qquad (2.23)$$

Лемма 2.3. *Пусть C-некоторая коммутативная супералгебра, отображение* ϵ : $\mathrm{C} \to \mathrm{C}/\mathrm{id}\mathrm{C}_1$ — *каноническая проекция и* $\epsilon : \mathrm{Mat}_{\mathrm{C}}(p|q) \to \mathrm{Mat}_{\epsilon[\mathrm{C}]}(p|q)$ — *соответствующий гомоморфизм матричных алгебр. Матрица* $\mathrm{M} \in \mathrm{Mat}_{\mathrm{C}}(p|q)$ *обратима тогда и только тогда, когда обратим элемент* $\epsilon[\mathrm{M}] \in \mathrm{Mat}_{\epsilon[\mathrm{C}]}(p|q)$.

В силу **Леммы 2.3** матрица U обратима, и элементы матриц $\mathrm{R} - \mathrm{SU}^{-1}\mathrm{T}$ и U лежат в коммутативной алгебре C_0. Поэтому все определители имеют смысл и $\mathrm{Ber}\, \mathrm{M} \in \mathrm{C}_0^*$. Функция Ber называется *березианином.* Суперслед и березиниан связаны точно так же, и обычный след и детерминант. А именно:

$$\mathrm{Ber}\, \mathrm{M} = \exp \mathrm{str}\, \ln \mathrm{M}, \qquad (2.24)$$

если правая и левая части (2.24) определены. В отличие от детерминанта березиниан определен не на всем множестве $\mathrm{Mat}_{\mathrm{C}}(p|q)$ (см. **Пункт 2.5**).

Теорема 2.4. *Пусть* $\mathrm{XY} \in GL_{\mathrm{C}}(p|q)$, *тогда*

$$\mathrm{Ber}\, \mathrm{XY} = \mathrm{Ber}\, \mathrm{X} \cdot \mathrm{Ber}\, \mathrm{Y}. \qquad (2.25)$$

Определение 2.5. *Суперматричная функция* str *является гомоморфизмом* C-*модулей, а* Ber — *гомоморфизмом групп.*

Пусть M, N-свободные C-модули, $\mathrm{X} \in \mathrm{End}_{\mathrm{C}}(M)$ и $\mathrm{Y} \in \mathrm{End}_{\mathrm{C}}(N)$, а $\mathrm{V} \in GL_{\mathrm{C}}(M)$, $\mathrm{W} \in GL_{\mathrm{C}}(N)$. Тогда

$$\mathrm{str}\,(\mathrm{X} \oplus \mathrm{Y}) = \mathrm{str}\, \mathrm{X} + \mathrm{str}\, \mathrm{Y}, \qquad (2.26)$$

$$\mathrm{Ber}\, \mathrm{V} \oplus \mathrm{W} = \mathrm{Ber}\, \mathrm{V} \cdot \mathrm{Ber}\, \mathrm{W}. \qquad (2.27)$$

Если $\mathrm{X} \in \mathrm{Hom}_{\mathrm{C}}(M, N)$ и $\mathrm{Y} \in \mathrm{Hom}_{\mathrm{C}}(M, N)$, то

$$\mathrm{str}\, XY = (-1)^{\mathrm{p}(X)\mathrm{p}(Y)}\, \mathrm{str}\, YX. \qquad (2.28)$$

2.4. Странные супералгебра, след и детерминант

Определим супералгебру $Q(n)$, которая является еще одним аналогом матричной алгебры. Интерес к ней в последнее время возобновился в связи с новыми свойствами инвариантных функций на супералгебрах Ли [38–44] и их квантованых версиях [45, 46].

Пусть A — произвольная супералгебра. Алгебра $\mathrm{Q}(\mathrm{A})$ состоит из выражений вида $\mathrm{a} + \varepsilon \mathrm{b}$, где $\mathrm{a}, \mathrm{b} \in \mathrm{A}$. Сложение выражений $\mathrm{a} + \varepsilon \mathrm{b}$ определяется естественным образом, а структуры суперпространства и супералгебры вводятся по формулам

$$(\mathrm{Q}(\mathrm{A}))_i = \mathrm{A}_i + \varepsilon \mathrm{A}_{i-1}, \qquad (2.29)$$

$$(\mathrm{a} + \varepsilon \mathrm{b})(\mathrm{c} + \varepsilon \mathrm{d}) = \left(\mathrm{ac} - (-1)^{\mathrm{p(b)}}\, \mathrm{bd}\right) + \varepsilon \left(\mathrm{bc} + (-1)^{\mathrm{p(a)}}\, \mathrm{ad}\right). \qquad (2.30)$$

Пусть C-коммутативная супералгебра. Тогда Q (C) можно определить как расширение супералгебры C с помощью одного элемента ε такого, что $p(\varepsilon) = 1, \varepsilon^2 = -1$ и $[\varepsilon, c] = 0$ для любого $c \in C$. Если супералгебра A является C-алгеброй, то $Q(A) \cong Q(C) \otimes_C A$. Тем самым Q (A) тоже является C-алгеброй. Из определения супералгебры Q (A) следует, что $(Q(A))_0$ является алгеброй. Имеется изоморфизм алгебр (но не супералгебр!) $(Q(A))_0 \to A$, задаваемый формулой $a + \varepsilon b \longmapsto a + b$, где $a \in A_0$, $b \in A_1$. Если супералгебра A ассоциативна, то ассоциативна и супералгебра Q (A). Если A — алгебра с единицей, то Q (A) — некоммутативна.

Положим $Q_C(n) = Q(\mathrm{Mat}_C(n|0))$, где C — коммутативная супералгебра. Мы будем часто рассматривать $Q_C(n)$ как подалгебру в $\mathrm{Mat}_C(n|n)$, причем вложение $Q_C(n) \to \mathrm{Mat}_C(n|n)$ проводится по формуле

$$A + \varepsilon B \longmapsto \begin{pmatrix} A & (-1)^{p(B)+1} B \\ B & (-1)^{p(A)} A \end{pmatrix}, \tag{2.31}$$

где $A, B \in \mathrm{Mat}_C(n|0)$. На подсупералгебре $Q_C(n) \subset \mathrm{Mat}_C(n|n)$ суперслед тождественно равен нулю. Мы определим на $Q_C(n)$ $\mathrm{otr} : Q_C(n) \to C$ (otr — нечетный, "странный"), полагая

$$\mathrm{otr}\,(A + \varepsilon B) = \mathrm{str}\, B. \tag{2.32}$$

Определение 2.6. *Отображение* $\mathrm{otr} : Q_C(n) \to C$ *есть нечетный гомоморфизм* C*-модулей.*

$$\mathrm{otr}\, XY = (-1)^{p(X)p(Y)}\, \mathrm{otr}\, YX,$$

если $X, Y \in Q_C(n)$.

Обозначим через $GQ_C(n)$ группу четных обратимых элементов из $Q_C(n)$. Она является нечетным ("странным") аналогом полной линейной группы. "Странные" аналоги для других групп получены в [42].

Группу $GQ_C(n)$ можно рассматривать как подгруппу в $GL_C(n|n)$, соотоящую из матриц M вида

$$M = \begin{pmatrix} A & -B \\ B & A \end{pmatrix}. \tag{2.33}$$

Другая реализация: группа $GQ_C(n)$ изоморфна группе всех обратимых матриц из $\mathrm{Mat}_C(n|0)$, причем изоморфизм задается формулой $A + \varepsilon B \to A + B$.

Лемма 2.7. *На всех матрицах подгруппы* $GQ_C(n) \subset GL_C(n|n)$ *березиниан тождественно равен* 1.

Определим теперь *нечетный детерминант* $\mathrm{qet} : GQ_C(n) \to C_1$. Для каждой нечетной матрицы $M \in \mathrm{Mat}_C(n|0)$ положим

$$F(M) = \sum_{i \geq 0} \frac{1}{2i+1} \mathrm{str}\, M^{2i+1}. \tag{2.34}$$

На самом деле эта сумма конечна, так как $X^k = 0$ при $k > n^2$. Отметим также, что $F_{2k} = 0$. Определим отображение $\mathrm{qet} : GQ_C(n) \to C_1$ (qet — queer, "странный" детерминант) формулой

$$\mathrm{qet}\,(A + \varepsilon B) = F\left(A^{-1}B\right) = \sum_{i \geq 0} \frac{1}{2i+1} \mathrm{str}\, \left(A^{-1}B\right)^{2i+1}. \tag{2.35}$$

Происхождение этой формулы таково. Мы хотим определить гомоморфизм $\mathrm{qet} : GQ_{\mathrm{C}}(n) \to \mathrm{C}_1$, соответствующий нечетному следу otr. Кроме того, qet должен равняться нулю на элементах из $GL_{\mathrm{C}}(n|0)$. Если $\mathrm{M} = \varepsilon \mathrm{B}$, то естественно положить

$$\mathrm{qet}\,(1+\mathrm{M}) = \mathrm{otr}\,\ln(1+\mathrm{M}) = \sum_{i\geq 0} \frac{1}{2i+1} \mathrm{str}\,\mathrm{B}^{2i+1}, \tag{2.36}$$

что и приводит к данному определению [32, 47, 48].

Определение 2.8. *Пусть* $\mathrm{I} \subset \mathrm{C}$ *— идеал и* $\mathrm{M} \in \mathrm{Q_I}(n)$. *Тогда*

$$\mathrm{qet}\,(1+\mathrm{M}) = \mathrm{otr}\,\mathrm{M} \bmod \mathrm{I}^2. \tag{2.37}$$

Теорема 2.9. *Если* $\mathrm{X}, \mathrm{Y} \in GQ_{\mathrm{C}}(n)$, *то*

$$\mathrm{qet}\,\mathrm{XY} = \mathrm{qet}\,\mathrm{X} + \mathrm{qet}\,\mathrm{Y}. \tag{2.38}$$

Иначе говоря, qet есть гомоморфизм групп [32].

2.5. Идеалы $(1|1) \times (1|1)$ суперматриц

Рассмотрим подробнее полугрупповую структуру суперматриц из $\mathrm{Mat}_\Lambda(1|1)$. Обозначим

$$\mathfrak{M}' = \{\mathrm{M} \in \mathfrak{M} | \,\epsilon(a) \neq 0\}, \tag{2.39}$$

$$\mathfrak{M}'' = \{\mathrm{M} \in \mathfrak{M} | \,\epsilon(b) \neq 0\}, \tag{2.40}$$

$$\mathfrak{J}' = \{\mathrm{M} \in \mathfrak{M} | \,\epsilon(a) = 0\}, \tag{2.41}$$

$$\mathfrak{J}'' = \{\mathrm{M} \in \mathfrak{M} | \,\epsilon(b) = 0\}. \tag{2.42}$$

Тогда $\mathfrak{M} = \mathfrak{M}' \cup \mathfrak{J}' = \mathfrak{M}'' \cup \mathfrak{J}''$ и $\mathfrak{M}' \cap \mathfrak{J}' = \varnothing$, $\mathfrak{M}'' \cap \mathfrak{J}'' = \varnothing$, поэтому $\mathfrak{M}^{inv} = \mathfrak{M}' \cap \mathfrak{M}''$ и $\mathfrak{T} \subset \mathfrak{M}''$.

Березиниан $\mathrm{Ber}\,\mathrm{M}$ хорошо определен только для суперматриц из $\mathfrak{M}''$ и обратим, когда $\mathrm{M} \in \mathfrak{M}^{inv}$. Но для суперматриц из $\mathfrak{M}'$ обратный элемент $(\mathrm{Ber}\,\mathfrak{M})^{-1}$ хорошо определен и обратим, если $\mathrm{M} \in \mathfrak{M}^{inv}$ [33]. Относительно умножения суперматриц $(\cdot)$ множество $\mathfrak{M}$ представляет собой полугруппу $\mathbf{M} \stackrel{def}{=} \{\mathfrak{M}; \cdot\}$ всех $(1|1)$-мерных суперматриц, и множество $\mathfrak{M}^{inv}$ представляет подгруппу $\mathbf{G} \stackrel{def}{=} \{\mathfrak{M}^{inv}; \cdot\} \subseteq \mathbf{M}$. В стандартном базисе $\mathfrak{M}^{inv}$ представляет полную линейную группу $GL_\Lambda(1|1)$ [33]. Подмножество $\mathfrak{J} \subset \mathfrak{M}$ представляет идеал полугруппы $\mathbf{M}$ [30].

Предложение 2.10. 1) *Множества* $\mathfrak{J}$, $\mathfrak{J}'$ *и* $\mathfrak{J}''$ *представляют изолированные идеалы полугруппы* $\mathbf{M}$.

2) *Множества* $\mathfrak{M}^{inv}$, $\mathfrak{M}'$ *и* $\mathfrak{M}''$ *— фильтры полугруппы* $\mathbf{M}$.

3) *Множества* $\mathfrak{M}'$ *и* $\mathfrak{M}''$ *представляют подполугруппы полугруппы* $\mathbf{M}$, *при этом* $\mathfrak{M}' = \mathfrak{M}^{inv} \bigcup \mathfrak{J}'$ *и* $\mathfrak{M}'' = \mathfrak{M}^{inv} \bigcup \mathfrak{J}''$, *где соответствующие изолированные идеалы* $\mathfrak{K}' = \mathfrak{M}' \setminus \mathfrak{M}^{inv} = \mathfrak{M}' \cap \mathfrak{J}''$ *и* $\mathfrak{K}'' = \mathfrak{M}'' \setminus \mathfrak{M}^{inv} = \mathfrak{M}'' \cap \mathfrak{J}'$.

4) Идеал $\mathbf{I}$ *полугруппы* $\mathbf{M}$ *представлен множеством* $\mathfrak{J} = \mathfrak{J}' \cup \mathfrak{K}' = \mathfrak{J}'' \cup \mathfrak{K}''$.

Доказательство. Допустим $M_3 = M_1 M_2$, тогда $a_3 = a_1 a_2 + \alpha_1 \beta_2$ и $b_3 = b_1 b_2 + \beta_1 \alpha_2$. Взяв числовую часть, мы выводим $\epsilon(a_3) = \epsilon(a_1)\,\epsilon(a_2)$, и $\epsilon(b_3) = \epsilon(b_1)\,\epsilon(b_2)$. Далее используем определения подполугрупп и идеалов из **Пункта 1**. ■

РАЗДЕЛ 3

СУПЕРМАТРИЧНЫЕ ПОЛУГРУППЫ, ИДЕАЛЬНОЕ СТРОЕНИЕ И РЕДУКЦИИ

Данный раздел посвящен исследованию идеальных свойств суперматриц и построению суперматричных полугрупп, важных с точки зрения их приложений к суперструнным теориям и к феноменологии суперсимметричных моделей элементарных частиц. Рассматриваются общие свойства и классифицируются возможные редукции суперматриц, вводится понятие нечетно-редуцированных суперматриц и показывается их существенная роль как новой категории в изучении суперматричных подструктур. Формулируется теорема сложения березинианов, в рамках которой видна дуальная роль нечетно-редуцированных суперматриц по отношению к четно-редуцированным (треугольным). Оба типа суперматриц объединяются в различные сэндвич-полугруппы с необычными свойствами. Вводятся новые типы супермодулей — нечетные супермодули, нечетное антитранспонирование, представления странной супералгебры Березина. Рассматривается прямая сумма редуцированных суперматриц, где определяются нечетные аналоги собственных чисел и характеристических функций, сформулирована обобщенная теорема Гамильтона-Якоби.

Подробно анализируется идеальная структура многопараметрических полугрупп нечетно-редуцированных суперматриц. Изучаются непрерывные представления полугрупповых связок нечетно-редуцированными суперматрицами антитреугольного вида и вводится новый тип связок — скрученная прямоугольная связка. Для высших связок определяются обобщения отношений Грина — тонкие и смешанные отношения эквивалентности, которые приводят к обобщенным многомерным eggbox диаграммам и являются продолжением отношений Грина с подполугрупп на полугруппу.

3.1. Альтернативная редукция суперматриц

Согласно общей теории G-структур [49–52] различные геометрии получаются редукцией структурной группы многообразия $\mathscr{M}$ к некоторой подгруппе G эндоморфизмов касательного пространства $T\mathscr{M}$ [53–55]. В локальном подходе (используя координатное описание) это означает, что фактически необходимо преобразовать соответствующую матрицу производных в заданном представлении к некоторому редуцированному виду. В подавляющем большинстве случаев этот вид был треугольным [49, 54], и доводом этому было прозрачное наблюдение из обыкновенной теории матриц, что треугольные матрицы сохраняют форму и образуют подгруппу [56–58]. Кроме того, кольца верхнетреугольных матриц обладают нетривиальными алгебраическими свойствами [59].

В суперсимметричных теориях, несмотря на возникновение нечетных подпространств и антикоммутирующих величин, выбор формы редукции оставался тем же [55, 60–62]. Основанием этому было желание полностью отождествить умножение в подгруппах суперматриц с умножением обыкновенных матриц, и вытекающее из этого допущение, что вид матриц, образующих подструктуру, должен быть прежним [63–66].

При рассмотрении вариантов нетривиальных суперсимметричных обобщений [10, 14] можно видеть, что замыкание умножения также может быть достигнуто и для других типов подструктур, не только треугольных, из-за существования дивизоров нуля в алгебре Грассмана или в кольце, над которым определяются суперпространства и супермногообразия [67, 68]. Более того, такие структуры можно объединить со стандартными треугольными в некоторую *более общую категорию*, которая может иметь дальнейшее применение, аналогичное подгруппам. Таким образом, абстрактный смысл собственно редукции [69, 70] может быть в принципе расширен и видоизменен, как это будет показано ниже.

В [2, 10] (см. **Разделы 4** и **5**) были рассмотрены варианты таких редукций в применении к аналогам суперконформных преобразований — редуцированным преобразованиям, которые имеют много необычных свойств. Например, они необратимы и сплетают четность касательного пространства в суперсимметричном базисе.

В данном подразделе мы изучаем общие свойства альтернативной редукции суперматриц с более абстрактной точки зрения без связи с конкретной физической моделью [9]. Однако многие полученные результаты могут быть использованы в теории суперструн [71] и в феноменологии суперсимметричных моделей элементарных частиц [72, 73].

Линейное суперпространство $\mathbf{\Lambda}^{p|q}$ размерности $(p|q)$ над $\Lambda = \Lambda_0 \oplus \Lambda_1$ определено в **Приложении 2** (см. [33, 34]). Различные четные морфизмы $\mathrm{Hom}_0\left(\mathbf{\Lambda}^{p|q}, \mathbf{\Lambda}^{m|n}\right)$ между линейными суперпространствами $\mathbf{\Lambda}^{p|q} \to \mathbf{\Lambda}^{m|n}$ описываются посредством $(p|q)\times(m|n)$- суперматриц как операторов в некотором базисе (см. [33] и **Приложение 2**).

В теории суперримановых поверхностей [74] $(1|1)\times(1|1)$-суперматрицы, описывающие голоморфные морфизмы касательного расслоения, имеют треугольный вид [63]. Здесь мы рассматриваем специальную альтернативную редукцию суперматриц. Для ясности мы ограничиваемся $(1|1)\times(1|1)$-суперматрицами, что позволит нам сосредоточиться на самих идеях, не скрывая их за громоздкими формулами. Обобщение на $(p|q)\times(m|n)$ случай понятно и может быть выполнено посредством элементарных блочных переобозначений.

3.1.1. Необратимое строение суперматриц. В стандартном базисе элементы из $\mathrm{Hom}_0\left(\mathbf{\Lambda}^{1|1}, \mathbf{\Lambda}^{1|1}\right)$ описываются $(1|1)\times(1|1)$-суперматрицами [33]

$$\mathrm{M} \equiv \begin{pmatrix} a & \alpha \\ \beta & b \end{pmatrix} \in \mathrm{Mat}_\Lambda(1|1), \tag{3.1}$$

где $a, b \in \Lambda_0$, $\alpha, \beta \in \Lambda_1$ (мы полагаем здесь, что нечетные элементы имеют индекс нильпотентности, равный 2).

Для множеств суперматриц мы будем использовать соответствующие символы, например, $\mathfrak{M} \stackrel{def}{=} \{\mathrm{M} \in \mathrm{Mat}_\Lambda(1|1)\}$.

В данном $(1|1)$-мерном случае березиниан [33], определяемый как $\mathrm{Ber} : \mathrm{Mat}_\Lambda(1|1) \setminus \{\mathrm{M} | \, \epsilon(b) = 0\} \to \Lambda_0$ имеет вид

$$\mathrm{Ber}\mathrm{M} = \frac{a}{b} + \frac{\beta\alpha}{b^2}. \tag{3.2}$$

Здесь мы предлагаем два типа возможных редукций суперматрицы M (в соответствие с двумя слагаемыми в (3.2)) и изучаем некоторые их свойства совместно [9].

Определение 3.1. *Четно-редуцированные суперматрицы есть элементы из* $\mathrm{Mat}_\Lambda(1|1)$, *имеющие вид*

$$\mathrm{S} \equiv \begin{pmatrix} a & \alpha \\ 0 & b \end{pmatrix} \in \mathrm{RMat}_\Lambda^{even}(1|1). \tag{3.3}$$

Определение 3.2. *Нечетно-редуцированные суперматрицы есть элементы из* $\mathrm{Mat}_\Lambda(1|1)$, *имеющие вид*

$$\mathrm{T} \equiv \begin{pmatrix} 0 & \alpha \\ \beta & b \end{pmatrix} \in \mathrm{RMat}_\Lambda^{odd}(1|1). \tag{3.4}$$

Замечание **3.3.** Причина обозначений происходит из нильпотентности березиниана $\mathrm{Ber}\,\mathrm{T}$ и из того факта, что четно-редуцированные суперматрицы S отвечают суперконформным преобразованиям, которые описывают морфизмы касательного расслоения над суперримановыми поверхностями [63], тогда как нечетно-редуцированные суперматрицы T приводят к преобразованиям, сплетающим четность касательного суперпространства $T\mathbb{C}^{1|1}$ в стандартном базисе (см. [2, 14] и **Подраздел 4.7.2**).

Утверждение 3.4. *Множество* $\mathfrak{M}$ *представляет собой прямую сумму диагональных* $\mathfrak{D}$ *и анти-диагональных* $\mathfrak{A}$ *суперматриц* (*четные и нечетные суперматрицы в обозначениях* [33])

$$\mathfrak{M}=\mathfrak{D}\oplus\mathfrak{A}, \tag{3.5}$$

$$\mathrm{D} \equiv \begin{pmatrix} a & 0 \\ 0 & b \end{pmatrix} \in \mathfrak{D} \equiv \mathrm{Mat}_{\Lambda}^{Diag}(1|1),$$

$$\mathrm{A} \equiv \begin{pmatrix} 0 & \alpha \\ \beta & 0 \end{pmatrix} \in \mathfrak{A} \equiv \mathrm{Mat}_{\Lambda}^{Adiag}(1|1),$$

где $\mathfrak{D}\subset\mathfrak{S}$, $\mathfrak{A}\subset\mathfrak{T}$.

Для редуцированных суперматриц находим

$$\mathfrak{S}\cap\mathfrak{T} = \begin{pmatrix} 0 & \alpha \\ 0 & b \end{pmatrix} \neq \varnothing. \tag{3.6}$$

Тем не менее, следующая теорема объясняет фундаментальную и дуальную роль четно-редуцированных суперматриц $\mathfrak{S}$ и нечетно-редуцированных суперматриц $\mathfrak{T}$.

Теорема 3.5. (Теорема сложения березинианов) *Березинианы четно- и нечетно-редуцированных суперматриц являются аддитивными компонентами березиниана соответствующей нередуцированной суперматрицы*

$$\mathrm{Ber}\,\mathrm{M} = \mathrm{Ber}\,\mathrm{S} + \mathrm{Ber}\,\mathrm{T}. \tag{3.7}$$

Первое слагаемое в (3.7) покрывает все подгруппы четно-редуцированных суперматриц из $\mathrm{Mat}_{\Lambda}(1|1)$, и только оно раньше рассматривалось в приложениях. Второе слагаемое в (3.7) дуально к первому в некотором смысле и соответствует нечетно- редуцированным суперматрицам из $\mathrm{Mat}_{\Lambda}(1|1)$ (см. **Определение 3.2**).

Замечание **3.6.** Соотношение (3.7) представляет собой суперсимметричный вариант очевидного равенства $\det \mathrm{M}_{nonsusy} = \det \mathrm{D}_{nonsusy} + \det \mathrm{A}_{nonsusy}$, где $\mathrm{D}_{nonsusy}$ и $\mathrm{A}_{nonsusy}$ — обыкновенные диагональная и антидиагональная матрицы.

Однако дело в том, что, если A из (3.5) — суперматрица, то BerA не определен вообще [33].

Обозначим множество обратимых элементов из $\mathfrak{M}$ за $\mathfrak{M}^{inv}$, и их разность за $\mathfrak{J} = \mathfrak{M}\setminus\mathfrak{M}^{inv}$. В [33] доказывается, что $\mathfrak{M}^{inv} = \{\mathrm{M}\in\mathfrak{M} \mid \epsilon(a)\neq 0 \wedge \epsilon(b)\neq 0\}$. Далее аналогично для редуцированных суперматриц

$$\mathfrak{S}^{inv} = \{\mathrm{S}\in\mathfrak{S} |\, \epsilon(a)\neq 0 \wedge \epsilon(b)\neq 0\},\ \ \mathfrak{T}^{inv} = \varnothing, \tag{3.8}$$

т. е. получаем

Утверждение 3.7. *Нечетно-редуцированные суперматрицы* $T\in\mathfrak{T}$ *необратимы и* $\mathfrak{T}\subset\mathfrak{J}$.

Идеальная структура (1|1)-суперматриц подробно изложена в **Приложении 2.5**.

3.1.2. М у л ь т и п л и к а т и в н ы е с в о й с т в а н е ч е т н о - р е д у ц и р о в а н н ы х с у п е р м а т р и ц . Нечетно-редуцированные суперматрицы не образуют полугруппу в общем случае, поскольку

$$\mathrm{T}_1\mathrm{T}_2 = \begin{pmatrix} \alpha_1\beta_2 & \alpha_1 b_2 \\ b_1\beta_2 & b_1 b_2 + \beta_1\alpha_2 \end{pmatrix} \neq \mathrm{T}. \tag{3.9}$$

Однако,

$$\mathfrak{T}\star\mathfrak{T}\cap\mathfrak{T} \neq \varnothing \Rightarrow \alpha\beta = 0, \tag{3.10}$$

$$\mathfrak{T}\star\mathfrak{T}\cap\mathfrak{S} \neq \varnothing \Rightarrow \beta b = 0, \tag{3.11}$$

что может иметь место из-за наличия дивизоров нуля в Λ.

Предложение 3.8. 1) *Подмножество $\mathfrak{T}^{SG} \subset \mathfrak{T}$ нечетно-редуцированных суперматриц удовлетворяющих $\alpha\beta = 0$ (3.10) представляют нечетно-редуцированную подполугруппу $\mathbf{T}^{SG} \stackrel{def}{=} \left\{\mathfrak{T}^{SG}; \cdot\right\}$ полугруппы $\mathbf{M}$.*

2) *В нечетной-редуцированной подполугруппе $\mathbf{T}^{SG}$ подмножество суперматриц с $\beta = 0$ представляет собой левый идеал, и с $\alpha = 0$ представляет собой правый идеал, суперматрицы с $b = 0$ образуют двусторонний идеал.*

Другое условие $\beta b = 0$ (3.11) можно трактовать следующим образом.

Утверждение 3.9. *Подмножество $\mathfrak{T}^{\sqrt{S}} \subset \mathfrak{T}$ нечетно-редуцированных суперматриц удовлетворяющих $\beta b = 0$ представляет нечетную ветвь корня из четно-редуцированных суперматриц $\mathfrak{S}$, четная ветвь которого представляется всеми четно-редуцированными суперматрицами вследствие соотношения $\mathfrak{S}\star\mathfrak{S} \subseteq \mathfrak{S}$.*

3.1.3. У н и ф и к а ц и я р е д у ц и р о в а н н ы х с у п е р м а т р и ц . Теперь мы объединим четно- и нечетно-редуцированные суперматрицы (3.3) и (3.4) в общий абстрактный объект. Сначала рассмотрим таблицу умножения всех введенных множеств

$$\begin{array}{rclrcl} \mathfrak{D}\star\mathfrak{D} & = & \mathfrak{D}, & \mathcal{A}\star\mathcal{A} & = & \mathfrak{D} \\ \mathfrak{D}\star\mathfrak{S} & = & \mathfrak{S}, & \mathfrak{T}\star\mathcal{A} & = & \mathfrak{S}^{\mathsf{st}}, \\ \mathfrak{S}\star\mathfrak{D} & = & \mathfrak{S}, & \mathfrak{S}\star\mathcal{A} & = & \mathfrak{T}^{\mathbf{\Pi}}, \\ \mathcal{A}\star\mathfrak{T} & = & \mathfrak{S}, & \mathfrak{S}\star\mathfrak{T} & = & \mathfrak{S}\cup\mathfrak{T} \\ \mathcal{A}\star\mathfrak{S} & = & \mathfrak{T}, & \mathfrak{T}\star\mathfrak{S} & = & \mathfrak{T}. \end{array} \tag{3.12}$$

Здесь $\mathsf{st} : \mathrm{Mat}_\Lambda(1|1) \to \mathrm{Mat}_\Lambda(1|1)$ представляет собой супертранспонирование [34], т. е. $\begin{pmatrix} a & \alpha \\ \beta & b \end{pmatrix}^{\mathsf{st}} = \begin{pmatrix} a & \beta \\ -\alpha & b \end{pmatrix}$.

Также мы употребляем $\mathbf{\Pi}$-транспонирование [75] определенное, как $\mathbf{\Pi} : \mathrm{Mat}_\Lambda(1|1) \to \mathrm{Mat}_\Lambda(1|1)$ и $\begin{pmatrix} a & \alpha \\ \beta & b \end{pmatrix}^{\mathbf{\Pi}} = \begin{pmatrix} b & \beta \\ \alpha & a \end{pmatrix}$.

Замечание **3.10.** Множества суперматриц $\mathfrak{S}$ и $\mathfrak{T}$ не замкнуты относительно st и $\mathbf{\Pi}$ операций, но $\mathfrak{S}^{\mathsf{st}}\cap\mathfrak{S} \subseteq \mathfrak{D}$ и $\mathfrak{T}^{\mathbf{\Pi}}\cap\mathfrak{T} \subseteq \mathcal{A}$.

Мы видим из первых двух соотношений в (3.12), что $\mathcal{A}$ в некотором базисе играет роль левого оператора $\hat{\mathsf{A}}$ изменения типа множества суперматриц (четно-редуцированный на нечетно- и наоборот) $\hat{\mathsf{A}} : \mathfrak{S} \to \mathfrak{T}$ и $\hat{\mathsf{A}} : \mathfrak{T} \to \mathfrak{S}$, тогда как оператор $\hat{\mathsf{D}}$, соответствующий множеству $\mathfrak{D}$, не изменяет тип.

Далее, из первых двух соотношений в (3.12) видно, что множества $\mathfrak{S}$ и $\mathfrak{D}$ представляют собой подполугруппы $\mathbf{S} \stackrel{def}{=} \{\mathfrak{S}; \cdot\}$ и $\mathbf{D} \stackrel{def}{=} \{\mathfrak{D}; \cdot\}$ полугруппы $\mathbf{M}$. К сожалению, из-за двух следующих соотношений в (3.12) множество $\mathfrak{T}$ не имеет такого отчетливого абстрактного смысла. Тем не менее, последняя зависимость $\mathfrak{T} \star \mathfrak{S} = \mathfrak{T}$ важна с иной точки зрения.

Теорема 3.11. *Любой нечетно-редуцированный морфизм* $\hat{\mathsf{T}} : \mathbf{\Lambda}^{1|1} \to \mathbf{\Lambda}^{1|1}$, *отвечающий множеству нечетно-редуцированных суперматриц* $\mathfrak{T}$, *может представляться в виде произведения нечетно- и четно-редуцированных морфизмов, таковых, что*

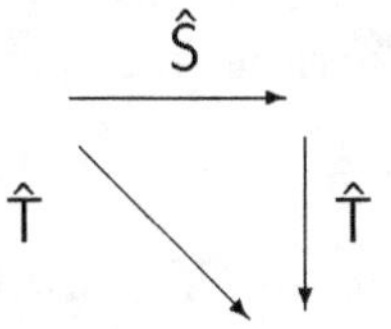

(3.13)

представляет собой коммутативную диаграмму.

Это разложение является решающим в приложениях к построению сплетающих четность преобразований — нечетных суператалогов антиголоморфных преобразований (см. [2] и **Подраздел 4.7**).

3.1.4. Скаляры, антискаляры, обобщенные модули и сэндвич-полугруппа редуцированных суперматриц. Введем аналог $\odot$-умножения для самих редуцированных матриц (не для множеств, как в **Приложении 3.1.6**). Во-первых, определим строение обобщенного Λ-модуля в $\mathrm{Hom}_0\left(\mathbf{\Lambda}^{1|1}, \mathbf{\Lambda}^{1|1}\right)$ некоторым альтернативным способом, четная часть которого*) описана в [34].

Определение 3.12. *В* $\mathrm{Mat}_\Lambda(1|1)$ *скалярная матрица* (*скаляр*) $\mathrm{E}(x)$ *и антискалярная матрица* (*антискаляр*) $\mathcal{E}(\chi)$ *определяются формулами*

$$\mathrm{E}(x) \stackrel{def}{=} \begin{pmatrix} x & 0 \\ 0 & x \end{pmatrix} \in \mathfrak{D} = \mathrm{Mat}_\Lambda^{diag}(1|1), \; x \in \Lambda_0, \tag{3.14}$$

$$\mathcal{E}(\chi) \stackrel{def}{=} \begin{pmatrix} 0 & \chi \\ \chi & 0 \end{pmatrix} \in \mathcal{A} = \mathrm{Mat}_\Lambda^{adiag}(1|1), \; \chi \in \Lambda_1. \tag{3.15}$$

Утверждение 3.13. *Странная суперaлгебра Березина* [33] (*см. также* **Приложение 2.4**)

$$\boldsymbol{Q}_\Lambda(1) \equiv \begin{pmatrix} x & \chi \\ \chi & x \end{pmatrix} \subset \mathrm{Mat}_\Lambda(1|1) \tag{3.16}$$

представляет собой прямую сумму скаляра и антискаляра

$$\boldsymbol{Q}_\Lambda(1) = \mathrm{E}(x) \oplus \mathcal{E}(\chi). \tag{3.17}$$

Опишем некоторые свойства скаляров и антискаляров.

---

*) *Примечание.* В обыкновенной матричной теории — это тот факт, что произведение матрицы и числа равно произведению матрицы и диагональной матрицы, имеющей данное число на диагонали [76].

Утверждение 3.14. *Антискаляры между собой антикоммутируют* $\mathcal{E}(\chi_1)\mathcal{E}(\chi_2)+\mathcal{E}(\chi_2)\mathcal{E}(\chi_1)=0$, *и поэтому они нильпотентны.*

Предложение 3.15. *Строение обобщенного* $\Lambda_0\oplus\Lambda_1$*-модуля в* $\mathrm{Hom}_0\left(\mathbf{\Lambda}^{1|1},\mathbf{\Lambda}^{1|1}\right)$ *определяется действием скаляров* (3.14) *и антискаляров* (3.15).

Это значит, что везде, где необходимо, мы заменяем умножение суперматриц четными и нечетными элементами из Λ с умножением на скалярные и антискалярные суперматрицы (3.14)–(3.15). Соотношения, содержащие скаляры, уже известны [34], но для антискалярных величин мы получаем новые дуальные соотношения [9].

Рассмотрим подробнее их действие на элементах $\mathrm{M}\in\mathrm{Mat}_\Lambda(1|1)$. Во-первых, сформулируем следующее

Определение 3.16. *Левое* $\mathbf{\Upsilon}_L$ *и правое* $\mathbf{\Upsilon}_R$ *антитранспонирования — это отображения* $\mathrm{Hom}_0\left(\mathbf{\Lambda}^{1|1},\mathbf{\Lambda}^{1|1}\right)\to\mathrm{Hom}_1\left(\mathbf{\Lambda}^{1|1},\mathbf{\Lambda}^{1|1}\right)$, *действующие на* $\mathrm{M}\in\mathfrak{M}$ *как*

$$\begin{pmatrix} a & \alpha \\ \beta & b \end{pmatrix}^{\mathbf{\Upsilon}_L} = \begin{pmatrix} \beta & b \\ a & \alpha \end{pmatrix}, \tag{3.18}$$

$$\begin{pmatrix} a & \alpha \\ \beta & b \end{pmatrix}^{\mathbf{\Upsilon}_R} = \begin{pmatrix} \alpha & a \\ b & \beta \end{pmatrix}. \tag{3.19}$$

Следствие 3.17. *Антитранспонирования являются квадратными корнями оператора смены четности* $\mathbf{\Pi}$ *в следующем смысле*

$$\mathbf{\Upsilon}_L\mathbf{\Upsilon}_R=\mathbf{\Upsilon}_R\mathbf{\Upsilon}_L=\mathbf{\Pi}. \tag{3.20}$$

Интересно сравнить (3.20) с полутранспонированиями, введенными в **Пункте 6.1.2**, и аналогичной формулой (6.18).

Утверждение 3.18. *Антитранспонирования удовлетворяют соотношениям*

$$\begin{aligned} (\mathcal{E}(\chi)\mathrm{M})^{\mathbf{\Upsilon}_L} &= \chi\mathrm{M} \\ (\mathcal{E}(\chi)\mathrm{M})^{\mathbf{\Upsilon}_R} &= \chi\mathrm{M}^{\mathbf{\Pi}} \\ (\mathrm{M}\mathcal{E}(\chi))^{\mathbf{\Upsilon}_L} &= \mathrm{M}^{\mathbf{\Pi}}\chi \\ (\mathrm{M}\mathcal{E}(\chi))^{\mathbf{\Upsilon}_R} &= \mathrm{M}\chi \end{aligned} \tag{3.21}$$

Таким образом, конкретная реализация правого, левого и двустороннего обобщенных $\Lambda_0\oplus\Lambda_1$- модулей в $\mathrm{Hom}_0\left(\mathbf{\Lambda}^{1|1},\mathbf{\Lambda}^{1|1}\right)$ определяется новыми действиями

$$\begin{aligned} \mathcal{E}(\chi)\mathrm{M} &= \chi\mathrm{M}^{\mathbf{\Upsilon}_L}, \\ \mathrm{M}\mathcal{E}(\chi) &= \mathrm{M}^{\mathbf{\Upsilon}_R}\chi, \\ \mathcal{E}(\chi_1)\mathrm{M}\mathcal{E}(\chi_2) &= \chi_1\mathrm{M}^{\mathbf{\Pi}}\chi_2. \end{aligned} \tag{3.22}$$

Можно сравнить эти выражения со стандартной структурой Λ-модуля [34]

$$\begin{aligned} \mathrm{E}(x)\mathrm{M} &= x\mathrm{M}, \\ \mathrm{M}\mathrm{E}(x) &= \mathrm{M}x, \\ \mathrm{E}(x_1)\mathrm{M}\mathrm{E}(x_2) &= x_1\mathrm{M}x_2. \end{aligned} \tag{3.23}$$

Следствие 3.19. *Обобщенные соотношения для* $\Lambda_0 \oplus \Lambda_1$*-модуля имеют следующий вид*

$$\begin{array}{rcl} (\mathrm{E}(x)\,\mathrm{M})\,\mathrm{N} & = & \mathrm{E}(x)\,(\mathrm{MN}) \\ (\mathrm{ME}(x))\,\mathrm{N} & = & \mathrm{M}\,(\mathrm{E}(x)\,\mathrm{N}) \\ \mathrm{M}\,(\mathrm{NE}(x)) & = & (\mathrm{MN})\,\mathrm{E}(x) \\ (\mathcal{E}(\chi)\,\mathrm{M})\,\mathrm{N} & = & \mathcal{E}(\chi)\,(\mathrm{MN}) \\ (\mathrm{M}\mathcal{E}(\chi))\,\mathrm{N} & = & \mathrm{M}\,(\mathcal{E}(\chi)\,\mathrm{N}) \\ \mathrm{M}\,(\mathrm{N}\mathcal{E}(\chi)) & = & (\mathrm{MN})\,\mathcal{E}(\chi) \end{array} \tag{3.24}$$

где $\mathrm{M}, \mathrm{N} \in \mathrm{Mat}_\Lambda(1|1)$.

Таким же образом определяются и величины, дуальные относительно четности.

Определение 3.20. *Нечетные скаляр и антискаляр определяются формулами*

$$\mathrm{E}(\chi) \stackrel{def}{=} \begin{pmatrix} \chi & 0 \\ 0 & -\chi \end{pmatrix} \in \mathrm{Hom}_1\left(\mathbf{\Lambda}^{1|1}, \mathbf{\Lambda}^{1|1}\right), \tag{3.25}$$

$$\mathcal{E}(x) \stackrel{def}{=} \begin{pmatrix} 0 & x \\ x & 0 \end{pmatrix} \in \mathrm{Hom}_1\left(\mathbf{\Lambda}^{1|1}, \mathbf{\Lambda}^{1|1}\right). \tag{3.26}$$

Предложение 3.21. *Строение обобщенного* $\Lambda_0 \oplus \Lambda_1$*-модуля в* $\mathrm{Hom}_1\left(\mathbf{\Lambda}^{1|1}, \mathbf{\Lambda}^{1|1}\right)$ *определяется аналогичный действию нечетного скаляра и нечетного анти-скаляра* (3.24).

Одним способом объединения четно- (3.3) и нечетно-редуцированных (3.4) суперматриц в объект, аналогичный полугруппе, является рассмотрение сэндвич-умножения, подобного (3.40), но на уровне суперматриц (а не множеств), посредством скаляров и анти скаляров в качестве сэндвич-суперматриц.

В самом деле, обычное произведение суперматриц может быть записано, как $\mathrm{M}_1\mathrm{M}_2 = \mathrm{M}_1\mathrm{E}(1)\,\mathrm{M}_2$. Для антискаляра не существует аналога этого соотношения, потому, что среди нечетных величин $\chi \in \Lambda_1$ нет единицы. Следовательно, единственная возможность рассмотреть $\mathcal{E}(\chi)$ на равных началах с $\mathrm{E}(x)$ есть рассмотрение сэндвич-элементов (3.14)–(3.15), которые имеют в качестве аргументов x и χ произвольно выбранные или фиксированные другими специальными условиями суперчисла.

Определение 3.22. *Сэндвич-произведение* $\Lambda_0 \oplus \Lambda_1$ *редуцированных суперматриц* $\mathrm{R} = \mathrm{S}, \mathrm{T} \in \mathfrak{R}$ *определяется формулой*

$$\mathrm{R}_1 \circledcirc_{\boldsymbol{X}} \mathrm{R}_2 \stackrel{def}{=} \begin{cases} \mathrm{R}_1\mathrm{E}(x)\,\mathrm{R}_2, & \mathrm{R}_2 = \mathrm{S}, \\ \mathrm{R}_1\mathcal{E}(\chi)\,\mathrm{R}_2, & \mathrm{R}_2 = \mathrm{T}, \end{cases} \tag{3.27}$$

где $\boldsymbol{X} = \{x, \chi\} \in \Lambda_0 \oplus \Lambda_1$ *— “суперполе” сэндвич-умножения.*

Введенное $\circledcirc_{\boldsymbol{X}}$-умножение ассоциативно, и его таблица совпадает с (3.41). Поэтому мы имеем

Определение 3.23. *Относительно* $\circledcirc_{\boldsymbol{X}}$*-умножения* (3.27) *редуцированные суперматрицы образуют полугруппу, которую мы будем называть сэндвич-полугруппой редуцированных матриц* $\mathbf{RMS}_{sandw}$ (**R***educed super***M***atrix sandwich* **S***emigroup*).

Из явного вида $\circledcirc_{\boldsymbol{X}}$-умножения следует

Теорема 3.24. *Введенная сэндвич-полугруппа редуцированных матриц* $\mathbf{RMS}_{sandw}$ *изоморфна специальной полугруппе правых нулей*

$$\mathbf{RMS}_{sandw} \cong \mathbf{Z}_R = \{\mathfrak{R} = \mathfrak{S} \cup \mathfrak{T}; \circledcirc_{\mathbf{X}}\}. \tag{3.28}$$

3.1.5. Прямая сумма редуцированных суперматриц. Иной способ объединить редуцированные суперматрицы — это рассмотреть связь между ними и обобщенными $\Lambda_0 \oplus \Lambda_1$-модулями, введенными в предыдущем пункте. Для этого необходимо определить прямую сумму пространств.

Определение 3.25. *Прямое пространство редуцированных суперматриц* $\mathbb{RMS}_{\oplus}$ *(Reduced superMatrix direct Superspace) представляет собой прямую сумму пространства четно-редуцированных суперматриц и пространства нечетно-редуцированных суперматриц.*

В терминах множеств имеем $\mathfrak{R}_{\oplus} = \mathfrak{S} \oplus \mathfrak{T}$.

Замечание **3.26.** Отметим, что $\mathfrak{R}_{\oplus} \neq \mathfrak{M}$ из-за (3.6).

Утверждение 3.27. *В пространстве* $\mathbb{RMS}_{\oplus}$ *скаляр — это странная суперадгебра Березина* $\boldsymbol{Q}_{\Lambda}(1)$ *(см. (3.17)).*

В пространстве $\mathbb{RMS}_{\oplus}$ скаляр играет ту же роль для четно-редуцированных суперматриц, как антискаляр — для нечетно-редуцированных суперматриц. Так, используя (3.3)–(3.4) и (3.14)–(3.15), легко проверить следующее

Утверждение 3.28. *В* $\mathbb{RMS}_{\oplus}$ *собственные значения четно-* S *и нечетно-редуцированных* T *суперматриц должны находиться из различных уравнений, а именно,*

$$\mathrm{S} \cdot \mathtt{V} = \mathrm{E}(x) \cdot \mathtt{V}, \tag{3.29}$$

$$\mathrm{T} \cdot \mathtt{V} = \mathcal{E}(\chi) \cdot \mathtt{V}, \tag{3.30}$$

где $\mathtt{V}$ *представляет собой вектор-столбец, а собственные значения равны*

$$x_1 = a, \quad x_2 = b, \tag{3.31}$$

$$\chi_1 = \alpha, \quad \chi_2 = \beta. \tag{3.32}$$

Определение 3.29. *Четная и нечетная характеристические функции для редуцированных суперматриц определяются в* $\mathbb{RMS}_{\oplus}$ *различными (!) формулами*

$$\boldsymbol{H}_{\mathrm{S}}^{even}(x) = \mathrm{Ber}\,(\mathrm{E}(x) - \mathrm{S}), \tag{3.33}$$

$$\boldsymbol{H}_{\mathrm{T}}^{odd}(\chi) = \mathrm{Ber}\,(\mathcal{E}(\chi) - \mathrm{T}). \tag{3.34}$$

Замечание **3.30.** В стандартном Λ-модуле над $\mathrm{Mat}_{\Lambda}(1|1)$ [33] характеристические функции и собственные значения для любой суперматрицы (включая и нечетно-редуцированные) получаются из уравнений (3.29) и (3.33), что дает в нечетном случае отличный от нашего результат (см. также [77]).

Используя (3.3)–(3.4) и (3.33)–(3.34), легко находим

$$\boldsymbol{H}_{\mathrm{S}}^{even}(x) = \frac{(x-b)(x-a)}{(x-b)^2}, \tag{3.35}$$

$$\boldsymbol{H}_{\mathrm{T}}^{odd}(\chi) = \frac{(\chi-\beta)(\chi-\alpha)}{b^2}. \tag{3.36}$$

Здесь мы замечаем полную симметрию между четно- и нечетно-редуцированными суперматрицами*), а также непротиворечивость с их $\Lambda_0 \oplus \Lambda_1$ собственными значениями (3.31)–(3.32).

В "четном" случае характеристический многочлен суперматрицы M определяется выражением $\boldsymbol{P}_{\mathrm{M}}(\mathrm{M}) = 0$ и в нетривиальных случаях [78–82] строится из частей характеристической функции $\boldsymbol{H}_{\mathrm{M}}(x)$ согласно особому алгоритму [77, 83, 84]. Для несуперсимметричной матрицы $\mathrm{M}_{nonsusy}$ он очевидно совпадает с характеристической функцией $\boldsymbol{P}_{\mathrm{M}_{nonsusy}}(x) = \boldsymbol{H}_{\mathrm{M}_{nonsusy}}(x) \equiv \det(\mathrm{I} \cdot x - \mathrm{M}_{nonsusy})$, где I представляет собой единичную матрицу. Однако в суперслучае из-за существования дивизоров нуля в Λ степень характеристического многочлена $\boldsymbol{P}_{\mathrm{M}}(x)$ может быть меньше стандартной величины $n = p+q$, $\mathrm{M} \in \mathrm{Mat}_{\Lambda}(p|q)$ [77,84]. Но этот алгоритм не может быть непосредственно применим для нечетно-редуцированных и антидиагональных суперматриц.

Поэтому, как и выше, мы рассматриваем два дуальных характеристических многочлена и, используя (3.35)–(3.36), получаем аналог теорему Кэли-Гамильтона для пространства $\mathbb{RMS}_{\oplus}$.

Теорема 3.31. (Обобщенная теорема Кэли-Гамильтона) *В* $\mathbb{RMS}_{\oplus}$ *характеристические многочлены имеют вид*

$$\boldsymbol{P}_{\mathrm{S}}^{even}(x) = (x-a)(x-b), \tag{3.37}$$

$$\boldsymbol{P}_{\mathrm{T}}^{odd}(\chi) = (\chi-\alpha)(\chi-\beta). \tag{3.38}$$

и $\boldsymbol{P}_{\mathrm{S}}^{even}(\mathrm{S}) = 0$ *для любого* S, *но* $\boldsymbol{P}_{\mathrm{T}}^{odd}(\mathrm{T}) = 0$ *только для нильпотентых* b.

3.1.6. Полугруппа множеств редуцированных матриц. Чтобы объединить введенные множества суперматриц (3.12), мы рассмотрим тройные произведения

$$\begin{aligned} \mathfrak{S} \star \mathcal{A} \star \mathfrak{T} &= \mathfrak{S}, \\ \mathfrak{T} \star \mathcal{A} \star \mathfrak{T} &= \mathfrak{T}, \\ \mathfrak{S} \star \mathfrak{D} \star \mathfrak{S} &= \mathfrak{S}, \\ \mathfrak{T} \star \mathfrak{D} \star \mathfrak{S} &= \mathfrak{T}. \end{aligned} \tag{3.39}$$

Здесь мы замечаем, что множества суперматриц $\mathcal{A}$ и $\mathfrak{D}$ играем роль "сэндвич" элементов в особом $\mathfrak{S}$ и $\mathfrak{T}$ умножении. Более того, сэндвич элементы находятся во взаимооднозначном соответствии с правыми множествами, на которых они действуют, и таким образом они "чувствительны справа". Следовательно, вполне естественно ввести следующее

Определение 3.32. *Сэндвич-произведение множеств редуцированных суперматриц* $\mathfrak{R} = \mathfrak{S}, \mathfrak{T}$

$$\mathfrak{R}_1 \odot \mathfrak{R}_2 \stackrel{def}{=} \begin{cases} \mathfrak{R}_1 \star \mathfrak{D} \star \mathfrak{R}_2, & \mathfrak{R}_2 = \mathfrak{S}, \\ \mathfrak{R}_1 \star \mathcal{A} \star \mathfrak{R}_2, & \mathfrak{R}_2 = \mathfrak{T}. \end{cases} \tag{3.40}$$

В терминах сэндвич-произведения из (3.39) мы получаем

$$\begin{aligned} \mathfrak{S} \odot \mathfrak{T} &= \mathfrak{S}, \\ \mathfrak{T} \odot \mathfrak{T} &= \mathfrak{T}, \\ \mathfrak{S} \odot \mathfrak{S} &= \mathfrak{S}, \\ \mathfrak{T} \odot \mathfrak{S} &= \mathfrak{T}. \end{aligned} \tag{3.41}$$

Предложение 3.33. $\odot$*-умножение ассоциативно.*

---

*) *Примечание.* Чтобы это подчеркнуть, мы не проводили сокращения в равенстве (3.35).

Доказательство. Перебор всех тройных произведений с различной расстановкой скобок и использование таблицы умножения (3.41). ■

Определение 3.34. *Элементы* $\mathfrak{S}$ *и* $\mathfrak{T}$ *образовывают полугруппу множеств относительно* $\odot$*- умножения (3.40), которую мы будем называть полугруппой множеств редуцированных матриц и обозначим* $\mathbf{RMS}_{set}$ (**R***educed super***M***atrix* **S***emigroup of sets*).

Из (3.41) видно, что $\mathbf{RMS}_{set}$ есть полугруппа идемпотентов, причем каждый элемент является правым нулем, поэтому мы можем сформулировать следующую теорему.

Теорема 3.35. *Полугруппа* $\mathbf{RMS}_{set}$ *изоморфна особой полугруппе правых нулей, т. е.* $\mathbf{RMS}_{set} \cong \mathbf{Z}_R = \{\mathfrak{R} = \mathfrak{S} \cup \mathfrak{T}; \odot\}$.

3.2. Представление полугрупп связок суперматрицами

Матричные полугруппы [85–91] представляют собой значительный инструмент в конкретном и полном исследовании абстрактного строения теории полугрупп [30, 31, 92, 93]. Матричные представления [94–99] широко используются в изучении конечных полугрупп [100, 101] и топологических полугрупп [102–106]. Обычно матричные полугруппы определяются над полем $\mathbb{K}$ [107–109]. Тем не менее, после обнаружения суперсимметрии физиками [110, 111] реалистичные объединенные теории частиц начали рассматриваться в суперпространстве (см., например, [112] и **Приложение 7.1**) — аналоге пространства, в котором все величины и функции определяются не над полем $\mathbb{K}$, но над грассман-банаховой супералгеброй над $\mathbb{K}$ [67, 113] (или их обобщениями [68, 114]). Следовательно, представляется важным изучить различные представления полугрупп не матрицами, а суперматрицами [11, 28].

В этом подразделе мы рассмотрим непрерывные суперматричные представления различных полугрупп связок, состоящих из идемпотентов [31, 115, 116]. Отметим, что исследование представлений полугрупп идемпотентов [103, 117–119], с идемпотентно-генерированных полугрупп [120] и подмножеств идемпотентов [121–125] и псевдоидемпотентов [126] в полугруппах, в особенности матричных полугрупп [127], является важным с абстрактно-алгебраической точки зрения. Идемпотенты также возникают и широко используются в приложениях случайных матричных полугрупп [98, 99, 128, 129].

Сначала рассмотрим возможные подполугруппы полугруппы редуцированных суперматриц (не множеств и не сэндвич, как в **Подразделе 3.1**). Множества нечетно-редуцированных матриц (см. **Определение 3.2**) образуют Г-полугруппы, которые определены в **Пункте 3.2.1**. Рассмотрим сначала однопараметрические подполугруппы Г-полугрупп из (3.43)–(3.44).

3.2.1. Правые и левые Г-матрицы. В общем случае, нечетно-редуцированные матрицы $T \in \mathfrak{T}$ (см. (3.4) и **Подраздел 3.1**) не образуют полугруппу, поскольку их умножение не замкнуто (3.9). Однако, некоторое подмножество в $\mathfrak{T}$ может образовать полугруппу $\mathbf{T}^{SG}$, именно то, в котором $(1|1)$-элемент в результирующей суперматрице (3.9) обращается в нуль (см. **Предложение 3.8**). Чтобы определить класс полугрупп такого типа, мы рассмотрим некоторые обобщения. Пусть $\alpha, \beta \in \Gamma$, где $\Gamma \subset \Lambda_1$ — нечетная подсуперобласть. Мы обозначим

$$\operatorname{Ann}\alpha \stackrel{def}{=} \{\Gamma \in \Lambda_1 \,|\, \Gamma \cdot \alpha = 0\}, \ \operatorname{Ann}\Gamma = \bigcap_{\alpha\in\Gamma} \operatorname{Ann}\alpha, \tag{3.42}$$

В последнем определении пересечение множеств является решающим.

Замечание **3.36.** Нильпотентность*) α приводит к $\alpha \in \operatorname{Ann}\alpha$ и как следствие $\Gamma \cdot \operatorname{Ann}\Gamma = 0$.

Определение 3.37. *Определим левые и правые Γ-матрицы следующим образом*

$$\mathrm{T}^{\Gamma}_{(L)} \stackrel{def}{=} \begin{pmatrix} 0 & \Gamma \\ \operatorname{Ann}\Gamma & b \end{pmatrix}, \tag{3.43}$$

$$\mathrm{T}^{\Gamma}_{(R)} \stackrel{def}{=} \begin{pmatrix} 0 & \operatorname{Ann}\Gamma \\ \Gamma & b \end{pmatrix}. \tag{3.44}$$

Предложение 3.38. *Γ-матрицы $\mathrm{T}^{\Gamma}_{(L,R)} \subset \mathfrak{T}$ образуют подполугруппы $\mathbf{T}^{\Gamma}_{(L,R)}$ относительно умножения суперматриц.*

Доказательство. Рассмотрим аналог умножения (3.9) для множеств в случае левых Γ-матриц $\mathrm{T}^{\Gamma}_{(L)}$ следующим образом

$$\begin{pmatrix} 0 & \Gamma \\ \operatorname{Ann}\Gamma & b_1 \end{pmatrix} \begin{pmatrix} 0 & \Gamma \\ \operatorname{Ann}\Gamma & b_2 \end{pmatrix} = \begin{pmatrix} \Gamma \cdot \operatorname{Ann}\Gamma & \Gamma \cdot b_2 \\ b_1 \cdot \operatorname{Ann}\Gamma & b_1 \cdot b_2 + \operatorname{Ann}\Gamma \cdot \Gamma \end{pmatrix}.$$

Таким образом, условие $\Gamma \cdot \operatorname{Ann}\Gamma = 0$ и доказывает утверждение. ∎

Замечание **3.39.** В полугруппах $\mathbf{T}^{\Gamma}_{(L,R)}$ подмножество матриц с $\beta = 0$ представляет собой левый идеал, и с $\alpha = 0$ представляет собой правый идеал, матрицы с $b = 0$ образуют двусторонний идеал.

Определение 3.40. *Назовем Γ-полугруппами введенные в 3.38 полугруппы $\mathbf{T}^{\Gamma}_{(L,R)}$.*

Замечание **3.41.** Γ-полугруппы $\mathbf{T}^{\Gamma}_{(L,R)}$ не содержат единицу.

Сущность Γ-полугрупп $\mathbf{T}^{\Gamma}_{(L,R)}$ может быть выяснена из следующей аналогии с бидеалами [130–132]. Напомним, что бидеал в полугруппе $\mathbf{M}$ может быть введен как множество $\mathbf{B}$ суперматриц, удовлетворяющих $\mathbf{B} * \mathbf{M} * \mathbf{B} \subseteq \mathbf{B}$ [130]. Для Γ-полугрупп $\mathbf{T}^{\Gamma}_{(L,R)}$ это соотношение слишком сильное и может не выполняться. Тем не менее, некоторый более общий аналог его может быть найден.

Предложение 3.42. *Для любого заданного $\Gamma \subset \Lambda_1$ полугруппы $\mathbf{T}^{\Gamma}_{(L,R)}$ являются одновременно слабыми бидеалами**), которые удовлетворяют соотношениям*

$$\mathbf{T}^{\Gamma}_{(L,R)} * \mathbf{M} * \mathbf{T}^{\Gamma}_{(L,R)} \subseteq \mathbf{T}^{\Gamma_1}_{(L,R)}, \tag{3.45}$$

где $\Gamma_1(\Gamma) \subset \Lambda_1$ - суперобласть в нечетном секторе Λ.

Доказательство. Рассматрим аналог (3.45) для множеств в виде

$$\begin{pmatrix} 0 & \Gamma \\ \operatorname{Ann}\Gamma & b_1 \end{pmatrix} \begin{pmatrix} a & \alpha \\ \beta & b \end{pmatrix} \begin{pmatrix} 0 & \Gamma \\ \operatorname{Ann}\Gamma & b_2 \end{pmatrix} =$$

Примечание. Здесь мы рассматриваем только тот случай, когда индекс нильпотентности 2 и $\alpha^2 = 0$.
Примечание. Слово "обобщенный бидеал" резервировано для другой конструкции в [130].

$$\left(\begin{array}{cc} \Gamma\cdot\operatorname{Ann}\Gamma\cdot b & \Gamma\cdot bd-\Gamma^2\cdot\beta \\ \operatorname{Ann}\Gamma\cdot cb-(\operatorname{Ann}\Gamma)^2\cdot\alpha & \Gamma\cdot\operatorname{Ann}\Gamma\cdot a+c\beta\cdot\Gamma+\operatorname{Ann}\Gamma\cdot\alpha\cdot d+cbd \end{array}\right). \tag{3.46}$$

Мы видим, что условие $\Gamma \cdot \operatorname{Ann}\Gamma = 0$ снова дает нечетно-редуцированную суперматрицу в правой части, за счет исчезновения $(1|1)$-слагаемого. Тогда произведение $(2|1)$ и $(1|2)$-элементов равно нулю по той же причине, и мы имеем Γ-матрицу, однако, определенной над иной суперобластью $\Gamma_1(\Gamma) \subset \Lambda_1$ ■

3.2.2. Однопараметрические полугруппы редуцированных суперматриц. Наиболее элементарная однопараметрическая полугруппа суперматриц вида (3.43)–(3.44) представляется антидиагональными нильпотентными суперматрицами вида

$$\mathrm{Y}_\alpha(t) \stackrel{def}{=} \left(\begin{array}{cc} 0 & \alpha t \\ \alpha & 0 \end{array}\right). \tag{3.47}$$

Предложение 3.43. *Суперматрицы $\mathrm{Y}_\alpha(t)$ наряду с нулевой суперматрицей*

$$\mathrm{Z} \stackrel{def}{=} \left(\begin{array}{cc} 0 & 0 \\ 0 & 0 \end{array}\right) \tag{3.48}$$

образуют непрерывную полугруппу $\mathbf{Z}_\alpha \stackrel{def}{=} \{\bigcup \mathrm{Y}_\alpha(t) \bigcup \mathrm{Z}; \cdot\}$ с нулевым умножением

$$\mathrm{Y}_\alpha(t)\cdot\mathrm{Y}_\alpha(u)=\mathrm{Z}. \tag{3.49}$$

Доказательство. Рассмотрим умножение двух элементов

$$Y_\alpha(t)\cdot Y_\alpha(u)=\left(\begin{array}{cc} 0 & \alpha t \\ \alpha & 0 \end{array}\right)\left(\begin{array}{cc} 0 & \alpha u \\ \alpha & 0 \end{array}\right)=\left(\begin{array}{cc} \alpha^2 t & 0 \\ 0 & \alpha^2 u \end{array}\right).$$

Поскольку α — нильпотент второй степени $\alpha^2 = 0$, мы получаем необходимый результат — нулевое умножение (3.49). ■

Замечание **3.44.** Это показывает, что здесь (как и во всех доказательствах ниже) нильпотентность играет решающую и обязательную роль, и, таким образом, эти построения возможны только для суперматриц и не имеют аналогов в обычном (несуперсимметричном) случае.

Утверждение 3.45. *Для любого фиксированного $t = t_0 \in \Lambda^{1|0}$ множество $\{\mathrm{Y}_\alpha(t_0), \mathrm{Z}\}$ представляет собой 0-минимальный идеал в полугруппе $\mathbf{Z}_\alpha$.*

Среди нетривиальных вариантов однопараметрических подполугруппы полугруппы $\mathbf{T}^{\Gamma}_{(L,R)}$ мы рассмотрим нечетно-редуцированные суперматрицы следующего вида

$$\mathrm{P}_\alpha(t) \stackrel{def}{=} \left(\begin{array}{cc} 0 & \alpha t \\ \alpha & 1 \end{array}\right) \tag{3.50}$$

где $t \in \Lambda^{1|0}$ — четный параметр из Λ, который "нумерует" элементы $\mathrm{P}_\alpha(t)$, и $\alpha \in \Lambda^{0|1}$ представляет собой фиксированный нечетный элемент Λ, который "нумерует" множества $\bigcup_t \mathrm{P}_\alpha(t)$.

Замечание **3.46.** Здесь мы исследуем однопараметрические подполугруппы полугруппы $\mathbf{T}^{\Gamma}_{(L,R)}$ как абстрактные полугруппы [29, 30], но не как полугруппы операторов [133, 134].

Сначала установим свойства умножения суперматриц $\mathrm{P}_\alpha(t)$. Из (3.50) видно, что

$$\begin{pmatrix} 0 & \alpha t \\ \alpha & 1 \end{pmatrix}\begin{pmatrix} 0 & \alpha u \\ \alpha & 1 \end{pmatrix} = \begin{pmatrix} \alpha^2 t & \alpha t \\ \alpha & 1+\alpha^2 u \end{pmatrix} \overset{\alpha^2=0}{=} \begin{pmatrix} 0 & \alpha t \\ \alpha & 1 \end{pmatrix}, \tag{3.51}$$

и поэтому мы имеем

Предложение 3.47. *В случае $\alpha^2 = 0$ умножение суперматриц $\mathrm{P}_\alpha(t)$ имеет следующий вид*

$$\mathrm{P}_\alpha(t) \cdot \mathrm{P}_\alpha(u) = \mathrm{P}_\alpha(t). \tag{3.52}$$

Следствие 3.48. *Умножение* (3.52) *ассоциативно, поэтому множество суперматриц $\mathrm{P}_\alpha(t)$ представляет собой однопараметрическую полугруппу $\mathbf{P}_\alpha$ относительно умножения* $(\cdot)$.

Следствие 3.49. *Все суперматрицы $\mathrm{P}_\alpha(t)$ идемпотентны*

$$\begin{pmatrix} 0 & \alpha t \\ \alpha & 1 \end{pmatrix}^2 = \begin{pmatrix} \alpha^2 t & \alpha t \\ \alpha & 1+\alpha^2 t \end{pmatrix} \overset{\alpha^2=0}{=} \begin{pmatrix} 0 & \alpha t \\ \alpha & 1 \end{pmatrix}. \tag{3.53}$$

Предложение 3.50. *Если $\mathrm{P}_\alpha(t) = \mathrm{P}_\alpha(u)$, то*

$$t - u = \operatorname{Ann}\alpha. \tag{3.54}$$

Доказательство. Из определения (3.50) следует, что две суперматрицы $\mathrm{P}_\alpha(t)$ равны, если $\alpha t = \alpha u$, что дает искомое (3.54). ■

Аналогично мы можем ввести идемпотентные суперматрицы $\mathrm{Q}_\alpha(t)$ вида

$$\mathrm{Q}_\alpha(t) \overset{def}{=} \begin{pmatrix} 0 & \alpha \\ \alpha t & 1 \end{pmatrix}, \tag{3.55}$$

которые удовлетворяют

$$\begin{pmatrix} 0 & \alpha \\ \alpha t & 1 \end{pmatrix}\begin{pmatrix} 0 & \alpha \\ \alpha u & 1 \end{pmatrix} = \begin{pmatrix} 0 & \alpha \\ \alpha u & 1 \end{pmatrix} \tag{3.56}$$

или

$$\mathrm{Q}_\alpha(t) \cdot \mathrm{Q}_\alpha(u) = \mathrm{Q}_\alpha(u), \tag{3.57}$$

и поэтому суперматрицы $\mathrm{Q}_\alpha(t)$ также образуют полугруппу $\mathbf{Q}_\alpha$.

Замечание **3.51.** Полугруппы $\mathbf{P}_\alpha$ и $\mathbf{Q}_\alpha$ не содержат двусторонних нулей и единиц.

Утверждение 3.52. *Полугруппы $\mathbf{P}_\alpha$ и $\mathbf{Q}_\alpha$ — непрерывные объединения одноэлементных групп (соответствующие фиксированным t) с действиями* (3.52) *и* (3.57).

Соотношения (3.51)–(3.56) и

$$\begin{pmatrix} 0 & \alpha t \\ \alpha & 1 \end{pmatrix}\begin{pmatrix} 0 & \alpha \\ \alpha u & 1 \end{pmatrix} = \begin{pmatrix} 0 & \alpha t \\ \alpha u & 1 \end{pmatrix} \overset{def}{=} \mathrm{F}_{tu}, \tag{3.58}$$

$$\begin{pmatrix} 0 & \alpha \\ \alpha u & 1 \end{pmatrix}\begin{pmatrix} 0 & \alpha t \\ \alpha & 1 \end{pmatrix} = \begin{pmatrix} 0 & \alpha \\ \alpha & 1 \end{pmatrix} \overset{def}{=} \mathrm{E} \tag{3.59}$$

важны с абстрактной точки зрения и будут использоваться ниже.

Замечание **3.53.** В общем случае умножение суперматриц некоммутативно, необратимо, но ассоциативно, поэтому любые объекты, допускающие представление суперматрицами (с замкнутым умножением), автоматически будут полугруппами.

Так, непрерывные представления нулевых полугрупп, рассмотрены в **Пункте 3.3**.

3.3. Непрерывное суперматричное представление нулевых полугрупп

Рассматрим абстрактное множество $\mathcal{P}_\alpha$ (которое "нумеруется" нечетным параметром $\alpha \in \Lambda^{0|1}$), состоящее из элементов $\boldsymbol{p}_t \in \mathcal{P}_\alpha$ ($t \in \Lambda^{1|0}$ представляет собой непрерывный четный суперпараметр), которые подчиняются закону умножения

$$\boldsymbol{p}_t * \boldsymbol{p}_u = \boldsymbol{p}_t. \tag{3.60}$$

Утверждение 3.54. *Умножение* (3.60) *ассоциативно и следовательно множество* $\mathcal{P}$ *является полугруппой* $\boldsymbol{P}_\alpha \stackrel{def}{=} \{\mathcal{P}_\alpha; *\}$.

Утверждение 3.55. *Полугруппа* $\boldsymbol{P}_\alpha$ *представляет собой непрерывное однопараметрическое представление полугруппы левых нулей* [30], *в которой каждый элемент одновременно — и левый нуль и правая единица.*

Предложение 3.56. *Полугруппа* $\boldsymbol{P}_\alpha$ *эпиморфна (не изоморфна!) полугруппе* $\mathbf{P}_\alpha$.

Доказательство. Сравнивая (3.51) и (3.60), мы замечаем, что отображение $\varphi : \boldsymbol{P}_\alpha \to \mathbf{P}$ представляет собой гомоморфизм. Видно, что два элемента $\boldsymbol{p}_t$ и $\boldsymbol{p}_u$, удовлетворяющих (3.54), имеют один и то же образ

$$\varphi(\boldsymbol{p}_t) = \varphi(\boldsymbol{p}_u) \leftrightarrow t - u = \operatorname{Ann}\alpha,\ \boldsymbol{p}_t, \boldsymbol{p}_u \in \mathcal{P}_\alpha. \tag{3.61}$$

■

Определение 3.57. *Соотношение*

$$\boldsymbol{\Delta}_\alpha = \{(\boldsymbol{p}_t, \boldsymbol{p}_u) \mid t - u = \operatorname{Ann}\alpha,\ \boldsymbol{p}_t, \boldsymbol{p}_u \in \mathcal{P}_\alpha\}. \tag{3.62}$$

назовем α-отношением равенства.

Замечание **3.58.** Если суперпараметры t и α принимают значения в различных алгебрах Грассмана, которые не содержат взаимно уничтожающихся элементов кроме нуля, тогда $\operatorname{Ann}\alpha = 0$ и $\boldsymbol{\Delta}_\alpha = \boldsymbol{\Delta}$, где $\boldsymbol{\Delta}$ — стандартное отношение равенства [30].

Теперь мы можем сформулировать более общее

Утверждение 3.59. *В суперсимметричном случае аналог стандартного отношения равенства* $\boldsymbol{\Delta}$ *представляет собой α-отношение равенства* $\boldsymbol{\Delta}_\alpha$ (3.62).

Тот факт, что $\boldsymbol{\Delta} \neq \boldsymbol{\Delta}_\alpha$ приводит к некоторые новым абстрактным алгебраическим структурам в суперматричной теории и нетривиальным результатам. Среди последних имеется следующий

Следствие 3.60. *Ядро гомоморфизма* φ *определяется следующей формулой* $\ker\varphi = \bigcup_{t \in \operatorname{Ann}\alpha} \boldsymbol{p}_t$.

Напомним, что в несуперсимметричном случае $\ker\varphi = \boldsymbol{p}_{t=0}$.

Замечание **3.61.** Вне $\ker\varphi$ полугруппа $\mathbf{P}_\alpha$ непрерывна и супергладка, что может быть показано посредством стандартных методов суперанализа [33, 113].

Утверждение 3.62. *Полугруппа* $\mathbf{P}_\alpha$ *нередуктивна и несократима, поскольку* $\boldsymbol{p} * \boldsymbol{p}_t = \boldsymbol{p} * \boldsymbol{p}_u \to \boldsymbol{p}_t \boldsymbol{\Delta}_\alpha \boldsymbol{p}_u$, *но не* $\boldsymbol{p}_t = \boldsymbol{p}_u$ *(или* $\boldsymbol{p}_t \boldsymbol{\Delta} \boldsymbol{p}_u$*) для всех* $\boldsymbol{p} \in \mathcal{P}_\alpha$. *Следовательно, суперматричное представление, заданное* φ, *не является точным.*

Следствие 3.63. *Если* $t + \operatorname{Ann}\alpha \cap u + \operatorname{Ann}\alpha \neq \varnothing$, *тогда* $\boldsymbol{p}_t \boldsymbol{\Delta}_\alpha \boldsymbol{p}_u$ *(а не* $\boldsymbol{p}_t \Delta \boldsymbol{p}_u$ *как в обычном случае).*

Аналогично, полугруппа $\boldsymbol{Q}_\alpha$ с умножением

$$\boldsymbol{q}_t * \boldsymbol{q}_u = \boldsymbol{q}_u \tag{3.63}$$

изоморфна полугруппе правых нулей, в которой каждый элемент является одновременно и правым нулем, и левой единицей, и, кроме того, полугруппа $\boldsymbol{Q}_\alpha$ эпиморфна полугруппе $\mathbf{Q}_\alpha$.

Определение 3.64. *Полугруппы левых и правых нулей* $\boldsymbol{P}_\alpha$ *и* $\boldsymbol{Q}_\alpha$ *могут быть названы почти антикоммутативными*), поскольку для них* $\boldsymbol{p}_t * \boldsymbol{p}_u = \boldsymbol{p}_u * \boldsymbol{p}_t$ *или* $\boldsymbol{q}_t * \boldsymbol{q}_u = \boldsymbol{q}_u * \boldsymbol{q}_t$ *дает* $\alpha t = \alpha u$ *и* $t = u + \operatorname{Ann}\alpha$.

Нетривиальность данного определения и его отличие от случая абстрактных полугрупп левых и правых нулей основана на том факте, что суперматричное представление, заданное φ, не является точным согласно **Утверждению 3.62**.

Предложение 3.65. *Полугруппы* $\boldsymbol{P}_\alpha$ *и* $\boldsymbol{Q}_\alpha$ *регулярны, но не инверсны.*

Доказательство. Для любых двух элементов $\boldsymbol{p}_t$ и $\boldsymbol{p}_u$, используя (3.60), мы имеем $\boldsymbol{p}_t * \boldsymbol{p}_u * \boldsymbol{p}_t = (\boldsymbol{p}_t * \boldsymbol{p}_u) * \boldsymbol{p}_t = \boldsymbol{p}_t * \boldsymbol{p}_t = \boldsymbol{p}_t$.

Аналогично, и для $\boldsymbol{q}_t$ и $\boldsymbol{q}_u$. Тогда $\boldsymbol{p}_t$ имеет хотя бы обратный элемент $\boldsymbol{p}_u * \boldsymbol{p}_t * \boldsymbol{p}_u = \boldsymbol{p}_u$. Но $\boldsymbol{p}_u$ произвольно выбран, поэтому в полугруппах $\boldsymbol{P}_\alpha$ и $\boldsymbol{Q}_\alpha$ любые два элемента взаимноинверсны. Однако, $\boldsymbol{P}_\alpha$ и $\boldsymbol{Q}_\alpha$ не инверсные полугруппы, в которых каждый элемент имеет единственный инверсный [30]. ■

Важно подчеркнуть, что идеальное строение $\boldsymbol{P}_\alpha$ и $\boldsymbol{Q}_\alpha$ не полностью совпадают (хотя имеет много общего) с полугруппами левых и правых нулей в следующем смысле.

Предложение 3.66. *Каждый элемент из* $\boldsymbol{P}_\alpha$ *образовывает изолированный главный правый идеал, каждый элемент из* $\boldsymbol{Q}_\alpha$ *образовывает главный левый идеал, и поэтому каждый главный правый и левый идеал в* $\boldsymbol{P}_\alpha$ *и* $\boldsymbol{Q}_\alpha$ *соответственно имеют идемпотентный генератор.*

Доказательство. Из (3.60) и (3.63) следует, что $\boldsymbol{p}_t = \boldsymbol{p}_t * \mathcal{P}_\alpha$ и $\boldsymbol{q}_u = \mathcal{Q}_\alpha * \boldsymbol{q}_u$. ■

Предложение 3.67. *Полугруппы* $\boldsymbol{P}_\alpha$ *и* $\boldsymbol{Q}_\alpha$ *просты слева и справа соответственно.*

Доказательство. Из (3.60) и (3.63) видно, что $\mathcal{P}_\alpha = \mathcal{P}_\alpha * \boldsymbol{p}_t$ и $\mathcal{Q}_\alpha = \boldsymbol{q}_u * \mathcal{Q}_\alpha$. ■

Отношения Грина в стандартных полугруппах левых нулей следующие: $\mathscr{L}$-эквивалентность совпадает с универсальным отношением, и $\mathscr{R}$-эквивалентность совпадает с отношением равенства [30]. В нашем случае первое утверждение то же самое, но вместо последнего мы имеем

Примечание. По аналогии с антикоммутативными прямоугольными связками [30].

Теорема 3.68. *В* $\boldsymbol{P}_\alpha$ *и* $\boldsymbol{Q}_\alpha$ *соответственно* $\mathscr{R}$*-эквивалентность и* $\mathscr{L}$*-эквивалентность совпадает с* α*-отношением равенства* (3.62).

Доказательство. Рассмотрим $\mathscr{R}$-эквивалентность в $\boldsymbol{P}_\alpha$. Два элемента $\boldsymbol{p}_t, \boldsymbol{p}_u \in \boldsymbol{P}_\alpha$ $\mathscr{R}$-эквивалентны тогда и только тогда, если $\boldsymbol{p}_t * \mathcal{P}_\alpha = \boldsymbol{p}_u * \mathcal{P}_\alpha$. В терминах элементов матриц это выглядит, как $\alpha t = \alpha u$, что дает $t - u = \operatorname{Ann} \alpha$. По определению (3.62) это приводит к $\boldsymbol{p}_t \boldsymbol{\Delta}_\alpha \boldsymbol{p}_u$, и мы получаем $\mathscr{R} = \boldsymbol{\Delta}_\alpha$, и аналогично для $\mathscr{L}$-эквивалентности. ■

3.3.1. Скрученные прямоугольные связки. Теперь мы объединим полугруппы $\boldsymbol{P}_\alpha$ и $\boldsymbol{Q}_\alpha$ в некоторую нетривиальную полугруппу. Во-первых, мы рассмотрим объединенное множество элементов $\mathcal{P}_\alpha \cup \mathcal{Q}_\alpha$ и изучим их свойства умножения.

Используя (3.58) и (3.59), мы замечаем, что $\mathcal{P}_\alpha \cap \mathcal{Q}_\alpha = \boldsymbol{e}$, где $\varphi(\boldsymbol{e}) = \mathrm{E}$ из (3.59), и поэтому $\boldsymbol{e} \boldsymbol{\Delta}_\alpha \boldsymbol{p}_{t=1}$ и $\boldsymbol{e} \boldsymbol{\Delta}_\alpha \boldsymbol{q}_{t=1}$. Таким образом, мы вынуждены различать область $t = 1 + \operatorname{Ann} \alpha$ от других областей в суперпространстве параметра $t \in \Lambda^{1|0}$, и в дальнейшем для любых индексов в $\boldsymbol{p}_t$ и $\boldsymbol{q}_t$ мы подразумеваем $t \neq 1 + \operatorname{Ann} \alpha$.

Утверждение 3.69. *Элемент* $\boldsymbol{e}$ *представляет собой левый нуль и правую единицу для* $\boldsymbol{p}_t$*, и* $\boldsymbol{e}$ *представляет собой правый нуль и левую единицу для* $\boldsymbol{q}_u$*, т.е.* $\boldsymbol{e} * \boldsymbol{p}_t = \boldsymbol{e}$, $\boldsymbol{p}_t * \boldsymbol{e} = \boldsymbol{p}_t$, *и* $\boldsymbol{q}_u * \boldsymbol{e} = \boldsymbol{e}$, $\boldsymbol{e} * \boldsymbol{q}_u = \boldsymbol{q}_u$.

Используя (3.59), легко проверить, что $\boldsymbol{q}_u * \boldsymbol{p}_t = \boldsymbol{e}$, но обратное произведение требует рассмотрения дополнительных элементов, которые не содержатся в $\mathcal{P}_\alpha \cup \mathcal{Q}_\alpha$. Из (3.58) мы получаем

$$\boldsymbol{r}_{tu} = \boldsymbol{p}_t * \boldsymbol{q}_u, \tag{3.64}$$

где $\varphi(\boldsymbol{r}_{tu}) = \mathrm{F}_{tu}$. Допустим, что $\mathcal{R}_\alpha \stackrel{def}{=} \bigcup\limits_{t,u \notin 1 + \operatorname{Ann} \alpha} \boldsymbol{r}_{tu}$.

Определение 3.70. *Скрученная прямоугольная связка* $\boldsymbol{W}_\alpha$ *представляет собой объединение множеств идемпотентов* $\mathcal{P}_\alpha \cup \mathcal{Q}_\alpha \cup \mathcal{R}_\alpha$ *с* $*$*-произведением* (3.60), *и следующей таблицей Кэли, представленной в Таблице* 3.1.

Из *Таблицы* 3.1 видно, что умножение в скрученной прямоугольной связке $\boldsymbol{W}_\alpha$ является ассоциативным*), как это и следовало ожидать.

Мы можем заметить из таблицы Кэли следующие непрерывные подполугруппы в скрученной прямоугольной связке:

- $\boldsymbol{e}$ – одноэлементная "почти тождественная" подполугруппа;
- $\tilde{\boldsymbol{P}}_\alpha = \left\{ \bigcup\limits_{t \neq 1 + \operatorname{Ann} \alpha} \boldsymbol{p}_t ; * \right\}$ – "приведенная" полугруппа левых нулей;
- $\boldsymbol{P}_\alpha = \left\{ \bigcup\limits_{t \neq 1 + \operatorname{Ann} \alpha} \boldsymbol{p}_t \cup \boldsymbol{e} ; * \right\}$ – полная полугруппа левых нулей;
- $\tilde{\boldsymbol{Q}}_\alpha = \left\{ \bigcup\limits_{t \neq 1 + \operatorname{Ann} \alpha} \boldsymbol{q}_t ; * \right\}$ – "приведенная" полугруппа правых нулей;

---

*) *Примечание.* Для удобства мы показываем некоторые дополнительные соотношения.

Таблица 3.1

Таблица Кэли для непрерывной скрученной прямоугольной связки

$1 \setminus 2$	$\boldsymbol{e}$	$\boldsymbol{p}_t$	$\boldsymbol{p}_u$	$\boldsymbol{q}_t$	$\boldsymbol{q}_u$	$\boldsymbol{r}_{tu}$	$\boldsymbol{r}_{ut}$	$\boldsymbol{r}_{tw}$	$\boldsymbol{r}_{vw}$
$\boldsymbol{e}$	$\boldsymbol{e}$	$\boldsymbol{e}$	$\boldsymbol{e}$	$\boldsymbol{q}_t$	$\boldsymbol{q}_u$	$\boldsymbol{q}_u$	$\boldsymbol{q}_t$	$\boldsymbol{q}_w$	$\boldsymbol{q}_w$
$\boldsymbol{p}_t$	$\boldsymbol{p}_t$	$\boldsymbol{p}_t$	$\boldsymbol{p}_t$	$\boldsymbol{r}_{tt}$	$\boldsymbol{r}_{tu}$	$\boldsymbol{r}_{tu}$	$\boldsymbol{r}_{tt}$	$\boldsymbol{r}_{tw}$	$\boldsymbol{r}_{tw}$
$\boldsymbol{p}_u$	$\boldsymbol{p}_u$	$\boldsymbol{p}_u$	$\boldsymbol{p}_u$	$\boldsymbol{r}_{ut}$	$\boldsymbol{r}_{uu}$	$\boldsymbol{r}_{uu}$	$\boldsymbol{r}_{ut}$	$\boldsymbol{r}_{uw}$	$\boldsymbol{r}_{uw}$
$\boldsymbol{q}_t$	$\boldsymbol{e}$	$\boldsymbol{e}$	$\boldsymbol{e}$	$\boldsymbol{q}_t$	$\boldsymbol{q}_u$	$\boldsymbol{q}_u$	$\boldsymbol{q}_t$	$\boldsymbol{q}_w$	$\boldsymbol{q}_w$
$\boldsymbol{q}_u$	$\boldsymbol{e}$	$\boldsymbol{e}$	$\boldsymbol{e}$	$\boldsymbol{q}_t$	$\boldsymbol{q}_u$	$\boldsymbol{q}_u$	$\boldsymbol{q}_t$	$\boldsymbol{q}_w$	$\boldsymbol{q}_w$
$\boldsymbol{r}_{tu}$	$\boldsymbol{p}_t$	$\boldsymbol{p}_t$	$\boldsymbol{p}_t$	$\boldsymbol{r}_{tt}$	$\boldsymbol{r}_{tu}$	$\boldsymbol{r}_{tu}$	$\boldsymbol{r}_{tt}$	$\boldsymbol{r}_{tw}$	$\boldsymbol{r}_{tw}$
$\boldsymbol{r}_{ut}$	$\boldsymbol{p}_u$	$\boldsymbol{p}_u$	$\boldsymbol{p}_u$	$\boldsymbol{r}_{ut}$	$\boldsymbol{r}_{uu}$	$\boldsymbol{r}_{uu}$	$\boldsymbol{r}_{ut}$	$\boldsymbol{r}_{uw}$	$\boldsymbol{r}_{uw}$
$\boldsymbol{r}_{tw}$	$\boldsymbol{p}_t$	$\boldsymbol{p}_t$	$\boldsymbol{p}_t$	$\boldsymbol{r}_{tt}$	$\boldsymbol{r}_{tu}$	$\boldsymbol{r}_{tu}$	$\boldsymbol{r}_{tt}$	$\boldsymbol{r}_{tw}$	$\boldsymbol{r}_{tw}$
$\boldsymbol{r}_{vw}$	$\boldsymbol{p}_v$	$\boldsymbol{p}_v$	$\boldsymbol{p}_v$	$\boldsymbol{r}_{vt}$	$\boldsymbol{r}_{vu}$	$\boldsymbol{r}_{vu}$	$\boldsymbol{r}_{vt}$	$\boldsymbol{r}_{vw}$	$\boldsymbol{r}_{vw}$

- $\boldsymbol{Q}_\alpha = \left\{ \bigcup\limits_{t \neq 1 + \operatorname{Ann}\alpha} \boldsymbol{q}_t \cup \boldsymbol{e}; * \right\}$ – полная полугруппа правых нулей;
- $\tilde{\boldsymbol{F}}_\alpha^{(1|1)} = \left\{ \bigcup\limits_{t,u \neq 1 + \operatorname{Ann}\alpha} \boldsymbol{r}_{tu}; * \right\}$ – “приведенная” прямоугольная связка;
- $\boldsymbol{F}_\alpha^{(1|1)} = \left\{ \bigcup\limits_{t,u \neq 1 + \operatorname{Ann}\alpha} \boldsymbol{r}_{tu} \cup \boldsymbol{e}; * \right\}$ – полная прямоугольная связка;
- $\boldsymbol{V}_\alpha^L = \left\{ \bigcup\limits_{t,u \neq 1 + \operatorname{Ann}\alpha} \boldsymbol{r}_{tu} \cup \boldsymbol{p}_t; * \right\}$ – “смешанная” левая прямоугольная связка;
- $\boldsymbol{V}_\alpha^R = \left\{ \bigcup\limits_{t,u \neq 1 + \operatorname{Ann}\alpha} \boldsymbol{r}_{tu} \cup \boldsymbol{q}_t; * \right\}$ – “смешанная” правая прямоугольная связка.

Таким образом, мы нашли непрерывное суперматричное представление для полугрупп левых и правых нулей и построили из них суперматричное представление прямоугольных связок. Хорошо известно, что любая прямоугольная связка изоморфна декартову произведению полугрупп левых и правых нулей [31,135]. Здесь мы получили это в явном виде (см. (3.64)) и представили конкретную конструкцию (3.58). Кроме того, мы унифицировали все вышеупомянутые полугруппы в одном объекте, а именно в скрученной прямоугольной связке.

3.3.2. Представления прямоугольных связок. Умножение прямоугольных связок приводится в правом нижнем углу таблицы Кэли. Обычно [30,31] оно определяется одним соотношением

$$\boldsymbol{r}_{tu} * \boldsymbol{r}_{vw} = \boldsymbol{r}_{tw}. \tag{3.65}$$

В нашем случае индексы — это четные непрерывные грассмановы параметры из $\Lambda^{1|0}$. Что касается полугрупп нулей, это также приводит к некоторым особенностям в идеальном строении таких связок.

Другое отличие представляет собой отсутствие условия $u = v$, что возникает в некотором приложениях из-за конечной природы индексов, рассматриваемых как некоторые величины, соответствующие строкам и столбцам в матрицах элементов (см. например, [136]). Поэтому, при поисках новых результатов в данном непрерывном суперсимметричном случае мы должны рассматривать и должны доказывать некоторые стандартные утверждения с самого начала.

Рассмотрим отношения Грина на $\boldsymbol{F}_\alpha^{(1|1)}$.

Предложение 3.71. *Любые два элемента в прямоугольной связке $\boldsymbol{F}_\alpha^{(1|1)}$ одновременно $\mathscr{J}$- и $\mathscr{D}$-эквивалентны.*

Доказательство. Из (3.65) мы имеем

$$\boldsymbol{r}_{tu} * \boldsymbol{r}_{vw} * \boldsymbol{r}_{tu} = \boldsymbol{r}_{tw} * \boldsymbol{r}_{tu} = \boldsymbol{r}_{tu}, \tag{3.66}$$

$$\boldsymbol{r}_{vw} * \boldsymbol{r}_{tu} * \boldsymbol{r}_{vw} = \boldsymbol{r}_{vw} * \boldsymbol{r}_{tw} = \boldsymbol{r}_{vw} \tag{3.67}$$

для любого $t, u, v, w \in \Lambda^{1|0}$. Во-первых, мы обращаем внимание, что эти равенства совпадают с определением $\mathscr{J}$- классов [30], поэтому любые два элемента $\mathscr{J}$-эквивалентны, и таким образом $\mathscr{J}$ совпадает с универсальным отношением на $\mathscr{F}_\alpha^{(1|1)}$. Далее, используя (3.66), мы замечаем, что выполняются соотношения $\boldsymbol{r}_{tu}\mathscr{R}\boldsymbol{r}_{tu} * \boldsymbol{r}_{vw}$ и $\boldsymbol{r}_{tu} * \boldsymbol{r}_{vw}\mathscr{L}\boldsymbol{r}_{vw}$. Поскольку $\mathscr{D} = \mathscr{L} \circ \mathscr{R} = \mathscr{R} \circ \mathscr{L}$ (см., например, [31]), то $\boldsymbol{r}_{tu}\mathscr{D}\boldsymbol{r}_{vw}$. ■

Утверждение 3.72. *Каждый $\mathscr{R}$-класс $\mathsf{R}_{\boldsymbol{r}_{tu}}$ состоит из элементов $\boldsymbol{r}_{tu}$, которые $\boldsymbol{\Delta}_\alpha$-эквивалентны по первому индексу, т. е. $\boldsymbol{r}_{tu}\mathscr{R}\boldsymbol{r}_{vw} \Leftrightarrow t - v = \operatorname{Ann}\alpha$, и каждый $\mathscr{L}$-класс $\mathsf{L}_{\boldsymbol{r}_{tu}}$ состоит из элементов $\boldsymbol{r}_{tu}$, которые $\boldsymbol{\Delta}_\alpha$-эквивалентны по второму индексу, т. е. $\boldsymbol{r}_{tu}\mathscr{L}\boldsymbol{r}_{vw} \leftrightarrow u - w = \operatorname{Ann}\alpha$.*

Доказательство. Это следует из (3.66), явного разбиения прямоугольной связки (3.64) и **Теоремы 3.68**. ■

Таким образом, пересечение $\mathscr{L}$- и $\mathscr{R}$-классов непусто. Для обыкновенных прямоугольных связок каждый $\mathscr{H}$- класс состоит из одного элемента [30, 31]. В нашем случае, однако, ситуация более сложная.

Определение 3.73. *Соотношение*

$$\boldsymbol{\Delta}_\alpha^{(1|1)} = \left\{(\boldsymbol{r}_{tu}, \boldsymbol{r}_{vw}) \mid t - v = \operatorname{Ann}\alpha,\ u - w = \operatorname{Ann}\alpha,\ \boldsymbol{r}_{tu}, \boldsymbol{r}_{vw} \in \mathfrak{R}_\alpha\right\}. \tag{3.68}$$

назовем двойным α-отношением равенства .

Теорема 3.74. *Каждый $\mathscr{H}$-класс в $\boldsymbol{F}_\alpha^{(1|1)}$ состоит из двойных $\boldsymbol{\Delta}_\alpha^{(1|1)}$-эквивалентных элементов, удовлетворяющих $\boldsymbol{r}_{tu}\boldsymbol{\Delta}_\alpha^{(2)}\boldsymbol{r}_{vw}$, и так $\mathscr{H} = \boldsymbol{\Delta}_\alpha^{(1|1)}$.*

Доказательство. Из (3.66) и **Определения 3.58** следует, что пересечение $\mathscr{L}$ - и $\mathscr{R}$-классов происходит, когда $\alpha t = \alpha v$ и $\alpha u = \alpha w$. Это дает $t = v + \operatorname{Ann}\alpha$, $u = w + \operatorname{Ann}\alpha$, что совмещается с двойным α-отношением равенства (3.68). ■

Рассмотрим отображение $\psi : \boldsymbol{F}_\alpha^{(1|1)} \to \boldsymbol{F}_\alpha^{(1|1)}/\mathscr{R} \times \boldsymbol{F}_\alpha^{(1|1)}/\mathscr{L}$, которое отображает элемент $\boldsymbol{r}_{tu}$ в его $\mathscr{R}$ - и $\mathscr{L}$-классы

$$\psi(\boldsymbol{r}_{tu}) = \{\mathsf{R}_{\boldsymbol{r}_{tu}}, \mathsf{L}_{\boldsymbol{r}_{tu}}\}. \tag{3.69}$$

В стандартном случае ψ представляет собой биективное отображение [31]. Теперь мы имеем

Утверждение 3.75. *Отображение ψ представляет собой сюрьекцию.*

Доказательство. Следует из **Теоремы 3.68** и разложения (3.64). ■

Пусть декартово произведение $\boldsymbol{F}_{\alpha}^{(1|1)}/\mathscr{R} \times \boldsymbol{F}_{\alpha}^{(1|1)}/\mathscr{L}$ наделено $\diamond$-умножением прямоугольных связок его $\mathscr{R}$ - и $\mathscr{L}$-классов, аналогичных (3.65), т. е.

$$\{\mathsf{R}_{\boldsymbol{r}_{tu}}, \mathsf{L}_{\boldsymbol{r}_{tu}}\} \diamond \{\mathsf{R}_{\boldsymbol{r}_{vw}}, \mathsf{L}_{\boldsymbol{r}_{vw}}\} = \{\mathsf{R}_{\boldsymbol{r}_{tu}}, \mathsf{L}_{\boldsymbol{r}_{vw}}\}. \tag{3.70}$$

Для стандартных прямоугольных связок отображение ψ является изоморфизмом [31]. В нашем случае мы имеем

Теорема 3.76. *Отображение ψ — эпиморфизм.*

Доказательство. Во-первых, мы замечаем из (3.66), что

$$\mathsf{R}_{\boldsymbol{r}_{tu}*\boldsymbol{r}_{vw}} = \mathsf{R}_{\boldsymbol{r}_{tu}}, \tag{3.71}$$

$$\mathsf{L}_{\boldsymbol{r}_{tu}*\boldsymbol{r}_{vw}} = \mathsf{L}_{\boldsymbol{r}_{vw}}, \tag{3.72}$$

и таким образом, относительно $\diamond$-умножения (3.70) отображение ψ представляет собой гомоморфизм, поскольку

$$\begin{aligned} \psi\left(\boldsymbol{r}_{tu} * \boldsymbol{r}_{vw}\right) &= \\ \{\mathsf{R}_{\boldsymbol{r}_{tu}*\boldsymbol{r}_{vw}}, \mathsf{L}_{\boldsymbol{r}_{tu}*\boldsymbol{r}_{vw}}\} &= \{\mathsf{R}_{\boldsymbol{r}_{tu}}, \mathsf{L}_{\boldsymbol{r}_{vw}}\} = \\ \{\mathsf{R}_{\boldsymbol{r}_{tu}}, \mathsf{L}_{\boldsymbol{r}_{tu}}\} \diamond \{\mathsf{R}_{\boldsymbol{r}_{vw}}, \mathsf{L}_{\boldsymbol{r}_{vw}}\} &= \\ &= \psi\left(\boldsymbol{r}_{tu}\right) * \psi\left(\boldsymbol{r}_{vw}\right). \end{aligned} \tag{3.73}$$

Далее, сюръективный гомоморфизм по определению является эпиморфизмом (см. [137]). ■

3.3.3. Непрерывные представления высших связок. Почти все полученные результаты могут быть обобщены для прямоугольных связок высшего порядка $(n|n)$, содержащие $2n$ непрерывных четных грассмановых параметров. Соответствующая матричная конструкция имеет вид

$$\mathrm{F}_{t_1 t_2 \ldots t_n, u_1 u_2 \ldots u_n} \stackrel{def}{=} \begin{pmatrix} 0 & \alpha t_1 \; \alpha t_2 \; \ldots \; \alpha t_n \\ \alpha u_1 & \\ \alpha u_2 & \\ \vdots & \mathrm{I}(n \times n) \\ \alpha u_n & \end{pmatrix} \in \mathrm{RMat}_{\Lambda}^{odd}(1|n), \tag{3.74}$$

где $t_1, t_2 \ldots t_n, u_1, u_2 \ldots u_n \in \Lambda^{1|0}$ четные параметры, $\alpha \in \Lambda^{1|0}$, $\mathrm{I}(n \times n)$ представляет собой единичную матрицу, и матричное умножение имеет вид

$$\mathrm{F}_{t_1 t_2 \ldots t_n, u_1 u_2 \ldots u_n} \mathrm{F}_{t_1' t_2' \ldots t_n', u_1' u_2' \ldots u_n'} = \mathrm{F}_{t_1 t_2 \ldots t_n, u_1' u_2' \ldots u_n'}. \tag{3.75}$$

Таким образом, идемпотентные суперматрицы $\mathrm{F}_{t_1 t_2 \ldots t_n, u_1 u_2 \ldots u_n}$ образуют полугруппу $\boldsymbol{F}_{\alpha}^{(n|n)}$.

Определение 3.77. *Назовем $(n|n)$-связкой высшего порядка такую полугруппу $\boldsymbol{F}_{\alpha}^{(n|n)} \ni \boldsymbol{f}_{t_1 t_2 \ldots t_n, u_1 u_2 \ldots u_n}$, которая представляется суперматрицами $\mathrm{F}_{t_1 t_2 \ldots t_n, u_1 u_2 \ldots u_n}$ из $\mathrm{RMat}_{\Lambda}^{odd}(1|n)$ вида* (3.74).

Результаты, изложенные в **Приложении 3.3**, с некоторыми незначительными отличиями справедливы также и для $\boldsymbol{F}_{\alpha}^{(n|n)}$.

Определение 3.78. *В $\boldsymbol{F}_\alpha^{(n|n)}$ соотношение*

$$\begin{gathered}\boldsymbol{\Delta}_\alpha^{(n|n)} \stackrel{def}{=} \left\{ \left(\boldsymbol{f}_{t_1 t_2 \ldots t_n, u_1 u_2 \ldots u_n}, \boldsymbol{f}_{t'_1 t'_2 \ldots t'_n, u'_1 u'_2 \ldots u'_n} \right) \mid t_k - t'_k = \operatorname{Ann} \alpha, \right. \\ \left. u_k - u'_k = \operatorname{Ann} \alpha,\ 1 \leq k \leq n,\ \boldsymbol{f}_{t_1 t_2 \ldots t_n, u_1 u_2 \ldots u_n}, \boldsymbol{f}_{t'_1 t'_2 \ldots t'_n, u'_1 u'_2 \ldots u'_n} \in \mathscr{F}_\alpha^{(2n)} \right\}\end{gathered} \tag{3.76}$$

назовем $(n|n)$-ым α-отношением равенства.

Замечание **3.79.** Полугруппа $\boldsymbol{F}_\alpha^{(n|n)}$ эпиморфна полугруппе $\boldsymbol{F}_\alpha$, и два $\boldsymbol{\Delta}_\alpha^{(n|n)}$-эквивалентных элемента $\boldsymbol{F}_\alpha^{(n|n)}$ имеют тот же образ.

Рассмотрим идемпотентные суперматрицы из $\mathrm{RMat}_\Lambda^{odd}(k|m)$ вида

$$\mathrm{F}_{tu} \stackrel{def}{=} \begin{pmatrix} 0 & \alpha\mathrm{T} \\ \alpha\mathrm{U} & \mathrm{I} \end{pmatrix}, \tag{3.77}$$

где $\mathrm{T}(k \times m)$ и $\mathrm{U}(m \times k)$ представляют собой обыкновенные матрицы четных параметров связки, и $\mathrm{I}(m \times m)$ — единичная матрица. Данная связка содержит максимум $2km$ параметров из $\Lambda^{1|0}$. Умножение в этой связке есть

$$\begin{pmatrix} 0 & \alpha\mathrm{T} \\ \alpha\mathrm{U} & \mathrm{I} \end{pmatrix} \begin{pmatrix} 0 & \alpha\mathrm{T}' \\ \alpha\mathrm{U}' & \mathrm{I} \end{pmatrix} = \begin{pmatrix} 0 & \alpha\mathrm{T} \\ \alpha\mathrm{U}' & \mathrm{I} \end{pmatrix}, \tag{3.78}$$

что в блочном виде совпадает с умножением прямоугольной связки (3.65)

$$\mathrm{F}_{\mathrm{TU}} \mathrm{F}_{\mathrm{T}'\mathrm{U}'} = \mathrm{F}_{\mathrm{TU}'}. \tag{3.79}$$

Теорема 3.80. *Если $n = km$, то представления, заданные (3.74) и (3.77), изоморфны.*

Доказательство. Поскольку в (3.75) и (3.79) не имеется перемножения между параметрами, то представления, заданные матрицами (3.74) и (3.77), отличаются перестановкой, если $n = km$. ■

Следствие 3.81. *Суперматрицы $\mathrm{F}_{t_1 t_2 \ldots t_n, u_1 u_2 \ldots u_n}$ из $\mathrm{RMat}_\Lambda^{odd}(1|n)$, имеющие вид (3.74), исчерпывают все возможные непрерывные представления $(n|n)$-связок.*

Замечание **3.82.** Суперматрицы (3.74) представляют также $(k|m)$-связки, где $1 \leq k \leq n$, $1 \leq m \leq n$. В этом случае $t_{k+1} = 1 + \operatorname{Ann}\alpha, \ldots t_n = 1 + \operatorname{Ann}\alpha$, $u_{m+1} = 1 + \operatorname{Ann}\alpha, \ldots u_n = 1 + \operatorname{Ann}\alpha$. Таким образом, вышеупомянутый изоморфизм имеет место для различных связок, имеющих равное количество параметров. Поэтому мы будем рассматривать ниже в основном полные $(n|n)$-связки, подразумевая, что они содержат все частные и редуцированные случаи.

Замечание **3.83.** Для $k = 0$ и $m = 0$ они описывают m- правые полугруппы нулей $\boldsymbol{Q}_\alpha^{(m)}$ и k-левые полугруппы нулей $\boldsymbol{P}_\alpha^{(k)}$ соответственно, имеющие следующие законы умножения (ср. (3.60) и (3.63))

$$\begin{gathered}\boldsymbol{q}_{u_1 u_2 \ldots u_m} * \boldsymbol{q}_{u'_1 u'_2 \ldots u'_m} = \boldsymbol{q}_{u'_1 u'_2 \ldots u'_m}, \\ \boldsymbol{p}_{t_1 t_2 \ldots t_k} * \boldsymbol{p}_{t'_1 t'_2 \ldots t'_k} = \boldsymbol{p}_{t_1 t_2 \ldots t_k}.\end{gathered} \tag{3.80}$$

Предложение 3.84. *m-правые полугруппы нулей $\boldsymbol{Q}_\alpha^{(m)}$ и k-левые полугруппы нулей $\boldsymbol{P}_\alpha^{(k)}$ неприводимы в том смысле, что они не могут быть представлены в качестве прямого произведения "1-мерных" полугрупп правых нулей $\boldsymbol{Q}_\alpha$ и левых нулей $\boldsymbol{P}_\alpha$ соответственно.*

Доказательство. Следует непосредственно из сравнения структуры суперматриц (3.50), (3.55) и (3.74). ■

Предложение 3.85. *Для построения $(k|m)$-связки нельзя использовать "1-мерные" полугруппы правых нулей $\boldsymbol{Q}_\alpha$ и левых нулей $\boldsymbol{P}_\alpha$, потому, что они сводят его к обыкновенной "2-мерной" прямоугольной связке.*

Доказательство. В самом деле, пусть

$$\tilde{\boldsymbol{f}}_{t_1 t_2 \ldots t_k, u_1 u_2 \ldots u_m} = \boldsymbol{p}_{t_1} * \boldsymbol{p}_{t_2} \ldots * \boldsymbol{p}_{t_k} * \boldsymbol{q}_{u_1} * \boldsymbol{q}_{u_2} \ldots * \boldsymbol{q}_{u_m},$$

тогда, используя таблицу Кэли, имеем

$$\tilde{\boldsymbol{f}}_{t_1 t_2 \ldots t_k, u_1 u_2 \ldots u_m} = \boldsymbol{p}_{t_1} * \boldsymbol{q}_{u_m},$$

что тривиально совпадает с (3.64). Таким образом, любая комбинация элементов из "1-мерных" полугрупп правых и левых нулей не будет приводить к новым конструкциям, отличным от тех что перечислены в таблице Кэли. ■

Вместо этого мы имеем следующую декомпозицию $(k|m)$-связки в k-полугруппу левых нулей $\boldsymbol{P}_\alpha^{(k)}$ и m- полугруппу правых нулей $\boldsymbol{Q}_\alpha^{(m)}$

$$\boldsymbol{f}_{t_1 t_2 \ldots t_k, u'_1 u'_2 \ldots u'_m} = \boldsymbol{p}_{t_1 t_2 \ldots t_k} * \boldsymbol{q}_{u'_1 u'_2 \ldots u'_m}. \tag{3.81}$$

Несмотря на то, что эта формула аналогична (3.64), мы подчеркиваем, что увеличение числа суперпараметров не искусственный прием, а естественный путь к поиску новых построений, приводящих к обобщению отношений Грина и тонкого идеального строения $(n|n)$-связки, что не имеет аналогов в стандартном подходе [30, 31].

3.3.4. Отношение $\mathscr{R}$-эквивалентности для прямоугольной $(2|2)$-связки. Явный вид $(2|2)$-связки $\boldsymbol{F}_\alpha^{(2|2)} \ni \boldsymbol{f}_{t_1 t_2, u_1 u_2}$ в суперматричном представлении есть

$$\mathrm{F}_{t_1 t_2, u_1 u_2} = \begin{pmatrix} 0 & \alpha t_1 & \alpha t_2 \\ \alpha u_1 & 1 & 0 \\ \alpha u_2 & 0 & 1 \end{pmatrix}. \tag{3.82}$$

Согласно определению $\mathscr{R}$-классов [30], два элемента $\mathrm{F}_{t_1 t_2, u_1 u_2}$ и $\mathrm{F}_{t'_1 t'_2, u'_1 u'_2}$ в связке $\mathscr{R}$-эквивалентны тогда и только тогда, если существует два других элемента $\mathrm{X}_{x_1 x_2, y_1 y_2}$, $\mathrm{W}_{v_1 v_2, w_1 w_2}$ таких, что

$$\mathrm{F}_{t_1 t_2, u_1 u_2} \cdot \mathrm{X}_{x_1 x_2, y_1 y_2} = \mathrm{F}_{t'_1 t'_2, u'_1 u'_2}, \tag{3.83}$$

$$\mathrm{F}_{t'_1 t'_2, u'_1 u'_2} \cdot \mathrm{W}_{v_1 v_2, w_1 w_2} = \mathrm{F}_{t_1 t_2, u_1 u_2} \tag{3.84}$$

одновременно. Или в явном виде

$$\begin{pmatrix} 0 & \alpha t_1 & \alpha t_2 \\ \alpha y_1 & 1 & 0 \\ \alpha y_2 & 0 & 1 \end{pmatrix} = \begin{pmatrix} 0 & \alpha t'_1 & \alpha t'_2 \\ \alpha u'_1 & 1 & 0 \\ \alpha u'_2 & 0 & 1 \end{pmatrix}, \tag{3.85}$$

$$\begin{pmatrix} 0 & \alpha t'_1 & \alpha t'_2 \\ \alpha w_1 & 1 & 0 \\ \alpha w_2 & 0 & 1 \end{pmatrix} = \begin{pmatrix} 0 & \alpha t_1 & \alpha t_2 \\ \alpha u_1 & 1 & 0 \\ \alpha u_2 & 0 & 1 \end{pmatrix}. \tag{3.86}$$

Чтобы удовлетворить последнему равенству в (3.85) и (3.86) мы должны выбрать

$$\alpha y_1 = \alpha u'_1, \ \alpha y_1 = \alpha u'_1, \tag{3.87}$$

$$\alpha w_1 = \alpha u_1, \ \alpha w_2 = \alpha u_2, \tag{3.88}$$

$$\alpha t_1 = \alpha t'_1, \ \alpha t_2 = \alpha t'_2. \tag{3.89}$$

Из-за произвольности $\mathrm{X}_{x_1 x_2, y_1 y_2}$ и $\mathrm{W}_{v_1 v_2, w_1 w_2}$ первые уравнения в (3.87)–(3.88) всегда могут быть решены возможностью выбора параметра. Вторые уравнения в (3.89) представляют собой определение $\mathscr{R}$-класса в $(2|2)$-связке в суперматричной интерпретации [11].

3.3.5. Тонкое идеальное строение высших связок. Рассмотрим отношения Грина для $(n|n)$-связки. Мы будем пытаться установить смысл свойств $\mathscr{R}, \mathscr{L}, \mathscr{D}, \mathscr{H}$-классов для суперматриц. Это позволит определить и изучить новые эквивалентности [11], обобщающие отношения Грина, равно как и прояснить предыдущие конструкции. Мы строим искомое представление только для $(2|2)$-связок, имея ввиду то, что расширить все результаты на $(n|n)$-связки можно без труда простыми переобозначениями. Так, $\mathscr{R}$-эквивалентные элементы в этом частном случае рассмотрены в **Пункте 3.3.4**. Продолжая его на общий случай $(n|n)$-связок, получаем общее

Определение 3.86. *$\mathscr{R}$-классы в $(n|n)$-связке состоят из элементов, имеющих все (!) αt_k фиксированными, где $1 \leq k \leq n$.*

Как дуальный аналог этого определения мы формулируем

Определение 3.87. *$\mathscr{L}$-классы в $(n|n)$-связке состоят из элементов, имеющих все (!) αu_k фиксированными, где $1 \leq k \leq n$.*

В такой картине очевидно, что объединение этих соотношений $\mathscr{D} = \mathscr{R} \vee \mathscr{L}$ покрывает все возможные элементы, и, следовательно, любые два элемента в $(n|n)$-связке $\mathscr{D}$-эквивалентны (см. **Предложение** 3.71). Их пересечение $\mathscr{H} = \mathscr{R} \cap \mathscr{L}$ очевидно состоит из элементов со *всеми* (!) αt_k и αu_k фиксированными. Именно здесь — источник формулировки $(n|n)$-ых α-отношений равенства (3.76).

Предложение 3.88. *В $(2|2)$-связке $\mathscr{J}$-отношение совпадает с универсальным отношением $\boldsymbol{\Delta}$.*

Доказательство. Умножая (3.85) на $\mathrm{F}_{t_1 t_2, u_1 u_2}$ справа и на $\mathrm{X}_{x_1 x_2, y_1 y_2}$ слева, мы получаем

$$\begin{aligned} \mathrm{F}_{t_1 t_2, u_1 u_2} \cdot \mathrm{X}_{x_1 x_2, y_1 y_2} \cdot \mathrm{F}_{t_1 t_2, u_1 u_2} &= \mathrm{F}_{t_1 t_2, u_1 u_2}, \\ \mathrm{X}_{x_1 x_2, y_1 y_2} \cdot \mathrm{F}_{t_1 t_2, u_1 u_2} \cdot \mathrm{X}_{x_1 x_2, y_1 y_2} &= \mathrm{X}_{x_1 x_2, y_1 y_2} \end{aligned} \tag{3.90}$$

для любых $t_1, t_2, u_1, u_2, x_1, x_2, y_1, y_2 \in \Lambda^{(1|0)}$, что совпадает с определением $\mathscr{J}$-отношения. Произвольность $\mathrm{F}_{t_1 t_2, u_1 u_2}$ и $\mathrm{X}_{x_1 x_2, y_1 y_2}$ доказывает утверждение. ■

Следовательно, мы имеем следующие абстрактные определения для $(2|2)$-связок

$$\boldsymbol{f}_{t_1 t_2, u_1 u_2} \mathscr{R} \boldsymbol{f}_{t'_1 t'_2, u'_1 u'_2} \iff \{\alpha t_1 = \alpha t'_1 \wedge \alpha t_2 = \alpha t'_2\}, \tag{3.91}$$

$$\boldsymbol{f}_{t_1 t_2, u_1 u_2} \mathscr{L} \boldsymbol{f}_{t'_1 t'_2, u'_1 u'_2} \iff \{\alpha u_1 = \alpha u'_1 \wedge \alpha u_2 = \alpha u'_2\}, \tag{3.92}$$

$$\boldsymbol{f}_{t_1 t_2, u_1 u_2} \mathscr{D} \boldsymbol{f}_{t'_1 t'_2, u'_1 u'_2} \iff \left\{ \begin{array}{l} (\alpha t_1 = \alpha t'_1 \wedge \alpha t_2 = \alpha t'_2) \vee \\ (\alpha u_1 = \alpha u'_1 \wedge \alpha u_2 = \alpha u'_2) \end{array} \right\}, \tag{3.93}$$

$$\boldsymbol{f}_{t_1 t_2, u_1 u_2} \mathscr{H} \boldsymbol{f}_{t'_1 t'_2, u'_1 u'_2} \iff \left\{ \begin{array}{l} (\alpha t_1 = \alpha t'_1 \wedge \alpha t_2 = \alpha t'_2) \wedge \\ (\alpha u_1 = \alpha u'_1 \wedge \alpha u_2 = \alpha u'_2) \end{array} \right\}. \tag{3.94}$$

Теперь мы разберемся, что отсутствовало в стандартном подходе и введем обобщения отношений Грина. Из (3.91) и (3.92) видно, что различные четыре возможности для удовлетворения равенств не исчерпываются ординарными отношениями $\mathscr{R}$ - и $\mathscr{L}$-эквивалентности. Ясно, почему мы писали выше восклицательные знаки: эти утверждения *будут исправляться.* Таким образом, мы вынуждены определить более общие отношения, "тонкие отношения эквивалентности". Они достаточны для описания всех возможных классов элементов в $(n|n)$-связках, пропущенных в стандартном подходе [30, 92]. Во-первых, мы определим их для использования в нашем частном случае.

Определение 3.89. *Тонкие $\mathscr{R}^{(k)}$- и $\mathscr{L}^{(k)}$-отношения в $(2|2)$-связке определяются следующим образом*

$$\boldsymbol{f}_{t_1t_2,u_1u_2}\mathscr{R}^{(1)}\boldsymbol{f}_{t'_1t'_2,u'_1u'_2} \iff \{\alpha t_1 = \alpha t'_1\}, \tag{3.95}$$

$$\boldsymbol{f}_{t_1t_2,u_1u_2}\mathscr{R}^{(2)}\boldsymbol{f}_{t'_1t'_2,u'_1u'_2} \iff \{\alpha t_2 = \alpha t'_2\}, \tag{3.96}$$

$$\boldsymbol{f}_{t_1t_2,u_1u_2}\mathscr{L}^{(1)}\boldsymbol{f}_{t'_1t'_2,u'_1u'_2} \iff \{\alpha u_1 = \alpha u'_1\}, \tag{3.97}$$

$$\boldsymbol{f}_{t_1t_2,u_1u_2}\mathscr{L}^{(2)}\boldsymbol{f}_{t'_1t'_2,u'_1u'_2} \iff \{\alpha u_2 = \alpha u'_2\}. \tag{3.98}$$

Предложение 3.90. *Тонкие $\mathscr{R}^{(k)}$- и $\mathscr{L}^{(k)}$-отношения являются отношениями эквивалентности.*

Доказательство. Следует из явного вида умножения (3.74) и (3.85)–(3.86). ■

Поэтому они подразделяют связку $\boldsymbol{F}_\alpha^{(2|2)}$ на четыре тонких класса эквивалентности $\boldsymbol{F}_\alpha^{(2|2)}/\mathscr{R}^{(k)}$ и $\boldsymbol{F}_\alpha^{(2|2)}/\mathscr{L}^{(k)}$ следующим образом

$$\mathsf{R}_{\boldsymbol{f}}^{(1)} = \left\{\boldsymbol{f}_{t_1t_2,u_1u_2} \in \boldsymbol{F}_\alpha^{(2|2)} \mid \alpha t_1 = const\right\}, \tag{3.99}$$

$$\mathsf{R}_{\boldsymbol{f}}^{(2)} = \left\{\boldsymbol{f}_{t_1t_2,u_1u_2} \in \boldsymbol{F}_\alpha^{(2|2)} \mid \alpha t_2 = const\right\}, \tag{3.100}$$

$$\mathsf{L}_{\boldsymbol{f}}^{(1)} = \left\{\boldsymbol{f}_{t_1t_2,u_1u_2} \in \boldsymbol{F}_\alpha^{(2|2)} \mid \alpha u_1 = const\right\}, \tag{3.101}$$

$$\mathsf{L}_{\boldsymbol{f}}^{(2)} = \left\{\boldsymbol{f}_{t_1t_2,u_1u_2} \in \boldsymbol{F}_\alpha^{(2|2)} \mid \alpha u_2 = const\right\}. \tag{3.102}$$

Для прозрачности мы можем схематично представить

$$\begin{array}{cc} & \begin{array}{ccc} & \mathsf{R}_{\boldsymbol{f}}^{(1)} & \mathsf{R}_{\boldsymbol{f}}^{(2)} \\ & \updownarrow & \updownarrow \end{array} \\ \begin{array}{c} \\ \mathsf{L}_{\boldsymbol{f}}^{(1)} \leftrightarrow \\ \mathsf{L}_{\boldsymbol{f}}^{(2)} \leftrightarrow \end{array} & \begin{pmatrix} 0 & \alpha t_1 & \alpha t_2 \\ \alpha u_1 & 1 & 0 \\ \alpha u_2 & 0 & 1 \end{pmatrix} \end{array}, \tag{3.103}$$

где стрелки показывают, который элемент суперматрицы фиксируется согласно данному тонкому отношению эквивалентности. Отсюда мы можем получать также и все известные отношения

$$\mathscr{R}^{(1)} \cap \mathscr{R}^{(2)} = \mathscr{R}, \tag{3.104}$$

$$\mathscr{L}^{(1)} \cap \mathscr{L}^{(2)} = \mathscr{L}, \tag{3.105}$$

$$\left(\mathscr{R}^{(1)} \cap \mathscr{R}^{(2)}\right) \cap \left(\mathscr{L}^{(1)} \cap \mathscr{L}^{(2)}\right) = \mathscr{H}, \tag{3.106}$$

$$\left(\mathscr{R}^{(1)} \cap \mathscr{R}^{(2)}\right) \vee \left(\mathscr{L}^{(1)} \cap \mathscr{L}^{(2)}\right) = \mathscr{D}. \tag{3.107}$$

Однако, кроме стандартных, имеется много других "смешанных" эквивалентностей [11], которые могут классифицироваться, используя определения

$$\mathscr{H}^{(i|j)} = \mathscr{R}^{(i)} \cap \mathscr{L}^{(j)}, \tag{3.108}$$

$$\mathscr{D}^{(i|j)} = \mathscr{R}^{(i)} \vee \mathscr{L}^{(j)}, \tag{3.109}$$

$$\mathscr{H}^{(ij|k)} = \left(\mathscr{R}^{(i)} \cap \mathscr{R}^{(j)}\right) \cap \mathscr{L}^{(k)}, \tag{3.110}$$

$$\mathscr{H}^{(i|kl)} = \mathscr{R}^{(i)} \cap \left(\mathscr{L}^{(k)} \cap \mathscr{L}^{(l)}\right), \tag{3.111}$$

$$\mathscr{D}^{(ij|k)} = \left(\mathscr{R}^{(i)} \cap \mathscr{R}^{(j)}\right) \vee \mathscr{L}^{(k)}, \tag{3.112}$$

$$\mathscr{D}^{(i|kl)} = \mathscr{R}^{(i)} \vee \left(\mathscr{L}^{(k)} \cap \mathscr{L}^{(l)}\right). \tag{3.113}$$

Графическая интерпретация смешанных отношений эквивалентности дается диаграммой на *Рис.* 3.1.

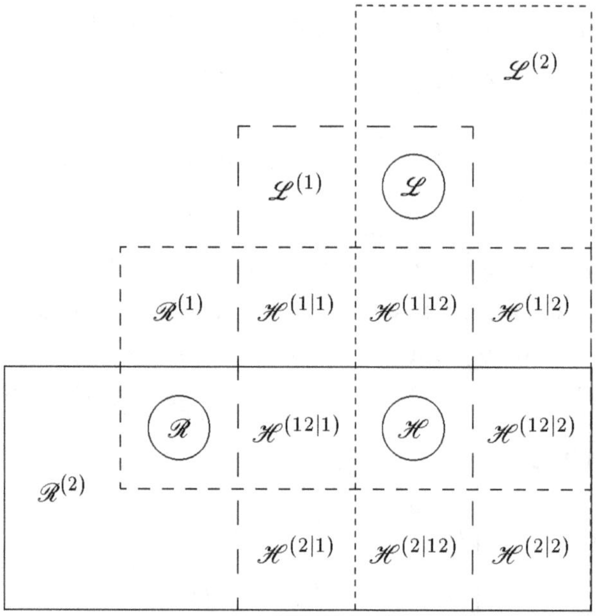

Рис. 3.1. *Тонкие отношения эквивалентности для* $(2|2)$*-связки (кружками отмечены стандартные отношения Грина)*

Замечание **3.91.** Стандартные $\mathscr{R}$ - и $\mathscr{L}$-отношения на *Рис.* 3.1 занимают 4 малых квадрата в длину, $\mathscr{H}^{(i|j)}$-отношения занимают 4 малых квадратов в квадрате, $\mathscr{H}^{(ij|k)}$ - и $\mathscr{H}^{(i|jk)}$-отношения занимают 2 малых квадрата, стандартное $\mathscr{H}$-отношение запимает 1 малый квадрат.

Мы замечаем, что смешанные отношения (3.108)–(3.113) в некотором смысле “шире”, чем стандартные (3.104)–(3.107). Поэтому, используя их, мы можем описать соответствующим образом все классы элементов из $(n|n)$-связки, включая те, что отсутствуют, если использовать только стандартные отношения Грина$^{*)}$. Для каждого смешанного отношения мы можем определить соответствующий класс, используя очевидные определения. Тогда для каждого смешанного $\mathscr{D}$-класса мы можем построить смешанную eggbox диаграмму [30] тонких $\mathscr{R}, \mathscr{L}$-классов, которая будет такой размерности, сколько слагаемых имеет в своей правой части заданное смешанное отношение (3.109), (3.112) и (3.113). Например, eggbox диаграммы $\mathscr{D}^{(i|j)}$-классов двумерны, а диаграммы $\mathscr{D}^{(ij|k)}$ и $\mathscr{D}^{(i|jk)}$-классов должны быть трехмерны. В случае $(n|n)$-связки необходимо рассматривать все возможные k-размерные eggbox диаграммы, где $2 \leq k \leq n-1$. Введенные тонкие отношения эквивалентности (3.95)–(3.98) допускают подполугрупповую интерпретацию.

Примечание. Для неотрицательных обычных матриц обобщенные (в ином смысле) отношения Грина были исследованы в [138].

Лемма 3.92. *Элементы из $\boldsymbol{F}_{\alpha}^{(n|n)}$, имеющие $\alpha t_k = \beta_k$ и $\alpha u_k = \gamma_k$, где $\beta_k, \gamma_k \in \Lambda^{0|1}$ фиксированы, и $1 \le k \le m$, образуют различные подполугруппы индекса m.*

Доказательство. Следует из явного вида матричного умножения суперматриц формы (3.74). ■

Рассмотрим различные подполугруппы индекса $(n-1)$ полугруппы $\boldsymbol{F}_{\alpha}^{(n|n)}$. Они состоят из элементов, имеющих все, кроме одного, αt_k и все, кроме одного, αu_k фиксированные.

Пусть такие элементы

$$\boldsymbol{U}_{\alpha}^{(k)} \stackrel{def}{=} \left\{ \boldsymbol{f}_{t_1 t_2 \ldots t_n, u_1 u_2 \ldots u_n} \in \boldsymbol{F}_{\alpha}^{(n|n)} \mid \bigwedge_{i \neq k} \alpha t_i = \beta_i \bigwedge_{i \neq k} \alpha u_i = \gamma_i \right\} \tag{3.114}$$

представляют собой подполугруппу индекса $(n-1)$, которая имеет только одну нефиксированную пару αt_k, αu_k. Стандартные отношения Грина [30] на подполугруппе $\boldsymbol{U}_{\alpha}^{(k)}$ следующие

$$\boldsymbol{f}_{t_1 t_2 \ldots t_n, u_1 u_2 \ldots u_n} \mathscr{R}_{\boldsymbol{U}}^{(k)} \boldsymbol{f}_{t'_1 t'_2 \ldots t'_n, u'_1 u'_2 \ldots u'_n} \Leftrightarrow \{\alpha t_k = \alpha t'_k\}, \tag{3.115}$$

$$\boldsymbol{f}_{t_1 t_2 \ldots t_n, u_1 u_2 \ldots u_n} \mathscr{L}_{\boldsymbol{U}}^{(k)} \boldsymbol{f}_{t'_1 t'_2 \ldots t'_n, u'_1 u'_2 \ldots u'_n} \Leftrightarrow \{\alpha u_k = \alpha u'_k\},$$

$$\boldsymbol{f}_{t_1 t_2 \ldots t_n, u_1 u_2 \ldots u_n} \mathscr{H}_{\boldsymbol{U}}^{(k)} \boldsymbol{f}_{t'_1 t'_2 \ldots t'_n, u'_1 u'_2 \ldots u'_n} \Leftrightarrow \{\alpha t_k = \alpha t'_k \wedge \alpha u_k = \alpha u'_k\},$$

$$\boldsymbol{f}_{t_1 t_2 \ldots t_n, u_1 u_2 \ldots u_n} \mathscr{D}_{\boldsymbol{U}}^{(k)} \boldsymbol{f}_{t'_1 t'_2 \ldots t'_n, u'_1 u'_2 \ldots u'_n} \Leftrightarrow \{\alpha t_k = \alpha t'_k \vee \alpha u_k = \alpha u'_k\},$$

где $\boldsymbol{f}_{t_1 t_2 \ldots t_n, u_1 u_2 \ldots u_n}, \boldsymbol{f}_{t'_1 t'_2 \ldots t'_n, u'_1 u'_2 \ldots u'_n} \in \boldsymbol{U}_{\alpha}^{(k)} \subset \boldsymbol{F}_{\alpha}^{(n|n)}$.

Теорема 3.93. *Отношения Грина на $\boldsymbol{U}_{\alpha}^{(k)}$ представляют собой сужение соответствующих тонких отношений (3.95)–(3.98) на $\boldsymbol{F}_{\alpha}^{(n|n)}$ подполугруппу $\boldsymbol{U}_{\alpha}^{(k)}$*

$$\mathscr{R}_{\boldsymbol{U}}^{(k)} = \mathscr{R}^{(k)} \cap \left(\boldsymbol{U}_{\alpha}^{(k)} \times \boldsymbol{U}_{\alpha}^{(k)}\right), \tag{3.116}$$

$$\mathscr{L}_{\boldsymbol{U}}^{(k)} = \mathscr{L}^{(k)} \cap \left(\boldsymbol{U}_{\alpha}^{(k)} \times \boldsymbol{U}_{\alpha}^{(k)}\right), \tag{3.117}$$

$$\mathscr{H}_{\boldsymbol{U}}^{(k)} = \mathscr{H}^{(k|k)} \cap \left(\boldsymbol{U}_{\alpha}^{(k)} \times \boldsymbol{U}_{\alpha}^{(k)}\right), \tag{3.118}$$

$$\mathscr{D}_{\boldsymbol{U}}^{(k)} = \mathscr{D}^{(k|k)} \cap \left(\boldsymbol{U}_{\alpha}^{(k)} \times \boldsymbol{U}_{\alpha}^{(k)}\right). \tag{3.119}$$

Доказательство. Достаточно доказать утверждение для частного случая $\boldsymbol{F}_{\alpha}^{(2|2)}$ и $\boldsymbol{U}_{\alpha}^{(1)}$, а затем получить общее утверждение по индукции. Используя определение $\mathscr{R}$-класса в явном виде (3.85)–(3.86), мы заключаем, что условие $\alpha t_1 = \alpha t'_1$ общее для тонкого $\mathscr{R}^{(k)}$-класса и для подполугруппы $\mathscr{R}_{\boldsymbol{U}}^{(k)}$-классов. По аналогии можно доказать и остальные равенства. ■

Замечание **3.94.** Второе условие $\alpha t_2 = \alpha t'_2$ (что представляет собой вторую часть определения обыкновенного $\mathscr{R}$-отношения для $\boldsymbol{F}_{\alpha}^{(2|2)}$ (3.91)) выполняется также в $\boldsymbol{U}_{\alpha}^{(1)}$, но из-за собственного определения подполугруппы $(\alpha t_2 = \beta_2 = const$, $\alpha u_2 = \gamma_2 = const)$, однако $\alpha t_2 = \alpha t'_2$ вообще не входят в тонкие отношения $\mathscr{R}^{(k)}$. Поэтому последнее представляет собой наиболее общее отношение среди рассматриваемых $\mathscr{R}$-отношений.

Замечание **3.95.** Можно рассматривать доказанную **Теорему 3.93** с точки зрения [139], где доказывались формулы, подобные (3.116)–(3.118), но с обычными отношениями Грина в правой части. Обращаясь к диаграмме на *Рис.* 3.1, мы делаем вывод, что наш результат содержит обычный случай [139] в качестве частного.

Кроме того, мы предполагаем, что **Теорема 3.93** имеет более глубокий смысл и дает другую общую трактовку тонким отношениям эквивалентности для абстрактных полугрупп.

Предположение 3.96. *Отношения Грина на подполугруппе* $\mathbf{U}$ *полугруппы* $\mathbf{S}$ *имеют как свой аналог продолженные образы в* $\mathbf{S}$, *а именно — тонкие отношения эквивалентности на* $\mathbf{S}$.

Мы доказали это утверждение для частного случая непрерывных представлений $(n|n)$-связок. Важно исследовать и другие алгебраические системы, где **Предположение 3.96** истинно.

РАЗДЕЛ 4

НЕОБРАТИМОЕ ОБОБЩЕНИЕ $N = 1$ СУПЕРКОНФОРМНОЙ ГЕОМЕТРИИ

В этом разделе формулируется необратимая $N = 1$ суперконформная геометрия на суперплоскости, играющая важную роль в теории суперструн и в двумерных суперконформных теориях поля. Прежде всего, строится полугруппа супераналитических преобразований, проводится их классификация по необратимости, дается формулировка супераналитических полусупермногообразий в терминах необратимых функций перехода. Далее анализируются все возможные редукции касательного суперпространства при ослаблении требования обратимости, что приводит к новым редукциям и необратимым аналогам антиголоморфных преобразований — сплетающим четность касательного пространства преобразованиям, которые характеризуются нильпотентным березинианом и наличием нового типа коциклов с разными стрелками. Единое описание обоих типов редуцированных преобразований проводится с помощью альтернативной параметризации, и переключение между ними происходит с помощью введенного спина редукции, равного $1/2$ для $N = 1$ преобразований. В альтернативной параметризации строится суперконформная полугруппа, которая принадлежит к новому абстрактному типу полугрупп, удовлетворяющим необычному идеальному умножению. Для нее определяются обобщенные векторные и тензорные отношения Грина, а также идеальные квазихарактеры. Исследование дробно-линейных необратимых редуцированных преобразований проводится в терминах полуминоров и полуматриц — нечетных аналогов обычных. Для них определяются функции полуперманента и полудетерминанта, которые дуальны стандартным матричным функциям в рамках введенной четно-нечетной симметрии дробно-линейных $N = 1$ суперконформных преобразований. Находятся необратимые супераналоги расстояния в $N = 1$ суперпространстве и формулируется необратимый аналог инвариантности — "полуинвариантность" введенного необратимого аналога метрики для сплетающих четность преобразований. Нелинейные реализации редуцированных преобразований рассматриваются в рамках двух подходов — как движение нечетной кривой в суперпространстве и диаграммное описание необратимого аналога индуцированного представления. Находятся уравнения для двух типов голдстино и для связи между линейной и нелинейной реализациями.

Идея суперконформной симметрии [140–143] играет ключевую роль в построении суперструнных [144] моделей элементарных частиц [71, 145–148], в рамках которых удается объединить*) непротиворечивым образом все фундаментальные взаимодействия [150–153]. В последнее время значение суперконформной симметрии было переосмыслено из-за ее исключительной роли в построении M-теории [154–162], описании D-бран [163–167] и черных дыр [168–170], а также в ее связи с предельными теоремами в пространствах анти-Де Ситтера [171–180]. С одной стороны, суперконформная симметрия исключительно важна в теории суперримановых поверхностей [74, 181–186] как локального подхода для вычисления древесных [187–189] и многопетлевых [190–196] фермионных амплитуд в формализме Полякова [197–200]. С другой стороны, двумерные суперконформные теории поля [201–204] описывают квантовую геометрию мировой поверхности струны [205–209] и позволяют свести вычисление струнных амплитуд в критической размерности [210] к интегрированию по суперконформному пространству модулей [211–219]. Возникшие здесь трудности с нечетными модулями [220–222] (а фактически, с нильпотентными направлениями [223–225]), несмотря на то, что некоторые

Примечание. Впервые использование струн для построения фундаментальной теории, описывающей в низкоэнергетическом пределе все существующие взаимодействия, было предложено в [149].

многопетлевые вклады и были заново получены в [226–228], позволяют предположить*) возможность необратимого обобщения суперконформной геометрии [10, 19].

4.1. Необратимость и $N = 1$ суперконформные преобразования

Основным ингредиентом суперконформной симметрии является специальный класс редуцированных отображений двумерного $(1|1)$-мерного комплексного суперпространства, суперконформные преобразования [74, 209, 219, 230]. В локальном подходе к построению суперримановых поверхностей, представленных как семейства открытых суперобластей, суперконформные преобразования используются как склеивающие функции перехода [188,205,207]. С другой стороны, они возникают в результате специальной редукции структурной супергруппы [63, 64]. Аналогичный подход применяется и для клейновых поверхностей [231] и суперповерхностей [232–235].

Здесь мы рассматриваем альтернативную редукцию касательного пространства, что приводит к новым преобразованиям (см. также [2,9]). Мы используем функциональный подход к суперпространству [67,68,236] (см. также **Пункт 7.1.2**), который допускает существование нетривиальной топологии в четных и нечетных нильпотентных направлениях [237,238] и может быть подходящим для физических приложений [239,240]. Кроме того, необратимые преобразования (см. также, [241, 242]) могут служить аналогом функций перехода для полусупермногообразий, введенных в **Разделе 7**, что позволяет последовательным образом сформулировать необратимый аналог суперримановой поверхности [10]. Отметим, что исследование четных нильпотентных направлений в суперсимметричной механике [17, 243] и квантовой механике [244–246] играет важную роль в прояснении общих механизмов нарушения суперсимметрии; они также возникают в контракциях групп [247–249] и в конкретных полевых моделях [250–253].

4.1.1. Супераналитические преобразования. Локально суперпространство $\mathbb{C}^{1|1}$, имеющее размерность $(1|1)$, на координатном языке описывается парой $Z = (z, \theta)$, где z четная координата и θ нечетная. В функциональном определении суперпространства существуют ду́ховые части в четной координате $z = z_{body} + z_{soul}$, $z_{body} = \epsilon(z)$, $z_{soul} \stackrel{def}{=} z - z_{body}$, где ϵ представляет собой числовое отображение [67], зануляющее все нильпотентные генераторы подстилающей супералгебры. Числовое отображение действует на координатах следующим образом $\epsilon(z) = z_{body}$, $\epsilon(\theta) = 0$ (см. также **Пункт 7.1.2**). Это позволяет нам рассматривать нетривиальную ду́ховую топологию в четных направлениях на равных началах с нечетными [237, 238, 254].

Используя условия голоморфности, общее супераналитическое преобразование $\mathcal{T}_{SA} : \mathbb{C}^{1|1} \to \mathbb{C}^{1|1}$ можно представить (см., например, [255]) в виде

$$\begin{cases} \tilde{z} = \tilde{z}(z,\theta), \\ \tilde{\theta} = \tilde{\theta}(z,\theta), \end{cases} \tag{4.1}$$

где нет зависимости от комплексно сопряженной координаты. Учитывая нильпотентность нечетной координаты $\theta^2 = 0$, мы получаем

$$\begin{cases} \tilde{z} = f(z) + \theta \cdot \chi(z), \\ \tilde{\theta} = \psi(z) + \theta \cdot g(z), \end{cases} \tag{4.2}$$

где четыре координатные функции $f(z), g(z) : \mathbb{C}^{1|0} \to \mathbb{C}^{1|0}$ и $\psi(z), \chi(z) : \mathbb{C}^{1|0} \to \mathbb{C}^{0|1}$ удовлетворяют супергладким условиям, обобщающим C^{∞} (см. [67, 256, 257] и **Пункт**

*) *Примечание.* В связи с этими трудностями было высказано такое предположение: “может случиться, что основные конструкции должны быть модифицированы...” [229].

7.1.2). Очевидно, что нечетные функции $\psi(z), \chi(z)$ по определению необратимы (см. [258], хотя имеются и некоторые контрпримеры [114, 259, 260]). Таким образом, обратимость суперaналитического преобразования $\mathcal{T}_{SA}$ (4.1) контролируется четными функциями $f(z), g(z)$. Обычно они выбираются обратимыми [74, 219]. Здесь мы не будем ограничивать их обратимость и рассмотрим оба случая на равных началах.

Определение 4.1. *Множества обратимых и необратимых преобразований* $\mathbb{C}^{1|1} \to \mathbb{C}^{1|1}$ (4.2) *образуют полугруппу суперaналитических преобразований* $\boldsymbol{T}_{SA}$ *относительно композиции.*

Обратимые преобразования принадлежат подгруппе этой полугруппы, тогда как необратимые преобразования принадлежат ее идеалу [2, 6]. Будем классифицировать все преобразования следующим образом [8].

Определение 4.2. *Обратимые суперaналитические преобразования определяются условиями*

$$\epsilon[f(z)] \neq 0, \ \epsilon[g(z)] \neq 0. \tag{4.3}$$

Определение 4.3. *Полунеобратимые суперaналитические преобразования определяются условиями*

$$\epsilon[f(z)] = 0, \ \epsilon[g(z)] \neq 0. \tag{4.4}$$

Определение 4.4. *Необратимые суперaналитические преобразования определяются условием*

$$\epsilon[f(z)] = 0, \ \epsilon[g(z)] = 0. \tag{4.5}$$

Замечание **4.5.** Полунеобратимые суперaналитические преобразования *могут разрешаться*, но только лишь относительно θ, а не относительно z.

Очевидно, можно использовать координатные функции из (4.2) для соответствующей параметризации полугруппы суперaналитических преобразований $\boldsymbol{T}_{SA}$.

Определение 4.6. *Элемент* **s** *суперaналитической полугруппы* $\mathbf{S}_{SA}$ *может быть параметризован четверкой функций*

$$\left\{ \begin{array}{cc} f & \chi \\ \psi & g \end{array} \right\} \stackrel{def}{=} \mathbf{s} \in \mathbf{S}_{SA}, \tag{4.6}$$

и действие в $\mathbf{S}_{SA}$ *есть*

$$\left\{ \begin{array}{cc} f_1 & \chi_1 \\ \psi_1 & g_1 \end{array} \right\} * \left\{ \begin{array}{cc} f_2 & \chi_2 \\ \psi_2 & g_2 \end{array} \right\} =$$

$$\left\{ \begin{array}{ll} f_1 \circ f_2 + \psi_2 \cdot \chi_1 \circ f_2 & f_1' \circ f_2 \cdot \chi_2 + g_2 \cdot \chi_1 \circ f_2 \\ & \quad +\chi_1' \circ f_2 \cdot \chi_2 \cdot \psi_2 \\ \psi_1 \circ f_2 + \psi_2 \cdot g_1 \circ f_2 & \psi_1' \circ f_2 \cdot \chi_2 + g_2 \cdot g_1 \circ f_2 \\ & \quad +g_1' \circ f_2 \cdot \chi_2 \cdot \psi_2 \end{array} \right\}. \tag{4.7}$$

где

$$f_1 \circ f_2 = f_1(f_2(z)) \tag{4.8}$$

и штрих (′) *означает дифференцирование по аргументу.*

Ассоциативность в $\mathbf{S}_{SA}$

$$\mathbf{s}_1 * (\mathbf{s}_2 * \mathbf{s}_3) = (\mathbf{s}_1 * \mathbf{s}_2) * \mathbf{s}_3 \tag{4.9}$$

нетривиальна для (4.7) и требует проверки.

Предложение 4.7. *Умножение* (4.7) *ассоциативно.*

Доказательство. Соотношение (4.9) состоит из четырех уравнений, соответствующих четырем функциям в (4.6).

Используя (4.7) для 1-1 элемента, мы находим

$$\begin{aligned}\mathbf{s}_1 * (\mathbf{s}_2 * \mathbf{s}_3)\,|_{1-1} &= f_1 \circ (f_2 \circ f_3 + \psi_3 \cdot \chi_2 \circ f_3) \\ &\quad + (\psi_2 \circ f_3 + \psi_3 \cdot g_2 \circ f_3) \cdot \chi_1 \circ (f_2 \circ f_3 + \psi_3 \cdot \chi_2 \circ f_3)\,.\end{aligned}$$

Открывая скобки, раскладывая в ряд Тэйлора и учитывая нильпотентность входящих нечетных функций, мы имеем

$$\begin{aligned}\mathbf{s}_1 * (\mathbf{s}_2 * \mathbf{s}_3)\,|_{1-1} &= f_1 \circ f_2 \circ f_3 + \psi_3 \cdot \chi_2 \circ f_3 \cdot f_1' \circ f_2 \circ f_3 \\ &\quad + \psi_2 \circ f_3 \cdot \chi_1 \circ f_2 \circ f_3 \\ &\quad + \psi_3 \cdot g_2 \circ f_3 \cdot \chi_1 \circ f_2 \circ f_3 \\ &\quad + \psi_2 \circ f_3 \cdot \chi_1' \circ f_2 \circ f_3 \cdot \psi_3 \cdot \chi_2 \circ f_3.\end{aligned}$$

Далее группируем элементы различным способом и получаем

$$\begin{aligned}\mathbf{s}_1 * (\mathbf{s}_2 * \mathbf{s}_3)\,|_{1-1} &= (f_1 \circ f_2 + \psi_2 \cdot \chi_1 \circ f_2) \circ f_3 \\ &\quad + \psi_3 \cdot (f_1' \circ f_2 \cdot \chi_2 + \chi_1' \circ f_2 \cdot \chi_2 \cdot \psi_2 + g_2 \cdot \chi_1 \circ f_2) \circ f_3 \\ &= (\mathbf{s}_1 * \mathbf{s}_2) * \mathbf{s}_3|_{1-1}.\end{aligned}$$

Аналогичные вычисления могут быть проведены и для других элементов, это доказывает ассоциативность (4.7) и тот факт, что параметризация (4.6) задает действительно полугруппу. ■

Замечание **4.8.** Умножение (4.7) содержит два произведения: суперпозицию (4.8) и произведение в подстилающей алгебре Грассмана $(\cdot)$. Поэтому супераналитическая полугруппа не принадлежит ни к классу полугрупп непрерывных функций [261–263], ни к классу мультипликативных полугрупп [264–267].

Наличие двух умножений, делителей нуля и нильпотентов делает анализ абстрактных свойств супераналитической полугруппы*) (и суперконформной полугруппы, рассматриваемой ниже) гораздо более сложным по сравнению с хорошо исследованными полугруппами функций [263, 272–274].

Предложение 4.9. *Двусторонняя единица в* $\mathbf{S}_{SA}$ *есть*

$$\mathbf{e} = \left\{ \begin{array}{cc} z & 0 \\ 0 & 1 \end{array} \right\}, \tag{4.10}$$

и двусторонний нуль представляет собой матрицу (4.6), *имеющую нулевые элементы.*

Доказательство. Это можно легко проверить, используя (4.7). ■

Рассмотрим гомоморфизм φ супераналитической полугруппы $\mathbf{S}_{SA}$ в полугруппу $\boldsymbol{T}_{SA}$ супераналитических преобразований $\varphi : \mathbf{S}_{SA} \to \boldsymbol{T}_{SA}$.

Предложение 4.10. *Как это и должно быть* $\ker \varphi = \mathbf{e}$.

При изучении суперчисловых систем, содержащих делители нуля и нильпотенты, обычно говорят магические слова “факторизация по нильпотентам” или “по модулю нильпотентов” и исключают дополнительные экзотические свойства [68, 113, 275],

---

*) *Примечание.* Полугруппы несуперсимметричных аналитических эндоморфизов рассматривались в [268–271].

являющиеся результатом тщательного рассмотрения последних. В системах рассматриваемых функций ситуация более тонкая и требует дополнительных абстрактных исследований. Например, в супер211аналитической полугруппе $\mathbf{S}_{SA}$ наряду со стандартными элементами $\mathbf{e}$ и $\mathbf{z}$ мы можем вводить элементнозависимые "локальные" единицы и нули.

Определение 4.11. *Для заданного элемента* $\mathbf{s}$ *супераналитической полугруппы* $\mathbf{S}_{SA}$ *локальные левая, правая и двусторонняя единицы определяются равенствами*

$$\mathbf{e}_{\mathbf{s}}^{left} * \mathbf{s} = \mathbf{s}, \tag{4.11}$$

$$\mathbf{s} * \mathbf{e}_{\mathbf{s}}^{right} = \mathbf{s}, \tag{4.12}$$

$$\mathbf{e}_{\mathbf{s}} * \mathbf{s} * \mathbf{e}_{\mathbf{s}} = \mathbf{s}, \tag{4.13}$$

где $\mathbf{e}_{\mathbf{s}}^{left}, \mathbf{e}_{\mathbf{s}}^{right}, \mathbf{e}_{\mathbf{s}} \in \mathbf{S}_{SA}$.

Определение 4.12. *Для заданного элемента* $\mathbf{s}$ *супераналитической полугруппы* $\mathbf{S}_{SA}$ *локальные левый, правый и двусторонний нули определяются равенствами*

$$\mathbf{z}_{\mathbf{s}}^{left} * \mathbf{s} = \mathbf{z}_{\mathbf{s}}^{left}, \tag{4.14}$$

$$\mathbf{s} * \mathbf{z}_{\mathbf{s}}^{right} = \mathbf{z}_{\mathbf{s}}^{right}, \tag{4.15}$$

$$\mathbf{z}_{\mathbf{s}} * \mathbf{s} * \mathbf{z}_{\mathbf{s}} = \mathbf{z}_{\mathbf{s}}, \tag{4.16}$$

где $\mathbf{z}_{\mathbf{s}}^{left}, \mathbf{z}_{\mathbf{s}}^{right}, \mathbf{z}_{\mathbf{s}} \in \mathbf{S}_{SA}$.

Локальные единицы и нули являются множествами элементов из $\mathbf{S}_{SA}$ и могут найдены из соответствующих систем функционально-дифференциальных уравнений. Например, для $\mathbf{e}_{\mathbf{s}}^{left}$ из (4.11) в компонентном виде мы имеем систему

$$\begin{array}{c} f_1 \circ f_2 + \psi_2 \cdot \chi_1 \circ f_2 = f_2, \\ \psi_1 \circ f_2 + \psi_2 \cdot g_1 \circ f_2 = \psi_2, \\ f_1' \circ f_2 \cdot \chi_2 + \chi_1' \circ f_2 \cdot \chi_2 \cdot \psi_2 + g_2 \cdot \chi_1 \circ f_2 = \chi_2, \\ \psi_1' \circ f_2 \cdot \chi_2 + g_1' \circ f_2 \cdot \chi_2 \cdot \psi_2 + g_2 \cdot g_1 \circ f_2 = g_2. \end{array} \tag{4.17}$$

Пример **4.13.** Пусть $\mathbf{s} = \left\{ \begin{array}{cc} z^2 & \beta \\ \alpha & z^{-1} \end{array} \right\}$, тогда $\mathbf{e}_{\mathbf{s}}^{left} = \left\{ \begin{array}{cc} z^2 & \beta \\ \alpha & z^{-1} \end{array} \right\}$.

Чтобы подчеркнуть отличие от полугрупп функций [261, 273, 274], рассмотрим левые нули. Из закона умножения (4.8) следует

Утверждение 4.14. *Для полугрупп функций роль левых нулей играют константные отображения*

$$f_0(z) : z \to c_f = const, \tag{4.18}$$

поскольку $\forall g(z)$, $f_0 \circ g = f_0(g(z)) = c_f = f_0$.

Возьмем элемент $\mathbf{s}_0$ супераналитической полугруппы $\mathbf{S}_{SA}$, который имеет вид, аналогичный (4.18), т.е.

$$\mathbf{s}_0 = \left\{ \begin{array}{cc} f_0 & \chi_0 \\ \psi_0 & g_0 \end{array} \right\}. \tag{4.19}$$

Тогда из (4.7) имеем

$$\mathbf{s}_0 * \mathbf{s} = \left\{ \begin{array}{cc} f_0 & \chi_0 \\ \psi_0 & g_0 \end{array} \right\} * \left\{ \begin{array}{cc} f & \chi \\ \psi & g \end{array} \right\} = \left\{ \begin{array}{cc} c_f + c_\chi \cdot g & c_\chi \cdot g \\ c_\psi + c_g \cdot \psi & c_g \cdot g \end{array} \right\}, \tag{4.20}$$

и, таким образом, $\mathbf{s}_0 * \mathbf{s} \neq const$ в противоположность полугруппам функций [263, 276].

Замечание **4.15.** Сопоставляя супераналитическое умножение (4.7) с матричным полугрупповым умножением [86, 277], мы обращаем внимание на то, что множеству нижнетреугольных суперматриц (4.6), т. е. с элементами $\chi = 0$, формируют подполугруппу, как обычно. Однако множество верхнетреугольных матриц, имеющих $\psi = 0$, не формируют подполугруппу из-за наличия среднего члена в 2-2 элементе (4.7).

Посредством супераналитических преобразований (4.2) можно построить супераналитическое полусупермногообразие $\mathscr{M}_{SA}$ стандартным способом (см. [67, 68, 113] и **Раздел 7**), в котором координатные функции играют роль склеивающих функций перехода.

Таким образом, пусть $\mathscr{M}_{SA} = \bigcup_{\alpha} \mathscr{U}_{\alpha}$, где $\mathscr{U}_{\alpha}$ — суперобласти, накрывающие полусупермногообразие $\mathscr{M}_{SA}$. Его строение определяется четырьмя функциями перехода $f_{\alpha\beta}(z_\beta)$, $\chi_{\alpha\beta}(z_\beta)$, $g_{\alpha\beta}(z_\beta)$, $\psi_{\alpha\beta}(z_\beta)$, описывающих супераналитическое преобразование $Z_\beta \to Z_\alpha$ на пересечении $\mathscr{U}_{\alpha} \cap \mathscr{U}_{\beta}$.

Предложение 4.16. *На тройных пересечениях $\mathscr{U}_{\alpha} \cap \mathscr{U}_{\beta} \cap \mathscr{U}_{\gamma}$ функциях перехода супераналитического супермногообразия удовлетворяют условиям согласованности*

$$\begin{aligned} f_{\alpha\gamma} &= f_{\alpha\beta} \circ f_{\beta\gamma} + \psi_{\beta\gamma} \cdot \chi_{\alpha\beta} \circ f_{\beta\gamma}, \\ \chi_{\alpha\gamma} &= f'_{\alpha\beta} \circ f_{\beta\gamma} \cdot \chi_{\beta\gamma} + g_{\beta\gamma} \cdot \chi_{\alpha\beta} \circ f_{\beta\gamma} + \chi'_{\alpha\beta} \circ f_{\beta\gamma} \cdot \chi_{\beta\gamma} \cdot \psi_{\beta\gamma}, \\ g_{\alpha\gamma} &= f'_{\alpha\beta} \circ f_{\beta\gamma} \cdot \chi_{\beta\gamma} + g_{\beta\gamma} \cdot g_{\alpha\beta} \circ f_{\beta\gamma} + g'_{\alpha\beta} \circ f_{\beta\gamma} \cdot \chi_{\beta\gamma} \cdot \psi_{\beta\gamma}, \\ \psi_{\alpha\gamma} &= \psi_{\alpha\beta} \circ f_{\beta\gamma} + \psi_{\beta\gamma} \cdot g_{\alpha\beta} \circ f_{\beta\gamma}. \end{aligned} \tag{4.21}$$

Доказательство. Непосредственно следует из умножения (4.7). ■

Дальнейшие коциклические свойства $N = 1$ преобразований изложены в **Пункте 4.8**.

4.1.2. Касательное суперпространство и варианты его редукций. Рассмотрим действие супераналитических преобразований в некотором необратимом аналоге касательного суперпространства [8, 19] и возможные его редукции (см. обратимый вариант редукций в [63, 66, 278, 279]). Здесь мы покажем, что среди редуцированных необратимых преобразований имеются новые преобразования, которые в некотором смысле дуальны суперконформным преобразованиям [2, 10], и сконцентрируем внимание на новых свойствах, связанных с необратимостью, для ясности пытаясь останавливаться на рассмотрении нетривиальных моментов..

Касательное суперпространство $T\mathbb{C}^{1|1}$ определяется стандартным суперсимметричным базисом $\{\partial,\ D\}$, где $D = \partial_\theta + \theta\partial$, $\partial_\theta = \partial/\partial\theta$, $\partial = \partial/\partial z$. Дуальное кокасательное пространство $T^*\mathbb{C}^{1|1}$ определяется 1-формами $\{dz,\ d\theta\}$, где $dZ = dz + \theta d\theta$ (знаки как в [74]). В этих обозначениях соотношения суперсимметрии есть $D^2 = \partial$, $dZ^2 = dz$. Полугруппа супераналитических преобразований $\boldsymbol{T}_{SA}$ действует в касательном и кокасательном суперпространствах посредством матрицы P_{SA} как

$$\begin{pmatrix} \partial \\ D \end{pmatrix} = \mathrm{P}_{SA} \begin{pmatrix} \tilde{\partial} \\ \tilde{D} \end{pmatrix}, \tag{4.22}$$

$$\begin{pmatrix} d\tilde{Z}, & d\tilde{\theta} \end{pmatrix} = \begin{pmatrix} dz, & d\theta \end{pmatrix} \mathrm{P}_{SA}, \tag{4.23}$$

где

$$\mathrm{P}_{SA} = \begin{pmatrix} \partial\tilde{z} - \partial\tilde{\theta} \cdot \tilde{\theta} & \partial\tilde{\theta} \\ D\tilde{z} - D\tilde{\theta} \cdot \tilde{\theta} & D\tilde{\theta} \end{pmatrix}. \tag{4.24}$$

Рассмотрим суперобобщения (включая и необратимые) внешнего дифференциала де Рама [280].

Предложение 4.17. *Внешний дифференциал $d = dZ\partial + d\theta D$ является инвариантом супераналитических преобразований.*

Доказательство. Мы имеем

$$\begin{aligned} d &= \left(dZ, \ d\theta \right) \begin{pmatrix} \partial \\ D \end{pmatrix} = \left(dZ, \ d\theta \right) \mathrm{P}_{SA} \begin{pmatrix} \tilde{\partial} \\ \tilde{D} \end{pmatrix} \\ &= \left(d\tilde{Z}, \ d\tilde{\theta} \right) \begin{pmatrix} \tilde{\partial} \\ \tilde{D} \end{pmatrix} = \tilde{d} \end{aligned} \tag{4.25}$$

■

Замечание **4.18.** Важно отметить, что в (4.25) обратимость не использована.

Предложение 4.19. $\mathrm{Ber}\left(\tilde{Z}/Z\right) = \mathrm{Ber}\,\mathrm{P}_{SA}$.

Доказательство. Видим, что

$$\begin{pmatrix} \dfrac{\partial \tilde{z}}{\partial z} & \dfrac{\partial \tilde{\theta}}{\partial z} \\ \dfrac{\partial \theta}{\partial z} & \dfrac{\partial \theta}{\partial \theta} \end{pmatrix} = \begin{pmatrix} 1 & 0 \\ -\theta & 1 \end{pmatrix} \cdot \begin{pmatrix} \partial \tilde{z} - \partial \tilde{\theta} \cdot \tilde{\theta} & \partial \tilde{\theta} \\ D\tilde{z} - D\tilde{\theta} \cdot \tilde{\theta} & D\tilde{\theta} \end{pmatrix} \begin{pmatrix} 1 & 0 \\ \tilde{\theta} & 1 \end{pmatrix}. \tag{4.26}$$

Тогда из (4.26), (4.91), (4.92) и (4.24) следует

$$\begin{aligned} \mathrm{Ber}\left(\tilde{Z}/Z\right) &= \mathrm{Ber}\,\mathrm{P}_{SA}^{0} = \mathrm{Ber}\left(\begin{pmatrix} 1 & 0 \\ -\theta & 1 \end{pmatrix} \cdot \mathrm{P}_{SA} \cdot \begin{pmatrix} 1 & 0 \\ \tilde{\theta} & 1 \end{pmatrix} \right) \\ &= \mathrm{Ber} \begin{pmatrix} 1 & 0 \\ -\theta & 1 \end{pmatrix} \cdot \mathrm{Ber}\,\mathrm{P}_{SA} \cdot \mathrm{Ber} \begin{pmatrix} 1 & 0 \\ \tilde{\theta} & 1 \end{pmatrix} \\ &= \mathrm{Ber}\,\mathrm{P}_{SA}. \end{aligned}$$

■

В случае обратимых супераналитических преобразований матрица P_{SA} определяет структуру супермногообразия, для которого эти преобразования играют роль функций перехода [63]. Поэтому различные редукции матрицы P_{SA} приводят к различным дополнительным структурам. Но только один из них обычно рассматривается [63, 64] поскольку лишь он может быть обратимым. Учитывая необратимость, мы проанализируем *все* редукции [8] посредством зануления *каждого* элемента из P_{SA} поочередно, что дает в общем четыре возможности:

$$1)\ D\tilde{\theta} = 0, \tag{4.27}$$

$$2)\ \partial\tilde{\theta} = 0, \tag{4.28}$$

$$3)\ \varDelta(z,\theta) \equiv D\tilde{z} - D\tilde{\theta} \cdot \tilde{\theta} = 0, \tag{4.29}$$

$$4)\ Q(z,\theta) \equiv \partial\tilde{z} - \partial\tilde{\theta} \cdot \tilde{\theta} = 0, \tag{4.30}$$

которые упорядочены соответственно возрастанию их нетривиальности. Первые два случая (4.27) и (4.28) являются наиболее простыми, но они также имеют некоторые интересные особенности и будут рассмотрены отдельно.

4.1.3. Редуцированные $N = 1$ преобразования. Здесь мы рассмотрим две остальные возможные редукции (4.29) и (4.30). В **Подразделе 3.1** показано, что существуют *две* нетривиальные редукции любой суперматрицы (а не одна, треугольная, как в обратимом случае). Мы применяем этот результат к P_{SA} (4.24).

Утверждение 4.20. *Условие* $\epsilon\left[D\tilde{\theta}\right] \neq 0$ *совпадает с полунеобратимостью супераналитического преобразования* (4.4), *а не с его полной обратимостью.*

Доказательство. В самом деле, мы замечаем из (4.26), что березиниан может быть представлен в виде двух слагаемых

$$\operatorname{Ber} P_A = \frac{\partial\tilde{z} - \partial\tilde{\theta}\cdot\tilde{\theta}}{D\tilde{\theta}} + \frac{\left(D\tilde{z} - D\tilde{\theta}\cdot\tilde{\theta}\right)\partial\tilde{\theta}}{\left(D\tilde{\theta}\right)^2} = \tag{4.31}$$

$$\frac{Q(z,\theta)}{D\tilde{\theta}} + \frac{\Delta(z,\theta)\cdot\partial\tilde{\theta}}{\left(D\tilde{\theta}\right)^2}. \tag{4.32}$$

только, если $\epsilon\left[D\tilde{\theta}\right] \neq 0$. Тогда из компонентного вида (4.2) мы выводим $D\tilde{\theta} = g(z) + \theta\cdot\psi(z)$ и так $\epsilon\left[D\tilde{\theta}\right] = \epsilon[g(z)]$, поэтому $\epsilon\left[D\tilde{\theta}\right] \neq 0 \Rightarrow \epsilon[g(z)] \neq 0$, что действительно является условием полунеобратимости преобразования (4.4). ■

Предложение 4.21. *В случае $D\tilde{\theta} \neq 0$ березиниан супераналитических преобразований описывается выражением*

$$\operatorname{Ber} \mathrm{P}_{SA} = D\left(\frac{D\tilde{z}}{D\tilde{\theta}}\right). \tag{4.33}$$

Доказательство. После дифференцирования правой части, используя $D^2 = \partial$, мы получаем

$$D\left(\frac{D\tilde{z}}{D\tilde{\theta}}\right) = \frac{\partial\tilde{z}\cdot D\tilde{\theta} + D\tilde{z}\cdot\partial\tilde{\theta}}{\left(D\tilde{\theta}\right)^2} =$$

$$\frac{\left(\partial\tilde{z} + \tilde{\theta}\cdot\partial\tilde{\theta}\right)\cdot D\tilde{\theta} - \left(D\tilde{z} - \tilde{\theta}\cdot D\tilde{\theta}\right)\cdot\partial\tilde{\theta}}{\left(D\tilde{\theta}\right)^2} =$$

$$\frac{Q(z,\theta)\cdot D\tilde{\theta} - \Delta(z,\theta)\cdot\partial\tilde{\theta}}{\left(D\tilde{\theta}\right)^2},$$

что совпадает с (4.32). ■

По теореме сложения березинианов (3.7) имеем

$$\operatorname{Ber} \mathrm{P}_A = \operatorname{Ber} \mathrm{P}_S + \operatorname{Ber} \mathrm{P}_T, \tag{4.34}$$

где

$$\mathrm{P}_S \stackrel{def}{=} \begin{pmatrix} \partial\tilde{z} - \partial\tilde{\theta}\cdot\tilde{\theta} & \partial\tilde{\theta} \\ 0 & D\tilde{\theta} \end{pmatrix} = \begin{pmatrix} Q(z,\theta) & \partial\tilde{\theta} \\ 0 & D\tilde{\theta} \end{pmatrix}, \tag{4.35}$$

$$\mathrm{P}_T \stackrel{def}{=} \begin{pmatrix} 0 & \partial\tilde{\theta} \\ D\tilde{z} - D\tilde{\theta}\cdot\tilde{\theta} & D\tilde{\theta} \end{pmatrix} = \begin{pmatrix} 0 & \partial\tilde{\theta} \\ \Delta(z,\theta) & D\tilde{\theta} \end{pmatrix}. \tag{4.36}$$

Обозначим множества матриц (4.35) и (4.36) за $\mathfrak{P}_S$ и $\mathfrak{P}_T$ соответственно. Подчеркиваем, что до сих пор на вид преобразований мы не налагали никаких ограничений, и они общие супераналитические (4.1).

Определение 4.22. *Редуцированные преобразования определяются проектированием березиниана на одно из слагаемых в (4.32).*

Другими словами, мы проектируем множество супераналитических матриц $\mathfrak{P}_{SA}$ на $\mathfrak{P}_S$ или $\mathfrak{P}_T$. Следовательно, имеется *два* (!) вида редуцированных (суперконформно-подобных) преобразований [2, 8, 22].

Определение 4.23. *Обратимые, полунеобратимые и необратимые суперконформные преобразования определяются условием*

$$\Delta(z,\theta) = D\tilde{z} - D\tilde{\theta} \cdot \tilde{\theta} = 0. \tag{4.37}$$

Определение 4.24.
Полунеобратимые и необратимые преобразования, сплетающие четность, определяются условием

$$Q(z,\theta) = \partial\tilde{z} - \partial\tilde{\theta} \cdot \tilde{\theta} = 0. \tag{4.38}$$

Такое определение понятно из следующих рассуждений. Если мы применим условия (4.38) и (4.37) к матрицам P_S и P_T, то получим

$$\mathrm{P}_{SCf} \stackrel{def}{=} \mathrm{P}_S|_{\Delta=0} = \begin{pmatrix} Q_{SCf}(z,\theta) & \partial\tilde{\theta}_{SCf} \\ 0 & D\tilde{\theta}_{SCf} \end{pmatrix}, \tag{4.39}$$

$$\mathrm{P}_{TPt} \stackrel{def}{=} \mathrm{P}_T|_{Q=0} = \begin{pmatrix} 0 & \partial\tilde{\theta}_{TPt} \\ \Delta_{TPt}(z,\theta) & D\tilde{\theta}_{TPt} \end{pmatrix}, \tag{4.40}$$

где

$$Q_{SCf}(z,\theta) \stackrel{def}{=} Q(z,\theta)\,|_{\Delta(z,\theta)=0}, \tag{4.41}$$

$$\Delta_{TPt}(z,\theta) \stackrel{def}{=} \Delta(z,\theta)\,|_{Q(z,\theta)=0}. \tag{4.42}$$

Отсюда следуют преобразования касательного и кокасательного пространств в стандартном базисе

$$\mathsf{SCf} \quad : \quad \begin{cases} D &= D\tilde{\theta}_{SCf} \cdot \tilde{D}, \\ d\tilde{Z} &= Q_{SCf}(z,\theta) \cdot dZ, \end{cases} \tag{4.43}$$

$$\mathsf{TPt} \quad : \quad \begin{cases} \partial &= \partial\tilde{\theta}_{TPt} \cdot \tilde{D}, \\ d\tilde{Z} &= \Delta_{TPt}(z,\theta) \cdot d\theta. \end{cases} \tag{4.44}$$

Условие $\Delta(z,\theta) = 0$ (4.37) в обратимом случае задает обычные суперконформные преобразования $\mathcal{T}_{SCf}$ [74, 196, 209, 281], и приведенная матрица P_{SCf} (4.39) представляет собой результат стандартной редукции структурной супергруппы (см., например, [63]). Другое условие $Q(z,\theta) = 0$ (4.38) приводит к необратимым преобразованиям $\mathcal{T}_{TPt}$ (см. [2]). Из (4.44) следует, что они приводят к изменению четности касательного пространства, и поэтому определение (4.24) имеет смысл.

Замечание **4.25.** Альтернативная редукция [9] суперматрицы P_A касательного пространства приводит к антитреугольной суперматрице P_{TPt} (4.40).

Дуальная роль суперконформных и сплетающих четность преобразований отчетливо видна из теоремы сложения березинианов (4.34) (см. [9]) и операторов проекций (4.39) и (4.40).

Предположение 4.26. *Поскольку суперконформные преобразования могут быть рассмотрены в качестве суперoccаналога комплексной структуры* [282, 283], *мы можем трактовать сплетающие четность преобразования как иной нечетный $N=1$ суперaналог комплексной структуры* [10].

Более естественно называть сплетающие четность преобразования *антисуперконформными* из-за следующей аналогии с несуперсимметричным случаем. Для обыкновенной 2×2 матрицы $\mathrm{P} = \begin{pmatrix} a & b \\ c & d \end{pmatrix}$ мы, очевидно, имеем следующее тождество

$$\det P = \det\begin{pmatrix} a & 0 \\ 0 & d \end{pmatrix} + \det\begin{pmatrix} 0 & b \\ c & 0 \end{pmatrix} = \det \mathrm{P}_{diag} + \det \mathrm{P}_{antidiag}, \tag{4.45}$$

которое можно назвать “формулой сложения детерминантов”. В теории комплексных функций первая матрица описывает матрицу касательного пространства для голоморфных отображений, а вторая – антиголоморфных отображений.

Замечание **4.27.** В суперсимметричном случае *треугольная и антитреугольная* суперматрицы P_S и P_T играют роль, подобную несуперсимметричным *диагональной и антидиагональной* матрицам в обычной теории матриц, как это видно из (4.34). Поэтому, если P_{SCf} обобщает матрицу касательного пространства для голоморфных отображений, суперматрицы P_{TPt} могут рассматриваться как соответственное обобщение для антиголоморфных отображений.

Следствие 4.28. *Очевидно, что*

$$\operatorname{Ber} \mathrm{P}_T|_{\Delta(z,\theta)=0} = \operatorname{Ber} \begin{pmatrix} 0 & \partial\tilde{\theta}_{SCf} \\ 0 & D\tilde{\theta}_{SCf} \end{pmatrix} = 0, \tag{4.46}$$

$$\operatorname{Ber} \mathrm{P}_S|_{Q(z,\theta)=0} = \operatorname{Ber} \begin{pmatrix} 0 & \partial\tilde{\theta}_{TPt} \\ 0 & D\tilde{\theta}_{TPt} \end{pmatrix} = 0. \tag{4.47}$$

Замечание **4.29.** Отметим, что вырожденные суперматрицы в (4.46)–(4.47) различны $\mathrm{P}_S|_{Q(z,\theta)=0} \neq \mathrm{P}_T|_{\Delta(z,\theta)=0}$, поскольку различны условия, налагаемые на их ненулевые элементы, $\partial\tilde{\theta}_{SCf} \neq \partial\tilde{\theta}_{TPt}$ и $D\tilde{\theta}_{SCf} \neq D\tilde{\theta}_{TPt}$.

Используя данные соотношения наряду с (4.39) и (4.40), мы можем спроектировать формулу сложения березинианов (4.34) на редуцированные преобразования $\mathcal{T}_{SCf}$ и $\mathcal{T}_{TPt}$ следующим образом

$$\operatorname{Ber} \mathrm{P}_A = \begin{cases} \operatorname{Ber} \mathrm{P}_S + \operatorname{Ber} \mathrm{P}_T, & \Delta(z,\theta) = 0, \\ \operatorname{Ber} \mathrm{P}_S + \operatorname{Ber} \mathrm{P}_T, & Q(z,\theta) = 0. \end{cases} =$$

$$\begin{cases} \operatorname{Ber} \mathrm{P}_{SCf} + 0, \\ 0 + \operatorname{Ber} \mathrm{P}_{TPt}, \end{cases} = \begin{cases} \operatorname{Ber} \mathrm{P}_{SCf}, & (\mathsf{SCf}) \\ \operatorname{Ber} \mathrm{P}_{TPt}, & (\mathsf{TPt}) \end{cases} \tag{4.48}$$

После соответствующих проекций для $Q(z,\theta)$ и $\Delta(z,\theta)$ мы имеем

$$Q_{SCf}(z,\theta) \stackrel{def}{=} \left(\partial\tilde{z} - \partial\tilde{\theta}\cdot\tilde{\theta}\right)|_{\Delta(z,\theta)=0} = \left(D\tilde{\theta}_{SCf}\right)^2, \tag{4.49}$$

$$\Delta_{TPt}(z,\theta) \stackrel{def}{=} \left(D\tilde{z} - D\tilde{\theta}\cdot\tilde{\theta}\right)|_{Q(z,\theta)=0} = \partial_\theta\tilde{z}_{TPt} - \partial_\theta\tilde{\theta}_{TPt}\cdot\tilde{\theta}_{TPt}. \tag{4.50}$$

Замечание **4.30.** Примечательно отметить сходство формул (4.49) и (4.50), что доказывает нам еще раз *дуальность* между суперконформными и сплетающими четность преобразованиями.

Используя (4.49), можно получить [63]

$$\mathrm{P}_{SCf} = \begin{pmatrix} \left(D\tilde{\theta}_{SCf}\right)^2 & \partial\tilde{\theta}_{SCf} \\ 0 & D\tilde{\theta}_{SCf} \end{pmatrix}. \tag{4.51}$$

Если $\epsilon\left[D\tilde{\theta}_{SCf}\right] \neq 0$, тогда $\operatorname{Ber} \mathrm{P}_{SCf}$ может быть просто вычислен из (4.51) (см. [74, 205])

$$\operatorname{Ber} \mathrm{P}_{SCf} = D\tilde{\theta}_{SCf}. \tag{4.52}$$

В необратимом случае $\epsilon\left[D\tilde{\theta}_{SCf}\right] = 0$ березиниан не может быть определен, но мы принимаем формулу (4.52) в качестве определения якобиана необратимых суперконформных преобразований (см. [2, 14]).

Определение 4.31. *Березиниан полунеобратимых суперконформных преобразований есть*

$$\operatorname{Ber} \mathrm{P}_{SCf}^{noninv} = D\tilde{\theta}_{SCf}. \tag{4.53}$$

Рассмотрим березиниан для сплетающих четность преобразований. Из (4.50) мы получаем антитреугольную матрицу

$$\mathrm{P}_{TPt} = \begin{pmatrix} 0 & \partial\tilde{\theta}_{TPt} \\ \Delta_{TPt}(z,\theta) & D\tilde{\theta}_{TPt} \end{pmatrix}. \tag{4.54}$$

Если $\epsilon\left[D\tilde{\theta}_{TPt}\right] \neq 0$, то березиниан суперматрицы P_{TPt} (4.54) есть

$$\operatorname{Ber} \mathrm{P}_{TPt} = \frac{\Delta_{TPt}(z,\theta)\cdot\partial\tilde{\theta}_{TPt}}{\left(D\tilde{\theta}_{TPt}\right)^2}. \tag{4.55}$$

Из (4.50) следует, что $D\Delta_{TPt}(z,\theta) = -\left(D\tilde{\theta}_{TPt}\right)^2$, и поэтому

$$\partial\Delta_{TPt}(z,\theta) = -2\cdot D\tilde{\theta}_{TPt}\cdot\partial\tilde{\theta}_{TPt}, \tag{4.56}$$

что дает для березиниана

$$\operatorname{Ber} \mathrm{P}_{TPt} = \frac{\partial\Delta_{TPt}(z,\theta)\cdot\Delta_{TPt}(z,\theta)}{2\left(D\tilde{\theta}_{TPt}\right)^3}. \tag{4.57}$$

Замечание **4.32.** Поскольку Δ_{TPt} является нечетным и нильпотентным, березиниан $\operatorname{Ber} \mathrm{P}_{TPt}$ также нильпотентен и чисто ду́ховый.

Четные и нечетные суперфункции $Q(z,\theta)$ и $\Delta(z,\theta)$ играют важную роль в возможных редукциях супераналитического структуры, и поэтому стоит исследовать их подробнее. Общее соотношение между $Q(z,\theta)$ и $\Delta(z,\theta)$ есть

$$Q(z,\theta) - D\Delta(z,\theta) = \left(D\tilde{\theta}\right)^2. \tag{4.58}$$

Из этой связи и (4.32) мы получаем другое полезное выражение для березиниана общего супераналитического преобразования (если $\epsilon\left[D\tilde{\theta}\right] \neq 0$)

$$\operatorname{Ber} \mathrm{P}_{SA} = D\tilde{\theta} + D\left(\frac{\Delta(z,\theta)}{D\tilde{\theta}}\right) = D\left(\tilde{\theta} + \frac{\Delta(z,\theta)}{D\tilde{\theta}}\right), \tag{4.59}$$

в котором суперконформное условие $\Delta(z,\theta) = 0$ явно прослеживается явным образом. В дальнейшем будет полезно иметь компонентные выражения

$$\begin{aligned} \Delta(z,\theta) &= \chi(z) - \psi(z)\cdot g(z) + \theta\cdot\left(f'(z) - \psi'(z)\cdot\psi(z) - g^2(z)\right), \\ Q(z,\theta) &= f'(z) - \psi'(z)\cdot\psi(z) + \theta\cdot\left(\chi(z) - \psi(z)\cdot g'(z) + \psi'(z)\cdot g(z)\right). \end{aligned} \tag{4.60}$$

Из этих величин можно построить нечетную суперфункцию

$$\mathbf{\Sigma}(z,\theta) = \Delta(z,\theta) - \theta\cdot Q(z,\theta) = \chi(z) - \psi(z)\cdot g(z) - \theta\cdot g^2(z), \tag{4.61}$$

которая представляет собой важную характеристику преобразования. В частности, $\mathbf{\Sigma}(z,\theta) = 0$ для суперконформных преобразований с нильпотентной функцией $g(z)$, которые будут рассматриваться ниже.

Известно, что различные редукции матрицы касательного расслоения приводят к различным связям на кручение и различным G-структурам [50, 53, 54, 284, 285] в гравитации и супергравитации [55, 62]. Так, суперматрицы P_{SA} соответствуют различным вариантам наложения связей на кручение в двумерной супергравитации [286–289].

Предположение 4.33. *Аналогично тому, как треугольная редукция суперматрицы* $\mathrm{P}_{SA} \to \mathrm{P}_{SCf}$ (4.51) *отвечает суперконформной двумерной супергравитации* [64, 286] *и суперримановым поверхностям* [63], *склеенным с помощью суперконформных преобразований* [74], *можно предположить, что альтернативная редукция* $\mathrm{P}_{SA} \to \mathrm{P}_{TPt}$ (4.54) *отвечает нечетному необратимому аналогу двумерной супергравитации и, соответственно, нечетному аналогу суперримановых поверхностей* [10], *склеенных с помощью сплетающих четность преобразований* (*см.* **Определение 4.24**).

Рассмотрим более подробнее преобразование производных (4.24) при общем суперaналитическом отображении

$$\begin{aligned} \partial &= \partial\tilde{\theta} \cdot \tilde{D} + Q\,(z,\theta) \cdot \tilde{\partial}, \\ D &= D\tilde{\theta} \cdot \tilde{D} + \Delta\,(z,\theta) \cdot \tilde{\partial}. \end{aligned} \tag{4.62}$$

Исключая первые слагаемые в правой части (4.62), определим четный дифференциальный оператор $\hat{\mathsf{R}}$ по формуле

$$\hat{\mathsf{R}} \stackrel{def}{=} D\tilde{\theta} \cdot \partial - \partial\tilde{\theta} \cdot D = \left(D\tilde{\theta} \cdot Q\,(z,\theta) - \partial\tilde{\theta} \cdot \Delta\,(z,\theta)\right) \tilde{\partial}. \tag{4.63}$$

Если $\epsilon\left[D\tilde{\theta}\right] \neq 0$, то, используя (4.32), для $\hat{\mathsf{R}}$ в общем случае супераналитических преобразований получаем

$$\hat{\mathsf{R}} = \left(D\tilde{\theta}\right)^2 \cdot \mathrm{Ber}\,\left(\tilde{Z}/Z\right) \cdot \tilde{\partial}. \tag{4.64}$$

Тогда для суперконформно-подобных преобразований имеем

$$\hat{\mathsf{R}} = \begin{cases} \left(D\tilde{\theta}_{SCf}\right)^3 \cdot \tilde{\partial}, & (\mathsf{SCf}), \\ \dfrac{\partial\Delta_{TPt}\,(z,\theta) \cdot \Delta_{TPt}\,(z,\theta)}{2\left(D\tilde{\theta}_{TPt}\right)} \cdot \tilde{\partial}, & (\mathsf{TPt}). \end{cases} \tag{4.65}$$

Отсюда видно, что, как и в (4.57), оператор $\hat{\mathsf{R}}$ для сплетающих четность преобразований нильпотентен.

4.1.4. Вырожденные преобразования. Очсвидно, что вырожденным преобразованиям соответствует нулевой дифференциальный оператор $\hat{\mathsf{R}} = 0$, а следовательно, и нулевой необратимый якобиан (4.94), но не березиниан (4.91), который в данном случае не определен вообще.

Определение 4.34. *Вырожденные преобразования определяются нулевым якобианом* $\boldsymbol{J}^{noninv} = 0$ *и оператором* $\hat{\mathsf{R}} = 0$.

В терминах компонентных функций (4.2) уравнения вырожденных преобразований имеют вид

$$\begin{aligned} g\,(z) \cdot f'\,(z) &= \psi'\,(z) \cdot \chi\,(z)\,, \\ g\,(z) \cdot \chi'\,(z) &= g'\,(z) \cdot \chi\,(z)\,. \end{aligned} \tag{4.66}$$

После алгебраических преобразований можно получить следствие

$$g'\,(z) \cdot f'\,(z) = \psi'\,(z) \cdot \chi'\,(z)\,. \tag{4.67}$$

Имеется два типа вырожденных преобразований, *левые* и *правые*, в соответствии с тем, какой из столбцов суперматрицы P_{SA} в (4.24) зануляется. Пересечение множеств супероматриц $\mathcal{P}_{D_L} = \mathcal{P}_S \cap \mathcal{P}_T$ представляет собой множество *левых* вырожденных матриц $\mathrm{P}_{D_L} \in \mathcal{P}_{D_L}$ формы

$$\mathrm{P}_{D_L} \stackrel{def}{=} \begin{pmatrix} 0 & \partial\tilde{\theta} \\ 0 & D\tilde{\theta} \end{pmatrix}. \tag{4.68}$$

Отсюда видно, что P_{D_L} зависит от преобразования только нечетной координаты θ. Вырожденная матрица вида (4.68) может получаться из P_S и P_T матриц соответствующими проекциями (4.46). Это означает, что, если преобразование нечетного сектора задано, т. е. фиксированы функции $\psi(z)$ и $g(z)$, то условия (4.38) и (4.37) определяют поведение четного сектора (функции $f(z)$ и $\chi(z)$). При этом, поскольку вырожденная матрица P_{D_L} зависит только от нечетного сектора преобразования, мы получаем

$$\mathrm{P}_{D_L} = \mathrm{P}_{SCf}|_{Q(z,\theta)=0} = \mathrm{P}_{TPt}|_{\Delta(z,\theta)=0} \tag{4.69}$$

(ср. *Замечание* **4.29**). *Левые* вырожденные преобразования характеризуются только одной нечетной функцией $\psi(z)$ и отсутствием θ-зависимости преобразования $Z \to \tilde{Z}$ (см. (4.50)), так что

$$\begin{cases} \tilde{z}_{Deg_L} = f(z), \\ \tilde{\theta}_{Deg_L} = \psi(z), \end{cases} \tag{4.70}$$

где

$$f'(z) = \psi'(z)\,\psi(z). \tag{4.71}$$

Решение последнего уравнения можно представить в виде бесконечного ряда [2,4]

$$f(z) = \sum_{n=0}^{\infty} \frac{z^{n+1}}{(n+1)!} \left(-\frac{\partial}{\partial z}\right)^n (\psi'(z) \cdot \psi(z)) + c, \tag{4.72}$$

где $c = const$. Поскольку суперматрицы с левым нулевым столбцом замкнуты относительно умножения, то левые вырожденные преобразования образуют полугруппу $\boldsymbol{T}_{Deg_L}$. Из явного вида (4.70) следует, что полугруппе преобразований $\boldsymbol{T}_{Deg_L}$ соответствует полугруппа функций $\mathbf{S}_{Deg_L}$, элемент которой $\mathbf{S}_{Deg_L} \ni \mathbf{d}_L = \{\psi\}$ определяется одной нечетной функцией $\psi(z)$, а левое умножение имеет вид

$$\begin{aligned} \{\psi_1\} *_L \{\psi_2\} &= \{\psi_1 \circ f_2\}, \\ f_2'(z) &= \psi_2'(z) \cdot \psi_2(z). \end{aligned} \tag{4.73}$$

Утверждение 4.35. *Левое умножение* (4.73) *замкнуто и ассоциативно, и поэтому* $\mathbf{S}_{Deg_L}$ *действительно — полугруппа.*

Замечание **4.36.** Преобразование (4.70) является $1 \to 2$ преобразованием и поэтому представляет собой вложение*).

Рассмотрим по аналогии *правые* вырожденные преобразования.

Утверждение 4.37. *Правые вырожденные преобразования описываются уравнением*

$$D\tilde{\theta} = 0. \tag{4.74}$$

Примечание. Общие вопросы вложения суперпространств и супермногообразий изложены в [290, 291].

Доказательство. Если $D\tilde{\theta} = 0$, тогда $\tilde{\theta} = \alpha = const$, а также $\partial\tilde{\theta} = D\left(D\tilde{\theta}\right) = 0$, что соответствует суперматрице P_{SA} с правым нулевым столбцом. ■

Таким образом, учитывая условие (4.74) и выражения для $Q(z,\theta)$ (4.37) и $\Delta(z,\theta)$ (4.38), получаем

$$\mathrm{P}_{D_R} = \begin{pmatrix} Q(z,\theta)\big|_{\partial\tilde{\theta}=0} & 0 \\ \Delta(z,\theta)\big|_{D\tilde{\theta}=0} & 0 \end{pmatrix} = \begin{pmatrix} \partial\tilde{z} & 0 \\ D\tilde{z} & 0 \end{pmatrix}. \tag{4.75}$$

В этом случае нечетный сектор становится вырожденным, представляя собой левые нули и константные отображения аналогично (4.18). Такие отображения формируют ограничительные полугруппы (см., например, ([272, 273, 292])). В несуперсимметричном случае различные отображения $2 \to 1$ изучались в [293], а голоморфные отображения между пространствами различных размерностей рассматривались в [294, 295].

Тем не менее, полное супераналитическое преобразование (4.2) не является левым нулем из-за (4.20) и имеет следующий вид

$$\begin{cases} \tilde{z} &= f(z) + \theta \cdot \chi(z), \\ \tilde{\theta} &= \alpha. \end{cases} \tag{4.76}$$

Эти преобразования необратимы (из-за вырожденного нечетного сектора) и формируют полугруппу правых вырожденных преобразований $\boldsymbol{T}_{Deg_R}$, которая является подполугруппой в $\boldsymbol{T}_{SA}$, вследствие $\mathcal{P}_{D_R} \cdot \mathcal{P}_{D_R} \subseteq \mathcal{P}_{D_R}$. Элемент соответствующей полугруппы функций $\mathbf{S}_{Deg_R}$ запишем в виде

$$\mathbf{S}_{Deg_R} \ni \mathbf{d}_R = \begin{Bmatrix} f \\ \chi \\ \alpha \end{Bmatrix}, \tag{4.77}$$

а умножение в $\mathbf{S}_{Deg_R}$ имеет

$$\begin{Bmatrix} f_1 \\ \chi_1 \\ \alpha_1 \end{Bmatrix} *_R \begin{Bmatrix} f_2 \\ \chi_2 \\ \alpha_2 \end{Bmatrix} = \begin{Bmatrix} f_1 \circ f_2 + \alpha_1 \cdot \chi_1 \circ f_2 \\ \chi_2 \cdot f_1' \circ f_2 + \chi_1' \circ f_2 \cdot \alpha_2 \\ \alpha_1 \end{Bmatrix}. \tag{4.78}$$

Утверждение 4.38. *Правое умножение* (4.78) *замкнуто и ассоциативно.*

Схематически умножение вырожденных и рассмотренных ранее преобразований можно представить в виде *Таблицы* 4.1. Отсюда следует

Утверждение 4.39. *Множества преобразований* $\mathcal{T}_{Deg_{L,R}}$ *(не рассматриваемые как полугруппы) есть идеалы в* $\mathcal{T}_{SA}$, $\mathcal{T}_{SCf}$ *и* $\mathcal{T}_{TPt}$, *а* $\mathcal{T}_{SCf}$, $\mathcal{T}_{Deg_R}$ *и* $\mathcal{T}_{Deg_L}$ *— замкнутые подмножества в* $\mathcal{T}_{SA}$.

4.1.5. Альтернативная параметризация. Условия редукции (4.38) и (4.37) определяют 2 из 4 компонентных функций в (4.2) в каждом случае. Обычно [74, 185, 281] суперконформные преобразования $\mathcal{T}_{SCf}$ параметризуются парой функций

$$\mathbf{s}_{old} = \begin{pmatrix} f \\ \psi \end{pmatrix}, \tag{4.79}$$

тогда, как остальные функции находятся из (4.38) и (4.37). Однако очевидно, последнее можно сделать только для обратимых преобразований. Чтобы избежать этой трудности, мы вводим альтернативную параметризацию другой парой [10, 14]

$$\mathbf{s} = \begin{pmatrix} g \\ \psi \end{pmatrix}, \tag{4.80}$$

Таблица 4.1

Умножение обратимых и необратимых редуцированных $N = 1$ преобразований, включая вырожденные

	SCf	TPt	Deg_L	Deg_R
SCf	SCf	SA	Deg_L	Deg_R
TPt	TPt	SA	Deg_L	Deg_R
Deg_L	Deg_L	Deg_L	Deg_L	Deg_R
Deg_R	Deg_R	Deg_R	Deg_L	Deg_R

что позволяет нам исследовать редуцированные преобразования объединенным образом и естественно включить в рассмотрение необратимость [2,22]. В самом деле, фиксируя $g(z)$ и $\psi(z)$, мы получаем из (4.37) и (4.38) для остальных компонентных функций из (4.2) уравнения

$$\left\{ \begin{array}{lcl} f'_{\mathrm{m}}(z) & = & \psi'(z)\cdot\psi(z) + \frac{1+\mathrm{m}}{2} g^2(z), \\ \chi'_{\mathrm{m}}(z) & = & g'(z)\cdot\psi(z) + \mathrm{m} g(z)\cdot\psi'(z), \end{array} \right. \tag{4.81}$$

где $\mathrm{m} = \left\{ \begin{array}{ll} +1, & \mathsf{SCf}, \\ -1, & \mathsf{TPt}, \end{array} \right.$ может трактоваться в качестве проекции некоторого "спина редукции", который переключает тип преобразования. Таким образом, редуцированное преобразование четной координаты (см. (4.2)) должно содержать данный добавочный индекс, т. е. $z \to \tilde{z}_{\mathrm{m}}$ (в этом месте дополнительно к (4.34) становится прозрачной аналогия с комплексной структурой). Поскольку $f'_{-1}(z) = \psi'(z)\cdot\psi(z)$ является нильпотентным, TPt преобразования всегда необратимы и вырождены после числового отображения [10]. Объединенный закон умножения суперконформных и сплетающих четность преобразований имеет вид

$$\left(\begin{array}{c} g_1 \\ \psi_1 \end{array} \right)_{\mathrm{m}_1} * \left(\begin{array}{c} g_2 \\ \psi_2 \end{array} \right)_{\mathrm{m}_2} = \left(\begin{array}{c} g_2\cdot g_1\circ f_{2\mathrm{m}} + \chi_{2\mathrm{m}}\cdot\psi_2\cdot g'_1\circ f_{2\mathrm{m}} + \chi_{2\mathrm{m}}\cdot\psi'_1\circ f_{2\mathrm{m}} \\ \psi_1\circ f_{2\mathrm{m}} + \psi_2\cdot g_1\circ f_{2\mathrm{m}} \end{array} \right), \tag{4.82}$$

где $(*)$ есть композиция преобразований и $(\circ)$ –композиция функции. Для проекции "спина редукции" мы имеем только два определенных произведения $(+1)*(+1) = (+1)$ и $(+1)*(-1) = (-1)$ (см. также **Приложение 4.8** и диаграммы (4.248) и (3.13)). Первое выражение представляет собой следствие умножения множеств матриц $\mathcal{P}_S \star \mathcal{P}_S \subseteq \mathcal{P}_S$ (см. (4.35)), это есть проявление того факта, что суперконформные преобразования $\mathcal{T}_{SCf}$ формируют подструктуру [63], т. е. подполугруппу $\boldsymbol{T}_{SCf}$ супераналитической полугруппы $\boldsymbol{T}_{SA}$ (в обратимом случае – подгруппу [63, 74, 205]).

4.2. N-расширенные суперпространства и необратимые якобианы

Здесь мы рассмотрим обобщенные супераналитические преобразования в $N = 1$ и $N = 2$ суперпространствах и их необратимые якобианы, что необходимо для необратимого обобщения суперконформных преобразований.

4.2.1. $N = 1$ суперякобиан. Здесь мы вводим аналог березиниана для необратимых преобразований. Запишем супераналитическое преобразование (4.1) в виде композиции

$$1)\left\{\begin{array}{lcl}\tilde{z} & = & F\left(z,\tilde{\theta}\right),\\ \tilde{\theta} & = & \tilde{\theta},\end{array}\right. \qquad 2)\left\{\begin{array}{lcl} z & = & z,\\ \tilde{\theta} & = & \tilde{\theta}\left(z,\theta\right),\end{array}\right. \tag{4.83}$$

где $F\left(z,\tilde{\theta}\right)=\tilde{z}\left(z,\theta\right)$. Суперякобиан первого преобразования есть просто $J_1=\partial F/\partial z$. Если

$$\epsilon\left[\frac{\partial\tilde{\theta}}{\partial\theta}\right]\neq 0, \tag{4.84}$$

тогда, учитывая, что θ – нечетное, мы находим $J_2=\left(\partial\tilde{\theta}/\partial\theta\right)^{-1}$ [33]. Таким образом полный суперякобиан есть

$$\boldsymbol{J}_{SA}=J_1J_2=\frac{\partial F}{\partial z}\cdot\left(\frac{\partial\tilde{\theta}}{\partial\theta}\right)^{-1}. \tag{4.85}$$

Чтобы получить J_1, мы запишем $J\left(z,\tilde{\theta}\right)=\tilde{z}\left(z,\theta\left(z,\tilde{\theta}\right)\right)$, тогда мы дифференцируем $\tilde{z}\left(z,\theta\left(z,\tilde{\theta}\right)\right)$ как сложную функцию

$$\frac{\partial F}{\partial z}=\frac{\partial\tilde{z}}{\partial z}+\frac{\partial\tilde{z}}{\partial\theta}\cdot\frac{\partial\theta}{\partial\tilde{\theta}}\cdot\frac{\partial\tilde{\theta}}{\partial z}. \tag{4.86}$$

Таким образом, мы получаем полный супер Якобиан

$$\boldsymbol{J}_{SA}=\frac{\dfrac{\partial\tilde{z}}{\partial z}-\dfrac{\partial\tilde{\theta}}{\partial z}\cdot\dfrac{\partial\theta}{\partial\tilde{\theta}}\cdot\dfrac{\partial\tilde{z}}{\partial\theta}}{\dfrac{\partial\tilde{\theta}}{\partial\theta}} \tag{4.87}$$

без условия обратимости всего преобразования, т.е. без стандартного требования $\epsilon\left[\partial\tilde{z}/\partial z\right]\neq 0$ [34]. Тем не менее, в [33] было показано, что выражение вида (4.87) (в алгебре матриц) может расширяться в случае $\epsilon\left[\partial\tilde{z}/\partial z\right]=0$ (полунеобратимый случай (4.4) в нашей классификации).

Предложение 4.40. *Формула* (4.87) *даст суперякобиан для обратимого и полунеобратимого супераналитических преобразований.*

Доказательство. Из (4.2) мы получаем

$$\frac{\partial\tilde{z}}{\partial z}=f'\left(z\right)+\theta\cdot\chi'\left(z\right), \tag{4.88}$$

$$\frac{\partial\tilde{\theta}}{\partial\theta}=g\left(z\right), \tag{4.89}$$

поэтому

$$\epsilon\left[\frac{\partial\tilde{z}}{\partial z}\right]=\epsilon\left[f'\left(z\right)\right]=\epsilon\left[f\left(z\right)\right],$$

$$\epsilon\left[\frac{\partial\tilde{\theta}}{\partial\theta}\right]=\epsilon\left[g\left(z\right)\right],$$

и, таким образом, согласно определениям (4.3) и (4.4), условие (4.84) охватывает обратимые и полунеобратимые преобразования. ■

Следствие 4.41. *Для обратимых и полунеобратимых супераналитических преобразований мы имеем*

$$\boldsymbol{J}_{SA}^{inv,halfinv} = \mathrm{Ber}\left(\tilde{Z}/Z\right) \tag{4.90}$$

с

$$\mathrm{Ber}\left(\tilde{Z}/Z\right) = \mathrm{Ber}\,\mathrm{P}_{SA}^{0}, \tag{4.91}$$

где

$$\mathrm{P}_{SA}^{0} = \begin{pmatrix} \dfrac{\partial\tilde{z}}{\partial z} & \dfrac{\partial\tilde{\theta}}{\partial z} \\ \dfrac{\partial\tilde{\theta}}{\partial z} & \dfrac{\partial\tilde{\theta}}{\partial\theta} \end{pmatrix}. \tag{4.92}$$

В необратимом случае, когда (4.84) не удовлетворяется, мы не можем использовать (4.85) и (4.86), и соотношение (4.90) более не применимо. Так, что мы вынуждены расширять определения. Якобиан J_1 должен вычисляться из

$$J_1^{noninv} \cdot \frac{\partial\tilde{\theta}}{\partial\theta} = \frac{\partial\tilde{z}}{\partial z} \cdot \frac{\partial\tilde{\theta}}{\partial\theta} + \frac{\partial\tilde{z}}{\partial\theta} \cdot \frac{\partial\tilde{\theta}}{\partial z}, \tag{4.93}$$

и поэтому вместо (4.87) и (4.90) мы имеем

Определение 4.42. *Суперякобиан необратимого супераналитического преобразования $\mathcal{T}_{SA}$ определяется формулой*

$$\boldsymbol{J}_{SA}^{noninv} \cdot \left(\frac{\partial\tilde{\theta}}{\partial\theta}\right)^2 = \frac{\partial\tilde{z}}{\partial z} \cdot \frac{\partial\tilde{\theta}}{\partial\theta} + \frac{\partial\tilde{z}}{\partial\theta} \cdot \frac{\partial\tilde{\theta}}{\partial z}. \tag{4.94}$$

Здесь условие (4.84) больше не является необходимым. Чтобы вычислять J_1^{noninv} и $\boldsymbol{J}_{SA}^{noninv}$, нужно решить уравнения (4.93) и (4.94) (т.е. раскладывая обе части в ряд по генераторам алгебры Грассмана). В зависимости от компонентных функций суперякобиан полунеобратимого супераналитического преобразования (т.е. при $\epsilon\left[g\left(z\right)\right] \neq 0$) имеет вид

$$\boldsymbol{J}_{SA} = \frac{f'(z)}{g(z)} + \frac{\chi(z) \cdot \psi'(z)}{g^2(z)} + \theta\left(\frac{\chi(z)}{g(z)}\right)', \tag{4.95}$$

который совпадает с березинианом для обратимого и полунеобратимого преобразования. В случае необратимого преобразования мы должны использовать следующее уравнение

$$\begin{aligned} \boldsymbol{J}_{SA}^{noninv} \cdot g^2(z) \;=\; & f'(z) \cdot g(z) + \chi(z) \cdot \psi'(z) \\ & + \theta\left(\chi'(z) \cdot g(z) - \chi(z) \cdot g'(z)\right) \end{aligned} \tag{4.96}$$

которое можно решить специальными методами вычислений с нильпотентами [258,296].

Следствие 4.43. *Для обратимых супераналитических преобразований березиниан существует и обратим* ($\epsilon\left[f\left(z\right)\right] \neq 0$, $\epsilon\left[g\left(z\right)\right] \neq 0$), *для полунеобратимых преобразований березиниан существует и необратим, в то время, как для необратимых супераналитических преобразований* ($\epsilon\left[f\left(z\right)\right] = 0$) *мы можем использовать только суперякобиан $\boldsymbol{J}_{SA}^{noninv}$* (4.96).

Чтобы классифицировать все супераналитические преобразования, мы должны ввести некоторую числовую характеристику необратимости.

Определение 4.44. *Индекс необратимости суперaналитического преобразования определяется формулой*

$$\operatorname{ind} \boldsymbol{J}_{SA} \stackrel{def}{=} \left\{ n \in \mathbb{N} \,|\, \boldsymbol{J}_{SA}^{n} = 0,\ \boldsymbol{J}_{SA}^{n-1} \neq 0 \right\}. \tag{4.97}$$

Замечание **4.45.** Мы исключаем из рассмотрения тривиальный случай нулевого суперякобиана $\boldsymbol{J}_{SA} = 0$.

Очевидно, что числовая мера необратимости на самом деле задается обратной величиной.

Определение 4.46. *Степень необратимости суперaналитического преобразования есть*

$$\boldsymbol{m}_{SA} \stackrel{def}{=} \frac{1}{\operatorname{ind} \boldsymbol{J}_{SA}}. \tag{4.98}$$

Следствие 4.47. *Обратимые суперaналитические преобразования обладают бесконечным индексом* $\operatorname{ind} \boldsymbol{J}_{SA} = \infty$ *и нулевой степенью необратимости* $\boldsymbol{m}_{SA} = 0$.

Следствие 4.48. *"Наиболее необратимые" (кроме тривиальных с нулевым якобианом* $\boldsymbol{J}_{SA} = 0$*) суперaналитические преобразования имеют* $\operatorname{ind} \boldsymbol{J}_{SA} = 2$ *и* $\boldsymbol{m}_{SA} = 1/2$.

4.3. $(1|N)$-мерное суперпространство

Рассмотрим $(1|N)$-мерное суперпространство $\mathbb{C}^{1|N}$ с комплексными четной $z \in \mathbb{C}^{1|0}$ и нечетными $\theta^i \in \mathbb{C}^{0|1}$ координтами (обозначим $Z = \left(z, \theta^1, \theta^2, \ldots, \theta^N\right)$), где $\{\theta^i, \theta^j\} = 0$. Произвольная голоморфная суперфункция от Z раскладывается в ряд

$$F\left(z, \theta^1, \theta^2, \ldots, \theta^N\right) = F_0(z) + \sum_i \theta^i F_i(z) + \sum_{i<j} \theta^i \theta^j F_{ij}(z) + \ldots, \tag{4.99}$$

который конечен вследствие нильпотентности θ^i, причем последнее слагаемое пропорционально произведению всех нечетных координат, т. е. $\theta^1\theta^2 \ldots \theta^N$.

В общем случае суперпроизводные определяются формулами [66]

$$D_i = \partial_i + u_{ij}\theta^j \partial, \tag{4.100}$$

где $\partial_i = \partial/\partial\theta^i$ и по повторяющимся индексам подразумевается суммирование. Если в (4.100) $u_{ij} = \delta_{ij}$, то это означает $O(N)$ симметрию в нечетном секторе [297, 298]. Другие обратимые варианты обсуждались в [66]. Таким образом, касательное суперпространство в $\mathbb{C}^{1|N}$ определяется вектором $(\partial, D_1, \ldots, D_N)^T$, где

$$\{D_i, D_j\} = 2\delta_{ij}\partial. \tag{4.101}$$

Замечание **4.49.** При $N = 1$, когда $D_1^2 = \partial$, единственный нечетный дифференциальный оператор D_1 рассматривался как "квадратный корень" из ∂, что приводило в суперструнных приложениях к обыкновенным дифференциальным уравнениям. Тогда, как в случае $N > 1$ необходимо рассматриваить дифференциальные уравнения в частных производных [299].

При супераналитических преобразованиях $\mathcal{T}_{SA} : \mathbb{C}^{1|N} \to \mathbb{C}^{1|N}$ и $Z \to \tilde{Z}$ имеем закон преобразования

$$\begin{pmatrix} \partial \\ D_1 \\ \vdots \\ D_N \end{pmatrix} = \mathrm{P}_{SA}^{(N)} \cdot \begin{pmatrix} \tilde{\partial} \\ \tilde{D}_1 \\ \vdots \\ \tilde{D}_N \end{pmatrix}, \tag{4.102}$$

где суперматрица касательного пространства имеет вид

$$\mathrm{P}_{SA}^{(N)} = \begin{pmatrix} \partial\tilde{z} - \partial\tilde{\theta}^i \cdot \tilde{\theta}_i & \partial\tilde{\theta}^1 & \cdots & \partial\tilde{\theta}^N \\ D_1\tilde{z} - D_1\tilde{\theta}^j \cdot \tilde{\theta}_j & D_1\tilde{\theta}^1 & \cdots & D_1\tilde{\theta}^N \\ \vdots & \vdots & \ddots & \vdots \\ D_N\tilde{z} - D_N\tilde{\theta}^j \cdot \tilde{\theta}_j & D_N\tilde{\theta}^1 & \cdots & D_N\tilde{\theta}^N \end{pmatrix}. \tag{4.103}$$

Тогда предполагается выполнение N суперконформных условий [297, 298, 300, 301]

$$D_i\tilde{z} - D_i\tilde{\theta}^j \cdot \tilde{\theta}_j = 0 \tag{4.104}$$

(ср. (4.37)) как требование однородности преобразования суперпроизводных

$$D_i = D_i\tilde{\theta}^j \cdot \tilde{D}_j. \tag{4.105}$$

(ср. (4.43)). Отсюда делается вывод, что композиция суперконформных преобразований снова дает суперконформное преобразование [297]. При этом стандартным образом редуцированная к суперконформному виду суперматрица $\mathrm{P}_{SCf}^{(N)}$ имеет блочно-треугольную форму, аналогичную (4.51)

$$\mathrm{P}_{SCf}^{(N)} = \begin{pmatrix} \partial\tilde{z} - \partial\tilde{\theta}^k \cdot \tilde{\theta}_k & \partial\tilde{\theta}^1 & \cdots & \partial\tilde{\theta}^N \\ 0 & D_1\tilde{\theta}^1 & \cdots & D_1\tilde{\theta}^N \\ \vdots & \vdots & \ddots & \vdots \\ 0 & D_N\tilde{\theta}^1 & \cdots & D_N\tilde{\theta}^N \end{pmatrix}. \tag{4.106}$$

Определяются также N-обобщения дифференциалов $d\theta^i$ и

$$dZ = dz + \theta_k \cdot d\theta^k. \tag{4.107}$$

При супераналитических преобразованиях

$$\begin{pmatrix} d\tilde{Z} \\ d\tilde{\theta}^1 \\ \vdots \\ d\tilde{\theta}^N \end{pmatrix} = \begin{pmatrix} dZ \\ d\theta^1 \\ \vdots \\ d\theta^N \end{pmatrix} \cdot \mathrm{P}_{SA}^{(N)}. \tag{4.108}$$

В обратимом суперконформном случае dZ преобразуются по формулам

$$d\tilde{Z} = dZ\left(\partial\tilde{z} - \partial\tilde{\theta}^k \cdot \tilde{\theta}_k\right). \tag{4.109}$$

При четном N можно применить дополнительное дифференцирование к (4.105) и симметризовать, тогда получим

$$\delta_{ij}\left(\partial\tilde{z} - \partial\tilde{\theta}^k \cdot \tilde{\theta}_k\right) = D_i\tilde{\theta}_k \cdot D_j\tilde{\theta}^k, \tag{4.110}$$

что можно сравнить с (4.58). Подставляя (4.110) в (4.109), получаем

$$d\tilde{Z} = dZ \cdot D_i\tilde{\theta}_k \cdot D_j\tilde{\theta}^k, \tag{4.111}$$

что в стандартном случае [297, 298] трактуется как N-обобщение соотношения $d\tilde{z} = (\partial\tilde{z}/\partial z)\, dz$. Соотношение (4.110) в обратимом случае после нормировки на множитель в левой части приводит к обычной $O(N)$ матрице, составленной из $D_i\tilde{\theta}_k$ (правый нижний угол в (4.106)). Детерминант этой матрицы, равный по модулю единице, различает между собой два топологически отделимых случая $SO(N)$ преобразований с тривиальным расслоением и общих $O(N)$ преобразований с твистом [297, 298].

Приведенные рассуждения, однако, справедливы лишь в случае инфинитезимальных и обратимых преобразований, а также при стандартной суперконформной редукции суперматрицы $\mathrm{P}_{SA}^{(N)} \to \mathrm{P}_{SCf}^{(N)}$ (4.106). С учетом возможной необратимости преобразований, нильпотентной левой части в (4.110) и наличия нильпотентных компонентных функций в $Z \to \tilde{Z}$ стандартные методы можно существенно видоизменить и расширить число различных типов преобразований [13, 18].

4.3.1. $N = 2$ березиниан. Рассмотрим общие $N = 2$ супераналитические преобразования $Z(z, \theta^+, \theta^-) \to \tilde{Z}\left(\tilde{z}, \tilde{\theta}^+, \tilde{\theta}^-\right)$. Их действие в касательном $(1|2)$ суперпространстве имеет следующий вид

$$\begin{pmatrix} \partial \\ D^- \\ D^+ \end{pmatrix} = \mathrm{P}_{SA}^{(N=2)} \cdot \begin{pmatrix} \tilde{\partial} \\ \tilde{D}^- \\ \tilde{D}^+ \end{pmatrix}, \tag{4.112}$$

$$\begin{pmatrix} d\tilde{Z} & d\tilde{\theta}^+ & d\tilde{\theta}^- \end{pmatrix} = \begin{pmatrix} dZ & d\theta^+ & d\theta^- \end{pmatrix} \cdot \mathrm{P}_{SA}^{(N=2)}, \tag{4.113}$$

где

$$\mathrm{P}_{SA}^{(N=2)} = \begin{pmatrix} \partial\tilde{z} - \partial\tilde{\theta}^+ \cdot \tilde{\theta}^- - \partial\tilde{\theta}^- \cdot \tilde{\theta}^+ & \partial\tilde{\theta}^+ & \partial\tilde{\theta}^- \\ D^-\tilde{z} - D^-\tilde{\theta}^- \cdot \tilde{\theta}^+ - D^-\tilde{\theta}^+ \cdot \tilde{\theta}^- & D^-\tilde{\theta}^+ & D^-\tilde{\theta}^- \\ D^+\tilde{z} - D^+\tilde{\theta}^- \cdot \tilde{\theta}^+ - D^+\tilde{\theta}^+ \cdot \tilde{\theta}^- & D^+\tilde{\theta}^+ & D^+\tilde{\theta}^- \end{pmatrix}. \tag{4.114}$$

Предложение 4.50. *Внешний $N = 2$ дифференциальный оператор де Рама* [280]

$$\mathrm{d}^{(N=2)} = dz\partial + d\theta^+\partial_- + d\theta^-\partial_+ \tag{4.115}$$

инвариантен относительно общих $N = 2$ супераналитических преобразований $Z(z, \theta^+, \theta^-) \to \tilde{Z}\left(\tilde{z}, \tilde{\theta}^+, \tilde{\theta}^-\right)$.

Доказательство. Пользуясь определениями, запишем (4.115) в виде

$$\begin{aligned} \mathrm{d}^{(N=2)} &= \left(dz - d\theta^+\theta^- - d\theta^-\theta^+\right)\partial + d\theta^+\left(\partial_- + \theta^-\partial\right) + \\ d\theta^-\left(\partial_+ + \theta^+\partial\right) &= dZ\partial + d\theta^+D^- + d\theta^-D^+. \end{aligned} \tag{4.116}$$

Тогда из (4.112) и (4.113) следует

$$\begin{aligned} \mathrm{d}^{(N=2)} = \begin{pmatrix} dZ & d\theta^+ & d\theta^- \end{pmatrix} \begin{pmatrix} \partial \\ D^- \\ D^+ \end{pmatrix} &= \\ \begin{pmatrix} dZ & d\theta^+ & d\theta^- \end{pmatrix} \cdot \mathrm{P}_{SA}^{(N=2)} \cdot \begin{pmatrix} \tilde{\partial} \\ \tilde{D}^- \\ \tilde{D}^+ \end{pmatrix} &= \\ \begin{pmatrix} d\tilde{Z} & d\tilde{\theta}^+ & d\tilde{\theta}^- \end{pmatrix} \begin{pmatrix} \tilde{\partial} \\ \tilde{D}^- \\ \tilde{D}^+ \end{pmatrix} &= \tilde{\mathrm{d}}^{(N=2)}. \end{aligned}$$

■

Найдем связь между березинианом и суперматрицей $\mathrm{P}_{SA}^{(N=2)}$ (4.114). Березиниан $N=2$ супераналитических преобразований $Z(z,\theta^+,\theta^-)\to\tilde{Z}\left(\tilde{z},\tilde{\theta}^+,\tilde{\theta}^-\right)$ определяется формулой [33]

$$\mathrm{Ber}^{\,N=2}\left(\tilde{Z}/Z\right)=\mathrm{Ber}\,\mathrm{P}_0^{(N=2)}, \tag{4.117}$$

где

$$\mathrm{P}_0^{(N=2)}=\begin{pmatrix}\dfrac{\partial\tilde{z}}{\partial z} & \dfrac{\partial\tilde{\theta}^+}{\partial z} & \dfrac{\partial\tilde{\theta}^-}{\partial z}\\ \dfrac{\partial\tilde{z}}{\partial\theta^+} & \dfrac{\partial\tilde{\theta}^+}{\partial\theta^+} & \dfrac{\partial\tilde{\theta}^-}{\partial\theta^+}\\ \dfrac{\partial\tilde{z}}{\partial\theta^-} & \dfrac{\partial\tilde{\theta}^+}{\partial\theta^-} & \dfrac{\partial\tilde{\theta}^-}{\partial\theta^-}\end{pmatrix}. \tag{4.118}$$

Предложение 4.51. *Березиниан общих $N=2$ супераналитических преобразований равен березиниану суперматрицы* $\mathrm{P}_{SA}^{(N=2)}$ (4.114)

$$\mathrm{Ber}\left(\tilde{Z}/Z\right)=\mathrm{Ber}\,\mathrm{P}_{SA}^{(N=2)}. \tag{4.119}$$

Доказательство. Разложим суперматрицу $P_0^{(N=2)}$ на произведение

$$\mathrm{P}_0^{(N=2)}=\mathrm{K}\cdot\mathrm{P}_{SA}^{(N=2)}\cdot\tilde{\mathrm{K}}, \tag{4.120}$$

где

$$\mathrm{K}=\begin{pmatrix}1&0&0\\-\theta^-&1&0\\-\theta^+&0&1\end{pmatrix},\quad \tilde{\mathrm{K}}=\begin{pmatrix}1&0&0\\-\tilde{\theta}^-&1&0\\-\theta^+&0&1\end{pmatrix}.$$

Легко заметить, что $\mathrm{Ber}\,\mathrm{K}=\mathrm{Ber}\,\tilde{\mathrm{K}}=1$. Пользуясь мультипликативностью березиниана [33], имеем

$$\begin{aligned}\mathrm{Ber}\,\mathrm{P}_0^{(N=2)} &= \mathrm{Ber}\,\mathrm{K}\cdot\mathrm{P}_{SA}^{(N=2)}\cdot\tilde{\mathrm{K}}=\mathrm{Ber}\,\mathrm{K}\cdot\mathrm{Ber}\,\mathrm{P}_{SA}^{(N=2)}\cdot\mathrm{Ber}\,\tilde{\mathrm{K}}=\\ 1\cdot\mathrm{Ber}\,\mathrm{P}_{SA}^{(N=2)}\cdot 1 &= \mathrm{Ber}\,\mathrm{P}_{SA}^{(N=2)}.\end{aligned}$$

Тогда из (4.117) получаем

$$\mathrm{Ber}\left(\tilde{Z}/Z\right)=\mathrm{Ber}\,\mathrm{P}_0^{(N=2)}=\mathrm{Ber}\,\mathrm{P}_{SA}^{(N=2)}.$$

■

4.4. Частные случаи редуцированных преобразований

Здесь рассматриваются частные случаи редуцированных $N=1$ и $N=2$ преобразований, расщепленные и дробно-линейные преобразования.

4.5. ρ-суперконформные преобразования и нильпотентные суперполя

Существует несколько различных определений суперконформных преобразований [207, 218, 302]. В одном из них [205, 206] утверждается, что $N=1$ преобразование

$Z \to \tilde{Z}$ является суперконформным, если множитель, с которым преобразуются производные равен березиниану $\mathrm{Ber}\,\mathrm{P}_{SCf} = D\tilde{\theta}_{SCf}$ (см. (4.52)). Здесь мы рассмотрим в общем случае преобразования, для которых выполняется соотношение

$$\mathrm{Ber}\left(\tilde{Z}/Z\right) = D\tilde{\theta}. \tag{4.121}$$

В компонентах это уравнение (при $\epsilon\left[g\left(z\right)\right] \neq 0$) приводит к системе (см. (4.2))

$$f'(z)\,g(z) + \chi(z)\,\psi'(z) = g^2(z), \tag{4.122}$$

$$\left(\frac{\chi(z)}{g(z)}\right)' = \psi'(z). \tag{4.123}$$

Отсюда получаем общий вид пребразований в стандартной параметризации [74,185,281]

$$\tilde{z} = f(z) + \theta\cdot\left(\psi(z)+\rho\right)\sqrt{f'(z)+\psi(z)\,\psi'(z)}, \tag{4.124}$$

$$\tilde{\theta} = \psi(z) + \theta\cdot\sqrt{f'(z)+\psi(z)\,\psi'(z)+\rho\psi(z)}. \tag{4.125}$$

По сравнению со стандартными суперконформными преобразованиями [207,218, 302] новыми в (4.124)–(4.125) являются слагаемые с нечетным параметром ρ, который появляется из-за наличия производных*) в обеих частях уравнения (4.123).

Определение 4.52. *ρ-суперконформными преобразованиями назовем преобразования (4.124)–(4.125), а супермногообразия, склееенные с помощью таких преобразований — ρ-суперримановыми поверхностями.*

Суперматрица касательного расслоения $\mathrm{P} = \mathrm{P}_\rho$ из (4.22) имеет вид

$$\mathrm{P}_\rho = \mathrm{P}_{SCf} + \rho\cdot\begin{pmatrix} \partial\tilde{\theta} & 0 \\ D\tilde{\theta} & 0 \end{pmatrix}, \tag{4.126}$$

где P_{SCf} определяется в (4.39). Из (4.126) видно, что в общем случае суперпроизводная D преобразуется неоднородно при ρ-суперконформных преобразованиях, а именно,

$$D = D\tilde{\theta}\cdot\tilde{D} + \rho\cdot D\tilde{\theta}\cdot\tilde{\partial} \tag{4.127}$$

или

$$D = \mathrm{Ber}\left(\tilde{Z}/Z\right)\cdot\tilde{D} + \rho\cdot\frac{\partial\tilde{\theta}}{\partial\theta}\cdot\tilde{\partial} \tag{4.128}$$

Кроме того, для ρ-аналога SCf супердифференциала $d\tau = dZD + d\theta$ выполняется

$$d\tilde{\tau} = d\tau\cdot D\tilde{\theta}\cdot\left(1+\rho D\right). \tag{4.129}$$

Из (4.127)–(4.129) следует

Определение 4.53. *Суперполя, позволяющие выделение нечетного множителя ρ, назовем ρ-суперполями.*

Предложение 4.54. *При ρ-суперконформных преобразованиях ρ-суперполя преобразуются ковариантно.*

Доказательство. Следует из нильпотентности ρ. ■

---

*) *Примечание.* В системе уравнений, следующей из $D\tilde{z} - D\tilde{\theta}\cdot\tilde{\theta} = 0$ (4.29), равны сами выражения под знаком производных в (4.123).

Следствие 4.55. *ρ-суперполя на ρ-суперримановых поверхностях обладают всеми "хорошими" свойствами обычных суперполей на суперримановых поверхностях* [223–225].

4.5.1. Полугруппа расщепленных $N=2$ SCf преобразований. Важным частным случаем $N=2$ суперконформных преобразований являются *расщепленные (split)* $N=2$ преобразования $\mathcal{T}_{SCf}^{(N=2)}$ [297], которые не содержат нечетных функций в разложении (5.14)

$$\begin{cases} \tilde{z} = f(z), \\ \tilde{\theta}^{\pm} = \theta^{\pm} g_{\pm\mp}(z) + \theta^{\mp} g_{\pm\pm}(z). \end{cases} \tag{4.130}$$

Такие преобразования могут быть функциями перехода на обычных римановых поверхностях со спиновой структурой [297]. Применение $N=2$ SCf условий (5.39)–(5.40) дает систему уравнений

$$\operatorname{per} \mathrm{G}_{split} = f'(z), \tag{4.131}$$

$$\operatorname{scf}_{\pm} \mathrm{G}_{split} = 0, \tag{4.132}$$

или в явном виде

$$g_{+-}(z)\, g_{-+}(z) + g_{++}(z)\, g_{--}(z) = f'(z), \tag{4.133}$$

$$g_{+-}(z)\, g_{--}(z) = 0, \tag{4.134}$$

$$g_{-+}(z)\, g_{++}(z) = 0. \tag{4.135}$$

Из (4.132) следует, что матрица G_{split} (5.17) является scf-матрицей (см. **Подраздел 6.2**), параметризованной двумя четными функциями из G_{split}, а уравнение (4.132) получается из (5.80) занулением нечетных функций. Это означает, что при $\epsilon\left[\operatorname{per} \mathrm{G}_{split}\right] \neq 0$ матрица G_0 в координатном базисе, соответствующая G_{split} (связанная соотношением, подобным (5.79)), после перенормировки на $\sqrt{\operatorname{per} \mathrm{G}_{split}}$ будет $O_{\Lambda_0}(2)$ матрицей, причем условие $\epsilon\left[\operatorname{per} \mathrm{G}_{split}\right] \neq 0$ оставляет лишь две возможности (подобно (5.77)–(5.78)): G_{split} — диагональная и антидиагональная матрица

$$\mathrm{G}_{U(1)} = \begin{pmatrix} g_{+-}(z) & 0 \\ 0 & g_{-+}(z) \end{pmatrix} - U_{\Lambda_0}(1), \tag{4.136}$$

$$\mathrm{G}_{O(2)} = \begin{pmatrix} 0 & g_{++}(z) \\ g_{--}(z) & 0 \end{pmatrix} - O_{\Lambda_0}(2). \tag{4.137}$$

Утверждение 4.56. *"Таблица умножения" матриц* G

$$\mathrm{G}_{U(1)}\mathrm{G}_{U(1)} = \mathrm{G}_{U(1)}, \tag{4.138}$$

$$\mathrm{G}_{U(1)}\mathrm{G}_{O(2)} = \mathrm{G}_{O(2)}, \tag{4.139}$$

$$\mathrm{G}_{O(2)}\mathrm{G}_{O(2)} = \mathrm{G}_{U(1)}. \tag{4.140}$$

совпадает с таблицей умножения типов $N=2$ расщепленных преобразований.

Соответствующие (4.136)–(4.137) преобразования имеют вид

$$\begin{cases} \tilde{z} = f(z), \quad f'(z) = g_{+-}(z)\, g_{-+}(z), \\ \tilde{\theta}^{\pm} = \theta^{\pm} g_{\pm\mp}(z), \end{cases} \quad - U_{\Lambda_0}(1) \tag{4.141}$$

$$\begin{cases} \tilde{z} = f(z), \quad f'(z) = g_{++}(z)\, g_{--}(z), \\ \tilde{\theta}^{\pm} = \theta^{\mp} g_{\pm\pm}(z), \end{cases} \quad - O_{\Lambda_0}(2) \tag{4.142}$$

откуда следует, что только $U_{\Lambda_0}(1)$ преобразования образуют подгруппу (или подполугруппу в необратимом случае), поскольку отсутствует переворот киральности в θ секторе. Именно такие функции перехода (но в другой параметризации) описывают произвольное линейное расслоение над обычными римановыми поверхностями [297].

В необратимом случае $\epsilon\left[\operatorname{per} \mathrm{G}_{split}\right]=0$ ситуация не столь прозрачна, поскольку SCf условия (4.134)–(4.135) могут быть выполнены не только занулением сомножителей, но и за счет возможных делителей нуля в функциях $g_{ab}(z)$ $(a,b=\pm)$. Это может случиться, например, когда $g_{ab}(z)$ являются произведениями нечетных функций, и тогда для параметризации необратимого преобразования необходимо выбрать не четные, а нечетные функции.

Пример **4.57.** Действительно, пусть

$$\mathrm{G}_{split}=\left(\begin{array}{cc}\mu_{+}(z)\,\nu_{-}(z) & \mu_{+}(z)\,\nu_{+}(z)\\ \mu_{-}(z)\,\nu_{-}(z) & -\mu_{-}(z)\,\nu_{+}(z)\end{array}\right) \tag{4.143}$$

где $\mu_a,\nu_b:\mathrm{C}^{1|0}\rightarrow\mathrm{C}^{0|1}$ и $\mu_a^2(z)=\nu_b^2(z)=0$, тогда

$$\left\{\begin{array}{l}\tilde{z}=f(z),\quad f'(z)=\mu_{+}(z)\,\nu_{+}(z)\,\mu_{-}(z)\,\nu_{-}(z)\\ \tilde{\theta}^{\pm}=\pm\theta^{\pm}\mu_{\pm}(z)\,\nu_{\mp}(z)+\theta^{\mp}\mu_{\pm}(z)\,\nu_{\pm}(z),\end{array}\right. \tag{4.144}$$

причем SCf условия (4.134)–(4.135) выполняются вследствие нильпотентности нечетных функций $\mu_{\pm}(z)$ и $\nu_{\pm}(z)$, а матрица G_{split} не (анти) диагонализуется (как в (4.136)–(4.137), а представляет собой scf-матрицу с нильпотентными элементами (см. **Подраздел 6.2**).

Из сравнения (5.14) и (4.130) следует, что расщепленные $N=2$ преобразования образуют подполугруппу общей полугруппы $N=2$ супераналитических преобразований, которая характеризуется только лишь элементами матрицы G_{split} (5.17). Поэтому представление расщепленной $N=2$ SCf полугруппы функциональными матрицами (см. **Определение 5.9**) будет сужением представления (5.18) на элементы матрицы G_{split}, т.е.

$$\left\{\begin{array}{cccc}f & h & \chi_{-} & \chi_{+}\\ \psi_{+} & \lambda_{+} & g_{+-} & g_{++}\\ \psi_{-} & \lambda_{-} & g_{--} & g_{-+}\end{array}\right\}\Big|_{split}\longrightarrow\left\{\begin{array}{cc}g_{+-} & g_{++}\\ g_{--} & g_{-+}\end{array}\right\}. \tag{4.145}$$

Отсюда следует

Определение 4.58. *Элемент* s *расщепленной* $N=2$ *суперконформной полугруппы* $\mathbf{S}_{SCf(split)}^{(N=2)}$ *параметризуется функциональной матрицей*

$$\left\{\begin{array}{cc}g_{+-} & g_{++}\\ g_{--} & g_{-+}\end{array}\right\}\Big|_{g_{\mp\pm}(z)g_{\pm\pm}(z)=0}\stackrel{def}{=}\mathbf{s}_{split}\in\mathbf{S}_{SCf(split)}^{(N=2)}, \tag{4.146}$$

а действие

$$\mathbf{s}_{split}^{(1)}*_s\mathbf{s}_{split}^{(2)}=\mathbf{s}_{split}^{(3)} \tag{4.147}$$

определяется композицией расщепленных преобразований $Z\rightarrow\tilde{Z}\rightarrow\tilde{\tilde{Z}}$ *и имееет следующий вид*

$$\left\{\begin{array}{cc}g_{+-}^{(3)} & g_{++}^{(3)}\\ g_{--}^{(3)} & g_{-+}^{(3)}\end{array}\right\}=\left\{\begin{array}{cc}g_{+-}^{(1)} & g_{++}^{(1)}\\ g_{--}^{(1)} & g_{-+}^{(1)}\end{array}\right\}*_s\left\{\begin{array}{cc}g_{+-}^{(2)} & g_{++}^{(2)}\\ g_{--}^{(2)} & g_{-+}^{(2)}\end{array}\right\}= \tag{4.148}$$

$$\left\{\begin{array}{cc}g_{+-}^{(1)}\circ f^{(2)}\cdot g_{+-}^{(2)}+g_{++}^{(1)}\circ f^{(2)}\cdot g_{--}^{(2)} & g_{+-}^{(1)}\circ f^{(2)}\cdot g_{++}^{(2)}+g_{++}^{(1)}\circ f^{(2)}\cdot g_{-+}^{(2)}\\ g_{--}^{(1)}\circ f^{(2)}\cdot g_{+-}^{(2)}+g_{-+}^{(1)}\circ f^{(2)}\cdot g_{--}^{(2)} & g_{--}^{(1)}\circ f^{(2)}\cdot g_{++}^{(2)}+g_{-+}^{(1)}\circ f^{(2)}\cdot g_{-+}^{(2)}\end{array}\right\},$$

где

$$f^{(2)\prime}(z)=\operatorname{per}\mathrm{G}_{split}^{(2)}=g_{+-}^{(2)}(z)\,g_{-+}^{(2)}(z)+g_{++}^{(2)}(z)\,g_{--}^{(2)}(z),$$

$$g_{\mp\pm}^{(1)}(z)\,g_{\pm\pm}^{(1)}(z)=0,\quad g_{\mp\pm}^{(2)}(z)\,g_{\pm\pm}^{(2)}(z)=0.$$

Ассоциативность действия $*_s$ (4.147) следует из ассоциативности композиции расщепленных преобразований.

Утверждение 4.59. *Ортогональность элементов столбца* (4.134)–(4.135) *или* scf-*свойство матрицы* G (4.132) *при действии* $*_s$ *сохраняется, т.е.* $g^{(3)}_{\mp\pm}(z)\, g^{(3)}_{\pm\pm}(z) = 0$ *в* (4.148).

Очевидно, что необратимые преобразования соответствуют идеалу $\mathbf{I}^{(N=2)}_{SCf(split)}$ полугруппы $\mathbf{S}^{(N=2)}_{SCf(split)}$, а обратимые преобразования — ее подгруппе $\mathbf{G}^{(N=2)}_{SCf(split)}$. Двусторонняя единица в полугруппе $\mathbf{S}^{(N=2)}_{SCf(split)}$ определяется как

$$\mathbf{e}_{split} = \left\{ \begin{matrix} 1 & 0 \\ 0 & 1 \end{matrix} \right\}, \tag{4.149}$$

а двусторонний нуль представляется нулевой матрицей в (4.146).

4.5.2. Вложение $N = 1 \hookrightarrow N = 2$. Ранее частый случай вложения $N = 1 \hookrightarrow N = 2$ использовалось в [303, 304] при вычислении суперструнных амплитуд методом функционального интегрирования [305]. Мы рассмотрим общий случай суперконформного $N = 1 \hookrightarrow N = 2$ вложения [4] с учетом необратимых преобразований.

Опишем погружение $N = 1$ мирового листа $W = (w, \eta)$ в $N = 2$ суперплоскость $Z = (z, \theta^+, \theta^-)$ тремя четными и тремя нечетными функциями и следующим преобразованием общего вида

$$z = f(w) + \eta \cdot \chi(w), \tag{4.150}$$

$$\theta^{\pm} = \psi_{\pm}(w) + \eta \cdot g_{\pm}(w), \tag{4.151}$$

где $f, g_{\pm} : \mathbb{C}^{1,0} \to \mathbb{C}^{1,0}$, $\chi, \psi_{\pm} : \mathbb{C}^{1,0} \to \mathbb{C}^{0,1}$.

При суперaналитических $N = 1 \hookrightarrow N = 2$ преобразованиях (4.150)–(4.151) $N = 1$ суперпроизводная $D = \partial_\eta + \eta \cdot \partial_w$ $(D^2 = \partial_w)$ переходит в

$$D = D\theta^+ \cdot D^- + D\theta^- \cdot D^+ + \left(Dz - \theta^+ \cdot D\theta^- - \theta^- \cdot D\theta^+ \right) \cdot \partial_w, \tag{4.152}$$

где $D^{\pm}$ определены в (5.1), поэтому суперконформные условия в данном случае имеют вид

$$Dz = \theta^+ \cdot D\theta^- + \theta^- \cdot D\theta^+. \tag{4.153}$$

Применяя к (4.153) оператор D, получаем

$$\partial_w z + \theta^+ \cdot \partial_w \theta^- + \theta^- \cdot \partial_w \theta^+ = 2 \cdot D\theta^+ \cdot D\theta^-. \tag{4.154}$$

Условие того, что два погружения (z, θ^+, θ^-) и $\left(\tilde{z}, \tilde{\theta}^+, \tilde{\theta}^-\right)$ параметризуют один и тот же мировой лист, приводят к соотношениям

$$D^+\tilde{\theta}^- \cdot D^-\tilde{\theta}^+ + D^+\tilde{\theta}^+ \cdot D^-\tilde{\theta}^- = \frac{D\tilde{\theta}^+ \cdot D\tilde{\theta}^-}{D\theta^+ \cdot D\theta^-}. \tag{4.155}$$

По аналогии с (5.9) введем в рассмотрение матрицу

$$\mathrm{H}_w = \begin{pmatrix} D\theta^+ & D\theta^- \\ D\theta^+ & D\theta^- \end{pmatrix}, \tag{4.156}$$

тогда условие (4.155) запишется в виде [4]

$$\operatorname{per} \tilde{\mathrm{H}}_w = \operatorname{per} \mathrm{H} \cdot \operatorname{per} \mathrm{H}_w, \tag{4.157}$$

где H определена в (5.9). Классификацию вложений $N = 1 \hookrightarrow N = 2$ по необратимости можно провести в полной аналогии с классификацией $N = 2$ редуцированных преобразований (см. **Пункт 4.1.3**).

Приведем пример вложения $N=1 \hookrightarrow N=2$ при $\epsilon\left[\mathrm{per\,H}_w\right] \neq 0$ [4]

$$\begin{aligned} z &= f(w)+\frac{\eta}{\sqrt{2}} e^{q(w)} \psi_{-}(w) \sqrt{f^{\prime}(w)+\psi_{+}(w) \psi_{-}^{\prime}(w)}+ \\ & \frac{\eta}{\sqrt{2}} e^{-q(w)} \psi_{+}(w) \sqrt{f^{\prime}(w)+\psi_{-}(w) \psi_{+}^{\prime}(w)}, \end{aligned} \tag{4.158}$$

$$\begin{aligned} \theta^{\pm} &= \psi_{\pm}(w)+ \\ & \frac{\eta}{\sqrt{2}} e^{\pm q(w)} \sqrt{f^{\prime}(w)+\psi_{-}(w) \psi_{+}^{\prime}(w)+\psi_{+}(w) \psi_{-}^{\prime}(w)}. \end{aligned} \tag{4.159}$$

Среди необратимых преобразований с $\epsilon\left[\mathrm{per\,H}_w\right]=0$ приведем следующее [4]

$$z = f_N(w)+\eta\left[\psi_{+}(w) \rho_{-}(w)+\psi_{-}(w) \rho_{+}(w)\right] \sigma(w), \tag{4.160}$$

$$\theta^{\pm} = \psi_{\pm}(w)+\eta \rho_{\pm}(w) \sigma(w), \tag{4.161}$$

где $f_N^{\prime}(w)=\psi_{+}^{\prime}(w) \psi_{-}(w)+\psi_{-}^{\prime}(w) \psi_{+}(w)$.

Отметим, что многие формулы и соответствующие выводы можно перенести с $N=2$ преобразований на вложения $N=1 \hookrightarrow N=2$, если в первых положить $\theta^{\pm}=\eta / \sqrt{2}$ (см. **Пункт 4.1.3**).

4.6. Суперконформные полугруппы

Исследование новых абстрактных типов полугрупп и их идеалов [89,92,115,306, 307] представляет само по себе важную теоретико-категорную задачу. Интерес к изучению суперконформных полугрупп обусловлен прежде всего тем, что они имеют необычные идеальные (негрупповые) свойства [6], которые можно использовать в приложениях к теоретическим моделям элементарных частиц.

4.6.1. Локальное строение $N=1$ суперконформной полугруппы. Рассмотрим свойства обратимости $N=1$ суперконформных преобразований, связанные с нильпотентностью компонентных функций $g(z)$, входящих в альтернативную параметризацию (4.80). Так, обобщенный суперякобиан (4.94) суперконформных (обратимых и необратимых) преобразований в терминах компонент элемента **s** (4.80) имеет вид

$$\boldsymbol{J}_{SCf}=D \tilde{\theta}_{SCf}=g(z)+\theta \cdot \psi^{\prime}(z), \tag{4.162}$$

что следует из (4.53) и (4.2).

Предложение 4.60. *Индекс необратимости* (4.97) *общего суперконформного преобразования и его степень необратимости* (4.98) *связаны с индексом функции $g(z)$ формулой*

$$\operatorname{ind} \boldsymbol{J}_{SCf}=\frac{1}{\boldsymbol{m}_{SCf}}=\operatorname{ind} g(z)+1. \tag{4.163}$$

Доказательство. Возведем обе части равенства (4.162) в степень n и воспользуемся тем, что грассманов индекс нильпотентности второго слагаемого в нем минимален и равен двум, тогда получим

$$\boldsymbol{J}_{SCf}^n=g^n(z)+n \cdot g^{n-1}(z) \cdot \theta \cdot \psi^{\prime}(z). \tag{4.164}$$

Отсюда и следует соотношение (4.163). ■

Из (4.164) видно, что имеется другая возможность в зависимости от присутствия последнего слагаемого. Среди необратимых суперконформных преобразований с $\operatorname{ind} g(z)=n$ можно выделить следующие преобразования, имеющие существенно отличные от общего случая абстрактные свойства.

Определение 4.61. Ann-*преобразования, имеющие индекс необратимости* n, *определяются формулами*

$$\operatorname{ind} g(z) = n, \; g^{n-1}(z) \in \operatorname{Ann} \psi'(z). \tag{4.165}$$

Предложение 4.62. *Индекс необратимости* Ann-*преобразования равен индексу функции* $g(z)$

$$\operatorname{ind} \boldsymbol{J}^A_{SCf} = \operatorname{ind} g(z). \tag{4.166}$$

Доказательство. Из (4.165) следует, что второе слагаемое в (4.164) равно нулю. Отсюда получаем (4.166). ■

Соотношения (4.163) и (4.166) справедливы лишь для суперконформных преобразований, т. е. они являются условиями суперконформности, записанными через индексы нильпотентности [14]. Элементы суперконформной полугруппы с $\operatorname{ind} g(z) = 1$ являются обратимыми, а элементы с $\operatorname{ind} g(z) = 0$ – необратимыми. Обратимые элементы полугруппы $\mathbf{g}$ составляют подгруппу $\mathbf{G}_{SCf} = \bigcup \mathbf{g}$ суперконформной полугруппы, а необратимые элементы $\mathbf{i}$ с нулем $\mathbf{z}$ — ее идеал $\mathbf{I}_{SCf} = \bigcup \mathbf{i} \bigcup \mathbf{z}$. Из закона умножения (4.82) следует, что если хотя бы один из сомножителей необратим, то и результирующее преобразование также необратимо, т.е. $\mathbf{I}_{SCf} * \mathbf{S}_{SCf} \subseteq \mathbf{I}_{SCf}$, $\mathbf{S}_{SCf} * \mathbf{I}_{SCf} \subseteq \mathbf{I}_{SCf}$, поэтому $\mathbf{I}_{SCf}$ – изолированный идеал, а подгруппа $\mathbf{G}_{SCf}$ — фильтр (см. определения в **Пункте 1**). Обратимые суперконформные преобразования, соответствующие элементам $\mathbf{G}_{SCf}$, рассматривались в [74, 183, 308]. Поэтому подробнее остановимся на необратимых преобразованиях и структуре идеала $\mathbf{I}_{SCf}$. Выделим в идеале $\mathbf{I}_{SCf}$ следующие подмножества элементов:

$$\mathbf{I}_n \stackrel{def}{=} \{\mathbf{i} \in \mathbf{I}_{SCf} \mid g^n(z) = 0\}, \tag{4.167}$$

$$\mathbf{J}_n \stackrel{def}{=} \{\mathbf{i} \in \mathbf{I}_n \mid \operatorname{ind} g(z) = n\}, \tag{4.168}$$

$$\mathbf{J}^A_n \stackrel{def}{=} \left\{\mathbf{i} \in \mathbf{J}_n \mid g^{n-1}(z) \in \operatorname{Ann} \psi'(z)\right\}, \tag{4.169}$$

которые связаны очевидными соотношениями $\mathbf{J}_n = \mathbf{I}_n \backslash \mathbf{I}_{n-1}$, причем $\mathbf{I}_0 = \mathbf{J}_0 = \mathbf{z}$. Пусть $\mathbf{s}_3 = \mathbf{s}_1 * \mathbf{s}_2$, тогда из (4.82) при $\mathrm{m}_1 = \mathrm{m}_2 = \mathrm{m}_3 = +1$ имеем

$$g_3(z) = g_1(f_2(z)) \cdot g_2(z) + \psi_2(z) \cdot \psi_1'(f_2(z)) \cdot g_2(z), \tag{4.170}$$

где $f_2'(z) = g_2^2(z) + \psi_2'(z) \cdot \psi_2(z)$. Возводя (4.170) в степень n в грассмановой алгебре, получаем

$$\begin{aligned} g_3^n(z) \;\; &= \;\; g_1^n(f_2(z)) \cdot g_2^n(z) + \\ &+ n \cdot g_1^{n-1}(f_2(z)) \cdot \psi_2(z) \cdot \psi_1'(f_2(z)) \cdot g_2^n(z). \end{aligned} \tag{4.171}$$

Отсюда следует, что здесь условием обращения в нуль второго слагаемого по-прежнему является (4.165), и это снова выделяет необратимые Ann-преобразования.

Теорема 4.63. *Множество элементов* $\mathbf{J}^A_n \subseteq \mathbf{I}_n$ *является правым идеалом для* $\mathbf{I}_n$ *относительно* (4.165).

Доказательство. Пусть $\mathbf{s}_3 = \mathbf{s}_1 * \mathbf{s}_2$, $\mathbf{s}_i \in \mathbf{I}_n$, и для $\mathbf{s}_1$ выполняется (4.165), т. е. $g_1^{n-1}(z) \cdot \psi_1'(z) = 0$. Покажем, что $g_3^{n-1}(z) \cdot \psi_3(z) = 0$. Из (4.170) имеем

$$\begin{aligned} &\omega_3(z) = \omega_1(z) \cdot g_2^{n+1}(z) \\ &+ \omega_2(z) \cdot g_1^n(h_2(z)) + n \cdot \psi_2(z) \cdot \omega_1(z) \cdot \omega_2(z) + \\ &+ g_1^{n-1}(h_2(z)) \cdot g_1'(h_2(z)) \cdot g_2^{n-1}(z) \cdot \psi_2(z) = 0, \end{aligned}$$

где

$$\omega_1(z) = g_1^{n-1}(h_2(z)) \cdot \psi_1'(h_2(z)),$$
$$\omega_2(z) = g_2^{n-1}(z) \cdot \psi_2'(z), \omega_3(z) = g_3^{n-1}(z) \cdot \psi_3'(z),$$

и в последнем равенстве использована очевидная импликация $g^n(z) = 0 \Rightarrow g^{n-1}(z) \cdot g'(z) = 0$. Поэтому $\mathbf{J}_n^A * \mathbf{I}_n \subseteq \mathbf{J}_n^A$. ■

Отсюда следует, что $\mathbf{J}_n^A * \mathbf{J}_n^A \subseteq \mathbf{J}_n^A$, т.е. множество $\mathbf{J}_n^A$ замкнуто относительно свойства (4.165), поэтому объединение $\bigcup_n \mathbf{J}_n^A = \mathbf{A}_{SCf}$ есть подполугруппа в $\mathbf{S}_{SCf}$, которую будем называть Ann-*полугруппой.*

4.6.2. Ann - п о л у г р у п п а . Свойства идеалов в Ann-полугруппе существенно отличаются от таковых в оставшейся части суперконформной полугруппы, поэтому рассмотрим их отдельно.

Предложение 4.64. *Все элементы из* Ann-*полугруппы необратимы, следовательно, групповая часть в* $\mathbf{A}_{SCf}$ *отсутствует.*

Доказательство. Из (4.165) следует, что

$$g^{n-1}(z) \cdot \psi'(z) = 0, \tag{4.172}$$

поэтому $\operatorname{ind} g(z) < \infty$ (считаем, что $\psi'(z) \neq 0$). ■

Чтобы изучить свойства нильпотентности Ann-преобразований, возведем (4.170) в степень n при учете (4.172), тогда получим Ann-аналог соотношения (4.171)

$$g_3^n(z) = g_1^n(h_2(z)) \cdot g_2(z). \tag{4.173}$$

Отсюда видно, что множества элементов

$$\mathbf{A}_n \stackrel{def}{=} \{\mathbf{s} \in \mathbf{A}_{SCf} \mid g^n(z) = 0\} \tag{4.174}$$

являются двухсторонними идеалами в $\mathbf{A}_{SCf}$ и, кроме того, имеют место строгие включения $\mathbf{A}_{n-1} \subset \mathbf{A}_n$. Следовательно, идеалу Ann-полугруппы $\mathbf{I}^A \equiv \mathbf{A}_{SCf}$ можно поставить в соответствие бесконечную двустороннеидеальную цепь

$$\mathbf{z} \subset \mathbf{A_1} \subset \mathbf{A_2} \ldots \subset \mathbf{A_n} \subset \ldots \mathbf{I}^A \equiv \mathbf{A}_{SCf}, \tag{4.175}$$

начинающуюся с тривиального минимального идеала – нуля $\mathbf{z}$ Ann-полугруппы – и заканчивающуюся самой полугруппой $\mathbf{A}_{SCf}$. Идеальные цепи различных полугрупп рассматривались в [309–311]. Из закона умножения (4.173) следует, что каждый идеал $\mathbf{A}_n$ содержит нильидеал (см., например, [135, 312])

$$\mathbf{N}_n \stackrel{def}{=} \{\mathbf{s} \in \mathbf{A}_n \mid \mathbf{s}^{*n} = \mathbf{z}\}, \tag{4.176}$$

причем реализуется строгое включение $\mathbf{N}_n \subset \mathbf{A}_n$. Можно показать, что разность $\mathbf{A}_n \setminus \mathbf{N}_n$ содержит только нильэлементы более высокого полугруппового индекса и, следовательно, принадлежит к соответствующим нильидеалам. Поэтому объединение всех нильидеалов совпадает с Ann-полугруппой.

Таким образом, Ann-полугруппа является нильполугруппой [313–317]. Поскольку $\mathbf{A}_{n-1}$ есть идеал в $\mathbf{A}_n$, то, как это следует из (4.173), идеальная цепь (4.175) представляет собой идеальный ряд Ann-полугруппы. Факторами этого ряда являются фактор-полугруппы Риса $\mathbf{A}_n / \mathbf{A}_{n-1}$, и для них коидеал $\mathbf{A}_n \setminus \mathbf{A}_{n-1}$ совпадает с $\mathbf{J}_n^A$ (4.169). Кроме того, $\mathbf{A}_{n+1} / \mathbf{A}_n$ является идеалом фактор-полугруппы $\mathbf{I}^A / \mathbf{A}_n$, и выполняется следующее соотношение: $\mathbf{I^A} / \mathbf{A_{n+1}} \cong (\mathbf{I^A} / \mathbf{A_n}) / (\mathbf{A_{n+1}} / \mathbf{A_n})$. Однако идеальный ряд (4.175) не является аннуляторным ни справа, ни слева, как этого следовало бы ожидать для нильполугруппы [314,316,318,319]. Пользуясь (4.173) и очевидными свойствами нильпотентных элементов, для множеств $\mathbf{A}_n$ и $\mathbf{J}_n^A$ из Ann-полугруппы построим таблицу умножения

$$\begin{aligned} &\mathbf{A}_n * \mathbf{A}_m \subseteq \mathbf{A}_k, \;\; \mathbf{J}_n^A * \mathbf{J}_m^A \subseteq \mathbf{A}_k, \\ &\mathbf{J}_n^A * \mathbf{A}_m \subseteq \mathbf{A}_k, \;\; \mathbf{A}_n * \mathbf{J}_m^A \subseteq \mathbf{A}_k, \end{aligned} \tag{4.177}$$

где $k = \min(n, m)$. Множество $\mathbf{A}_{SCf}$ представляет собой объединение взаимно непересекающихся множеств: $\mathbf{A}_{SCf} = \bigcup\limits_n \mathbf{J}_n^A$, $\mathbf{J}_n^A \cap \mathbf{J}_m^A = \varnothing$, однако $\mathbf{J}_n^A$ не является подполугруппой ни для $\mathbf{A}_n$, ни для $\mathbf{A}_{SCf}$. Но с $\mathbf{J}_n^A$ можно связать полугруппу $\mathbf{U}_n^A \stackrel{def}{=} \{\mathbf{A}_n \cup \mathbf{z}, \circledast\}$, в которой умножение определяется формулой

$$\mathbf{s} \circledast \mathbf{t} \stackrel{def}{=} \begin{cases} \mathbf{s} * \mathbf{t}, & \mathbf{s} * \mathbf{t} \in \mathbf{J}_n^A, \\ \mathbf{z}, & \mathbf{s} * \mathbf{t} \notin \mathbf{J}_n^A. \end{cases} \tag{4.178}$$

Отметим, что полугруппа $\mathbf{U}_n^A$ может быть построена также и с помощью характеристической функции

$$\mathbf{c}_n(\mathbf{s}) \stackrel{def}{=} \begin{cases} \mathbf{e}, \mathbf{s} \in \mathbf{J}_n^A, \\ \mathbf{z}, \mathbf{s} \notin \mathbf{J}_n^A. \end{cases} \tag{4.179}$$

Тогда умножение в (4.178) можно представить следующим образом:

$$\mathbf{s} \circledast \mathbf{t} = \mathbf{c}_n(\mathbf{s} * \mathbf{t}) * \mathbf{s} * \mathbf{t}. \tag{4.180}$$

При одинаковых индексах из (4.177) имеем $\mathbf{A}_n * \mathbf{A}_n \subseteq \mathbf{A}_n$. Поэтому представляется естественным выделить в $\mathbf{A}_n$ подмножество $\mathbf{A}_n^{(k)} \subset \mathbf{A}_n$, обладающее свойством

$$\mathbf{A}_n^{(k)} * \mathbf{A}_n^{(k)} \subseteq \mathbf{J}_k^A, \; 0 \le k \le n, \tag{4.181}$$

что можно трактовать как извлечение квадратного корня из $\mathbf{J}_k^A$. При $k = n$ получаем $\mathbf{U}_n^A = \mathbf{A}_n^{(n)} \cup \mathbf{z}$. В другом предельном случае, при $k = 0$, имеем $\mathbf{A}_n^{(0)} = \mathbf{A}_n \cap \mathbf{N}_2$. Но поскольку умножение (4.179) снова не замыкается, подмножество $\mathbf{A}_n^{(k)}$ не является полугруппой. Из соотношений (4.177) получаем для главных идеалов (см. определения в **Разделе 1**)

$$\mathbf{R}(\mathbf{s}) \subseteq \mathbf{A}_n, \;\; \mathbf{L}(\mathbf{s}) \subseteq \mathbf{A}_n, \;\; \mathbf{J}(\mathbf{s}) \subseteq \mathbf{A}_n, \tag{4.182}$$

где $\mathbf{s} \in \mathbf{J}_n^A$. Поскольку $\mathbf{A}_{SCf}$ – нильполугруппа, все отношения эквивалентности Грина (см. [30,31,307] и **Раздел 1**) совпадают между собой и с отношением равенства $\mathbf{\Delta}$. По аналогии с [315,320,321] для Ann-полугруппы можно доказать следующую теорему.

Теорема 4.65. Ann-*полугруппа является* $\mathscr{J}$*-тривиальной.*

Доказательство. Пусть $\mathbf{s} \in \mathbf{R}(\mathbf{s}) \wedge \mathbf{s} \neq \mathbf{z}$, тогда найдется элемент $\mathbf{t} \neq \mathbf{s}$ такой, что $\mathbf{s} = \mathbf{s} * \mathbf{t}$, а следовательно, и*) $\mathbf{s} = \mathbf{s} * \mathbf{t}^{*\mathbf{k}}$, где k произвольно. Но полугруппа $\mathbf{A}_{SCf}$ содержит по определению только нильэлементы, поэтому $\exists n$, $\mathbf{t}^{*\mathbf{n}} = \mathbf{z}$. Выберем $k = n$ и получим

$$\mathbf{s} = \mathbf{s} * \mathbf{t}^{*\mathbf{n}} = \mathbf{s} * \mathbf{z} = \mathbf{z},$$

что противоречит условию $\mathbf{s} \neq \mathbf{z}$. Наоборот, пусть $\mathbf{R}(\mathbf{s}) = \mathbf{R}(\mathbf{t})$, $\mathbf{s} \neq \mathbf{z}$, тогда из определения главных идеалов [30] получаем

$$\mathbf{s} = \mathbf{t} * \mathbf{x} = \mathbf{s} * (\mathbf{y} * \mathbf{x}) = \mathbf{s} * (\mathbf{y} * \mathbf{x})^{*\mathbf{k}}, \;\; \mathbf{x}, \mathbf{y} \in \mathbf{A}_{SCf}.$$

Снова в силу, того что $\mathbf{A}_{SCf}$ – нильполугруппа, найдется такая степень n, что $(\mathbf{y} * \mathbf{x})^{*\mathbf{n}} = \mathbf{z}$, поэтому $\mathbf{s} = \mathbf{s} * \mathbf{z} = \mathbf{z}$ — противоречие. Отсюда следует требуемая импликация $\mathbf{R}(\mathbf{s}) = \mathbf{R}(\mathbf{t}) \Rightarrow \mathbf{s} = \mathbf{t}$. Аналогично и для других отношений Грина. ■

Примечание. Звездочка в степени означает умножение в рассматриваемой полугруппе, т. е. $\mathbf{t}^{*\mathbf{2}} = \mathbf{t} * \mathbf{t}$.

Следствие 4.66. *$\mathscr{L}$, $\mathscr{R}$, $\mathscr{G}$-классы Ann-полугруппы содержат ровно по одному элементу.*

4.6.3. Квазиидеальный ряд. Переходим теперь к анализу идеального строения суперконформной полугруппы $\mathbf{S}_{SCf}$ в общем случае. В отличие от (4.165), полагаем, что $g^{n-1}(z) \notin \operatorname{Ann} \psi'(z)$. Такая полугруппа может содержать, кроме необратимых, также и обратимые элементы, а следовательно, подгруппу $\mathbf{G}_{SCf} \subset \mathbf{S}_{SCf}$, которая определяется преобразованиями с ненильпотентными и обратимыми $g(z)$. Если положить для обратимых элементов индекс нильпотентности равным бесконечности, то в терминах величин, введенных в (4.167–(4.169), имеем $\mathbf{G}_{SCf} = \mathbf{J}_{\infty}$, $\mathbf{S}_{SCf} = \mathbf{I}_{\infty}$, что позволяет в некоторых случаях формально включить $\mathbf{G}_{SCf}$ в закон умножения, аналогичный (4.177). Очевидно, что множество $\mathbf{G}_{SCf} \cup \{\mathbf{z}\}$ является фактор-полугруппой Риса $\mathbf{S}_{SCf}/\mathbf{I}_{SCf}$ [30]. Тогда суперконформную полугруппу $\mathbf{S}_{SCf}$ можно трактовать как идеальное расширение [322–324] суперконформной группы $\mathbf{G}_{SCf}$ при помощи идеала $\mathbf{I}_{SCf}$.

Рассмотрим множества (4.167–(4.169) в случае полной суперконформной полугруппы $\mathbf{S}_{SCf}$. Очевидно, что строгие включения $\mathbf{I}_{n-1} \subset \mathbf{I}_n$ сохраняются. Поэтому идеалу суперконформной полугруппы $\mathbf{I}_{SCf}$ можно поставить в соответствие цепь множеств $\mathbf{I}_n$, аналогичную (4.175), следующим образом:

$$\mathbf{z} \subset \mathbf{I}_1 \subset \mathbf{I}_2 \subset \ldots \subset \mathbf{I}_n \subset \ldots \subset \mathbf{I}_{SCf}. \tag{4.183}$$

Однако в данном случае вместо (4.177) имеет место

Предложение 4.67. *Множества $\mathbf{I}_n$ удовлетворяют соотношениям*

$$\mathbf{S}_{SCf} * \mathbf{I}_n \subseteq \mathbf{I}_n, \tag{4.184}$$

$$\mathbf{I}_n * \mathbf{S}_{SCf} \subseteq \mathbf{I}_{n+1}, \tag{4.185}$$

$$\mathbf{S}_{SCf} * \mathbf{I}_n * \mathbf{S}_{SCf} \subseteq \mathbf{I}_{n+1}. \tag{4.186}$$

Доказательство. Действительно, если в (4.171) $g_1^n(z) = 0$ и $g_2^n(z) \neq 0$, то найдется такое $n = \operatorname{ind} g_1(z)$, что $g_1^{n-1}(z)$ может быть отлично от нуля, в то время как $g_3^{n+1}(z) = 0$ за счет обращения в нуль уже второго слагаемого в (4.170). ■

Следствие 4.68. *Множество $\mathbf{I}_n$ является только левым идеалом суперконформной полугруппы, но не правым и двухсторонним.*

Предложение 4.69. $\mathbf{I}_n$ *– квазиидеал* [325–327] *и одновременно биидеал* [130, 131, 328, 329].

Доказательство. Из формул (4.173) и (4.184)–(4.186) непосредственно получаем свойства $\mathbf{I}_n$ как квазиидеала $\mathbf{S}_{SCf} * \mathbf{I}_n \cap \mathbf{I}_n * \mathbf{S}_{SCf} \subseteq \mathbf{I}_n$ и как биидеала $\mathbf{I}_n * \mathbf{S}_{SCf} * \mathbf{I}_n \subseteq \mathbf{I}_n$. ■

В соотношениях (4.185)–(4.186) происходит подъем лишь в соседнее множество $\mathbf{I}_{n+1}$ (в цепи (4.183)), поэтому $\mathbf{I}_n$ можно определить как правый и двухсторонний *повышающий идеал*. Таким образом, цепь (4.183) представляет собой левоидеальную цепь или цепь правых и двухсторонних повышающих идеалов $\mathbf{I}_n$. Поскольку из (4.186) следует, что $\mathbf{S}_{SCf} * \mathbf{I}_n \cup \mathbf{I}_n * \mathbf{S}_{SCf} \subseteq \mathbf{I}_{n+1}$, цепь (4.183) естественно назвать *антианнуляторным возрастающим рядом*, длина которого равна бесконечности. Можно предположить, что многие свойства антианнуляторного ряда (4.183) обусловлены нильпотентностью нильидеала $\mathbf{I}_{SCf}$, рассматриваемого как самостоятельная полугруппа (для аннуляторных рядов подобные связи установлены в [330–332]). Непосредственно из (4.171) следует таблица умножения множеств $\mathbf{I}_n$ и $\mathbf{J}_n$ в общем случае:

$$\begin{aligned}
\mathbf{I}_n * \mathbf{I}_{n+k} &\subseteq \mathbf{I}_{n+1}, \\
\mathbf{I}_{n+k-1} * \mathbf{I}_n &\subseteq \mathbf{I}_n, \\
\mathbf{J}_n * \mathbf{J}_{n+k} &\subseteq \mathbf{I}_{n+1}, \\
\mathbf{J}_{n+k-1} * \mathbf{J}_n &\subseteq \mathbf{I}_n, \\
\mathbf{I}_n * \mathbf{J}_{n+k} &\subseteq \mathbf{I}_{n+1}, \\
\mathbf{I}_{n+k-1} * \mathbf{J}_n &\subseteq \mathbf{I}_n, \\
\mathbf{J}_n * \mathbf{I}_{n+k} &\subseteq \mathbf{I}_{n+1}, \\
\mathbf{J}_{n+k-1} * \mathbf{I}_n &\subseteq \mathbf{I}_n, \\
\mathbf{I}_n * \mathbf{G}_{SCf} &\subseteq \mathbf{I}_{n+1}, \\
\mathbf{G}_{SCf} * \mathbf{I}_n &\subseteq \mathbf{I}_n, \\
\mathbf{J}_n * \mathbf{G}_{SCf} &\subseteq \mathbf{I}_{n+1}, \\
\mathbf{G}_{SCf} * \mathbf{J}_n &\subseteq \mathbf{J}_n, \qquad (4.187)
\end{aligned}$$

где $k > 0$. Отсюда видно, что $\mathbf{I}_n$ является подполугруппой, так как $\mathbf{I}_n * \mathbf{I}_n \subseteq \mathbf{I}_n$, а множество $\mathbf{J}_n$ не является таковой, как и в случае Ann-полугруппы, что есть следствие наличия делителей нуля [124,333,334] и нильпотентов [335–340] в суперконформной полугруппе. Отметим, что из предпоследнего включения в (4.187) следует, что с помощью действия подгруппы $\mathbf{G}_{SCf}$ справа можно попасть в любое множество $\mathbf{I}_n$ с бо́льшим индексом, начиная с любого ненулевого члена левоидеального ряда (4.183). Из последних двух соотношений (4.187) имеем

$$\mathbf{G}_{SCf} * \mathbf{J}_n * \mathbf{G}_{SCf} \subseteq \mathbf{I}_{n+1}, \qquad (4.188)$$

т. е. некоторые из элементов множества $\mathbf{J}_{n+1}$ оказываются сопряженными по подгруппе $\mathbf{G}_{SCf}$ с элементами предыдущего множества. По аналогии с [341–344] назовем два подмножества суперконформной полугруппы $\mathbf{A} \subseteq \mathbf{S}_{SCf}$ и $\mathbf{B} \subseteq \mathbf{S}_{SCf}$ *взаимно-G-нормальными*, если

$$\mathbf{g}^{-1} * \mathbf{A} * \mathbf{g} \subseteq \mathbf{B}, \; \mathbf{g} \in \mathbf{G}_{SCf}.$$

Тогда из (4.188) следует, что любые два соседние множества $\mathbf{J}_n$ из (4.187) содержат взаимно-G-нормальные элементы. Общие свойства классов сопряженных элементов в абстрактных полугруппах исследовались в [345], а в полугруппах преобразований — в работах [346–349].

4.6.4. Обобщенные отношения Грина. В случае суперконформной полугруппы стандартных отношений Грина [31, 135] недостаточно для описания всех классов элементов, что связано с (4.187). Чтобы обойти трудность, связанную с появлением $\mathbf{I}_{n+1}$ в правой части соотношения (4.187), построим при фиксированном n разбиение суперконформной полугруппы на непересекающиеся части

$$\begin{aligned}
\mathbf{S}_{SCf} &= \mathbf{V}_1^{(n)} \cup \mathbf{V}_2^{(n)} \cup \mathbf{V}_3^{(n)} \cup \mathbf{V}_4, \qquad (4.189) \\
\mathbf{V}_i^{(n)} \cap \mathbf{V}_j^{(n)} &= \varnothing, \; i \neq j, \;\; \mathbf{V}_i^{(n)} \cap \mathbf{V}_4 = \varnothing, \\
\mathbf{V}_1^{(n)} &= \mathbf{I}_{n-1}, \;\; \mathbf{V}_2^{(n)} = \mathbf{J}_n, \;\; \mathbf{V}_3^{(n)} = \mathbf{I}_{SCf} \setminus \mathbf{I}_n,
\end{aligned}$$

причем $\mathbf{V}_1^{(n)} \cup \mathbf{V}_2^{(n)} = \mathbf{V}_1^{(n+1)} = \mathbf{I}_n$. Тогда для некоторых из введенных множеств будут справедливы стандартные соотношения [30], а для остальных появятся новые. Введем индекс $\mu = 1 \div 4$, тогда разбиение (4.189) запишется в виде $\mathbf{S}_{SCf} = \bigcup_{\mu} \mathbf{V}_\mu^{(n)}$. Используя (4.187), можно построить таблицу умножения компонент "векторов" $\mathbf{V}_\mu^{(n)}$ в виде

$$\mathbf{V}_\mu^{(n)} * \mathbf{V}_1^{(n)} \subseteq \mathbf{V}_1^{(n)}, \quad \mathbf{V}_\mu^{(n)} * \mathbf{V}_2^{(n)} \subseteq \mathbf{V}_1^{(n+1)},$$

$$
\begin{aligned}
\mathbf{V}_1^{(n)} * \mathbf{V}_3^{(n)} &\subseteq \mathbf{V}_1^{(n+1)}, \quad \mathbf{V}_2^{(n)} * \mathbf{V}_3^{(n)} \subseteq \mathbf{V}_1^{(n+2)},\\
\mathbf{V}_1^{(n)} * \mathbf{V}_4 &\subseteq \mathbf{V}_1^{(n+1)}, \quad \mathbf{V}_3^{(n)} * \mathbf{V}_3^{(n)} \subseteq \mathbf{I}_{SCf},\\
\mathbf{V}_4 * \mathbf{V}_3^{(n)} &\subseteq \mathbf{I}_{SCf}, \quad \mathbf{V}_3^{(n)} * \mathbf{V}_4 \subseteq \mathbf{I}_{SCf},\\
\mathbf{V}_2^{(n)} * \mathbf{V}_4 &\subseteq \mathbf{V}_1^{(n+2)}, \quad \mathbf{V}_4 * \mathbf{V}_4 \subseteq \mathbf{V}_4.
\end{aligned}
\tag{4.190}
$$

Отсюда следует, что только два множества $\mathbf{V}_1^{(n)}$ и $\mathbf{V}_4$ являются подполугруппами (последнее — подгруппа) полугруппы $\mathbf{S}_{SCf}$, а для остальных множеств умножение незамкнуто. Тем не менее изучение свойств подобных разбиений представляет значительный интерес с абстрактно-алгебраической точки зрения.

Определение 4.70. *Главные векторные левый, правый идеалы и двусторонний тензорный идеал определяются формулами*

$$
\begin{aligned}
\mathbf{L}_\mu^{(n)}(\mathbf{s}) &\stackrel{def}{=} \mathbf{s} * \mathbf{V}_\mu^{(n)},\\
\mathbf{R}_\mu^{(n)}(\mathbf{s}) &\stackrel{def}{=} \mathbf{V}_\mu^{(n)} * \mathbf{s},\\
\mathbf{J}_{\mu\nu}^{(n)}(\mathbf{s}) &\stackrel{def}{=} \mathbf{V}_\mu^{(n)} * \mathbf{s} * \mathbf{V}_\nu^{(n)},
\end{aligned}
\tag{4.191}
$$

где $\mathbf{s} \in \mathbf{J}_n$.

Из (4.187) и (4.190) следуют включения

$$
\begin{aligned}
\mathbf{L}_\mu^{(n)}(\mathbf{s}) &\subseteq \mathbf{V}_1^{(n+1)}, \ \mathbf{R}_2^{(n)}(\mathbf{s}) \subseteq \mathbf{V}_1^{(n+1)}, \ \mathbf{R}_1^{(n)}(\mathbf{s}) \subseteq \mathbf{V}_1^{(n)},\\
\mathbf{R}_3^{(n)}(\mathbf{s}) &\subseteq \mathbf{V}_1^{(n+2)}, \ \mathbf{J}_{\mu 1}^{(n)}(\mathbf{s}) \subseteq \mathbf{V}_1^{(n)}, \ \mathbf{J}_{13}^{(n)}(\mathbf{s}) \subseteq \mathbf{V}_1^{(n+1)},\\
\mathbf{J}_{\mu 3}^{(n)}(\mathbf{s}) &\subseteq \mathbf{V}_1^{(n+2)}, \ \mu > 1, \ \mathbf{J}_{\mu 4}^{(n)}(\mathbf{s}) \subseteq \mathbf{V}_1^{(n+2)}, \ \mu > 1,\\
\mathbf{R}_4^{(n)}(\mathbf{s}) &\subseteq \mathbf{V}_1^{(n+2)}, \ \mathbf{J}_{\mu 2}^{(n)}(\mathbf{s}) \subseteq \mathbf{V}_1^{(n+1)}, \ \mathbf{J}_{14}^{(n)}(\mathbf{s}) \subseteq \mathbf{V}_1^{(n+1)}.
\end{aligned}
\tag{4.192}
$$

Выясним свойства векторных (4.191) и тензорных (4.191) идеалов по отношению к $\mathbf{L}_\mu^{(n)}(\mathbf{s})$. Так, левый векторный идеал является обычным левым идеалом множества $\mathbf{L}_\mu^{(n)}(\mathbf{s})$, поскольку

$$
\mathbf{V}_\mu^{(n)} * \mathbf{L}_\mu^{(n)}(\mathbf{s}) \subseteq \mathbf{L}_\mu^{(n)}(\mathbf{s}).
\tag{4.193}
$$

Однако для правого векторного идеала подобное включение реализуется только при следующих комбинациях индексов:

$$
\begin{aligned}
&\mathbf{R}_\mu^{(n)}(\mathbf{s}) * \mathbf{V}_1^{(n)} \subseteq \mathbf{R}_\mu^{(n)}(\mathbf{s}),\\
&\mathbf{R}_\mu^{(n)}(\mathbf{s}) * \mathbf{V}_2^{(n)} \subseteq \mathbf{R}_\mu^{(n)}(\mathbf{s}), \ \mu \neq 1,\\
&\mathbf{R}_3^{(n)}(\mathbf{s}) * \mathbf{V}_3^{(n)} \subseteq \mathbf{R}_3^{(n)}(\mathbf{s}),
\end{aligned}
\tag{4.194}
$$

причем последнее справедливо, если $\mathbf{V}_3^{(n)} \cap \mathbf{V}_1^{(n+2)} \neq \emptyset$. Укажем также на соотношения, в которых $\mathbf{R}_\mu^{(n)}(\mathbf{s})$ ведет себя как *μ-повышающий идеал*:

$$
\mathbf{R}_1^{(n)}(\mathbf{s}) * \mathbf{V}_\mu^{(n)} \subseteq \mathbf{R}_2^{(n)}(\mathbf{s}), \ \mathbf{R}_2^{(n)}(\mathbf{s}) * \mathbf{V}_\mu^{(n)} \subseteq \mathbf{R}_3^{(n)}(\mathbf{s}).
\tag{4.195}
$$

Определение 4.71. *Обобщенные отношения Грина определяются формулами*

$$
\begin{aligned}
\mathbf{s}\mathscr{L}_{\mu\nu}^{(nm)}\mathbf{t} &\Leftrightarrow \mathbf{L}_\mu^{(n)}(\mathbf{s}) = \mathbf{L}_\nu^{(m)}(\mathbf{t}),\\
\mathbf{s}\mathscr{R}_{\mu\nu}^{(nm)}\mathbf{t} &\Leftrightarrow \mathbf{R}_\mu^{(n)}(\mathbf{s}) = \mathbf{R}_\nu^{(m)}(\mathbf{t}),\\
\mathbf{s}\mathscr{G}_{\mu\nu\rho\sigma}^{(nm)}\mathbf{t} &\Leftrightarrow \mathbf{J}_{\mu\nu}^{(n)}(\mathbf{s}) = \mathbf{J}_{\rho\sigma}^{(m)}(\mathbf{t}),
\end{aligned}
\tag{4.196}
$$

где $\mathbf{s} \in \mathbf{J}_n$, $\mathbf{t} \in \mathbf{J}_m$.

Классы эквивалентности по векторным и тензорным отношениям Грина имеют вид

$$\mathsf{L}^{(nm)}_{\mathbf{s},\mu\nu} \overset{def}{=} \left\{\mathbf{t} \in \mathbf{J}_m \mid \mathbf{L}^{(n)}_{\mu}(\mathbf{s}) = \mathbf{L}^{(m)}_{\nu}(\mathbf{t})\right\},$$
$$\mathsf{R}^{(nm)}_{\mathbf{s},\mu\nu} \overset{def}{=} \left\{\mathbf{t} \in \mathbf{J}_m \mid \mathbf{R}^{(n)}_{\mu}(\mathbf{s}) = \mathbf{R}^{(m)}_{\nu}(\mathbf{t})\right\},$$
$$\mathsf{J}^{(nm)}_{\mathbf{s},\mu\nu\rho\sigma} \overset{def}{=} \left\{\mathbf{t} \in \mathbf{J}_m \mid \mathbf{J}^{(n)}_{\mu\nu}(\mathbf{s}) = \mathbf{J}^{(m)}_{\rho\sigma}(\mathbf{t})\right\}. \quad (4.197)$$

Задание частичного порядка на множествах классов (4.197) превращает фактормножества $\mathbf{S}_{SCf}/\mathscr{L}$, $\mathbf{S}_{SCf}/\mathscr{R}$, $\mathbf{S}_{SCf}/\mathscr{G}$ в частично упорядоченные множества: *правый*, *левый* и (просто) *остов* [350–352] суперконформной полугруппы, причем мощность каждого остова равна бесконечности [14].

Предложение 4.72. *Суперконформная полугруппа* $\mathbf{S}_{SCf}$ *не является устойчивой* [353] *ни справа, ни слева.*

Доказательство. Из (4.163) и определений (4.165)–(4.169) следует

$$\forall \mathbf{s},\mathbf{t} \in \mathbf{S}_{SCf}, \mathbf{s} \in \mathbf{S}_{SCf} * \mathbf{s} * \mathbf{t} \not\Rightarrow \mathbf{L}^{(n)}_{\mu}(\mathbf{s}) = \mathbf{L}^{(m)}_{\nu}(\mathbf{s} * \mathbf{t}),$$
$$\mathbf{s} \in \mathbf{t} * \mathbf{s} * \mathbf{S}_{SCf} \not\Rightarrow \mathbf{R}^{(n)}_{\mu}(\mathbf{s}) = \mathbf{R}^{(m)}_{\nu}(\mathbf{t} * \mathbf{s}).$$

■

4.6.5. Квазихарактеры. Рассмотрим подробнее свойства нильпотентности элементов полугруппы $\mathbf{S}_{SCf}$.

Определение 4.73. *Идеальный индекс элемента* $\mathbf{s}$ *суперконформной полугруппы определяется формулой*

$$\operatorname{ind}_{ideal} \mathbf{s} \overset{def}{=} \operatorname{ind} g(z), \quad (4.198)$$

причем $\operatorname{ind}_{ideal} \mathbf{g} = \infty$.

Отметим, что все элементы, обладающие конечным идеальным индексом (4.198), нильпотентны в смысле полугруппового умножения, т. е. $\forall \mathbf{s} \in \mathbf{S}_{SCf}\ \exists n \in \mathbb{N}$ такое, что $\mathbf{s}^{*\mathbf{n}} = \mathbf{z}$. Для произведения элементов суперконформной полугруппы из формул (4.198) имеем

$$\max \operatorname{ind}_{ideal} (\mathbf{s} * \mathbf{t}) = \operatorname{ind}_{ideal} \mathbf{t},\ \operatorname{ind}_{ideal} \mathbf{s} \geq \operatorname{ind}_{ideal} \mathbf{t}, \quad (4.199)$$
$$\operatorname{ind}_{ideal} \mathbf{s} + 1,\ \operatorname{ind}_{ideal} \mathbf{s} < \operatorname{ind}_{ideal} \mathbf{t}. \quad (4.200)$$

В частности,

$$\operatorname{ind}_{ideal} (\mathbf{g} * \mathbf{s}) \leq \operatorname{ind}_{ideal} \mathbf{s}, \quad (4.201)$$
$$\operatorname{ind}_{ideal} (\mathbf{s} * \mathbf{g}) \leq \operatorname{ind}_{ideal} \mathbf{s} + 1. \quad (4.202)$$

Аналогично определяются индексы соответствующих множеств элементов (4.189). Для них получаем

$$\max \operatorname{ind}_{ideal} \mathbf{V}^{(n)}_1 = n - 1,\ \operatorname{ind}_{ideal} \mathbf{V}^{(n)}_2 = n,\ \min \operatorname{ind}_{ideal} \mathbf{V}^{(n)}_3 = n + 1. \quad (4.203)$$

Из соотношений (4.199)–(4.200) и (4.201)–(4.202) следует, что величина

$$|\operatorname{ind}_{ideal} (\mathbf{s} * \mathbf{t}) - \operatorname{ind}_{ideal} \mathbf{s} - \operatorname{ind}_{ideal} \mathbf{t}| \quad (4.204)$$

ограничена, поэтому отличие отображения $\mathbf{s} \to \operatorname{ind}_{ideal} \mathbf{s}$ от гомоморфизма конечно, что позволяет определить квазихарактер [354–358] по формуле $\chi(\mathbf{s}) \overset{def}{=} \operatorname{ind}_{ideal} \mathbf{s}$, который мы назовем *идеальным квазихарактером.* Отметим некоторые свойства идеального квазихарактера: $\chi(\mathbf{s}^{*2}) \le \chi(\mathbf{s})$, $\chi(\mathbf{g}) = \infty$. Из того факта, что множества $\mathbf{J}_n$, на которых определен идеальный квазихарактер, не пересекаются: $\mathbf{J}_n \cap \mathbf{J}_k = \varnothing$, $n \neq k$, следует вывод о том, что $\chi(\mathbf{s})$ действительно разделяет элементы полугруппы [359–362], а отношение π_χ, заданное формулой $\mathbf{s} \overset{\pi_\chi}{\sim} \mathbf{t} \Leftrightarrow \chi(\mathbf{s}) = \chi(\mathbf{t})$, является отношением эквивалентности в суперконформной полугруппе $\mathbf{S}_{SCf}$.

4.7. Сплетающие четность преобразования

Рассмотрим более подробно сплетающие четность $N = 1$ преобразования, задаваемые уравнением $Q(z,\theta) = 0$ (4.38). Прежде всего обратим внимание на дуальную роль таких преобразований с суперконформными преобразованиями при определении порядка sord$D$ дифференциального оператора D (см., например, [363] и применения в [299, 364–366]).

Предложение 4.74. *При $Q(z,\theta) = 0$ (как и при $\Delta(z,\theta) = 0$ в [363]) для некоторого целого $k \ge 0$ имеем*

$$\operatorname{sord}\left(\tilde{D}^{2k+1}\right) = \operatorname{sord}\left(D^{2k+1}\right) = \frac{2k+1}{2}. \tag{4.205}$$

Доказательство. Учитывая соотношение суперсимметрии $D^2 = \partial$, непосредственно из (4.24) имеем

$$D = D\tilde{\theta} \cdot \tilde{D} + \Delta(z,\theta) \cdot \tilde{D}^2 \tag{4.206}$$

и

$$D^2 = D^2\tilde{\theta} \cdot \tilde{D} + Q(z,\theta) \cdot \tilde{D}^2. \tag{4.207}$$

После возведения оператора D в степень $(2k+1)$ получаем

$$\begin{aligned} D^{2k+1} &= \left(D^2\right)^k D = \\ &\left(D^2\tilde{\theta} \cdot \tilde{D} + Q(z,\theta) \cdot \tilde{D}^2\right)^k \cdot \left(D\tilde{\theta} \cdot \tilde{D} + \Delta(z,\theta) \cdot \tilde{D}^2\right). \end{aligned}$$

Видно, что наибольшая степень D есть $(2k+2)$, и нечетный коэффициент при ней равен

$$\Xi(z,\theta) = Q^k(z,\theta) \cdot \Delta(z,\theta). \tag{4.208}$$

Отсюда следует, что $\Xi(z,\theta) = 0$ в случаях

1. $\Delta(z,\theta) = 0$ — SCf (суперконформные преобразования, как в [363]);

2. $Q(z,\theta) = 0$ — TPt (сплетающие четность преобразования).

3. $Q^k(z,\theta) = 0$, $Q(z,\theta) \neq 0$ — нередуцированные преобразования с нильпотентным $Q(z,\theta)$ (которые мы здесь не рассматриваем).

■

Отметим, что формула (4.205) и соотношение $\Xi(z,\theta) = 0$ играют ключевую роль при построении интегрируемых иерархий в $(1|1)$-мерном суперпространстве [364–367]. Отсюда заключаем, что сплетающие четность преобразования могут дать нечетный вариант иерархий и соответствующих нелинейных уравнений.

4.7.1. Касательное суперпространство и кручение четности. Действие сплетающих четность преобразований в касательном и кокасательном $(1|1)$-пространствах определяется суперматрицей P_{TPt} (4.54). Из (4.22), (4.23) и (4.40) получаем для суперпроизводных

$$\partial = \partial\tilde{\theta} \cdot \tilde{D}, \tag{4.209}$$

$$D = \Delta_{TPt}(z, \theta) \cdot \tilde{\partial} + D\tilde{\theta} \cdot \tilde{D} \tag{4.210}$$

и дифферециалов

$$d\tilde{Z} = d\theta \cdot \Delta_{TPt}(z, \theta), \tag{4.211}$$

$$d\tilde{\theta} = dZ \cdot \partial\tilde{\theta} + d\theta \cdot D\tilde{\theta}, \tag{4.212}$$

где $\Delta_{TPt}(z, \theta)$ определена в (4.50). Соотношения (4.209) и (4.211) свидетельствуют о том, что преобразования, удовлетворяющие условию $Q(z, \theta) = 0$, изменяют четность касательного и кокасательного суперпространств, действуя, как $T\mathbb{C}^{1|0} \to T\mathbb{C}^{0|1}$ и $T^*\mathbb{C}^{0|1} \to T^*\mathbb{C}^{1|0}$. Поэтому можно переформулировать **Определение 4.24** в виде

Определение 4.75. *Назовем сплетающими четность (касательного пространства) преобразованиями* (TPt – *twisting parity of tangent space transformations*) *такие преобразования, действующие в касательном пространстве как* $T\mathbb{C}^{1|0} \to T\mathbb{C}^{0|1}$ *и* $T^*\mathbb{C}^{0|1} \to T^*\mathbb{C}^{1|0}$ *(с кручением четности), которые удовлетворяют условию* $Q(z, \theta) = 0$ (4.38).

Тем не менее, необратимый аналог инвариантности (4.25) имеет место и для сплетающих четность преобразований. Отметим некоторые сэндвич-соотношения, следующие из нильпотентности $\Delta_{TPt}(z, \theta)$ и $\partial\tilde{\theta}$. Поскольку березиниан сплетающих четность преобразований (4.55) пропорционален $\partial\tilde{\theta}$, то из (4.212) следует

$$d\tilde{\theta} \cdot \mathrm{Ber}_{TPt}\left(\tilde{Z}/Z\right) \cdot \tilde{D} = d\theta \cdot \mathrm{Ber}_{TPt}\left(\tilde{Z}/Z\right) \cdot D, \tag{4.213}$$

что можно трактовать как ортогональность березиниана изменению оператора $d\theta D$ под действием сплетающих четность преобразований. Интересно отметить и другую ортогональность, следующую из (4.211)

$$\mathrm{Ber}_{TPt}\left(\tilde{Z}/Z\right) \cdot d\tilde{Z} = 0. \tag{4.214}$$

Кроме того, умножая обе части уравнения (4.210) на $\Delta_{TPt}(z, \theta)$ и пользуясь ее нильпотентностью, получаем

$$\Delta_{TPt}(z, \theta) \cdot D = \Delta_{TPt}(z, \theta) \cdot D\tilde{\theta} \cdot \tilde{D}, \tag{4.215}$$

что интересно сравнить с суперконформным условием (4.43). Подобное соотношение имеет место, если умножить обе части уравнения (4.212) на $\Delta'_{TPt}(z, \theta)$ и воспользоваться соотношением (4.56)

$$d\tilde{\theta} \cdot \Delta'_{TPt}(z, \theta) = d\theta \cdot D\tilde{\theta} \cdot \Delta'_{TPt}(z, \theta). \tag{4.216}$$

Далее, из уравнений (4.209) и (4.211) получаем

$$d\tilde{Z}\tilde{D} = d\theta \Delta_{TPt}(z, \theta) \cdot \partial\tilde{\theta} D = \left(D\tilde{\theta}\right)^2 \mathrm{Ber}_{TPt}\left(\tilde{Z}/Z\right) \cdot d\theta\partial. \tag{4.217}$$

Утверждение 4.76. *При* $\left(D\tilde{\theta}\right)^2 = 1$ *равенство* (4.217) *определяет ковариантный объект, преобразующийся с помощью березиниана как множителя.*

4.7.2. Обобщенное редуцированное расслоение с кручением четности. Для построения TPt аналога линейного расслоения на суперримановой поверхности [229,281,368,369] необходимо построить инвариантный объект, но не с помощью суперконформного дифференциала $d\tau_{SCf}$, а с помощью его аналога для TPt преобразований. В отличие от случая суперконформных преобразований (см. **Подраздел 4.1**) объект $d\tau_{SCf} = dZD + d\theta$ (введенный в [368] в качестве SCf супердифференциала) при сплетающих четность преобразованиях (с условием $\epsilon\left(D\tilde{\theta}\right) \neq 0$) не преобразуется ковариантно. Действительно,

$$d\tilde{\tau}_{SCf} = d\tilde{Z}\tilde{D} + d\tilde{\theta} = dZ \cdot \partial\tilde{\theta} + d\theta \cdot \left(D\tilde{\theta} + \varDelta_{TPt}(z,\theta) \cdot \tilde{D}\right).$$

Пользуясь (4.215) и (4.56), преобразуем это выражение в

$$d\tilde{\tau}_{SCf} = -\frac{1}{2D\tilde{\theta}}\left[dZ\varDelta'_{TPt}(z,\theta) + 2d\theta D\varDelta_{TPt}(z,\theta)\right], \tag{4.218}$$

что невозможно выразить через $d\tau_{SCf}$. Поэтому необходимо ввести TPt аналог суперконформного дифференциала.

Определение 4.77. *Дифферециалом с кручением четности назовем такой объект $d\tau_{TPt}$, который преобразуется при сплетающих четность преобразованиях по закону*

$$d\tilde{\tau}_{TPt}^{even} = d\tau_{TPt}^{odd} \cdot \partial\tilde{\theta}. \tag{4.219}$$

Замечание **4.78.** Четности $d\tilde{\tau}_{TPt}^{even}$ и $d\tau_{TPt}^{odd}$ противоположны*).

Тогда можно построить TPt аналог линейного расслоения, если ввести TPt аналог δ_{TPt} суперконформного дифференциала по формулам

$$\delta_{TPt} = d\tau_{TPt}^{odd}\partial, \tag{4.220}$$

$$\tilde{\delta}_{TPt} = d\tilde{\tau}_{TPt}^{even}\tilde{D}. \tag{4.221}$$

Замечание **4.79.** Четность TPt дифференциала δ_{TPt} фиксирована, он — нечетный при любых сплетающих четность преобразованиях.

Предложение 4.80. *Дифференциал δ_{TPt} инвариантен относительно сплетающих четность преобразований.*

Доказательство. Пользуясь формулами (4.209) и (4.219), получаем

$$\delta_{TPt} = d\tau_{TPt}^{odd}\partial = d\tau_{TPt}^{odd}\partial\tilde{\theta}\tilde{D} = d\tilde{\tau}_{TPt}^{even}\tilde{D} = \tilde{\delta}_{TPt}.$$

■

Таким образом, величины $\partial\tilde{\theta}$ и $d\tau_{TPt}$ играют такую же фундаментальную роль для сплетающих четность преобразований [10, 14], как и $D\tilde{\theta}$ и $d\tau_{SCf}$ — для суперконформных преобразований [205, 302, 371].

Замечание **4.81.** Рассматриваемое здесь сплетение четности (4.209) и (4.211) существенно отличается от другого подобного объекта, существующего в литературе — Q-многообразия [372–376], где изменение четности касательного пространства делается искуственно из начальных определений.

Замечание **4.82.** Следует также отличать "сплетение четности" от скрученных кокасательных расслоений и дифференциальных операторов на многообразиях, рассмотренных в [377, 378], скрученных представлений [379–381], скрученных кокасательных

Примечание. Здесь можно проследить некоторую аналогию с кручением квантовых дифференциалов [370].

расслоений в механических системах с точной пуассоновской симметрией [382, 383], а также от скрученных комплексов де Рама [384–388].

С помощью TPt супердифференциалов d_{TTPt} можно определить TPt аналоги с кручением четности для линейных [281, 369] и векторных [389] расслоений , линейных интегралов [368] и соответствующих спектральных последовательностей [196, 390, 391].

4.7.3. Компонентный анализ . Условие сплетающих четность преобразований $Q(z,\theta)=0$ имеет в компонентах следующий вид

$$\begin{cases} f'(z)=\psi'(z)\cdot\psi(z), \\ \chi'(z)=g'(z)\cdot\psi(z)-g(z)\cdot\psi'(z), \end{cases} \tag{4.222}$$

который получается из (4.81) проекцией спина редукции $\mathrm{m}=-1$.

Решение первого уравнения в (4.222) можно представить в виде бесконечного ряда (4.72). Из второго уравнения можно получить

$$\chi'(z)=-g^2(z)\left(\frac{\psi(z)}{g(z)}\right)',$$

тогда

$$\chi(z)=2\int g'(z)\cdot\psi(z)\,dz-g(z)\cdot\psi(z). \tag{4.223}$$

Отсюда следуют сплетающие четность преобразования в интегральной форме

$$\begin{cases} f(z)=\int\psi'(z)\cdot\psi(z)\,dz, \\ \chi(z)=2\int g'(z)\cdot\psi(z)\,dz-g(z)\cdot\psi(z). \end{cases} \tag{4.224}$$

Видно, что при условии (аналогичном тому, которое выделяет Ann-преобразования (4.165))

$$g(z)=g_{nil}(z)\in\mathrm{Ann}\,\psi(z) \tag{4.225}$$

функция $\chi(z)=0$ (поскольку из (4.225) следует, что и $g'_{nil}(z)\in\mathrm{Ann}\,\psi(z)$), поэтому преобразование четного сектора отщепляется и становится конформным необратимым преобразованием $\tilde{z}=f_{nil}(z)$ с нильпотентной правой частью в том смысле, что $f_{nil}(z)\cdot f_{nil}(z)=0$.

Определение 4.83. *Преобразования, удовлетворяющие* (4.225), *назовем* Nil *преобразованиями.*

Далее, из условия (4.225) следует нильпотентность функции $g(z)=g_{nil}(z)$. Если при этом индекс нильпотентности функции $g_{nil}(z)$ равен двум, т. е. $g_{nil}(z)\cdot g_{nil}(z)=0$, то уравнения для суперконформных и вращающих четность преобразований (4.81) совпадают между собой и с первым уравнением в (4.222). Поэтому имеет место

Утверждение 4.84. *Преобразования, выделяемые условием* (4.225), *представляют собой нильпотентное расширение левых вырожденных преобразований* (4.70).

Утверждение 4.85. *Для сплетающих четность преобразований с условием* (4.225) *нечетная характеристическая функция* (4.61) *зануляется, т. е.* $\boldsymbol{\Sigma}(z,\theta)=0$.

Поскольку $\epsilon[g_{nil}(z)]=0$, то березиниан (4.90) таких преобразований не определен и можно пользоваться доопределенной формулой (4.53), которая в данном случае имеет вид

$$\boldsymbol{J}^{noninv}_{nil}=g_{nil}(z)+\theta\cdot\psi'(z). \tag{4.226}$$

Однако, если $\epsilon[g(z)] \neq 0$, то березиниан сплетающих четность преобразований определен формулой (4.57), хотя и необратим (нильпотентен), т. е. такие преобразования полунеобратимы (см. (4.4)). В этом случае, пользуясь нильпотентностью функции $\psi(z)$, получаем компонентный вид березиниана

$$\operatorname{Ber}_{TPt}\left(\tilde{Z}/Z\right) = \left(\psi(z) \cdot \int g(z) \cdot \psi'(z)\, dz + \theta \cdot \left(\frac{2}{g(z)} \int g(z) \cdot \psi'(z)\, dz - \psi(z)\right)\right)'. \tag{4.227}$$

4.8. Нечетные коциклы и деформации

Теория деформаций супермногообразий [392–394] с одной стороны представляет собой необходимую составляющую анализа суперструн и суперконформных теорий поля в терминах суперримановых поверхностей [74,395], а с другой стороны интересна и с математической точки зрения [210,221,301,396] как суперобобщение соответствующей теории для обычных комплексных многообразий [397–400].

Здесь мы рассмотрим некоторые особенности координатного описания и деформаций полусупермногообразий (см. **Раздел 7**), возникающие при учете сплетающих четность преобразований (см. **Подраздел 4.7**). Проследим подробно, каким образом возникают новые типы условий согласованности и коциклов [23].

4.8.1. Смешанные условия согласованности и нечетные аналоги коциклов. Пусть имеется $(1|0)$-мерное комплексное полусупермногообразие $\mathscr{M}$ (в смысле **Определения 7.3**), представленное в виде полуатласа $\mathscr{M} = \bigcup\limits_{\alpha} \{\mathscr{U}_\alpha\}$ с локальными координатами z_α. Тогда основные формулы и теоремы будут повторять соответствующие формулы несуперсимметричного случая [398]. Единственное добавление состоит в учете наряду с обратимыми полунеобратимых преобразований (4.4) в качестве функций перехода $z_\alpha = f_{\alpha\beta}(z_\beta)$ с ненулевым, но необратимым нильпотентным якобианом $J_{\alpha\beta} = \partial z_\alpha / \partial z_\beta$, т. е. $J_{\alpha\beta} \neq 0$, но $\epsilon[J_{\alpha\beta}] = 0$. Этот случай является промежуточным между стандартным обратимым, когда $J_{\alpha\beta} \neq 0$, и предельным необратимым, когда $J_{\alpha\beta} = 0$.

Замечание **4.86.** Преобразования с нулевым якобианом рассматривались в [296] для комплексных афинных пространств, а также для векторных пространств [248,249] при исследовании контракций различных алгебраических структур [247,401,402].

На пересечении трех суперобластей $\mathscr{U}_\alpha \cap \mathscr{U}_\beta \cap \mathscr{U}_\gamma$ для последовательных переходов $z_\gamma \to z_\beta \to z_\alpha$ имеем условие согласования

$$f_{\alpha\gamma} = f_{\alpha\beta} \circ f_{\beta\gamma} \tag{4.228}$$

или в локальных координатах $f_{\alpha\gamma}(z_\gamma) = f_{\alpha\beta}(f_{\beta\gamma}(z_\gamma))$. При этом соответствующие якобианы преобразуются мультипликативно (с поточечным умножением)

$$J_{\alpha\gamma} = J_{\alpha\beta} \cdot J_{\beta\gamma}, \tag{4.229}$$

что отвечает касательному расслоению на $\mathscr{M}$ [398,403,404].

В случае $(1|1)$-мерного полусупермногообразия с локальными координатами $Z_\alpha = (z_\alpha, \theta_\alpha)$ роль якобиана в обратимом суперконформном случае играет березиниан перехода $Z_\beta \to Z_\alpha$ (см. **Пункт 4.2.1**). Однако для выполнения условия коцикличности, аналогичного (4.229), необходимо рассматривать редуцированные преобразования (см. **Пункт 4.1.3**). Здесь мы покажем, что при ослаблении обратимости возникает не один вариант суперобобщения условия коцикличности (4.229) [281,302], а два [10] в соответствие с двумя типами редуцированных преобразований [8,14,23].

Для этого запишем общее преобразование $(1|1)$-мерного касательного вектора

$T\mathscr{M}|_\beta \to T\mathscr{M}|_\alpha$ в матричном виде (см. 4.24)

$$\begin{pmatrix} \partial_\beta \\ D_\beta \end{pmatrix} = \mathrm{P}^{SA}_{\alpha\beta} \cdot \begin{pmatrix} \partial_\alpha \\ D_\alpha \end{pmatrix}, \tag{4.230}$$

$$\mathrm{P}^{SA}_{\alpha\beta} = \begin{pmatrix} Q_{\alpha\beta} & \partial_\beta \theta_\alpha \\ \Delta_{\alpha\beta} & D_\beta \theta_\alpha \end{pmatrix}, \tag{4.231}$$

$$Q_{\alpha\beta} = \partial_\beta z_\alpha - \partial_\beta \theta_\alpha \cdot \theta_\alpha, \tag{4.232}$$

$$\Delta_{\alpha\beta} = D_\beta z_\alpha - D_\beta \theta_\alpha \cdot \theta_\alpha, \tag{4.233}$$

где $D_\alpha = \partial/\partial\theta_\alpha + \theta_\alpha \partial_\alpha, \partial_\alpha = \partial/\partial z_\alpha$ (нет суммирования). При двух последовательных преобразованиях $Z_\gamma \to Z_\beta \to Z_\alpha$ на $\mathscr{U}_\alpha \cap \mathscr{U}_\beta \cap \mathscr{U}_\gamma$ для суперматриц $\mathrm{P}^{SA}_{\alpha\beta}$ из (4.230) имеем условие коцикличности, аналогичное (4.229)

$$\mathrm{P}^{SA}_{\alpha\gamma} = \mathrm{P}^{SA}_{\beta\gamma} \cdot \mathrm{P}^{SA}_{\alpha\beta}. \tag{4.234}$$

Отсюда следуют выражения для нечетной и четной производных конечной нечетной координаты

$$D_\gamma \theta_\alpha = D_\gamma \theta_\beta \cdot D_\beta \theta_\alpha + \Delta_{\beta\gamma} \cdot \partial_\beta \theta_\alpha, \tag{4.235}$$

$$\partial_\gamma \theta_\alpha = \partial_\gamma \theta_\beta \cdot D_\beta \theta_\alpha + Q_{\beta\gamma} \cdot \partial_\beta \theta_\alpha. \tag{4.236}$$

Легко видеть, что зануление вторых слагаемых в (4.236)–(4.236)

$$\Delta_{\beta\gamma} = 0, \ (\mathsf{SCf}) \tag{4.237}$$

$$Q_{\beta\gamma} = 0, \ (\mathsf{TPt}) \tag{4.238}$$

приводит к двум (!), а не к одному, как в стандартном случае [302], условиям коцикла [8, 10] и соответствующим двум редукциям суперматрицы $\mathrm{P}^{SA}_{\alpha\beta}$ (см. **Пункт 4.1.3**). Уравнения (4.237)–(4.238) снова, как и (4.37)–(4.38), определяют суперконформные (SCf) и сплетающие четность (TPt) преобразования соответственно (см. **Пункт 4.1.3** и **Подраздел 4.7**). Тогда вместо одного условия коцикличности для суперматриц $\mathrm{P}^{SA}_{\alpha\beta}$ (4.234) имеем два условия

$$\mathrm{P}^{SCf}_{\alpha\gamma} = \mathrm{P}^{SCf}_{\beta\gamma} \cdot \mathrm{P}^{SCf}_{\alpha\beta}, \tag{4.239}$$

$$\mathrm{P}^{TPt}_{\alpha\gamma} = \mathrm{P}^{TPt}_{\beta\gamma} \cdot \mathrm{P}^{SCf}_{\alpha\beta}. \tag{4.240}$$

для редуцированных различным образом суперматриц

$$\mathrm{P}^{SCf}_{\alpha\beta} = \begin{pmatrix} Q^{SCf}_{\alpha\beta} & \partial_\beta \theta^{SCf}_\alpha \\ 0 & D_\beta \theta^{SCf}_\alpha \end{pmatrix}, \tag{4.241}$$

$$\mathrm{P}^{TPt}_{\alpha\beta} = \begin{pmatrix} 0 & \partial_\beta \theta^{TPt}_\alpha \\ \Delta^{TPt}_{\alpha\beta} & D_\beta \theta^{TPt}_\alpha \end{pmatrix}, \tag{4.242}$$

где $Q^{SCf}_{\alpha\beta} \stackrel{def}{=} Q_{\alpha\beta}|_{\Delta_{\alpha\beta}=0}, \Delta^{TPt}_{\alpha\beta} \stackrel{def}{=} \Delta_{\alpha\beta}|_{Q_{\alpha\beta}=0}$. Таким образом, из (4.235)–(4.240) следует

Утверждение 4.87. *При ослаблении обратимости для условия коцикличности (4.229) имеется два возможных суперобобщения — четное и нечетное*

$$\boldsymbol{J}^{SCf}_{\alpha\gamma} = \boldsymbol{J}^{SCf}_{\beta\gamma} \cdot \boldsymbol{J}^{SCf}_{\alpha\beta} \tag{4.243}$$

$$\mathcal{J}^{TPt}_{\alpha\gamma} = \mathcal{J}^{TPt}_{\beta\gamma} \cdot \boldsymbol{J}^{SCf}_{\alpha\beta} \tag{4.244}$$

где

$$\boldsymbol{J}^{SCf}_{\alpha\beta} \stackrel{def}{=} D_\beta \theta^{SCf}_\alpha, \tag{4.245}$$

$$\mathcal{J}^{TPt}_{\alpha\beta} \stackrel{def}{=} \partial_\beta \theta^{TPt}_\alpha. \tag{4.246}$$

Замечание **4.88.** Из (4.246) следует, что $\mathcal{J}_{\alpha\beta}^{TPt}$ является нечетным и, следовательно, нильпотентным.

Отсюда естественно вытекает

Определение 4.89. *Назовем* $\boldsymbol{J}_{\alpha\beta}^{SCf}$ *и* $\mathcal{J}_{\alpha\beta}^{TPt}$ четным и нечетным коциклом соответственно, а условие (4.244) — смешанным условием согласованности (условием коцикла).

Все рассмотренные условия согласованности можно представить также в более наглядном виде, отражающем нетривиальную четно-нечетную симметрию между коциклами,

$$\partial_\gamma z_\alpha = \partial_\gamma z_\beta \cdot \partial_\beta z_\alpha \overset{SUSY}{\Longrightarrow} \begin{cases} D_\gamma \theta_\alpha^{SCf} = D_\gamma \theta_\beta^{SCf} \cdot D_\beta \theta_\alpha^{SCf}, & \text{(SCf)} \\ \partial_\gamma \theta_\alpha^{TPt} = \partial_\gamma \theta_\beta^{TPt} \cdot D_\beta \theta_\alpha^{SCf}, & \text{(TPt)} \end{cases} \tag{4.247}$$

где индексы SCf и TPt отвечают типу редуцированного преобразования $\mathcal{T}_{\alpha\beta}$ между соответствующими суперобластями $\mathscr{U}_\alpha$ и $\mathscr{U}_\beta$ (см. также Замечание **4.29**). Следовательно, в рамках категории редуцированных преобразований (а не суперконформных) мы имеем две коммутативные диаграммы

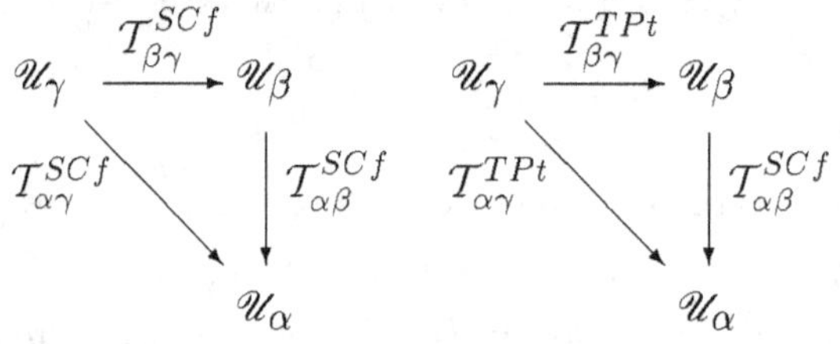

$$
\begin{array}{ccc}
\mathscr{U}_\gamma \xrightarrow{\mathcal{T}_{\beta\gamma}^{SCf}} \mathscr{U}_\beta & \qquad & \mathscr{U}_\gamma \xrightarrow{\mathcal{T}_{\beta\gamma}^{TPt}} \mathscr{U}_\beta \\
\mathcal{T}_{\alpha\gamma}^{SCf} \searrow \quad \downarrow \mathcal{T}_{\alpha\beta}^{SCf} & & \mathcal{T}_{\alpha\gamma}^{TPt} \searrow \quad \downarrow \mathcal{T}_{\alpha\beta}^{SCf} \\
\mathscr{U}_\alpha & & \mathscr{U}_\alpha
\end{array}
\tag{4.248}
$$

соответствующие условиям согласованности (4.243) и (4.244) (ср. (3.13)).

Замечание **4.90.** По терминологии [405] коциклы, удовлетворяющие соотношениям типа (4.229) и (4.243)–(4.244) называются склеивающими коциклами соответствующего расслоения (в данном случае касательного).

Существенным для суперструнных приложений (см., например, [191, 207, 226, 406]) фактом является

Предложение 4.91. *Четный коцикл* $\boldsymbol{J}_{\alpha\beta}^{SCf}$ *(4.245) совпадает с березинианом — четным суперaналогом якобиана — суперконформного (*SCf*) преобразования* $Z_\beta \to Z_\alpha$

$$\boldsymbol{J}_{\alpha\beta}^{SCf} = \operatorname{Ber} \mathrm{P}_{\alpha\beta}^{SCf}. \tag{4.249}$$

Доказательство. Следует непосредственно из (4.241) и (4.52). ∎

Это позволяет построить каноническое расслоение с функциями перехода (4.249), а также соответствующее линейное расслоение [207, 229, 281, 369]. Сопоставляя (4.228)–(4.229) и **Предложение 4.91**, можно придать похожий смысл также и нечетному коциклу [*)] (4.246).

Предположение 4.92. *Нечетный*
коцикл $\mathcal{J}_{\alpha\beta}^{TPt}$ *можно трактовать как* нечетный суперaналог якобиана *для сплетающих четность (*TPt*) преобразований* $Z_\beta \to Z_\alpha$ *(см.* **Определение 4.75**).

Примечание. Введенные нечетные коциклы не связаны с $\mathbb{Z}_2$-градуированными коциклами, возникающими при суперсимметризации швингеровского слагаемого для нейтральной частицы [407, 408].

Замечание **4.93.** Формула (4.244) может рассматриваться не только как условие коцикличности, но и как закон умножения четного и нечетного суперaналогов якобинана.

Тогда соответствующие аналоги канонического и линейного расслоений будут обладать необычными свойствами, например, кручение четности и нильпотентность коциклов (см. подробнее **Пункт 4.7.2**).

4.8.2. Деформации и TPt преобразования. Возникновение дополнительного условия согласования (4.240) и нечетного условия коцикличности (4.244) приводит к соответствующей модификации стандартных условий деформации в локальном подходе [221, 395, 396, 409]. Это, в свою очередь, играет важную роль в суперструнных вычислениях [188, 212, 226] для определения свойств пространства супермодулей [211, 217, 220, 279, 410] и формулировки суперобобщения фундаментальной теоремы Римана-Роха [206, 207, 210, 216, 411]. Здесь мы переформулируем стандартный подход, используя альтернативной параметризацию (см. **Пункт 4.1.5**), что позволит учесть также и нечетные условия коцикличности (4.240) и (4.244) [23].

В несуперсимметричном случае [397–399] деформация условия согласованности (4.228)

$$z_\alpha = f_{\alpha\beta}(z_\beta) + t b_{\alpha\beta}(z_\beta) \tag{4.250}$$

приводит к тому же условию (4.228) для недеформинрованных функций $f_{\alpha\beta}(z_\beta)$ и к уравнению для деформаций $b_{\alpha\beta}(z_\beta)$

$$b_{\alpha\gamma}(z_\gamma) = b_{\alpha\beta}(f_{\beta\gamma}(z_\gamma)) + f'_{\alpha\beta}(f_{\beta\gamma}(z_\gamma)) \cdot b_{\beta\gamma}(z_\gamma). \tag{4.251}$$

Умножим это соотношение тензорно на $\partial/\partial z_\alpha$ и воспользуемся $f'_{\alpha\beta} = \partial z_\alpha / \partial z_\beta$, тогда получаем условие согласованности в виде

$$b_{\alpha\beta}\frac{\partial}{\partial z_\alpha} + b_{\beta\gamma}\frac{\partial}{\partial z_\beta} - b_{\alpha\gamma}\frac{\partial}{\partial z_\alpha} = 0, \tag{4.252}$$

которое показывает, что $\left\{ b_{\alpha\beta}\dfrac{\partial}{\partial z_\alpha} \right\}$ действительно является коциклом. При инфинитезимальных преобразованиях $z_\alpha \longmapsto z_\alpha + t s_\alpha(z_\alpha)$ коцикл (4.252) изменяется на кограницу

$$\left\{ b_{\alpha\beta}\frac{\partial}{\partial z_\alpha} \right\} \longmapsto \left\{ b_{\alpha\beta}\frac{\partial}{\partial z_\alpha} + s_\alpha\frac{\partial}{\partial z_\alpha} - s_\beta\frac{\partial}{\partial z_\beta} \right\}, \tag{4.253}$$

что определяет когомологический класс (Кодайры-Спенсера) деформаций первого порядка [398].

В суперконформном случае [221, 395] рассматриваются недеформированные расщепленные преобразования, имеющие в стандартной параметризации [205] вид

$$\mathsf{SCf}_{split}: \begin{cases} z_\alpha = f_{\alpha\beta}(z_\beta), \\ \theta_\alpha = \theta_\beta \cdot \sqrt{f'_{\alpha\beta}(z_\beta)}, \end{cases} \tag{4.254}$$

которые не содержат никаких нечетных параметров, кроме θ_α. Поэтому расщепленные суперримановы поверхности, имеющие преобразования (4.254) в качестве функций склейки содержат ту же информацию, что и обычные римановы поверхности, наделенные спиновой структурой, которая определяется знаком квадратного корня [191, 194, 406, 412]. Здесь суперконформные деформации определяются двумя параметрами*), четным t и нечетным τ [221, 395] и двумя четными функциями $b_{\alpha\beta}(z_\beta)$ и $c_{\alpha\beta}(z_\beta)$ следующим образом

$$z_\alpha^{SCf}(t,\tau) = f_{\alpha\beta}(z_\beta) + t b_{\alpha\beta}(z_\beta) + \theta_\beta \cdot \tau c_{\alpha\beta}(z_\beta) \cdot F_{\alpha\beta}(z_\beta, t), \tag{4.255}$$

$$\theta_\alpha^{SCf}(t,\tau) = \tau c_{\alpha\beta}(z_\beta) + \theta_\beta \cdot F_{\alpha\beta}(z_\beta, t), \tag{4.256}$$

Примечание. Точнее, (1|1)-суперпространством параметров $\mathbb{P}^{(1|1)}$.

где $F_{\alpha\beta}(z_\beta, t) = \sqrt{f'_{\alpha\beta}(z_\beta) + tb'_{\alpha\beta}(z_\beta)}$.

Четное условие согласованности (см. первую диаграмму в (4.248)) на тройных пересечениях $\mathcal{U}_\alpha \cap \mathcal{U}_\beta \cap \mathcal{U}_\gamma$ записывается в виде

$$z_\alpha^{SCf}(z_\gamma, \theta_\gamma) = z_\alpha^{SCf}\left(z_\beta^{SCf}(z_\gamma, \theta_\gamma), \theta_\beta^{SCf}(z_\gamma, \theta_\gamma)\right), \tag{4.257}$$

$$\theta_\alpha^{SCf}(z_\gamma, \theta_\gamma) = \theta_\alpha^{SCf}\left(z_\beta^{SCf}(z_\gamma, \theta_\gamma), \theta_\beta^{SCf}(z_\gamma, \theta_\gamma)\right), \tag{4.258}$$

что в первом порядке по*) t, τ приводит к уравнениям (4.228) и (4.251) плюс дополнительное уравнение на функцию $c_{\alpha\beta}(z_\beta)$

$$c_{\alpha\gamma}(z_\gamma) = c_{\alpha\beta}(f_{\beta\gamma}(z_\gamma)) + c_{\beta\gamma}(z_\gamma) \cdot \sqrt{f'_{\alpha\beta}(f_{\beta\gamma}(z_\gamma))}. \tag{4.259}$$

Тензорное умножение на $\dfrac{\partial}{\partial z_\alpha}$ в дополнение к (4.253) и использование (4.254) дает

$$c_{\alpha\beta}\theta_\alpha \frac{\partial}{\partial z_\alpha} + c_{\beta\gamma}\theta_\beta \frac{\partial}{\partial z_\beta} - c_{\alpha\gamma}\theta_\alpha \frac{\partial}{\partial z_\alpha} = 0. \tag{4.260}$$

Уравнения (4.252) и (4.260) свидетельствуют о том, что чисто суперконформные деформации описываются двумя коциклами $\left\{b_{\alpha\beta}\dfrac{\partial}{\partial z_\alpha}\right\}$ и $\left\{c_{\alpha\beta}\theta_\alpha\dfrac{\partial}{\partial z_\alpha}\right\}$, которые при суперконформных репараметризациях

$$z_\alpha \overset{SCf}{\longmapsto} z_\alpha + ts_\alpha(z_\alpha) + \theta_\alpha \cdot \tau r_\alpha(z_\alpha) \cdot \sqrt{1 + ts'_\alpha(z_\alpha)}, \tag{4.261}$$

$$\theta_\alpha \overset{SCf}{\longmapsto} \tau r_\alpha(z_\alpha) + \theta_\alpha \cdot \sqrt{1 + ts'_\alpha(z_\alpha)}, \tag{4.262}$$

изменяются на кограницы (4.253) и

$$\left\{c_{\alpha\beta}\theta_\alpha\frac{\partial}{\partial z_\alpha}\right\} \longmapsto \left\{c_{\alpha\beta}\theta_\alpha\frac{\partial}{\partial z_\alpha} + r_\alpha\theta_\alpha\frac{\partial}{\partial z_\alpha} - r_\beta\theta_\beta\frac{\partial}{\partial z_\beta}\right\}, \tag{4.263}$$

что определяет соответствующие когомологические классы [221, 391] и пространство супермодулей [409, 410].

Переформулируем теперь супердеформации таким образом, чтобы можно было учесть также и нечетные условия согласованности (4.244). Для этого воспользуемся альтернативной параметризацией (см. **Пункт 4.1.5**) и запишем редуцированные SCf и TPt преобразования на $\mathcal{U}_\alpha \cap \mathcal{U}_\beta$ в едином виде (см. (4.81))

$$z_\alpha = f_{\alpha\beta}(z_\beta) + \theta_\alpha \cdot \chi_{\alpha\beta}(z_\beta), \tag{4.264}$$

$$\theta_\alpha = \psi_{\alpha\beta}(z_\beta) + \theta_\alpha \cdot g_{\alpha\beta}(z_\beta), \tag{4.265}$$

где независимыми являются функции $g_{\alpha\beta}(z_\beta), \psi_{\alpha\beta}(z_\beta)$ (в отличие от стандартной параметризации функциями $f_{\alpha\beta}(z_\beta), \psi_{\alpha\beta}(z_\beta)$ [74, 410]), через которые выражаются отстальные по формулам

$$\mathsf{SCf} : \begin{cases} f_{\alpha\beta}^{SCf\,\prime}(z_\beta) = g_{\alpha\beta}^2(z_\beta) + \psi'_{\alpha\beta}(z_\beta) \cdot \psi_{\alpha\beta}(z_\beta), \\ \chi_{\alpha\beta}^{SCf}(z_\beta) = g_{\alpha\beta}(z_\beta) \cdot \psi_{\alpha\beta}(z_\beta), \end{cases} \tag{4.266}$$

$$\mathsf{TPt} : \begin{cases} f_{\alpha\beta}^{TPt\,\prime}(z_\beta) = \psi'_{\alpha\beta}(z_\beta) \cdot \psi_{\alpha\beta}(z_\beta), \\ \chi_{\alpha\beta}^{TPt\,\prime}(z_\beta) = g'_{\alpha\beta}(z_\beta) \cdot \psi_{\alpha\beta}(z_\beta) - g_{\alpha\beta}(z_\beta) \cdot \psi'_{\alpha\beta}(z_\beta). \end{cases} \tag{4.267}$$

Примечание. В (4.257)–(4.258) эти дополнительные аргументы опущены, но подразумеваются.

Отсюда следует, расщепленное SCf преобразование в альтернативной параметризации (4.254) имеет вид

$$\mathsf{SCf}_{split}: \begin{cases} z_\alpha = \int g^2_{\alpha\beta}(z_\beta)\, dz_\beta, \\ \theta_\alpha = \theta_\beta \cdot g_{\alpha\beta}(z_\beta), \end{cases} \tag{4.268}$$

в то время как TPt аналогом (4.268) является вложение $2 \hookrightarrow 1$ [294], т. е.

$$\mathsf{TPt}_{split}: \begin{cases} z_\alpha = 0, \\ \theta_\alpha = \theta_\beta \cdot g_{\alpha\beta}(z_\beta). \end{cases} \tag{4.269}$$

Теперь смешанные (в смысле **Определения 4.89**) как SCf, так и TPt деформации будут определяться теми же параметрами t, τ, но уже парой четных функций $p_{\alpha\beta}, c_{\alpha\beta}$ (вместо $b_{\alpha\beta}, c_{\alpha\beta}$ в (4.255)–(4.256)) следующим образом

$$z_\alpha(t,\tau) = f_{\alpha\beta}(z_\beta,t,\tau) + \theta_\beta \cdot \chi_{\alpha\beta}(z_\beta,t,\tau), \tag{4.270}$$

$$\theta_\alpha(t,\tau) = \tau c_{\alpha\beta}(z_\beta) + \theta_\beta \cdot (g_{\alpha\beta}(z_\beta) + t p_{\alpha\beta}(z_\beta)), \tag{4.271}$$

т. е. вместо $f_{\alpha\beta}(z_\beta)$ изначально деформируется $g_{\alpha\beta}(z_\beta)$, а остальные функции $f_{\alpha\beta}(z_\beta,t,\tau), \chi_{\alpha\beta}(z_\beta,t,\tau)$ находятся из соответствующих уравнений (4.81). С учетом (4.243)–(4.244) и диаграммы (4.248), наряду с четными (4.257)–(4.258) получаем нечетные условия согласованности для деформированных функций (дополнительные аргументы t, τ снова опущены)

$$z_\alpha^{TPt}(z_\gamma,\theta_\gamma) = z_\alpha^{SCf}\left(z_\beta^{TPt}(z_\gamma,\theta_\gamma), \theta_\beta^{TPt}(z_\gamma,\theta_\gamma)\right), \tag{4.272}$$

$$\theta_\alpha^{TPt}(z_\gamma,\theta_\gamma) = \theta_\alpha^{SCf}\left(z_\beta^{TPt}(z_\gamma,\theta_\gamma), \theta_\beta^{TPt}(z_\gamma,\theta_\gamma)\right). \tag{4.273}$$

Разложение этих уравнений по t, τ, аналогичное четному случаю (4.257)–(4.258), дает

$$g_{\alpha\gamma}^{TPt}(z_\gamma) = g_{\alpha\beta}^{SCf}(z_\beta) \cdot g_{\beta\gamma}^{TPt}(z_\gamma), \tag{4.274}$$

$$c_{\alpha\gamma}^{TPt}(z_\gamma) = c_{\alpha\beta}^{SCf}\left(f_{\beta\gamma}^{TPt}(z_\gamma)\right) + g_{\alpha\beta}^{SCf}(z_\beta) \cdot c_{\beta\gamma}^{TPt}(z_\gamma), \tag{4.275}$$

$$p_{\alpha\gamma}^{TPt}(z_\gamma) = p_{\alpha\beta}^{SCf}\left(f_{\beta\gamma}^{TPt}(z_\gamma)\right) \cdot g_{\beta\gamma}^{TPt}(z_\gamma) + g_{\alpha\beta}^{SCf}(z_\beta) \cdot p_{\beta\gamma}^{TPt}(z_\gamma). \tag{4.276}$$

Первое уравнение (4.274) является условием коцикличности для функций $g_{\alpha\beta}(z_\beta)$ и говорит о том, что эти функции реализуют соответствующий смешанный (несимметричный) аналог линейного расслоения над суперримановыми поверхностями [225, 229, 281]. Уравнение (4.275) аналогично уравнению (4.259), если учесть, что преобразование $z_\beta \to z_\alpha$ как для четного условия согласованности, так и для нечетного (4.272)–(4.273) является SCf преобразованием, в котором выполняется соотношение

$$g_{\alpha\beta}^{SCf\,2}(z_\beta) = f_{\alpha\beta}^{SCf\,\prime}(z_\beta) \tag{4.277}$$

(см. также (4.254) и (4.81)).

В четном случае (когда все три преобразования $z_\gamma \to z_\beta \to z_\alpha$ являются SCf преобразованиями) из уравнения (4.276) при $\epsilon\left[g_{\alpha\beta}^{SCf}(z_\beta)\right] \neq 0$, если для всех трех переходов воспользоваться подстановкой

$$p_{\alpha\beta}^{SCf}(z_\beta) = \frac{b_{\alpha\beta}^{SCf\,\prime}(z_\beta)}{2g_{\alpha\beta}^{SCf}(z_\beta)}, \tag{4.278}$$

после интегрирования можно получить

$$b_{\alpha\gamma}^{SCf}(z_\gamma) = b_{\alpha\beta}^{SCf}\left(f_{\beta\gamma}^{SCf}(z_\gamma)\right) + g_{\alpha\beta}^{SCf}\left(f_{\beta\gamma}^{SCf}(z_\gamma)\right) \cdot b_{\beta\gamma}^{SCf}(z_\gamma), \tag{4.279}$$

что совпадает с (4.251) при учете (4.277). Применяя полученные соотношения можно построить TPt-аналоги спектральных последовательностей и соответствующих комплексов со сплетением четности по аналогии со стандартными SCf [196, 390, 391] (см. однако *Замечание* **4.82**).

4.8.3. Нечетные аналоги препятствий и смешанные θ-коциклы. Препятствия [413–418] играют важную роль в пониманиии внутренней структуры супермногообразий [33, 419] и суперконформных многообразий [420, 421].

Стандартное препятствие [413, 414] можно вычислить как отклонение левой части соответствующей формулы согласованности (например, (4.252), (4.260)) от нуля [404]. Для функций $b_{\alpha\beta}(z_\alpha)$ (4.252) и $c_{\alpha\beta}(z_\alpha)$ (4.260) имеем

$$\hat{\mathsf{D}}_{\alpha\beta\gamma}(b) = b_{\alpha\beta}\frac{\partial}{\partial z_\alpha} + b_{\beta\gamma}\frac{\partial}{\partial z_\beta} - b_{\alpha\gamma}\frac{\partial}{\partial z_\alpha}, \tag{4.280}$$

$$\hat{\mathsf{D}}_{\alpha\beta\gamma}(c) = c_{\alpha\beta}\theta_\alpha\frac{\partial}{\partial z_\alpha} + c_{\beta\gamma}\theta_\beta\frac{\partial}{\partial z_\beta} - c_{\alpha\gamma}\theta_\alpha\frac{\partial}{\partial z_\alpha}. \tag{4.281}$$

Например, в суперконформном случае для $b_{\alpha\beta}^{SCf}(z_\beta)$ (4.279) тогда получаем

$$\hat{\mathsf{D}}_{\alpha\beta\gamma}^{SCf}(b) = \left(g_{\alpha\beta}^{SCf\,2}(z_\alpha)\frac{\partial z_\beta}{\partial z_\alpha} - 1\right)\cdot b_{\beta\gamma}^{SCf}(z_\alpha)\frac{\partial}{\partial z_\beta}. \tag{4.282}$$

Отсюда следует

Утверждение 4.94. *Если преобразование $z_\beta \to z_\alpha$ является обратимым* SCf *преобразованием, то препятствие $\hat{\mathsf{D}}_{\alpha\beta\gamma}^{SCf}(b)$ равно нулю.*

Доказательство. Используем (4.277), тогда для выражения в скобках (4.282) имеем $g_{\alpha\beta}^{SCf\,2}(z_\alpha)\frac{\partial z_\beta}{\partial z_\alpha} = f_{\alpha\beta}^{SCf\,\prime}(z_\beta)\frac{\partial z_\beta}{\partial z_\alpha} = \frac{\partial z_\alpha}{\partial z_\beta}\frac{\partial z_\beta}{\partial z_\alpha} = 1.$ ■

Рассмотрение редуцированных преобразований (SCf и TPt единым образом) в альтернативной параметризации приводит к возможности определения наряду с коциклами по четной переменной z (например, (4.252) и (4.260)) такжс коциклов по нечетной переменной θ.

Определение 4.95. *Назовем θ-коциклом конструкцию, аналогичную четному коциклу, в которой тензорное умножение производится на нечетное векторное поле $\partial/\partial\theta_\alpha$ вместо $\partial/\partial z_\alpha$.*

Рассмотрим условия согласованности, связанные с деформациями $c_{\alpha\beta}(z_\alpha)$ и $p_{\alpha\beta}(z_\alpha)$ (4.275)–(4.276) в альтернативной параметризации, не конкретизируя вид редуцированного преобразования. Умножим тензорно уравнение (4.275) на $\partial/\partial\theta_\alpha$ и воспользуемся соотношением

$$\frac{\partial}{\partial\theta_\beta} = g_{\alpha\beta}(z_\beta)\frac{\partial}{\partial\theta_\alpha}, \tag{4.283}$$

которое следует из вторых уравнений в (4.268)–(4.269), тогда получим

$$c_{\alpha\gamma}\frac{\partial}{\partial\theta_\alpha} = c_{\alpha\beta}\frac{\partial}{\partial\theta_\alpha} + c_{\beta\gamma}\frac{\partial}{\partial\theta_\beta}. \tag{4.284}$$

Утверждение 4.96. $\left\{c_{\alpha\beta}\dfrac{\partial}{\partial\theta_\alpha}\right\}$ *является θ-коциклом.*

Доказательство. Следует непосредственно из (4.284). ■

Аналогично, умножив (4.276) на $\theta_\alpha\partial/\partial\theta_\alpha$, получаем

$$p_{\alpha\gamma}\theta_\alpha\frac{\partial}{\partial\theta_\alpha}=g_{\beta\gamma}\cdot p_{\alpha\beta}\theta_\alpha\frac{\partial}{\partial\theta_\alpha}+g_{\alpha\beta}\cdot p_{\beta\gamma}\theta_\beta\frac{\partial}{\partial\theta_\beta}. \tag{4.285}$$

Замечание **4.97.** $\left\{p_{\alpha\beta}\theta_\alpha\dfrac{\partial}{\partial\theta_\alpha}\right\}$ не является θ-коциклом из-за подкручивающих множителей $g_{\beta\gamma}$ и $g_{\alpha\beta}$ в (4.285).

Для характеризации отличия набора функций на пересечениях $\mathscr{U}_\alpha\cap\mathscr{U}_\beta\cap\mathscr{U}_\gamma$ от θ-коцикла, введем θ-аналог препятствий (4.280)–(4.281).

Определение 4.98. *Назовем θ-препятствием степень незамкнутости набора соответствующих функций (с нечетным векторным полем $\partial/\partial\theta_\alpha$) на пересечениях $\mathscr{U}_\alpha\cap\mathscr{U}_\beta\cap\mathscr{U}_\gamma$.*

Тогда для $\left\{c_{\alpha\beta}\dfrac{\partial}{\partial\theta_\alpha}\right\}$ и $\left\{p_{\alpha\beta}\theta_\alpha\dfrac{\partial}{\partial\theta_\alpha}\right\}$ имеем θ-препятствия

$$\hat{\mathbf{\Delta}}_{\alpha\beta\gamma}(c) = c_{\alpha\beta}\frac{\partial}{\partial\theta_\alpha}+c_{\beta\gamma}\frac{\partial}{\partial\theta_\beta}-c_{\alpha\gamma}\frac{\partial}{\partial\theta_\alpha}, \tag{4.286}$$

$$\hat{\mathbf{\Delta}}_{\alpha\beta\gamma}(p) = p_{\alpha\beta}\theta_\alpha\frac{\partial}{\partial\theta_\alpha}+p_{\beta\gamma}\theta_\beta\frac{\partial}{\partial\theta_\beta}-p_{\alpha\gamma}\theta_\alpha\frac{\partial}{\partial\theta_\alpha}. \tag{4.287}$$

Утверждение 4.99. *θ-препятствие $\hat{\mathbf{\Delta}}_{\alpha\beta\gamma}(c)$ равно нулю.*

Доказательство. Следует из **Утверждения 4.96** и (4.284). ■

Вычислим θ-препятствие $\hat{\mathbf{\Delta}}_{\alpha\beta\gamma}(p)$. Для этого воспользуемся (4.283) и получим

$$\hat{\mathbf{\Delta}}_{\alpha\beta\gamma}(p)=\left[p_{\alpha\beta}(z_\beta)\cdot(g_{\beta\gamma}(z_\gamma)-1)+p_{\beta\gamma}(z_\gamma)\cdot(g_{\alpha\beta}(z_\beta)-1)\right]\cdot\theta_\beta\frac{\partial}{\partial\theta_\beta}. \tag{4.288}$$

Тогда в силу произвольности $p_{\alpha\beta}(z_\beta)$ справедливо

Утверждение 4.100. *θ-препятствие $\hat{\mathbf{\Delta}}_{\alpha\beta\gamma}(p)$ обращается в нуль для преобразований, не меняющих нечетную координату, т. е. для которых выполняется $g_{\alpha\beta}(z_\beta)=1$.*

Таким образом, введенные θ-препятствия и θ-коциклы [23] являются дополнительными характеристиками полусупермногообразий, для которых функциями склейки служат редуцированные преобразования.

4.9. Нелинейная реализация $N = 1$ редуцированных преобразований

Изучение нелинейных реализаций редуцированных преобразований (см. [2,8,10, 22] и **Подраздел 4.1**) представляет интерес по многим причинам. С одной стороны, первые статьи по суперсимметрии [110,422–424] были написаны в терминах нелинейных реализаций (несуперсимметричный вариант этого метода изложен в [425–428], внутренние суперсимметрии рассматривались в [429,430], а различные обобщения представлены в [431]). Позднее появилась надежда, что с помощью метода нелинейных реализаций можно решить проблему суперпартнеров [432] и спонтанного нарушения суперсимметрии [433–437] в реалистичных [438, 439] и суперконформных четырехмерных моделях [440–443]. С другой стороны, нелинейно реализованная двумерная суперконформная симметрия [444, 445] была использована в теории суперструн [446] для построения иерархий и вложений [447–449] с различным количеством суперсимметрий на мировом листе [450–452], нелинейных W симметрий [453–455], а также в (расширенной) суперконформной механике [168, 170, 456] и теории супермембран [290, 291, 457–463].

В данном подразделе, в дополнение к этим исследованиям, мы включаем в рассмотрение конечные преобразования и учитываем их необратимость [21]. Мы также рассматриваем связь между "линейными" и нелинейными реализациями [464–468], но с чисто кинематической точки зрения и предлагаем прозрачное диаграммное описание, которое можно применять и в общем случае.

4.9.1. Движение нечетной кривой в $\mathbb{C}^{1|1}$. Напомним, что $N = 1$ суперaналитические преобразования в $\mathbb{C}^{1|1}$ имеют вид (см. (4.2) и [74, 469])

$$\begin{cases} \tilde{z} = f(z) + \theta \cdot \chi(z), \\ \tilde{\theta} = \psi(z) + \theta \cdot g(z), \end{cases} \tag{4.289}$$

Согласно интерпретации Весса [470] мы можем изучать движение кривой $\theta = \lambda(z)$ в $\mathbb{C}^{1|1}$. Тогда получаем

$$\tilde{z} = f(z) + \lambda(z) \cdot \chi(z), \tag{4.290}$$

$$\tilde{\lambda}(\tilde{z}) = \psi(z) + \lambda(z) \cdot g(z), \tag{4.291}$$

где второе уравнение отражает эйнштейновский тип преобразований. В четырехмерном случае функция $\lambda(z)$ обычно называется полем Акулова-Волкова [438, 470] и в физических приложениях играет роль голдстоуновского фермиона [422–424] (и поэтому называемого также голдстино).

Как это видно из (4.291) преобразование функции $\lambda(z)$ является существенно нелинейным. Соотношения такого типа являюся стандартными для нелинейных реализаций, и голдстино $\lambda(z)$ описывает нарушение суперсимметрии [432, 471, 472]. Чтобы найти преобразование голдстино, разложим функцию $\tilde{\lambda}(\tilde{z})$ в ряд и использум нильпотентность нечетных функций

$$\tilde{\lambda}(f(z)) = \psi(z) + \lambda(z) \cdot g(z) - \tilde{\lambda}'(f(z)) \cdot \lambda(z) \cdot \chi(z) . \tag{4.292}$$

В случае, если f^{-1} существует, мы можем записать искомые преобразования в явном виде [8, 21]

$$\tilde{\lambda} = \psi \circ f^{-1} + \lambda \circ f^{-1} \cdot g \circ f^{-1} - \tilde{\lambda}' \cdot \lambda \circ f^{-1} \cdot \chi \circ f^{-1}, \tag{4.293}$$

где $f \circ g = f(g(z))$. Найти общее решение уравнения (4.292) не представляется возможным, поэтому рассмотрим различные частные случаи.

4.9.2. Глобальная суперсимметрия в $\mathbb{C}^{1|1}$. В этом случае компонентные функции в (4.289) имеют вид

$$f(z) = z,\; g(z) = 1,\; \chi(z) = \varepsilon,\; \psi(z) = \varepsilon, \tag{4.294}$$

где ε постоянный нечетный параметр. Тогда из (4.290) и (4.291) имеем

$$\tilde{\lambda}_{Glob}(z) = \varepsilon + \lambda(z) - \tilde{\lambda}'_{Glob}(z) \cdot \lambda(z) \cdot \varepsilon. \tag{4.295}$$

Эти уравнения также достаточно сложны для явного решения. Однако, в случае инфенитезимальных преобразований получаем решение

$$\delta_\varepsilon \lambda_{Glob}(z) = \tilde{\lambda}_{Glob}(z) - \lambda(z) = \varepsilon \cdot [1 + \lambda(z) \cdot \lambda'(z)], \tag{4.296}$$

которое удовлетворяет стандартной алгебре суперсимметрии в двух измерениях

$$[\delta_\varepsilon, \delta_\eta] \lambda_{Glob}(z) = 2\varepsilon\eta \cdot \lambda(z) \cdot \lambda'(z) \tag{4.297}$$

в соответствие с [422, 424].

Замечание **4.101.** В конечном глобальном случае имеем

$$\tilde{\lambda}^{fin}_{Glob}(z) = \tilde{\lambda}_{Glob}(z) + \sigma(z), \tag{4.298}$$

где $\tilde{\lambda}_{Glob}(z)$ дается в (4.296). Подставляя (4.298) в (4.295), для $\sigma(z)$ получаем следующее уравнение

$$\sigma'(z) \cdot \varepsilon \cdot \lambda(z) = \sigma(z), \tag{4.299}$$

которое может быть решено разложение по нильпотентам.

4.9.3. Редуцированные преобразования. Рассмотрим $N = 1$ редуцированные преобразования, параметризованные функциями $g(z)$, $\psi(z)$ (см **Подраздел 4.1** и [10, 14]). В терминах той же нечетной функции $\lambda(z)$ мы можем в общем случае найти преобразованную функцию $\tilde{\lambda}_{\mathrm{m}}(z)$ из (4.291) в виде двух решений (соответствующих различным проекциям проекции "спина редукции" m (4.81)) следующей системы уравнений [21]

$$\begin{cases} \tilde{\lambda}_{\mathrm{m}}\left(f^{(g\psi)}_{\mathrm{m}}(z)\right) &= \psi(z) + \lambda(z) \cdot g(z) - \tilde{\lambda}'_{\mathrm{m}}\left(f^{(g\psi)}_{\mathrm{m}}(z)\right) \cdot \lambda(z) \cdot \chi^{(g\psi)}_{\mathrm{m}}(z), \\ f^{(g\psi)\prime}_{\mathrm{m}}(z) &= \psi'(z) \cdot \psi(z) + \dfrac{1+\mathrm{m}}{2} \cdot g^2(z), \\ \chi^{(g\psi)\prime}_{\mathrm{m}}(z) &= g'(z) \cdot \psi(z) + \mathrm{m} \cdot g(z) \cdot \psi'(z), \end{cases} \tag{4.300}$$

где штрих означает дифференцирование по аргументу, $\mathrm{m} = +1$ соответствует суперконформным преобразованиям и $\mathrm{m} = -1$ - преобразованиям, сплетающим четность касательного пространства (см. [2, 8, 10]).

Определение 4.102. *Соответственно спину редукции назовем решения $\tilde{\lambda}_{SCf}(z) = \tilde{\lambda}_{\mathrm{m}=+1}(z)$ — SCf голдстино, и $\tilde{\lambda}_{TPt}(z) = \tilde{\lambda}_{\mathrm{m}=-1}(z)$ — TPt голдстино.*

Как и ранее, уравнение (4.300) невозможно решить явно в общем случае.

Утверждение 4.103. *Аналог кривизны кривой нильпотентен и совпадает со второй производной голдстино.*

Доказательство. По стандартной формуле $\varkappa_\lambda(z) = \dfrac{\tilde{\lambda}''(z)}{\left(1 + \left(\tilde{\lambda}'(z)\right)^2\right)^{3/2}}$, и после подстановки $\left(\tilde{\lambda}'(z)\right)^2 = 0$ получаем $\varkappa_\lambda(z) = \tilde{\lambda}''(z)$. ■

Замечание **4.104.** Необходимо подчеркнуть, что уравнения (4.300) не зависят от свойств обратимости суперконформно-подобных преобразований [2, 14], и только они, а не диаграммный метод, изложенный ниже, могут быть использованы для нахождения эволюции голдстино для преобразований, сплетающих четность касательного пространства (m = −1 случай).

Пример **4.105.** Параметризуем инфинитезимальные суперконформные преобразования следующим образом

$$f(z) = z + r(z), \; g(z) = 1 + \frac{1}{2} r'(z), \; \chi(z) = \varepsilon(z), \; \psi(z) = \varepsilon(z), \tag{4.301}$$

где $r(z), \varepsilon(z)$ бесконечно малые четная и нечетная функции. Тогда из (4.300) получаем

$$\delta_{r,\varepsilon} \lambda_{SCf}(z) = \varepsilon(z) \cdot [1 + \lambda(z) \cdot \lambda'(z)] + \frac{1}{2} r'(z) \cdot \lambda(z) - r(z) \cdot \lambda'(z) \tag{4.302}$$

в полном соответствии с [445].

4.9.4. Диаграммный подход к связи между линейной и нелинейной реализациями. Соотношение между линейной и нелинейной реализациями [464, 466, 468] играет важную роль в понимании механизмов спонтанного нарушения суперсимметрии [465]. Интерес к изучению $N = 1$ суперконформных и редуцированных преобразований обусловлен тем фактом, что нелинейно реализованные инфинитезимальные суперконформные преобразования [445, 451, 452] широко используются в методе погружения суперструн [446, 450], а также в их иерархиях [447, 449]. Здесь мы исследуем двумерные конечные (в общем случае необратимые) редуцированные преобразования (см. [12, 21] и **Подразделы 4.1** и **4.7**), что с очевидными модификациями применимо и к многомерному случаю. Рассмотрим следующую диаграмму

$$\begin{array}{ccc} Z_A & \xrightarrow[\text{W-Z}]{\mathcal{G}} & \tilde{Z} \\ \mathcal{A} \uparrow & & \uparrow \mathcal{B} \\ Z & \xrightarrow[\text{A-V}]{\mathcal{H}} & Z_H \end{array} \tag{4.303}$$

где $\mathcal{A} : Z \to Z_A$, $\mathcal{G} : Z_A \to \tilde{Z}$, $\mathcal{B} : Z_H \to \tilde{Z}$, $\mathcal{H} : Z \to Z_H$ (и $Z = (z, \theta)$) супераналитические преобразования (4.289).

Преобразование $\mathcal{G}$ играет роль линейного преобразования весс-зуминовского типа, а нелинейное преобразование $\mathcal{H}$ является преобразованием акулов-волковского типа, в то время, как $\mathcal{A}$ и $\mathcal{B}$ соответствуют косетным преобразованиям с голдстоуновскими полями как параметрами [425, 427].

4.9.5. Глобальная двумерная суперсимметрия в терминах нелинейных реализаций. В соответствие с [426, 464] мы можем рассмотреть $\mathcal{G}$ как глобальные линейные двумерные суперсимметричные преобразования

$$\mathcal{G} : \begin{cases} \tilde{z} &= z_A + \theta_A \cdot \varepsilon, \\ \tilde{\theta} &= \varepsilon + \theta_A, \end{cases} \tag{4.304}$$

тогда $\mathcal{H}$ — обычные конформные преобразования с составными параметрами, которые должны быть найдены из соответствующих уравнений, а $\mathcal{A}$ and $\mathcal{B}$ можно интерпретировать как косетные преобразования с локальными нечетными параметрами $\lambda(z)$ и $\tilde{\lambda}_{Glob}(z_H)$.

$$\mathcal{A} : \begin{cases} z_A &= z + \theta \cdot \lambda(z), \\ \theta_A &= \lambda(z) + \theta, \end{cases} \quad \mathcal{B} : \begin{cases} \tilde{z} &= z_H + \theta_H \cdot \tilde{\lambda}_{Glob}(z_H), \\ \tilde{\theta} &= \tilde{\lambda}_{Glob}(z_H) + \theta_H, \end{cases} \tag{4.305}$$

Именно коммутативность диаграммы (4.303) задает эволюцию голдстино $\lambda(z)$

подобно (4.291) и (4.295) и уравнения для составных параметров преобразования $\mathcal{H}$ следующим образом [12, 21].

Определение 4.106. *Будем считать, что "линейное" редуцированное преобразование $\mathcal{G}$ представимо "нелинейным" преобразованием $\mathcal{H}$, если диаграмма (4.303) коммутативна*

$$\mathcal{G} \circ \mathcal{A} = \mathcal{B} \circ \mathcal{H}. \tag{4.306}$$

Замечание **4.107.** В теории групп эта конструкция связана с индуцированным представлением [473, 474]. Однако, здесь мы не требуем обратимости составляющих преобразований (4.306) и включаем в рассмотрение также конечные преобразования.

Используя (4.306), мы получаем соотношения

$$\begin{aligned} \tilde{z}_{\mathcal{G}\circ\mathcal{A}} &= \tilde{z}_{\mathcal{B}\circ\mathcal{H}}, \\ \tilde{\theta}_{\mathcal{G}\circ\mathcal{A}} &= \tilde{\theta}_{\mathcal{B}\circ\mathcal{H}}, \end{aligned} \tag{4.307}$$

которые являются условиями представимости (4.306) в координатном виде (как 4 компонентных уравнения после разложения по θ). В частном случае глобальной суперсимметрии (4.304) уравнения (4.307) имеют вид

$$\begin{aligned} &z_A + \theta_A \cdot \varepsilon = z_H + \theta_H \cdot \tilde{\lambda}_{Glob}(z_H), \\ &\theta_A + \varepsilon = \tilde{\lambda}_{Glob}(z_H) + \theta_H. \end{aligned} \tag{4.308}$$

Используя (4.305), мы получаем составные параметры преобразования $\mathcal{H}$ в виде

$$\mathcal{H} : \begin{cases} z_H &= z + \lambda(z) \cdot \varepsilon, \\ \theta_H &= \theta, \end{cases} \tag{4.309}$$

а также уравнение для эволюции голдстино

$$\tilde{\lambda}_{Glob}(z_H) = \varepsilon + \lambda(z). \tag{4.310}$$

После разложения по нильпотентам получаем

$$\varepsilon + \lambda(z) = \tilde{\lambda}_{Glob}(z) + \tilde{\lambda}'_{Glob}(z) \cdot \lambda(z) \cdot \varepsilon, \tag{4.311}$$

что совпадает с (4.295). Таким образом, именно из соотношений (4.306) и (4.307) определяется эволюция голдстино. Если $\mathcal{A}$ обратимо, условие представимости (4.306) принимает следующий вид

$$\mathcal{G} = \mathcal{B} \circ \mathcal{H} \circ \mathcal{A}^{-1}. \tag{4.312}$$

В глобальном случае обратимость $\mathcal{A}$ очевидна, тогда из (4.305) получаем

$$\mathcal{A}^{-1} : \begin{cases} z &= z_A - \theta_A \cdot \lambda(z_A), \\ \theta &= -\lambda(z_A) + \theta_A \left[1 + \lambda(z_A) \cdot \lambda'(z_A)\right]. \end{cases} \tag{4.313}$$

Это объясняет хорошо известное "$-\lambda$ правило" [464, 475] при сравнении суперполей в линейной и нелинейной реализациях [476]. Соотношение (4.312) представляет собой общий вид "расщепляющего трюка" ("splitting trick") [464, 465], в соответствии с которым любое линейное суперполе может быть представлено как суперпозиция нелинейно преобразующихся компонент. Аналогом этой процедуры в необратимом случае является условие представимости (4.306), которое не должно разрешаться относительно $\mathcal{A}$. Таким образом, для суперполя $\Phi(z, \theta)$ мы можем записать

$$\delta_{\mathcal{H}}\Phi(z,\theta) = \Phi(z + \lambda(z) \cdot \varepsilon, \theta) - \Phi(z,\theta) = \varepsilon \cdot \lambda(z) \cdot \frac{\partial \Phi(z,\theta)}{\partial z}, \tag{4.314}$$

где $\delta_{\mathcal{H}}$ — инфинитезимальное нелинейное преобразование $\mathcal{H}$, соответствующее $\mathcal{G}$. Если использовать (4.313) и положить

$$\begin{aligned} \Phi(z,\theta) &= \Phi\left(z_A - \theta_A \cdot \lambda(z_A), -\lambda(z_A) + \theta_A\left[1 + \lambda(z_A) \cdot \lambda'(z_A)\right]\right) \\ &\stackrel{def}{=} \Phi_A(z_A, \theta_A), \end{aligned} \tag{4.315}$$

тогда для инфинитезимального линейного преобразования $\mathcal{G}$ мы получаем стандартное соотношение суперсимметрии

$$\delta_{\mathcal{G}}\Phi_A(z_A,\theta_A) = \Phi(z_A+\varepsilon\cdot\theta_A,\theta_A+\varepsilon) - \Phi_A(z_A,\theta_A) = \varepsilon\cdot Q_A\Phi_A(z_A,\theta_A), \qquad (4.316)$$

где Q_A - обыкновенные супертрансляции (см. [464]). Теперь мы можем доказать обратный расщепляющий трюк, который явно следует из условия представимости (4.306), примененного к глобальной двумерной суперсимметрии.

Предложение 4.108. *Любое суперполе $\Phi(z,\theta)$, преобразующееся нелинейно, как в (4.314), вместе с голдстино $\lambda(z)$, преобразующегося, как в (4.296), задает линейное глобально преобразующееся суперполе (4.316).*

Доказательство. Мы должны доказать, что $\Delta\Phi(z,\theta) = \delta_{\mathcal{G}}\Phi_A(z_A,\theta_A)$, где $\Delta\Phi(z,\theta) \stackrel{def}{=} \delta_{\mathcal{H}}\Phi(z,\theta)+\delta_{\mathcal{B}}\Phi(z,\theta)-\delta_{\mathcal{A}}\Phi(z,\theta)$ и $\delta_{\mathcal{H}}$ дается формулой (4.314). Из (4.305) следует, что $\delta_{\mathcal{B}}-\delta_{\mathcal{A}}$ описывает изменения $\lambda(z)$, поэтому $\delta_{\mathcal{B}}\Phi(z,\theta)-\delta_{\mathcal{A}}\Phi(z,\theta) = \delta_\varepsilon\lambda_{Glob}(z)\cdot\frac{\partial\Phi(z,\theta)}{\partial\lambda}$. Так, что из (4.296) мы имеем

$$\Delta\Phi(z,\theta) = \varepsilon\cdot\left(\lambda(z)\cdot\frac{\partial\Phi(z,\theta)}{\partial z} + (1+\lambda(z)\cdot\lambda'(z))\cdot\frac{\partial\Phi(z,\theta)}{\partial\lambda}\right).$$

Делая замену переменных $(z,\theta)\to(z_A,\theta_A)$ и используя соотношения

$$\frac{\partial\Phi(z,\theta)}{\partial z} = (1+\theta\cdot\lambda'(z))\cdot\frac{\partial\Phi_A(z_A,\theta_A)}{\partial z_A} + \lambda'(z)\cdot\frac{\partial\Phi_A(z_A,\theta_A)}{\partial\theta_A}$$

и

$$\frac{\partial\Phi(z,\theta)}{\partial\lambda} = -\theta\cdot\frac{\partial\Phi_A(z_A,\theta_A)}{\partial z_A} + \frac{\partial\Phi_A(z_A,\theta_A)}{\partial\theta_A},$$

следующие из (4.305), мы получаем

$$\begin{aligned}\Delta\Phi(z,\theta) = (\theta+\lambda(z))\cdot\varepsilon\cdot\frac{\partial\Phi_A(z_A,\theta_A)}{\partial z_A} + \varepsilon\cdot\frac{\partial\Phi_A(z_A,\theta_A)}{\partial\theta_A} &= \\ \delta_{\mathcal{G}}z_A\cdot\frac{\partial\Phi_A(z_A,\theta_A)}{\partial z_A} + \delta_{\mathcal{G}}\theta_A\cdot\frac{\partial\Phi_A(z_A,\theta_A)}{\partial\theta_A} &= \\ \delta_{\mathcal{G}}\Phi_A(z_A,\theta_A).\end{aligned}$$

■

4.9.6. Нелинейная реализация конечных редуцированных преобразований. Рассмотрим условие представимости (4.306) для общих $N=1$ редуцированных преобразований $Z_A\to\tilde{Z}$, которые играют роль "линейных". В соответствии с [8, 10, 14] они могут быть параметризованы двумя функциями $g(z_A)$ и $\psi(z_A)$ и имеют вид

$$\mathcal{G}:\left\{\begin{array}{rcl}\tilde{z} &=& f_{\rm m}^{(g\psi)}(z_A)+\theta_A\cdot\chi_{\rm m}^{(g\psi)}(z_A),\\ \tilde{\theta} &=& \psi(z_A)+\theta_A\cdot g(z_A),\end{array}\right. \qquad (4.317)$$

где

$$\begin{array}{rcl} f_{\rm m}^{(g\psi)\prime}(z_A) &=& \psi'(z_A)\psi(z_A)+\frac{1+{\rm m}}{2}\cdot g^2(z_A),\\ \chi_{\rm m}^{(g\psi)\prime}(z_A) &=& g'(z_A)\psi(z_A)+{\rm m}\cdot g(z_A)\psi'(z_A),\end{array} \qquad (4.318)$$

где $\mathrm{m} = \left\{\begin{array}{ll}+1, & \mathsf{SCf}\text{ преобразования}\\ -1, & \mathsf{TPt}\text{ преобразования}\end{array}\right.$ — проекция "спина редукции", отвечающего за тип преобразований (см. **Подраздел 4.1** и [10]). В попытках представить $\mathcal{G}$ в терминах нелинейных составляющих, подобно диаграмме (4.303), мы сталкиваемся со следующим ограничением, которое является следствием закона умножения $N = 1$ суперконформно-подобных преобразований [8,10].

Если $\mathcal{T}$ — суперконформно-подобное преобразование, то в композиции $z \xrightarrow{\mathcal{T}} \tilde{z} \xrightarrow{\tilde{\mathcal{T}}} \tilde{\tilde{z}}$ имеется лишь две возможности

$$\begin{aligned} \tilde{\mathcal{T}}_{SCf} \circ \mathcal{T}_{SCf} &= \tilde{\tilde{\mathcal{T}}}_{SCf}, \\ \tilde{\mathcal{T}}_{TPt} \circ \mathcal{T}_{SCf} &= \tilde{\tilde{\mathcal{T}}}_{TPt}. \end{aligned} \tag{4.319}$$

Соответственно в терминах составляющих преобразований из диаграммы (4.303) имеем

$$\mathcal{G}_{SCf} \circ \mathcal{A}_{SCf} = \mathcal{B}_{SCf} \circ \mathcal{H}_{SCf}, \tag{4.320}$$

$$\mathcal{G}_{TPt} \circ \mathcal{A}_{SCf} = \mathcal{B}_{TPt} \circ \mathcal{H}_{SCf}. \tag{4.321}$$

Первое соотношение представляет собой аналог нелинейного представления $N = 1$ суперконформной группы (см. инфинитезимальный обратимый четырехмерный случай в [464,477] and (4.306)), в котором $\mathcal{A}_{SCf}$ и $\mathcal{B}_{SCf}$ играют роль косетных преобразований.

Рассмотрим уравнение (4.320) в компонентах. Выберем косетные преобразования $\mathcal{A}_{SCf}$ and $\mathcal{B}_{SCf}$ в виде

$$\mathcal{A}_{SCf}: \begin{cases} z_A = z + \theta \cdot \lambda(z), \\ \theta_A = \lambda(z) + \theta\sqrt{1 + \lambda(z) \cdot \lambda'(z)}, \end{cases} \tag{4.322}$$

$$\mathcal{B}_{SCf}: \begin{cases} \tilde{z} = z_H + \theta_H \cdot \tilde{\lambda}(z_H), \\ \tilde{\theta} = \tilde{\lambda}(z_H) + \theta_H\sqrt{1 + \tilde{\lambda}(z_H) \cdot \tilde{\lambda}'(z_H)}, \end{cases} \tag{4.323}$$

и $\mathcal{H}$ параметризуем следующим образом

$$\mathcal{H}_{SCf}: \begin{cases} z_H = p(z), \\ \theta_H = \rho(z) + \theta \cdot q(z) \end{cases} \tag{4.324}$$

Тогда, разлагая координатные уравнения (4.307) на компоненты, мы получаем четыре уравнения для четырех неизвестных составных функций $p(z), q(z), \rho(z), \tilde{\lambda}(z)$ в следующем виде

$$p(z) + \rho(z) \cdot \tilde{\lambda}(p(z)) = f_{+1}^{(g\psi)}(z) + g(z) \cdot \lambda(z) \cdot \psi(z), \tag{4.325}$$

$$\tilde{\lambda}(p(z)) + \rho(z) \cdot \sqrt{1 + \tilde{\lambda}(p(z)) \cdot \tilde{\lambda}'(p(z))} = \psi(z) + g(z) \cdot \lambda(z), \tag{4.326}$$

$$\begin{aligned} q(z) \cdot \tilde{\lambda}(p(z)) = {} & \lambda(z) \cdot f_{+1}^{(g\psi)\prime}(z) + \\ & g(z) \cdot \psi(z) \cdot \sqrt{1 + \lambda(z) \cdot \lambda'(z)}, \end{aligned} \tag{4.327}$$

$$\begin{aligned} q(z) \cdot \sqrt{1 + \tilde{\lambda}(p(z)) \cdot \tilde{\lambda}'(p(z))} = {} & \lambda(z) \cdot \psi'(z) + \\ & g(z) \cdot \sqrt{1 + \lambda(z) \cdot \lambda'(z)}, \end{aligned} \tag{4.328}$$

где $f_{+1}^{(g\psi)}(z)$ определяется в (4.318).

В случае, если $q(z)$ and $g(z)$ обратимы, эти уравнения имеют следующее решение для параметров преобразования $\mathcal{H}$ в терминах параметров “линейных” преобразований $\mathcal{G}$

$$p(z) = f_{+1}^{(g\psi)}(z) + g(z) \cdot \lambda(z) \cdot \psi(z), \tag{4.329}$$

$$q(z) = \sqrt{p'(z)}, \tag{4.330}$$

$$\rho(z) = 0, \tag{4.331}$$

и для эволюции голдстино

$$\tilde{\lambda}(p(z)) = \psi(z) + g(z)\cdot\lambda(z), \tag{4.332}$$

что естественно совпадает с предыдущим подходом (4.292), если подставить $f(z) = f_{+1}^{(g\psi)}(z)$ и $\chi(z) = g(z)\cdot\psi(z)$. Следовательно, преобразование $\mathcal{H}$ есть расщепленное $N=1$ суперконформное преобразование [297, 302]

$$\mathcal{H}_{SCf}:\begin{cases} z_H &= p(z), \\ \theta_H &= \theta\cdot\sqrt{p'(z)} \end{cases} \tag{4.333}$$

с составным параметром $p(z)$ из (4.329). Это может быть представлено в виде следующей диаграммы

$$\begin{array}{ccc} Z_A & \xrightarrow[\text{full}]{\mathcal{G}_{SCf}} & \tilde{Z} \\ \uparrow{\scriptstyle \mathcal{A}_{SCf}} & & \uparrow{\scriptstyle \mathcal{B}_{SCf}} \\ Z & \xrightarrow[\text{split}]{\mathcal{H}_{SCf}} & Z_H \end{array} \tag{4.334}$$

Второе соотношение (4.321) не имеет столь прозрачного смысла, поскольку аналог косетного преобразования $\mathcal{B}_{TPt}$ является теперь необратимым в отличие от стандартного косета [474]. Соответствующая коммутативная диаграмма имеет следующий вид

$$\begin{array}{ccc} Z_A & \xrightarrow{\mathcal{G}_{TPt}} & \tilde{Z} \\ \uparrow{\scriptstyle \mathcal{A}_{SCf}} & & \uparrow{\scriptstyle \mathcal{B}_{TPt}} \\ Z & \xrightarrow{\mathcal{H}_{SCf}} & Z_H \end{array} \tag{4.335}$$

Тем не менее, если предположить, что предыдущий подход дает правильное выражение (4.300) для составных компонент "нелинейного" преобразования $\mathcal{H}_{SCf}$, то необратимый аналог косетных преобразований $\mathcal{B}_{TPt}$ может быть в принципе найден из уравнений, аналогичных (4.325)–(4.328) [8, 12].

Запишем преобразование $\mathcal{B}_{TPt}$ в виде

$$\mathcal{B}_{SCf}:\begin{cases} \tilde{z} &= f_{-1}^{(b\widetilde{\lambda})}(z_H) + \theta_H\cdot\chi_{-1}^{(b\widetilde{\lambda})}(z_H), \\ \tilde{\theta} &= \tilde{\lambda}(z_H) + \theta_H\cdot b(z_H), \end{cases} \tag{4.336}$$

где

$$\begin{aligned} f_{\mathrm{m}}^{(b\widetilde{\lambda})\prime}(z_H) &= \widetilde{\lambda}'(z_H)\cdot\widetilde{\lambda}(z_H) + \tfrac{1+\mathrm{m}}{2}\cdot b^2(z_H), \\ \chi_{\mathrm{m}}^{(b\widetilde{\lambda})\prime}(z_H) &= b'(z_H)\cdot\widetilde{\lambda}(z_H) + \mathrm{m}\cdot b(z_H)\cdot\widetilde{\lambda}'(z_H), \end{aligned} \tag{4.337}$$

и штрих означает производную по аргументам. Тогда соответствующая система уравнений имеет вид

$$f_{-1}^{(b\widetilde{\lambda})}(p(z)) + \rho(z)\cdot\chi_{-1}^{(b\widetilde{\lambda})}(p(z)) = f_{+1}^{(g\psi)}(z) + \lambda(z)\cdot\chi_{+1}^{(g\psi)}(z), \tag{4.338}$$

$$\tilde{\lambda}(p(z)) + \rho(z)\cdot b(p(z)) = \psi(z) + g(z)\cdot\lambda(z), \tag{4.339}$$

$$\begin{aligned} \rho(z)\cdot f_{-1}^{(b\widetilde{\lambda})\prime}(p(z)) + q(z)\cdot\chi_{-1}^{(b\widetilde{\lambda})}(p(z)) = {} & \lambda(z)\cdot f_{+1}^{(g\psi)\prime}(z) + \\ & \chi_{+1}^{(g\psi)}(z)\cdot\sqrt{1+\lambda(z)\cdot\lambda'(z)}, \end{aligned} \tag{4.340}$$

$$\begin{aligned} \rho(z)\cdot q(z)\cdot\tilde{\lambda}'(p(z)) + q(z)\cdot b(p(z)) = {} & \lambda(z)\cdot\psi'(z) + \\ & g(z)\cdot\sqrt{1+\lambda(z)\cdot\lambda'(z)}. \end{aligned} \tag{4.341}$$

Если преобразование $\mathcal{A}_{SCf}$ обратимо, то мы получаем

$$\mathcal{G}_{TPt} = \mathcal{B}_{TPt} \circ \mathcal{H}_{SCf} \circ \mathcal{A}_{SCf}^{-1} \tag{4.342}$$

что дает диаграммных аналог нелинейной реализации для необратимых сплетающих четность преобразований [8, 21].

4.10. Дробно-линейные преобразования

Выясним, какие из преобразований,удовлетворяющих (4.37) или (4.38), могут быть реализованы как линейные преобразования в суперпроективном пространстве $\mathbb{C}P^{1|1}$ после перехода к однородным координатам. Предположим, что $\epsilon[\mathrm{y}] \neq 0$, тогда, вводя однородные координаты [206, 308]

$$\mathrm{X} = \begin{pmatrix} x \\ y \\ \eta \end{pmatrix} \in \mathbb{C}^{2|1}, \tag{4.343}$$

неоднородные координаты можно записать в виде $z = x/y$, $\theta = \eta/y$. Поставим в соответствие общему $(5|4)$-мерному линейному отображению в $\mathbb{C}P^{1,1}$ преобразование однородных координат

$$\tilde{\mathrm{X}} = \mathrm{M} \cdot \mathrm{X}, \tag{4.344}$$

где

$$\mathrm{M} = \begin{pmatrix} a & b & \alpha \\ c & d & \beta \\ \gamma & \delta & e \end{pmatrix}. \tag{4.345}$$

Соответствующее дробно-линейное преобразование в неоднородных координатах выражается через элементы суперматрицы M

$$\begin{aligned} \tilde{z} &= \frac{az+b}{cz+d} + \theta \cdot \frac{(\beta a - \alpha c)\, z + \beta b - \alpha d}{(cz+d)^2}, \\ \tilde{\theta} &= \frac{\gamma z + \delta}{cz+d} + \theta \cdot \frac{(\beta \gamma + ec)\, z + \beta \delta + ed}{(cz+d)^2}. \end{aligned} \tag{4.346}$$

Исследование свойств дробно-линейных преобразований удобно проводить в терминах нечетных аналогов миноров для суперматриц — полуминоров и полуматриц, которые введены в **Пункте 6.1.2**.

4.10.1. С у п е р к о н ф о р м н ы е   п р е о б р а з о в а н и я . В терминах полуминоров преобразования (4.346) имеют вид

$$\begin{aligned} \tilde{z} &= \frac{az+b}{cz+d} + \theta \cdot \frac{\delta\mathrm{et}\mathcal{M}_\delta \cdot z + \delta\mathrm{et}\mathcal{M}_\gamma}{(cz+d)^2}, \\ \tilde{\theta} &= \frac{\gamma z + \delta}{cz+d} + \theta \cdot \frac{\det M_b \cdot z + \det M_a}{(cz+d)^2}. \end{aligned} \tag{4.347}$$

Из этого выражения видно, зачем были введены полуминоры и аналоги матричных функций от них.

Определение 4.109. *Четно-нечетная симметрия дробно-линейных преобразований определяется как*

$$a \leftrightarrow \gamma,\ b \leftrightarrow \delta,\ \det \leftrightarrow \delta\mathrm{et}. \tag{4.348}$$

Суперконформные условия (4.37) дают четыре уравнения на параметры супер-матрицы M (4.345) в виде

$$e\beta\cdot\delta\mathrm{et}\mathcal{M}_\alpha=0,\ e\cdot\delta\mathrm{et}\mathcal{M}_\alpha=\beta\cdot\det M_e,$$
$$\beta\cdot\mathrm{per}\,M_e-e\cdot\pi\mathrm{er}\mathcal{M}_\alpha=2\alpha cd,\ \det M_e=e^2+\gamma\delta+\frac{\beta e}{2cd}\cdot\pi\mathrm{er}\mathcal{M}_\alpha. \tag{4.349}$$

Здесь предполагается, что $\epsilon[cd]\neq 0$. Рассмотрим возможные решения системы уравнений (4.349), учитывая также и необратимый вариант. Первое уравнение в (4.349) задает три типа соответствующих решений по количеству вариантов его решения

$$\beta\cdot\delta\mathrm{et}\mathcal{M}_\alpha=0, \tag{4.350}$$

$$e\beta\cdot\delta\mathrm{et}\mathcal{M}_\alpha=0, \tag{4.351}$$

$$e\beta=0. \tag{4.352}$$

Рассмотрим первое уравнение (4.350) более детально. при ненулевых сомножителях оно имеет следующее решение

$$\beta=const\cdot\delta\mathrm{et}\mathcal{M}_\alpha. \tag{4.353}$$

Тогда получаем решение для M в виде матрицы суперпроективных преобразований [206, 308]

$$\mathrm{M}^{inv}_{SCf}=\begin{pmatrix} a & b & \dfrac{\delta\mathrm{et}\mathcal{M}_\beta}{\sqrt{\det\mathrm{M}_e}}\\ c & d & \dfrac{\delta\mathrm{et}\mathcal{M}_\alpha}{\sqrt{\det\mathrm{M}_e}}\\ \gamma & \delta & \sqrt{\det\mathrm{M}_e}-\dfrac{3}{2}\gamma\delta\end{pmatrix}. \tag{4.354}$$

Березиниан суперматрицы M^{inv}_{SCf} имеет вид

$$\mathrm{Ber}^{inv}_{SCf}\mathrm{M}=\sqrt{\det\mathrm{M}_e}+\frac{3}{2}\gamma\delta-\frac{2\gamma\delta}{\sqrt{\det\mathrm{M}_e}}.$$

Обратимые матрицы (4.354) с единичным березинианом образуют $(3|2)$-мерную супергруппу $OSp_{\mathbb{C}}(2|1)$, свойства которой применяются для расчета многопетлевых амплитуд в суперструнных теориях [182, 208, 226]. Описание классов суперконформных многообразий [205, 207] может быть проведено с помощью различных дискретных подгрупп этой супергруппы [217].

В неоднородных координатах для обратимого дробно-линейного суперконформного преобразования $\mathbb{C}^{1,1}\to\mathbb{C}^{1,1}$ получаем

$$\tilde z=\frac{az+b}{cz+d}+\theta\cdot\frac{\gamma z+\delta}{(cz+d)^2}\sqrt{\det\mathrm{M}_e},\ \tilde\theta=\frac{\gamma z+\delta}{cz+d}-\theta\cdot\frac{\sqrt{\det\mathrm{M}_e-\gamma\delta}}{cz+d}, \tag{4.355}$$

и березиниан преобразования $Z\to\tilde Z$ имеет вид

$$\boldsymbol{J}^{inv}_{SCf}=\mathrm{Ber}\left(\tilde Z/Z\right)=\frac{\sqrt{\det\mathrm{M}_e-\gamma\delta}}{cz+d}+\theta\cdot\frac{\delta\mathrm{et}\mathcal{M}_\alpha}{(cz+d)^2}. \tag{4.356}$$

Замечание **4.110.** Здесь мы видим явно смысл введения полудетерминантов: если $\sqrt{\det\mathrm{M}_e}$ контролирует числовую часть березиниана, то $\delta\mathrm{et}\mathrm{M}_\alpha$ отвечает за его θ-зависимость [2]. Это позволяет также трактовать полудетерминат как квадратный корень из обычного детерминанта.

Если включить в рассмотрение и полунеобратимые (4.4) суперконформные преобразования, то можно воспользоваться другими уравнениями (4.351) и (4.352). Так, условие (4.351) может быть выполено с помощью подстановки $e=\mu\cdot\delta\mathrm{et}\mathrm{M}_\alpha$, что для суперматрицы M дает

$$\mathrm{M}_{SCf}^{halfinv}=\begin{pmatrix} a & b & \mu\delta\gamma+\dfrac{\beta}{2cd}\mathrm{per}\,\mathrm{M}_e \\ c & d & \beta \\ \gamma & \delta & \delta\mathrm{et}\mathcal{M}_\alpha \end{pmatrix}, \tag{4.357}$$

где выполняются дополнительные условия

$$\det \mathrm{M}_e=\gamma\delta, \tag{4.358}$$

$$\beta\det \mathrm{M}_e=0. \tag{4.359}$$

Если считать, что $\beta\neq 0$ и $\det \mathrm{M}_e\neq 0$, то должно быть $\beta\in \mathrm{Ann}\,[\det \mathrm{M}_e]$ или $\beta\gamma\delta=0$. Для выполнения (4.358) и (4.359) положим $a=a_0\gamma\delta$ и $b=b_0\gamma\delta$, где $\det\begin{pmatrix} a_0 & b_0\\ c & d\end{pmatrix}=1$. Тогда получаем полунеобратимое преобразование

$$\tilde{z}=\frac{a_0z+b_0}{cz+d}+\theta\cdot\frac{\mu\gamma\delta}{cz+d},\ \ \tilde{\theta}=\frac{\gamma z+\delta}{cz+d}-\theta\cdot\frac{\mu\cdot\delta\mathrm{et}\mathcal{M}_\alpha}{cz+d}, \tag{4.360}$$

для которого необратимый аналог якобиана (4.90) имеет вид

$$\boldsymbol{J}_{SCf}^{halfinv}=\frac{\delta\mathrm{et}\mathcal{M}_\alpha}{cz+d}\left(\mu+\frac{\theta}{cz+d}\right). \tag{4.361}$$

Замечание **4.111.** Сравнивая (4.356) и (4.361), можем убедиться, что для полунеобратимых преобразований полудетерминант $\delta\mathrm{et}\,\mathrm{M}_\alpha$ играет роль, аналогичную той, которую корень из обычного детерминанта $\sqrt{\det \mathrm{M}_e}$ играет для обратимых преобразований.

Остальные возможные случаи перечислены в [2].

4.10.2. Сплетающие четность преобразования. Применяя условие (4.38) к общим дробно-линейным преобразованиям, получаем уравнения на параметры суперматрицы M

$$\det \mathrm{M}_e=\gamma\delta,\ \delta\mathrm{et}\mathcal{M}_\delta=\gamma e,\ c\cdot\delta\mathrm{et}\mathcal{M}_\gamma=\gamma\cdot\det \mathrm{M}_a. \tag{4.362}$$

Видно, что первое уравнение в совпадает с полуобратимым суперконформным условием (4.358).

Тогда в одном из возможных вариантов решения системы (4.362) для матрицы M получаем

$$\mathrm{M}_{TPt}^{noninv}=\begin{pmatrix} a & b & -ad\eta \\ c & d & -cd\eta \\ \gamma & \delta & \eta\cdot\pi\mathrm{er}\mathcal{M}_\alpha \end{pmatrix}, \tag{4.363}$$

где η — нечетный параметр. Отметим, что среди всех рассмотренных преобразований групповыми свойствами обладают лишь обратимые суперконформные преобразования (4.355).

4.10.3. Супераналоги расстояния в $\mathbb{C}^{1|1}$. Расстояние между двумя точками в $\mathbb{C}^{1|1}$ определяется как $|Z_{12}|$, где

$$Z_{12}=z_1-z_2-\theta_1\theta_2 \tag{4.364}$$

(см. [74,302,478]). Относительно суперконформных обратимых преобразований (4.355) величина Z_{12} преобразуется ковариантно [298]

$$\tilde{Z}_{12}=\boldsymbol{J}_{SCf}^{inv}(Z_1)\,\boldsymbol{J}_{SCf}^{inv}(Z_2)\,Z_{12}, \tag{4.365}$$

где $\boldsymbol{J}_{SCf}^{inv}(Z)$ - якобиан преобразования, который в данном случае равен березиниану (4.356). Чтобы рассмотреть, как преобразуется Z_{12} в необратимом случае, остановимся на соотношении более подробно. Используя (4.2), представим левую часть (4.365) в виде

$$\begin{aligned}\tilde{Z}_{12} \;=\;& f(z_1) - f(z_2) - \psi(z_1)\cdot\psi(z_2) + \\ & (\theta_1 g(z_1) + \theta_2 g(z_2))\cdot(\psi(z_1) - \psi(z_2)) - \theta_1\theta_2 g(z_1)\, g(z_2)\,.\end{aligned} \tag{4.366}$$

Здесь мы использовали суперконформное условие $\chi(z) = \psi(z)\, g(z)$ (см. (4.81) при $\mathrm{m} = +1$). Отметим, для любых дробно-линейных функций

$$f(z) = \frac{az+b}{cz+d},\; \psi(z) = \frac{\gamma z+\delta}{cz+d},$$

что соответствует фиксации элементов из первых двух столбцов суперматрицы M (4.345), можно получить

$$\begin{aligned}& f(z_1) - f(z_2) = R\cdot(z_1 - z_2)\cdot \det \mathrm{M}_e,\; \psi(z_1) - \psi(z_2) = R\cdot(z_1 - z_2)\cdot \delta\mathrm{et}\mathcal{M}_\alpha, \\ & \psi(z_1)\, f(z_2) - \psi(z_2)\, f(z_1) = R\cdot(z_1 - z_2)\cdot \delta\mathrm{et}\mathcal{M}_\beta,\; \psi(z_1)\cdot\psi(z_2) = R\cdot(z_1 - z_2)\,\gamma\delta,\end{aligned} \tag{4.367}$$

где $R^{-1} = (cz_1 + d)(cz_2 + d)$ (см. также (6.23) и (6.24)). Тогда для преобразованного расстояния $\tilde{Z}_{12}$ из (4.366) получаем

$$\begin{aligned}\tilde{Z}_{12} \;=\;& R\cdot(z_1 - z_2)\cdot(\det \mathrm{M}_e - \gamma\delta) + \\ & R\cdot(z_1 - z_2)\cdot(\theta_1 g(z_1) + \theta_2 g(z_2))\cdot \delta\mathrm{et}\mathcal{M}_\alpha - \theta_1\theta_2 g(z_1)\, g(z_2)\,.\end{aligned} \tag{4.368}$$

Отсюда следует, что от функции $g(z)$ зависят дальнейшие свойства Z_{12}. Так, в случае обратимых суперконформных преобразований (4.355)

$$g(z) = \frac{\sqrt{\det \mathrm{M}_e - \gamma\delta}}{cz+d}. \tag{4.369}$$

Все необратимые преобразования содержат уравнение $\det \mathrm{M}_e = \gamma\delta$ (см. (4.358) и (4.362)), поэтому из (4.368) мы имеем

Утверждение 4.112. *Для необратимых дробно-линейных преобразований $\tilde{Z}_{12}$ не содержит θ-независимых слагаемых, и поэтому является чисто ду́ховой величиной.*

Из рассмотрения последнего слагаемого в (4.368) следует

Утверждение 4.113. *Нильпотентность $g(z)$ приводит к линейности $\tilde{Z}_{12}$ по четным координатам.*

Окончательно можно сформулировать

Предложение 4.114. *Для полунеобратимых суперконформных преобразований*

$$\tilde{Z}_{12} = 0. \tag{4.370}$$

Доказательство. В всех вариантах полунеобратимых преобразований

$$g(z) \subset \mathrm{Ann}\,[\delta\mathrm{et}\mathcal{M}_\alpha]\,, \tag{4.371}$$

поэтому второе слагаемое в (4.368) равно нулю. Первое слагаемое зануляется вследствие **Утверждения 4.112**. Поскольку выполняется (4.371), функция $g(z)$ нильпотентна, и последнее слагаемое в (4.368) также равно нулю по **Утверждению 4.113**. ∎

Соотношение (4.370) можно трактовать также и как определение полунеобратимых преобразований. Отметим, что для всех полунеобратимых преобразований выполняется аналогичное (4.365) соотношение

$$\delta\mathrm{et}\tilde{\mathcal{N}} = R\cdot(z_1 - z_2)\cdot \delta\mathrm{et}\mathcal{M}_\beta, \tag{4.372}$$

где $\mathcal{N} = \begin{pmatrix} z_1 & z_2 \\ \theta_1 & \theta_2 \end{pmatrix}$.

Предложение 4.115. *Для полуобратимых суперконформных преобразований разности преобразованных четных и нечетных координат пропорциональны, т. е.* $\tilde{z}_1 - \tilde{z}_2 \sim \tilde{\theta}_1 - \tilde{\theta}_2$.

Доказательство. Непосредственно из (4.360) получаем

$$\tilde{z}_1 - \tilde{z}_2 = R \cdot Z_{12}^{hinv} \cdot \det \mathrm{M}_e, \quad \tilde{\theta}_1 - \tilde{\theta}_2 = R \cdot Z_{12}^{hinv} \cdot \delta\mathrm{et}\mathcal{M}_\alpha, \tag{4.373}$$

где

$$Z_{12}^{hinv} = z_1 - z_2 + \delta\mathrm{et}\mathcal{N} \cdot \mu c + (\theta_1 - \theta_2) \cdot \mu d \tag{4.374}$$

и содержит все типы расстояний из (4.372) и (4.373). ■

Другие подобные соотношения для суперконформных преобразований приведены в [2].

В случае вращающих четность преобразований (4.363) суперрастояние между двумя точками является образом нечетного расстояния

$$\tilde{Z}_{12}^{TPt} = R \cdot (\theta_1 - \theta_2) \cdot (\delta\mathrm{et}\mathcal{M}_\gamma - e\delta)\,. \tag{4.375}$$

Здесь параметры выбраны таким образом, чтобы занулить квадратичное по θ слагаемое в (4.366).

4.10.4. Необратимый аналог метрики в $\mathbb{C}^{1|1}$. Если положить элементы суперматрицы M (4.345) действительными, а расстояние между точками в (4.375) бесконечно малым, то получаем

$$d\tilde{Z}^{TPt} = \frac{\delta\mathrm{et}\mathcal{M}_\gamma - e\delta}{\left|cz+d\right|^2} d\theta, \tag{4.376}$$

что может рассматриваться как ключевое соотношение для нахождения необратимого TPt аналога [2] суперконформной метрики на верхней полуплоскости [74, 194, 410]. Очевидно, что (4.376) является "дробно-линейным" следствием общего соотношения между дифференциалами при вращающих четность преобразованиях (4.44). Далее из (4.375) находим

$$\mathrm{Im}\,\tilde{z} + \frac{1}{2}\tilde{\theta}\tilde{\bar{\theta}} = \frac{\delta\mathrm{et}\mathcal{M}_\gamma - e\delta}{\left|cz+d\right|^2} \mathrm{Im}\,\theta. \tag{4.377}$$

Поэтому

$$\left|d\tilde{Z}^{TPt}\right| \mathrm{Im}\,\theta = \left|d\theta\right| \left(\mathrm{Im}\,\tilde{z} + \frac{1}{2}\tilde{\theta}\tilde{\bar{\theta}}\right). \tag{4.378}$$

Заметим, что здесь нет деления, поскольку некоторые сомножители могут быть необратимыми. Отсюда получаем

Определение 4.116. *Необратимый* TPt *аналог метрики на верхней* $\mathbb{C}^{1|1}$ *полуплоскости* $\left|ds^{TPt}\right|$ *удовлетворяет одновременно соотношениям*

$$\left|ds^{TPt}\right| \mathrm{Im}\,\theta = \left|d\theta\right|, \quad \left|ds^{TPt}\right| \left(\mathrm{Im}\,\tilde{z} + \frac{1}{2}\tilde{\theta}\tilde{\bar{\theta}}\right) = \left|d\tilde{Z}^{TPt}\right|. \tag{4.379}$$

Таким образом, приведенные соотношения могут трактоваться как необратимый аналог инвариантности — "полуинвариантность" введенной метрики [2].

РАЗДЕЛ 5

НЕОБРАТИМАЯ ГЕОМЕТРИЯ РАСШИРЕННЫХ РЕДУЦИРОВАННЫХ ПРЕОБРАЗОВАНИЙ

В разделе исследуются свойства $N = 2$ и $N = 4$ редуцированных обратимых и необратимых отображений суперплоскости. Нетривиальные редукции расширенных касательных суперпространств приводят к N-обобщению понятия комплексной структуры, к полной классификации $N = 2$ и $N = 4$ преобразований в терминах перманентов и полуминоров. Строятся и анализируются $N = 2$ и $N = 4$ суперконформные полугруппы в альтернативной параметризации и приводится их компонентное представление. Обсуждаются свойства сплетающих четность расширенных преобразований и соответствующих супердифференциалов. Хорошо известно, что многие пространственно-временные свойства суперструнных теорий элементарных частиц тесно связаны со свойствами мирового листа струны [71, 145, 148, 479]. Так, в работах [480–483] было показано, что необходимым условием $N = 1$ ($N = 2$) пространственно-временной суперсимметрии является $N = 2$ ($N = 4$) расширенная суперконформная симметрия на мировом листе, которая была впервые рассмотрена в контексте фермионных струн [484–486]. Общие свойства N-расширенных суперконформных алгебр изучались в работах [487–493], а N-расширенные суперконформные теории поля исследовались в [298, 494–499]. Исключительно важной является также связь расширенных суперконформных алгебр с геометрией пространства анти-Де Ситтера при $N = 2$ [500–502] и $N = 4$ [503,504]. Однако как было показано в [487], при $N \geq 5$ не существует центральных расширений, а суперконформные теории поля, хотя и могут быть сформулированы при произвольных N [505, 506], но становятся тривиальными и не имеют осмысленной квантовой физики [298]. Поэтому здесь мы рассмотрим необратимые обобщения суперконформной геометрии только на $N = 2$ и $N = 4$ [3, 4, 13, 18].

5.1. $N = 2$ суперконформная геометрия

Исследования различных вариантов $N = 2$ суперконформной теории поля [493, 507–513] и $N = 2$ суперконформной геометрии [514] явилось чрезвычайно важным инструментом для построения как гипотетических теорий критических $N = 2$ струн*) в пространстве-времени с сигнатурой $(2, 2)$ [522–525], так и последовательных реалистичных моделей, основанных на суперструнных компактификациях методом косетов G/H [526–531]. С геометрической точки зрения мировой лист суперструны (в моделях с пространственно-временной суперсимметрией) представляет собой $N = 2$ суперриманову поверхность [65, 297, 301, 532–534], склеенную $N = 2$ суперконформными преобразованиями [508, 535].

В этом подразделе мы подробно изучим аналоги этих преобразований — обратимые и необратимые $N = 2$ редуцированные преобразования, используя также и несуперконформные редукции, аналогичные введенным в **Подразделе 4.7** и формализм перманентов (см. [536] и **Раздел 6**).

В стандартном базисе суперпространство $\mathbb{C}^{1|2}$ локально описывается голоморфными суперкоординатами $Z = (z, \theta^1, \theta^2)$, где $(\theta^i)^2 = 0$, $\{\theta^1, \theta^2\} = 0$. При четных N

*) *Примечание.* Тем не менее, недавно [515, 516] обнаружена тесная связь $N = 2$ струн с M-теорией [160, 161, 517] и D-бранами [164, 518–521].

удобнее пользоваться комплексным базисом в нечетном секторе [297] $\theta^{\pm} = \dfrac{\theta^1 \pm i\theta^2}{\sqrt{2}}$. (для произвольных N см. **Приложение 4.3**). Тогда касательное суперпространство также можно рассматривать в комплексном базисе $(\partial, D^+, D^-)^T$, где

$$D^{\pm} = \frac{D_1 \pm iD_2}{\sqrt{2}} = \partial_{\mp} + \theta^{\pm}\partial,\ \partial_{\mp} = \frac{\partial}{\partial\theta^{\mp}} \tag{5.1}$$

и D_i определены в (4.100), кроме того, для соотношения суперсимметрии вместо (4.101) имеем

$$\left(D^{\pm}\right)^2 = 0, \tag{5.2}$$

$$\left\{D^+, D^-\right\} = 2\partial. \tag{5.3}$$

Аналогично для кокасательного $(1|2)$ суперпространства вместо (4.110) получаем

$$dZ = dz + \theta^+ d\theta^- + \theta^- d\theta^+, \quad d\theta^{\pm} = \frac{d\theta^1 \pm id\theta^2}{\sqrt{2}}. \tag{5.4}$$

В комплексном базисе суперполевое разложение (4.99) имеет вид

$$F\left(z, \theta^+, \theta^-\right) = F_0(z) + \theta^+ F_-(z) + \theta^- F_+(z) + \theta^+\theta^- F_{+-}(z), \tag{5.5}$$

где F_0 и F_{+-} — одной четности с F, а F_+ и F_- — противоположной.

5.1.1. Классификация $N=2$ расширенных супераналитических преобразований. Для классификации по необратимости $N = 2$ супераналитических преобразований необходимо получить выражение для $N = 2$ березиниана $\mathrm{Ber}^{N=2}\left(\tilde{Z}/Z\right)$ (или его необратимого аналога) через суперматрицу $\mathrm{P}_{SA}^{(N=2)}$ подобно $N = 1$ преобразованиям (4.91)–(4.92) (см. **Пункт 4.3.1**).

Запишем суперматрицу производных $\mathrm{P}_{SA}^{(N=2)}$ (4.112) в следующей форме, к удобной для рассмотрения дальнейших редукций,

$$\mathrm{P}_{SA}^{(N=2)} = \left(\begin{array}{cc} Q\left(z, \theta^+, \theta^-\right) & \partial\tilde{\theta}^+ \ \ \partial\tilde{\theta}^- \\ \Delta^-\left(z, \theta^+, \theta^-\right) & \mathrm{H} \\ \Delta^+\left(z, \theta^+, \theta^-\right) & \end{array} \right), \tag{5.6}$$

где

$$Q\left(z, \theta^+, \theta^-\right) = \partial\tilde{z} - \partial\tilde{\theta}^+ \cdot \tilde{\theta}^- - \partial\tilde{\theta}^- \cdot \tilde{\theta}^+, \tag{5.7}$$

$$\Delta^{\pm}\left(z, \theta^+, \theta^-\right) = D^{\pm}\tilde{z} - D^{\pm}\tilde{\theta}^- \cdot \tilde{\theta}^+ - D^{\pm}\tilde{\theta}^+ \cdot \tilde{\theta}^-, \tag{5.8}$$

$$\mathrm{H} = \left(\begin{array}{cc} D^-\tilde{\theta}^+ & D^-\tilde{\theta}^- \\ D^+\tilde{\theta}^+ & D^+\tilde{\theta}^- \end{array} \right). \tag{5.9}$$

Тогда $N = 2$ березиниан в случае $\epsilon\,[\det \mathrm{H}] \neq 0$ равен

$$\mathrm{Ber}^{N=2}\left(\tilde{Z}/Z\right) = \mathrm{Ber}\,\mathrm{P}_{SA}^{(N=2)} =$$

$$\frac{Q\left(z, \theta^+, \theta^-\right) - \left(\begin{array}{cc} \partial\tilde{\theta}^+, & \partial\tilde{\theta}^- \end{array} \right) \cdot \mathrm{H}^{-1} \cdot \left(\begin{array}{c} \Delta^-\left(z, \theta^+, \theta^-\right) \\ \Delta^+\left(z, \theta^+, \theta^-\right) \end{array} \right)}{\det \mathrm{H}} =$$

$$\frac{Q\left(z, \theta^+, \theta^-\right)}{\det \mathrm{H}} - \frac{\partial\tilde{\theta}^+ \cdot D^+\tilde{\theta}^- - \partial\tilde{\theta}^- \cdot D^+\tilde{\theta}^+}{\det^2 \mathrm{H}} \cdot \Delta^-\left(z, \theta^+, \theta^-\right) -$$

$$\frac{\partial\tilde{\theta}^- \cdot D^-\tilde{\theta}^+ - \partial\tilde{\theta}^+ \cdot D^-\tilde{\theta}^-}{\det^2 \mathrm{H}} \cdot \Delta^+\left(z,\theta^+,\theta^-\right). \tag{5.10}$$

Отсюда следует классификация по необратимости общих $N = 2$ супераналитических преобразований.

Определение 5.1. *Обратимые $N = 2$ супераналитические преобразования определяются условиями*

$$\epsilon\left[Q\left(z,\theta^+,\theta^-\right)\right] \neq 0,\ \epsilon\left[\det \mathrm{H}\right] \neq 0. \tag{5.11}$$

Определение 5.2. *Полунеобратимые $N = 2$ супераналитические преобразования определяются условиями*

$$\epsilon\left[Q\left(z,\theta^+,\theta^-\right)\right] = 0,\ \epsilon\left[\det \mathrm{H}\right] \neq 0. \tag{5.12}$$

Определение 5.3. *Необратимые $N = 2$ супераналитические преобразования определяются условиями*

$$\epsilon\left[Q\left(z,\theta^+,\theta^-\right)\right] = 0,\ \epsilon\left[\det \mathrm{H}\right] = 0. \tag{5.13}$$

5.1.2. Компонентное представление и $N=2$ супераналитическая полугруппа. Супераналитическое отображение $Z\left(z,\theta^+,\theta^-\right) \to \tilde{Z}\left(\tilde{z},\tilde{\theta}^+,\tilde{\theta}^-\right)$ суперпространства $\mathbb{C}^{1|2}$ после разложения в ряд по нечетным координатам (как (5.5)) определяется 12 функциями на $\mathbb{C}^{1|0}$ (6 четных $f, h, g_{ab} : \mathbb{C}^{1|0} \to \mathbb{C}^{1|0}$ и 6 нечетных $\psi_a, \chi_a, \lambda_a : \mathbb{C}^{1|0} \to \mathbb{C}^{0|1}$, где $a, b = \pm$) следующим образом

$$\begin{cases} \tilde{z} = f(z) + \theta^+\chi_-(z) + \theta^-\chi_+(z) + \theta^+\theta^- h(z), \\ \tilde{\theta}^\pm = \psi_\pm(z) + \theta^\pm g_{\pm\mp}(z) + \theta^\mp g_{\pm\pm}(z) + \theta^\pm\theta^\mp\lambda_\pm(z). \end{cases} \tag{5.14}$$

Определение 5.4. *Множество обратимых и необратимых преобразований $\mathbb{C}^{1|2} \to \mathbb{C}^{1|2}$ (5.14) образует полугруппу относительно композиции преобразований, которую мы назовем полугруппой $N = 2$ супераналитических преобразований $\boldsymbol{T}_{SA}^{(N=2)}$.*

Замечание **5.5.** Обратимые преобразования очевидно образуют подгруппу $\boldsymbol{G}_{SA}^{(N=2)}$ полугруппы $\boldsymbol{T}_{SA}^{(N=2)}$.

Определение 5.6. *Необратимые преобразования $\mathbb{C}^{1|2} \to \mathbb{C}^{1|2}$ (5.14) входят в идеал $\boldsymbol{I}_{SA}^{(N=2)}$ полугруппы $\boldsymbol{T}_{SA}^{(N=2)}$.*

Замечание **5.7.** Согласно абстрактной теории полугрупп [29–31] все преобразования некоторого множества образут полугруппу относительно композиции.

Поскольку нечетные функции $\psi_\pm(z), \chi_\pm(z), \lambda_\pm(z)$ необратимы по определению [258], а функция $h(z)$ входит с коэффициентом $\theta^+\theta^-$, то мы имеем

Утверждение 5.8.
Обратимость всего преобразования будет определяться только функциями $f(z)$ *и* $g_{ab}(z)$.

Доказательство. Действительно, в терминах компонентных функций $f(z)$ и $g_{ab}(z)$ для $Q(z,\theta^+,\theta^-)$ (5.7) и $\det \mathrm{H}$ (5.9) получаем

$$\epsilon\left[Q\left(z,\theta^+,\theta^-\right)\right] = \epsilon\left[f'(z)\right], \tag{5.15}$$

$$\epsilon\left[\det \mathrm{H}\right] = \epsilon\left[\det \mathrm{G}\right], \tag{5.16}$$

где

$$\mathrm{G} = \begin{pmatrix} g_{+-}(z) & g_{++}(z) \\ g_{--}(z) & g_{-+}(z) \end{pmatrix}. \tag{5.17}$$

■

Поэтому определения (5.11)–(5.13) могут быть переформулированы в терминах функций $f(z)$ и $g_{ab}(z)$ с очевидными заменами (5.15).

Для соответствующей параметризации полугруппы $N=2$ супераналитических преобразований $\boldsymbol{T}_{SA}^{(N=2)}$ мы используем компонентные функции на $\mathbb{C}^{1|0}$, входящие в (5.14).

Определение 5.9. *Супераналитическая полугруппа* $\mathbf{S}_{SA}^{(N=2)} \ni \mathbf{s}$ *параметризуется функциональной матрицей*

$$\left\{ \begin{array}{cccc} f & h & \chi_- & \chi_+ \\ \psi_+ & \lambda_+ & g_{+-} & g_{++} \\ \psi_- & \lambda_- & g_{--} & g_{-+} \end{array} \right\} \stackrel{def}{=} \mathbf{s} \in \mathbf{S}_{SA}^{(N=2)}, \tag{5.18}$$

а действие

$$\mathbf{s}_1 * \mathbf{s}_2 = \mathbf{s}_3 \tag{5.19}$$

определяется композицией преобразований $Z \to \tilde{Z} \to \tilde{\tilde{Z}}$.

Замечание **5.10.** Умножение в полугруппе $\mathbf{S}_{SA}^{(N=2)}$ не связано с обычным матричным умножением*), а определяется композицией $N=2$ супераналитических преобразований, записанных в компонентном виде (5.14), поэтому функциональная матрица, определяющая элемент $\mathbf{s}$, не обязана быть квадратной, как, например, в случае $N=1$ (4.6).

Ассоциативность умножения (5.19)

$$\mathbf{s}_1 * (\mathbf{s}_2 * \mathbf{s}_3) = (\mathbf{s}_1 * \mathbf{s}_2) * \mathbf{s}_3 \tag{5.20}$$

следует из ассоциативности преобразований относительно композиции (для $N=1$ см. **Предложение 4.7**). Двусторонняя единица в полугруппе $\mathbf{S}_{SA}^{(N=2)}$ определяется функциональной матрицей следующего вида

$$\mathbf{e} = \left\{ \begin{array}{cccc} z & 0 & 0 & 0 \\ 0 & 0 & 1 & 0 \\ 0 & 0 & 0 & 1 \end{array} \right\}, \tag{5.21}$$

а двусторонний нуль определяется нулевой такой матрицей.

Рассмотрим гомоморфизм φ $N=2$ супераналитической полугруппы в полугруппу $N=2$ супераналитических преобразований $\varphi : \mathbf{S}_{SA}^{(N=2)} \to \boldsymbol{T}_{SA}^{(N=2)}$. Тогда легко проверить, что, как и должно быть, $\ker\varphi = \mathbf{e}$.

---

*) *Примечание.* Для этого и использованы фигурные скобки вместо матричных круглых.

Приведенная процедура представляет собой специальную "нелинейную реализацию" $N=2$ супераналитической полугруппы функциональными матрицами*), умножение в которых задается композицией $N=2$ супераналитических преобразований.

5.1.3. Редукции $N=2$ касательного суперпространства и перманенты. Сначала найдем соотношение между суперфункциями $Q\left(z,\theta^{+},\theta^{-}\right)$ и $\Delta^{\pm}\left(z,\theta^{+},\theta^{-}\right)$, аналогичное $N=1$ случаю (4.58). Для этого продифференцируем $\Delta^{\pm}\left(z,\theta^{+},\theta^{-}\right)$, применим (5.3) и получим

$$Q\left(z,\theta^{+},\theta^{-}\right)-\frac{D^{+}\Delta^{-}\left(z,\theta^{+},\theta^{-}\right)+D^{-}\Delta^{+}\left(z,\theta^{+},\theta^{-}\right)}{2}=\operatorname{per}\mathrm{H}, \tag{5.22}$$

где

$$\operatorname{per}\mathrm{H}=D^{-}\tilde{\theta}^{+}\cdot D^{+}\tilde{\theta}^{-}+D^{+}\tilde{\theta}^{+}\cdot D^{-}\tilde{\theta}^{-} \tag{5.23}$$

— перманент обычной матрицы H с четными (и возможно нильпотентными) элементами (см. **Раздел 6**).

Замечание **5.11.** Обе (!) матричные функции — *перманент и детерминант* — матрицы H играют существенную роль в $N=2$ геометрии и редукциях касательного суперпространства.

Введем в рассмотрение следующие 2×2 матрицы с чисто нильпотентными элементами

$$\mathrm{Q}=\begin{pmatrix}\partial\tilde{\theta}^{+} & \partial\tilde{\theta}^{-}\\ \tilde{\theta}^{+} & \tilde{\theta}^{-}\end{pmatrix}, \tag{5.24}$$

$$\mathrm{D}=\begin{pmatrix}\Delta^{+}\left(z,\theta^{+},\theta^{-}\right) & \Delta^{-}\left(z,\theta^{+},\theta^{-}\right)\\ \partial\tilde{\theta}^{+} & \partial\tilde{\theta}^{-}\end{pmatrix}, \tag{5.25}$$

а также горизонтальные полуматрицы (см. **Пункт 6.1.2**)

$$\mathcal{D}^{\pm}=\begin{pmatrix}D^{\pm}\tilde{\theta}^{+} & D^{\pm}\tilde{\theta}^{-}\\ \tilde{\theta}^{+} & \tilde{\theta}^{-}\end{pmatrix}, \tag{5.26}$$

$$\mathcal{R}^{\pm}=\begin{pmatrix}\partial\tilde{\theta}^{+} & \partial\tilde{\theta}^{-}\\ D^{\pm}\tilde{\theta}^{+} & D^{\pm}\tilde{\theta}^{-}\end{pmatrix}. \tag{5.27}$$

Используя (5.22), для $N=2$ березиниана имеем

$$\begin{aligned}\operatorname{Ber}\left(\tilde{Z}/Z\right)=\frac{\operatorname{per}\mathrm{H}}{\det\mathrm{H}}+\frac{D^{+}\Delta^{-}\left(z,\theta^{+},\theta^{-}\right)+D^{-}\Delta^{+}\left(z,\theta^{+},\theta^{-}\right)}{2\det\mathrm{H}}+\\ \frac{\Delta^{-}\left(z,\theta^{+},\theta^{-}\right)}{\det\mathrm{H}}\cdot\frac{\delta\mathrm{et}\mathcal{R}^{+}}{\det\mathrm{H}}-\frac{\Delta^{+}\left(z,\theta^{+},\theta^{-}\right)}{\det\mathrm{H}}\cdot\frac{\delta\mathrm{et}\mathcal{R}^{-}}{\det\mathrm{H}}.\end{aligned} \tag{5.28}$$

В то же время функции (5.7) и (5.8) можно выразить через матричные функции и полуматричные функции симметричным образом

$$Q\left(z,\theta^{+},\theta^{-}\right)=\partial\tilde{z}-\operatorname{per}\mathrm{Q}, \tag{5.29}$$

$$\Delta^{\pm}\left(z,\theta^{+},\theta^{-}\right)=D^{\pm}\tilde{z}-\pi\mathrm{er}\mathcal{D}^{\pm}, \tag{5.30}$$

где полуматричные функции $\pi\mathrm{er}$ и $\delta\mathrm{et}$ определены в (6.24) и (6.23) (см. **Пункт 6.1.2**).

Замечание **5.12.** В формулах (5.29) явно прослеживается четно-нечетная симметрия, аналогичная (4.348).

Примечание. Это название не связано с нелинейными реализациями, обусловленными индуцированными представлениями, которые рассмотрены в **Подразделе 4.9**.

Чтобы выяснить, какие редукции $N=2$ касательного суперпространства возможны, докажем теорему сложения березинианов в случае $N=2$ (см. для $N=1$ (4.34) и (3.7)).

Теорема 5.13. (Теорема сложения $N=2$ березинианов) *Для $N=2$ супераналитических преобразований $Z(z,\theta^+,\theta^-) \to \tilde{Z}\left(\tilde{z},\tilde{\theta}^+,\tilde{\theta}^-\right)$ полный $N=2$ березиниан в обратимом* (5.11) *и полунеобратимом* (5.12) *случаях представляется в виде суммы трех березинианов*

$$\operatorname{Ber}\left(\tilde{Z}/Z\right) = \operatorname{Ber} \mathrm{P}_S^{(N=2)} + \operatorname{Ber} \mathrm{P}_{T+}^{(N=2)} + \operatorname{Ber} \mathrm{P}_{T-}^{(N=2)}. \tag{5.31}$$

Доказательство. С этой целью представим березиниан (5.10) (или (5.28) в виде трех слагаемых

$$\operatorname{Ber}\left(\tilde{Z}/Z\right) = \frac{Q(z,\theta^+,\theta^-)}{\det \mathrm{H}} + \tag{5.32}$$

$$\frac{\Delta^-(z,\theta^+,\theta^-)}{\det \mathrm{H}} \cdot \frac{\delta\mathrm{et}\mathcal{R}^+}{\det \mathrm{H}} - \frac{\Delta^+(z,\theta^+,\theta^-)}{\det \mathrm{H}} \cdot \frac{\delta\mathrm{et}\mathcal{R}^-}{\det \mathrm{H}}.$$

Легко видеть, что каждое из этих слагаемых представляет собой березиниан суперматрицы, которая получается из общей суперматрицы $\mathrm{P}_{SA}^{(N=2)}$ (5.6) занулением некоторых ее элементов. Отсюда получаем вид суперматриц и их березинианов, входящих в правую часть (5.31)

$$\mathrm{P}_S^{(N=2)} = \begin{pmatrix} Q(z,\theta^+,\theta^-) & \partial\tilde{\theta}^+ \ \ \partial\tilde{\theta}^- \\ 0 & \\ 0 & \mathrm{H} \end{pmatrix}, \tag{5.33}$$

$$\operatorname{Ber} \mathrm{P}_S^{(N=2)} = \frac{Q(z,\theta^+,\theta^-)}{\det \mathrm{H}}, \tag{5.34}$$

$$\mathrm{P}_{T+}^{(N=2)} = \begin{pmatrix} 0 & \partial\tilde{\theta}^+ \ \ \partial\tilde{\theta}^- \\ \Delta^-(z,\theta^+,\theta^-) & H \\ 0 & \end{pmatrix}, \tag{5.35}$$

$$\operatorname{Ber} \mathrm{P}_{T+}^{(N=2)} = \frac{\Delta^-(z,\theta^+,\theta^-)}{\det \mathrm{H}} \cdot \frac{\delta\mathrm{et}\mathcal{R}^+}{\det \mathrm{H}}, \tag{5.36}$$

$$\mathrm{P}_{T-}^{(N=2)} = \begin{pmatrix} 0 & \partial\tilde{\theta}^+ \ \ \partial\tilde{\theta}^- \\ 0 & \mathrm{H} \\ \Delta^+(z,\theta^+,\theta^-) & \end{pmatrix}, \tag{5.37}$$

$$\operatorname{Ber} \mathrm{P}_{T-}^{(N=2)} = -\frac{\Delta^+(z,\theta^+,\theta^-)}{\det \mathrm{H}} \cdot \frac{\delta\mathrm{et}\mathcal{R}^-}{\det \mathrm{H}}. \tag{5.38}$$

■

Из формул (5.33), (5.36) и (5.38) следует, что при $N=2$ имеется не одна (как в обратимом случае [297, 298, 535]), не две, как в $N=1$ случае (см. **Пункт 4.1.3**), а три возможные редукции, соответствующие трем различным типам преобразований.

Определение 5.14. *Обратимые, полунеобратимые и необратимые редуцированные $N=2$ суперконформные преобразования определяются двумя условиями*

$$\Delta^+\left(z,\theta^+,\theta^-\right) = D^+\tilde{z} - D^+\tilde{\theta}^- \cdot \tilde{\theta}^+ - D^+\tilde{\theta}^+ \cdot \tilde{\theta}^- = 0, \tag{5.39}$$

$$\Delta^-\left(z,\theta^+,\theta^-\right) = D^-\tilde{z} - D^-\tilde{\theta}^- \cdot \tilde{\theta}^+ - D^-\tilde{\theta}^+ \cdot \tilde{\theta}^- = 0. \tag{5.40}$$

Определение полунеобратимых и необратимых преобразований для $N=1$ дано в (4.4) и (4.5), а для $N=2$ — в (5.12) и (5.13).

Определение 5.15. *Полунеобратимые и необратимые левые $N=2$ редуцированные вращающие четность**) *касательного пространства преобразования определяются двумя условиями*

$$Q\left(z,\theta^+,\theta^-\right) = \partial\tilde{z} - \partial\tilde{\theta}^+\cdot\theta^- - \partial\tilde{\theta}^-\cdot\theta^+ = 0, \tag{5.41}$$

$$\Delta^-\left(z,\theta^+,\theta^-\right) = D^-\tilde{z} - D^-\tilde{\theta}^-\cdot\tilde{\theta}^+ - D^-\tilde{\theta}^+\cdot\tilde{\theta}^- = 0. \tag{5.42}$$

Определение 5.16. *Полунеобратимые и необратимые правые $N=2$ редуцированные сплетающие четность касательного пространства преобразования определяются двумя условиями*

$$Q\left(z,\theta^+,\theta^-\right) = \partial\tilde{z} - \partial\tilde{\theta}^+\cdot\theta^- - \partial\tilde{\theta}^-\cdot\theta^+ = 0, \tag{5.43}$$

$$\Delta^+\left(z,\theta^+,\theta^-\right) = D^+\tilde{z} - D^+\tilde{\theta}^-\cdot\tilde{\theta}^+ - D^+\tilde{\theta}^+\cdot\tilde{\theta}^- = 0. \tag{5.44}$$

Будем называть условия (5.39)–(5.40) SCf условиями, условия (5.41)–(5.42) — TPt^- условиями и (5.43)–(5.44) — TPt^+ условиями. В терминах перманентов и полуперманентов они приобретают вид

$$D^\pm\tilde{z} = \pi\mathrm{er}\mathcal{D}^\pm, \quad (\mathsf{SCf}) \tag{5.45}$$

$$\left\{\begin{array}{l} \partial\tilde{z} = \mathrm{per\,Q}, \\ D^-\tilde{z} = \pi\mathrm{er}\mathcal{D}^-, \end{array}\right. \quad (\mathsf{TPt}^-) \tag{5.46}$$

$$\left\{\begin{array}{l} \partial\tilde{z} = \mathrm{per\,Q}, \\ D^+\tilde{z} = \pi\mathrm{er}\mathcal{D}^+. \end{array}\right. \quad (\mathsf{TPt}^+) \tag{5.47}$$

Исходя из этих условий, можно определить три соответствующие редуцированные суперматрицы по формулам

$$\mathrm{P}_{SCf}^{(N=2)} \stackrel{def}{=} \mathrm{P}_S^{(N=2)}|_{\Delta^+(z,\theta^+,\theta^-)=0,\,\Delta^-(z,\theta^+,\theta^-)=0} =$$
$$\left(\begin{array}{cc} Q_{SCf}\left(z,\theta^+,\theta^-\right) & \partial\tilde{\theta}^+_{SCf}\ \partial\tilde{\theta}^-_{SCf} \\ 0 & \\ 0 & \mathrm{H}_{SCf} \end{array}\right), \tag{5.48}$$

$$\mathrm{P}_{TPt+}^{(N=2)} \stackrel{def}{=} \mathrm{P}_{T+}^{(N=2)}|_{Q(z,\theta^+,\theta^-)=0,\,\Delta^+(z,\theta^+,\theta^-)=0} =$$
$$\left(\begin{array}{cc} 0 & \partial\tilde{\theta}^+_{TPt+}\ \partial\tilde{\theta}^-_{TPt+} \\ \Delta^-_{TPt+}\left(z,\theta^+,\theta^-\right) & \mathrm{H}_{TPt+} \\ 0 & \end{array}\right), \tag{5.49}$$

$$\mathrm{P}_{TPt-}^{(N=2)} \stackrel{def}{=} \mathrm{P}_{T-}^{(N=2)}|_{Q(z,\theta^+,\theta^-)=0,\,\Delta^-(z,\theta^+,\theta^-)=0} =$$
$$\left(\begin{array}{cc} 0 & \partial\tilde{\theta}^+_{TPt-}\ \partial\tilde{\theta}^-_{TPt-} \\ 0 & \mathrm{H}_{TPt-} \\ \Delta^+_{TPt-}\left(z,\theta^+,\theta^-\right) & \end{array}\right), \tag{5.50}$$

Примечание. Причина такого названия будет пояснена ниже (для $N=1$ вращающих четность преобразований см. **Подраздел 4.7**).

где

$$Q_{SCf}\left(z,\theta^{+},\theta^{-}\right)\overset{def}{=}Q\left(z,\theta^{+},\theta^{-}\right)|_{\Delta^{+}(z,\theta^{+},\theta^{-})=0,\ \Delta^{-}(z,\theta^{+},\theta^{-})=0},\tag{5.51}$$

$$\Delta^{\pm}_{TPt\mp}\left(z,\theta^{+},\theta^{-}\right)\overset{def}{=}\Delta^{\pm}\left(z,\theta^{+},\theta^{-}\right)|_{Q(z,\theta^{+},\theta^{-})=0,\ \Delta^{\mp}(z,\theta^{+},\theta^{-})=0},\tag{5.52}$$

$$\begin{aligned}\partial\tilde{\theta}^{\pm}_{SCf}&=\partial\tilde{\theta}^{\pm}|_{\Delta^{+}(z,\theta^{+},\theta^{-})=0,\ \Delta^{-}(z,\theta^{+},\theta^{-})=0},\\ \partial\tilde{\theta}^{+}_{TPt\pm}&=\partial\tilde{\theta}^{+}|_{Q(z,\theta^{+},\theta^{-})=0,\ \Delta^{\pm}(z,\theta^{+},\theta^{-})=0},\\ \partial\tilde{\theta}^{-}_{TPt\pm}&=\partial\tilde{\theta}^{-}|_{Q(z,\theta^{+},\theta^{-})=0,\ \Delta^{\pm}(z,\theta^{+},\theta^{-})=0},\end{aligned}\tag{5.53}$$

$$\begin{aligned}\mathrm{H}_{SCf}&=\mathrm{H}|_{\Delta^{+}(z,\theta^{+},\theta^{-})=0,\ \Delta^{-}(z,\theta^{+},\theta^{-})=0},\\ \mathrm{H}_{TPt\pm}&=\mathrm{H}|_{Q(z,\theta^{+},\theta^{-})=0,\ \Delta^{\pm}(z,\theta^{+},\theta^{-})=0},\end{aligned}\tag{5.54}$$

$$\mathcal{R}_{TPt\pm}=\mathcal{R}|_{Q(z,\theta^{+},\theta^{-})=0,\ \Delta^{\pm}(z,\theta^{+},\theta^{-})=0}.\tag{5.55}$$

Для нахождения функции $Q_{SCf}(z,\theta^{+},\theta^{-})$ воспользуемся также (5.22), тогда получаем

$$Q_{SCf}\left(z,\theta^{+},\theta^{-}\right)=\operatorname{per}\mathrm{H}_{SCf}.\tag{5.56}$$

Отсюда следует окончательный вид SCf редуцированной суперматрицы

$$\mathrm{P}^{(N=2)}_{SCf}=\begin{pmatrix}\operatorname{per}\mathrm{H}_{SCf} & \partial\tilde{\theta}^{+}_{SCf} \ \ \partial\tilde{\theta}^{-}_{SCf}\\ 0 & \\ 0 & \mathrm{H}_{SCf}\end{pmatrix}\tag{5.57}$$

и фундаментальная *тройная формула*, связывающая березиниан, перманент и детерминант

$$\operatorname{Ber}\mathrm{P}^{(N=2)}_{SCf}=\frac{\operatorname{per}\mathrm{H}_{SCf}}{\det\mathrm{H}_{SCf}}.\tag{5.58}$$

Предложение 5.17. *Композиция двух $N=2$ SCf преобразований есть $N=2$ SCf преобразование, а композиция $N=2$ SCf преобразования и $N=2$ $\mathsf{TPt}^{\pm}$ преобразования есть $N=2$ $\mathsf{TPt}^{\pm}$ преобразование.*

Доказательство. Следует из умножения суперматриц (5.48)–(5.50)

$$\mathrm{P}^{(N=2)}_{SCf_1}\cdot\mathrm{P}^{(N=2)}_{SCf_2}=\mathrm{P}^{(N=2)}_{SCf_3},\tag{5.59}$$

$$\mathrm{P}^{(N=2)}_{TPt^{\pm}_1}\cdot\mathrm{P}^{(N=2)}_{SCf_2}=\mathrm{P}^{(N=2)}_{TPt^{\pm}_3}.\tag{5.60}$$

■

Покажем, что березинианы суперконформно-подобных и сплетающих четность преобразований выражаются через введенные суперматрицы (5.48), (5.49) и (5.50). Для этого нам понадобится

Утверждение 5.18. *Применение условий редукции (5.39)–(5.44) к суперматрицам $P^{(N=2)}_{S}$ и $P^{(N=2)}_{T\pm}$ в порядке, обратном, чем в (5.48)–(5.50), приводит к вырожденным суперматрицам с нулевым березинианом.*

Доказательство. Применяя $\mathsf{TPt}^{\pm}$ условия (5.41)–(5.44) к суперматрице $\mathrm{P}^{(N=2)}_{S}$ (5.33), получаем вырожденные суперматрицы следующего вида

$$\mathrm{P}^{(N=2)}_{D\pm}=\mathrm{P}^{(N=2)}_{S}|_{Q(z,\theta^{+},\theta^{-})=0,\ \Delta^{\pm}(z,\theta^{+},\theta^{-})=0}=\begin{pmatrix}0 & \partial\tilde{\theta}^{+}_{TPt\pm} \ \ \partial\tilde{\theta}^{-}_{TPt\pm}\\ 0 & \\ 0 & \mathrm{H}_{TPt\pm}\end{pmatrix},\tag{5.61}$$

березиниан которых, очевидно, равен нулю $\operatorname{Ber} \mathrm{P}_{D\pm}^{(N=2)} = 0$. С другой стороны, если применить SCf условия (5.39)–(5.40) к суперматрицам $\mathrm{P}_{T\pm}^{(N=2)}$ (5.36)–(5.38), то получим в обоих случаях одну и ту же вырожденную суперматрицу

$$\mathrm{P}_{D}^{(N=2)} = \mathrm{P}_{T\pm}^{(N=2)}|_{\Delta^+(z,\theta^+,\theta^-)=0,\, \Delta^-(z,\theta^+,\theta^-)=0} = \begin{pmatrix} 0 & \partial\tilde{\theta}_{SCf}^{+} \ \partial\tilde{\theta}_{SCf}^{-} \\ 0 & \\ 0 & \mathrm{H}_{SCf} \end{pmatrix}, \tag{5.62}$$

березиниан которой также равен нулю $\operatorname{Ber} \mathrm{P}_{D}^{(N=2)} = 0$. ■

Важно отметить, что все три вырожденные суперматрицы (5.61) и (5.62), несмотря на подобный внешний вид, не совпадают между собой $\mathrm{P}_{D+}^{(N=2)} \neq \mathrm{P}_{D-}^{(N=2)} \neq \mathrm{P}_{D}^{(N=2)}$, поскольку на их оставшиеся ненулевые элементы $\partial\tilde{\theta}^{\pm}$ и H наложены различные условия — TPt^+ (5.41)–(5.42), TPt^- (5.43)–(5.44) и SCf (5.39)–(5.40). Для того, чтобы найти березинианы редуцированных преобразований, необходимо спроектировать формулу сложения $N = 2$ березинианов (5.32) на различные вырианты редукции, пользуясь SCf и $\mathsf{TPt}^{\pm}$ условиями (5.39)–(5.44), а также **Предложением 4.51** и **Утверждением 5.18**. Тогда получим

$$\operatorname{Ber}\left(\tilde{Z}/Z\right) = \operatorname{Ber} \mathrm{P}_{SA}^{(N=2)} =$$

$$\begin{cases} \left(\operatorname{Ber} \mathrm{P}_{S}^{(N=2)} + \operatorname{Ber} \mathrm{P}_{T+}^{(N=2)} + \operatorname{Ber} \mathrm{P}_{T-}^{(N=2)}\right)|_{\Delta^{\pm}(z,\theta^+,\theta^-)=0} \\ \left(\operatorname{Ber} \mathrm{P}_{S}^{(N=2)} + \operatorname{Ber} \mathrm{P}_{T+}^{(N=2)} + \operatorname{Ber} \mathrm{P}_{T-}^{(N=2)}\right)|_{Q(z,\theta^+,\theta^-)=0,\, \Delta^{+}(z,\theta^+,\theta^-)=0} \\ \left(\operatorname{Ber} \mathrm{P}_{S}^{(N=2)} + \operatorname{Ber} \mathrm{P}_{T+}^{(N=2)} + \operatorname{Ber} \mathrm{P}_{T-}^{(N=2)}\right)|_{Q(z,\theta^+,\theta^-)=0,\, \Delta^{-}(z,\theta^+,\theta^-)=0} \end{cases} =$$

$$\begin{cases} \operatorname{Ber} \mathrm{P}_{SCf}^{(N=2)} + 0 + 0 \\ 0 + \operatorname{Ber} \mathrm{P}_{TPt+}^{(N=2)} + 0 \\ 0 + 0 + \operatorname{Ber} \mathrm{P}_{TPt-}^{(N=2)} \end{cases} = \begin{cases} \operatorname{Ber} \mathrm{P}_{SCf}^{(N=2)}, & (\mathsf{SCf}) \\ \operatorname{Ber} \mathrm{P}_{TPt+}^{(N=2)}, & (\mathsf{TPt}^{+}) \\ \operatorname{Ber} \mathrm{P}_{TPt-}^{(N=2)}, & (\mathsf{TPt}^{-}) \end{cases} =$$

$$\begin{cases} \dfrac{\operatorname{per} \mathrm{H}_{SCf}}{\det \mathrm{H}_{SCf}}, & (\mathsf{SCf}) \\ \dfrac{\Delta_{TPt+}^{-}(z,\theta^+,\theta^-)}{\det \mathrm{H}_{TPt+}} \cdot \dfrac{\delta\mathrm{et}\mathcal{R}_{TPt+}^{+}}{\det \mathrm{H}_{TPt+}}, & (\mathsf{TPt}^{+}) \\ -\dfrac{\Delta_{TPt-}^{+}(z,\theta^+,\theta^-)}{\det \mathrm{H}_{TPt-}} \cdot \dfrac{\delta\mathrm{et}\mathcal{R}_{TPt-}^{-}}{\det \mathrm{H}_{TPt-}}, & (\mathsf{TPt}^{-}) \end{cases} \tag{5.63}$$

где суперматрицы $\mathrm{P}_{SCf}^{(N=2)}$ и $\mathrm{P}_{TPt\pm}^{(N=2)}$ определены в (5.48)–(5.50), и мы воспользовались тройной формулой (5.58) для березиниана $N = 2$ суперконформно-подобных преобразований.

5.1.4. Классификация $N = 2$ SCf преобразований. Рассмотрим более подробно $N = 2$ преобразования, определяемые SCf условиями (5.39)–(5.40) или (5.45). В обратимом случае они называются $N = 2$ суперконформными преобразованиями [297, 298, 514] и используются для описания скрытой $N = 2$ суперконформной симметрии в суперструнной теории [201, 211], $N = 2$ суперримановых поверхностей [301, 533, 535] и $N = 2$ суперконформной теории поля [507, 508]. Необратимые случае $N = 2$ редуцированные преобразования рассматривались в [4, 13, 18]. Из (5.57) и тройной формулы (5.58) следует, что редуцированные $N = 2$ суперконформно-подобные преобразования полностью определяются элементами обычной матрицы H_{SCf} (5.9) с возможно нильпотентными элементами (см. [4, 13] и ниже). Так, для преобразования суперпроизводных $D^{\pm}$ и дифференциала dZ из (5.57) и (5.9) имеем

$$\begin{pmatrix} D^- \\ D^+ \end{pmatrix} = \mathrm{H}_{SCf} \cdot \begin{pmatrix} \tilde{D}^- \\ \tilde{D}^+ \end{pmatrix}, \tag{5.64}$$

$$d\tilde{Z} = dZ \cdot \operatorname{per} \mathrm{H}_{SCf}. \tag{5.65}$$

Последняя формула (5.65), в частности, может трактоваться так, что $\operatorname{per} \mathrm{H}_{SCf}$ играет роль якобиана в комплексном базисе [297].

Замечание **5.19.** Матрица H_{SCf} является полуминором (см. **Пункт 6.1.2**) четного элемента $Q_{SCf}(z, \theta^+, \theta^-)$ в суперматрице (5.48).

Из (5.64) видно, что нечетные суперпроизводные $D^{\pm}$ образуют $(0|2)$-мерное подпространство в $(1|2)$-мерном касательном пространстве. Другими словами, они преобразуются только друг через друга как

$$D^{\pm} = D^{\pm}\tilde{\theta}^- \cdot \tilde{D}^+ + D^{\pm}\tilde{\theta}^+ \cdot \tilde{D}^-. \tag{5.66}$$

Соответствующее кокасательное $(0|2)$-мерное пространство строится с помощью $N = 2$ супердифференциалов, преобразующихся дуально с помощью той же матрицы H_{SCf} следующим образом

$$\begin{pmatrix} d\tilde{\tau}^+_{SCf} & d\tilde{\tau}^-_{SCf} \end{pmatrix} = \begin{pmatrix} d\tau^+_{SCf} & d\tau^-_{SCf} \end{pmatrix} \cdot \mathrm{H}_{SCf}. \tag{5.67}$$

Определение 5.20. *Внешний* SCf *супердифференциал* $\delta^{(N=2)}_{SCf}$ *определяется формулой*

$$\delta^{(N=2)}_{SCf} = d\tau^+_{SCf} \cdot D^- + d\tau^-_{SCf} \cdot D^+. \tag{5.68}$$

Утверждение 5.21. *Внешний дифференциал $(0|2)$-мерного подпространства инвариантен относительно $N = 2$ суперконформно-подобных преобразований.*

Доказательство. Из (5.64), (5.67) и (5.68) имеем

$$\delta^{(N=2)}_{SCf} = \begin{pmatrix} d\tau^+_{SCf} & d\tau^-_{SCf} \end{pmatrix} \cdot \begin{pmatrix} D^- \\ D^+ \end{pmatrix} =$$
$$\begin{pmatrix} d\tau^+_{SCf} & d\tau^-_{SCf} \end{pmatrix} \cdot \mathrm{H}_{SCf} \cdot \begin{pmatrix} \tilde{D}^- \\ \tilde{D}^+ \end{pmatrix} =$$
$$\begin{pmatrix} d\tilde{\tau}^+_{SCf} & d\tilde{\tau}^-_{SCf} \end{pmatrix} \cdot \begin{pmatrix} \tilde{D}^- \\ \tilde{D}^+ \end{pmatrix} = \tilde{\delta}^{(N=2)}_{SCf}. \tag{5.69}$$

■

Введенные $N = 2$ супердифференциалы $d\tau^{\pm}_{SCf}$ дуальны к суперпроизводным и в смысле соотношения (см. (5.3))

$$\left\{ d\tau^+_{SCf}, d\tau^-_{SCf} \right\} = 2dZ. \tag{5.70}$$

Применим оператор D^+ к SCf условию (5.39)

$$D^+ \left(D^+\tilde{z} - D^+\tilde{\theta}^- \cdot \tilde{\theta}^+ - D^+\tilde{\theta}^+ \cdot \tilde{\theta}^- \right) = 0. \tag{5.71}$$

Используя нильпотентность суперпроизводных в комплексном базисе (5.2) $(D^+)^2 = 0$, получаем

$$\begin{aligned} D^+\tilde{\theta}^- \cdot D^+\tilde{\theta}^+ &= 0, \\ D^-\tilde{\theta}^+ \cdot D^-\tilde{\theta}^- &= 0. \end{aligned} \tag{5.72}$$

Отсюда следует, что матрица H_{SCf}^{T} является 2×2 scf-матрицей (см. **Подраздел 6.2**), т. е. элементы в столбцах H_{SCf}^{T} взаимно ортогональны. Для таких матриц справедливо общее соотношение

$$(\det \mathrm{H}_{SCf})^2 = (\operatorname{per} \mathrm{H}_{SCf})^2 . \tag{5.73}$$

Тогда в случае обратимых преобразований, которые удовлетворяют условию $\epsilon\left[\det \mathrm{H}_{SCf}\right] \neq 0$ (5.11)–(5.12) (с очевидностью, также и $\epsilon\left[\operatorname{per} \mathrm{H}_{SCf}\right] \neq 0$), для березиниана (5.63) имеем

$$\operatorname{Ber}_{SCf}\left(\tilde{Z}/Z\right) = \frac{\det \mathrm{H}_{SCf}}{\operatorname{per} \mathrm{H}_{SCf}} = \frac{\operatorname{per} \mathrm{H}_{SCf}}{\det \mathrm{H}_{SCf}}, \tag{5.74}$$

поэтому

$$\left(\operatorname{Ber}_{SCf}\left(\tilde{Z}/Z\right)\right)^2 = 1. \tag{5.75}$$

Следовательно, для обратимых $N = 2$ суперконформных преобразований березиниан равен

$$\operatorname{Ber}_{SCf}\left(\tilde{Z}/Z\right) = k = \pm 1, \tag{5.76}$$

где $k = +1$ отвечает подгруппе $SO_{\Lambda_0}(2)$ преобразований (в координатном базисе (4.106)), описывающих $N = 2$ суперримановы поверхности без твиста, а $k = -1$ соответствует общим $O_{\Lambda_0}(2)$ преобразованиям, описывающих $N = 2$ суперримановы поверхности [297, 298, 533] или $N = 2$ суперконформные алгебры [381, 537, 538] с твистом. Этого и естественоо, поскольку группой внешних автоморфизмов здесь является $Z_2 = \epsilon\left[O_{\Lambda_0}(2) / SO_{\Lambda_0}(2)\right]$ [297, 298].

Если $\epsilon\left[\det \mathrm{H}_{SCf}\right] \neq 0$, то легко видеть, что элемент матрицы может быть либо ненулевым с ненулевой числовой частью, либо нулем, поэтому верхнему и нижнему знакам отвечает диагональная и антидиагональная матрица H_{SCf} соответственно

$$\mathrm{H}_{SCf}^{(k=+1)} = \begin{pmatrix} D^-\tilde{\theta}^+ & 0 \\ 0 & D^+\tilde{\theta}^- \end{pmatrix}, \; D^-\tilde{\theta}^- = D^+\tilde{\theta}^+ = 0, \tag{5.77}$$

$$\mathrm{H}_{SCf}^{(k=-1)} = \begin{pmatrix} 0 & D^-\tilde{\theta}^- \\ D^+\tilde{\theta}^+ & 0 \end{pmatrix}, \; D^-\tilde{\theta}^+ = D^+\tilde{\theta}^- = 0. \tag{5.78}$$

Это следует и из общего соотношения между 2×2 матрицами в координатном H_0 (4.103) и комплексном H (5.9) базисах (см. [4] и **Подраздел 6.2**)

$$\mathrm{H}_0^T \cdot \mathrm{H}_0 = \operatorname{per} \mathrm{H} \cdot \mathrm{I} + \operatorname{scf}_{-}\mathrm{H}^T \cdot \sigma^+ + \operatorname{scf}_{+}\mathrm{H}^T \cdot \sigma^-, \tag{5.79}$$

где I — единичная 2×2 матрица, $\sigma^{\pm} = \sigma_3 \pm i\sigma_1$, σ_i — матрицы Паули и

$$\operatorname{scf}_{\pm}\mathrm{H}^T = D^{\pm}\tilde{\theta}^+ \cdot D^{\pm}\tilde{\theta}^-. \tag{5.80}$$

Из (5.79) видно, что условие для матрицы H_0 в координатном базисе быть пропорциональной ортогональной матрице совпадает с условием для матрицы H в комплексном базисе быть scf-матрицей (см. **Подраздел 6.2**) $\operatorname{scf}_{\pm}\mathrm{H}_{SCf}^T = 0$, что совпадает с условиями (5.72) и соответственно с SCf условиями (5.39)–(5.40).

Таким образом, при $\epsilon\left[\det \mathrm{H}_{SCf}\right] \neq 0$ scf-матрица H_{SCf} является диагональной (5.77) или антидиагональной (5.78), и тогда из (5.66) имеем

$$D^{\pm} = \begin{cases} D^{\pm}\tilde{\theta}^- \cdot \tilde{D}^{\pm}, & k = +1 \\ D^{\pm}\tilde{\theta}^+ \cdot \tilde{D}^{\mp}, & k = -1 \end{cases}. \tag{5.81}$$

Первое условие в (5.81) приводит к возможности глобального определения $D^{\pm}$, и такие преобразования могут применяться как функции перехода на $N = 2$ суперримановых поверхностях без твиста, допускающих $U_{\Lambda_0}(1)$ $(= SO_{\Lambda_0}(2))$ группу голономии и линейное расслоение над обычными римановыми поверхностями в то время, как второе условие не позволяет глобально определить $D^{\pm}$, что приводит к поверхностям с твистом [297, 298, 533].

В необратимом случае $\epsilon\left[\det \mathrm{H}_{SCf}\right]=0$, хотя может оказаться, что $\det \mathrm{H}_{SCf}\neq 0$ из-за наличия нильпотентных элементов в подстилающей алгебре и соответствующих нильпотентных функций, входящих в H_{SCf} [4, 13]. Тогда условие (5.72) может выполняться не за счет зануления сомножителей, а за счет делителей нуля в компонентных функциях. И для суперпроизводных $D^{\pm}$ будет выполняться соотношение (5.66) с двумя ненулевыми членами в правой части, несмотря на выполнение (5.72).

Таким образом, в полунеобратимом и необратимом случаях мы будем будем избегать деления в (5.74) и пользоваться необратимым аналогом (см. для $N=1$ **Подраздел 4.1**) якобиана (который назван в [4] доопределенным березинианом) в виде

$$\operatorname{per} \mathrm{H}_{SCf}\cdot \boldsymbol{J}_{SCf}^{noninv}=\det \mathrm{H}_{SCf}, \tag{5.82}$$

Здесь $\operatorname{per}\mathrm{H}_{SCf}\neq 0$ и $\det \mathrm{H}_{SCf}\neq 0$, хотя и $\epsilon\left[\operatorname{per}\mathrm{H}_{SCf}\right]=\epsilon\left[\det \mathrm{H}_{SCf}\right]=0$. Тогда решение (5.76) не является единственным за счет нильпотентности $\operatorname{per}\mathrm{H}_{SCf}$ и $\det \mathrm{H}_{SCf}$. Примеры таких необратимых преобразований, удовлетворяющих SCf условиям (5.39)–(5.40), приведены в [4, 13] (см. ниже).

Утверждение 5.22. *Для преобразований, удовлетворяющих* SCf *условиям* (5.39)–(5.40)

$$\epsilon\left[\operatorname{per}\mathrm{H}_{SCf}\right]=\epsilon\left[\det \mathrm{H}_{SCf}\right]. \tag{5.83}$$

Доказательство. Непосредственно следует из (5.72) и (5.73). ■

Таким образом, классификация обратимых и необратимых преобразований, удовлетворяющих SCf условиям (5.39)–(5.40), может быть проведена в терминах перманента матрицы H_{SCf} и имеет вид:

1. Обратимые $N=2$ суперконформные преобразования, удовлетворяющие условию $\epsilon\left[\operatorname{per}\mathrm{H}_{SCf}\right]\neq 0$.

   а) $U_{\Lambda_0}(1)$ преобразования $\operatorname{per}\mathrm{H}_{SCf}=\det \mathrm{H}_{SCf}$ (матрица H_{SCf} диагональна);

   б) $O_{\Lambda_0}(2)$ преобразования $\operatorname{per}\mathrm{H}_{SCf}=-\det \mathrm{H}_{SCf}$ (матрица H_{SCf} антидиагональна).

2. Необратимые $N=2$ суперконформные преобразования, удовлетворяющие условию $\epsilon\left[\operatorname{per}\mathrm{H}_{SCf}\right]=0$.

   а) $\operatorname{per}\mathrm{H}_{SCf}\neq 0$ (матрица H_{SCf} состоит из нильпотентных элементов);

   б) $\operatorname{per}\mathrm{H}_{SCf}=0$ (матрица H_{SCf} мономиальна, биномиальна или состоит из взаимно-ортогональных элементов).

Особый случай представляют собой расщепленные $N=2$ SCf преобразования, которые рассмотрены в **Приложении 4.5.1**.

5.1.5. Конечные обратимые и необратимые SCf преобразования и $N=2$ SCf полугруппа. Чтобы получить и проклассифицировать нерасщепленные $N=2$ SCf преобразования, применим SCf условия (5.39)–(5.40) к полным $N=2$ супераналитическим преобразованиям вида (5.14). Для этого удобно воспользоваться соотношениями, следующими из (5.14) и (5.1),

$$D^{\pm}\tilde{z}=\chi_{\pm}(z)+\theta^{\pm}\cdot\left(f'(z)\mp h(z)\right)+\theta^{\pm}\theta^{\mp}\cdot\chi'_{\pm}(z), \tag{5.84}$$

$$D^{\pm}\tilde{\theta}^{\mp} = g_{\mp\pm}(z) + \theta^{\pm} \cdot \Big(\psi'_{\mp}(z) + \lambda_{\mp}(z)\Big) + \theta^{\pm}\theta^{\mp} \cdot g'_{\mp\pm}(z), \tag{5.85}$$

$$D^{\pm}\tilde{\theta}^{\pm} = g_{\pm\pm}(z) + \theta^{\pm} \cdot \Big(\psi'_{\pm}(z) - \lambda_{\pm}(z)\Big) + \theta^{\pm}\theta^{\mp} \cdot g'_{\pm\pm}(z). \tag{5.86}$$

Тогда непосредственно из SCf условий (5.39)–(5.40) получаем систему уравнений на компонентные функции

$$\begin{aligned} f'(z) \mp h(z) &= g_{+-}(z)\, g_{-+}(z) + g_{++}(z)\, g_{--}(z) + \psi'_{\pm}(z)\, \psi_{\mp}(z) + \\ &\quad \psi'_{\mp}(z)\, \psi_{\pm}(z) + \lambda_{\mp}(z)\, \psi_{\pm}(z) - \lambda_{\pm}(z)\, \psi_{\mp}(z), \\ \chi'_{\pm} &= g'_{\mp\pm}(z)\, \psi_{\pm}(z) - g_{\mp\pm}(z)\, \psi'_{\pm}(z) + g'_{\pm\pm}(z)\, \psi_{\mp}(z) - \\ &\quad g_{\pm\pm}(z)\, \psi'_{\mp}(z) + 2g_{\mp\pm}(z)\, \lambda_{\pm}(z) - 2g_{\pm\pm}(z)\, \lambda_{\mp}(z), \end{aligned}$$

$$\chi_{\pm} = g_{\mp\pm}(z)\, \psi_{\pm}(z) + g_{\pm\pm}(z)\, \psi_{\mp}(z),$$

$$g_{\mp\pm}(z)\, g_{\pm\pm}(z) = 0,$$

которую можно привести к следующему виду

$$f'(z) = g_{+-}(z)\, g_{-+}(z) + g_{++}(z)\, g_{--}(z) + \psi'_{+}(z)\, \psi_{-}(z) + \psi'_{-}(z)\, \psi_{+}(z), \tag{5.87}$$

$$h(z) = \lambda_{+}(z)\, \psi_{-}(z) - \lambda_{-}(z)\, \psi_{+}(z), \tag{5.88}$$

$$\chi_{\pm} = g_{\mp\pm}(z)\, \psi_{\pm}(z) + g_{\pm\pm}(z)\, \psi_{\mp}(z), \tag{5.89}$$

$$g_{\mp\pm}(z)\Big[\lambda_{\pm}(z) - \psi'_{\pm}(z)\Big] = g_{\pm\pm}(z)\Big[\lambda_{\mp}(z) + \psi'_{\mp}(z)\Big], \tag{5.90}$$

$$g_{\mp\pm}(z)\, g_{\pm\pm}(z) = 0. \tag{5.91}$$

В терминах матричных функций и их нечетных аналогов (см. 4.10) первые 4 уравнения можно представить в компактном четно-нечетно симметричном виде

$$f'(z) = \operatorname{per} \mathrm{G}_{SCf} + \operatorname{per} \begin{pmatrix} \psi'_{+}(z) & \psi'_{-}(z) \\ \psi_{+}(z) & \psi_{-}(z) \end{pmatrix}, \tag{5.92}$$

$$h(z) = \det \begin{pmatrix} \lambda_{+}(z) & \lambda_{+}(z) \\ \psi_{+}(z) & \psi_{-}(z) \end{pmatrix}, \tag{5.93}$$

$$\chi_{\pm} = \pi\mathrm{er} \begin{pmatrix} g_{\mp\pm}(z) & g_{\pm\pm}(z) \\ \psi_{\mp}(z) & \psi_{\pm}(z) \end{pmatrix}, \tag{5.94}$$

$$\pi\mathrm{er} \begin{pmatrix} g_{\mp\pm}(z) & g_{\pm\pm}(z) \\ \psi'_{\mp}(z) & \psi'_{\pm}(z) \end{pmatrix} = \delta\mathrm{et} \begin{pmatrix} g_{\mp\pm}(z) & g_{\pm\pm}(z) \\ \lambda_{\mp}(z) & \lambda_{\pm}(z) \end{pmatrix}. \tag{5.95}$$

Отсюда следует, что число независимых функций, которыми определяется $N = 2$ SCf преобразование равно 12 (супераналитических компонентных функций (5.14)) - 8 (уравнений) $= 4$. Остальные функции могут быть найдены из 8 уравнений (5.87)–(5.91). В частности, в обратимом случае, если $\epsilon[\det \mathrm{G}_{SCf}] \neq 0$, то функции $h(z)$ и $\lambda_{\pm}(z)$ можно получить из уравнений (5.93) и (5.94) в явном виде

$$\begin{aligned} h(z) &= \frac{\operatorname{per} \mathrm{G}_{SCf}}{\det \mathrm{G}_{SCf}} \left(\psi_{+}(z)\, \psi_{-}(z)\right)' + \\ &\quad \frac{2g_{-+}(z)\, g_{--}(z)}{\det \mathrm{G}_{SCf}} \psi'_{+}(z)\, \psi_{+}(z) + \frac{2g_{+-}(z)\, g_{++}(z)}{\det \mathrm{G}_{SCf}} \psi'_{-}(z)\, \psi_{-}(z), \end{aligned} \tag{5.96}$$

$$\lambda_{\pm}(z) = \frac{\operatorname{per} \mathrm{G}_{SCf}}{\det \mathrm{G}_{SCf}} \psi'_{\pm}(z) + \frac{2g_{\pm\mp}(z)\, g_{\pm\pm}(z)}{\det \mathrm{G}_{SCf}} \psi'_{\mp}(z). \tag{5.97}$$

Кроме того, при $\epsilon[\det \mathrm{G}_{SCf}] \neq 0$ имеется лишь два решения уравнений (5.91): матрица G_{SCf} — диагональна (4.136) или антидиагональна (4.137), что снова соответствует $U_{\Lambda_0}(1)$ и $O_{\Lambda_0}(2)$ случаям. При этом

$$\frac{\operatorname{per} \mathrm{G}_{SCf}}{\det \mathrm{G}_{SCf}} = k = \begin{cases} +1, & U_{\Lambda_0}(1) \\ -1, & O_{\Lambda_0}(2) \end{cases}. \tag{5.98}$$

Тогда получаем для $U_{\Lambda_0}(1)$ и $O_{\Lambda_0}(2)$ преобразования в выбранной параметризации

$$\begin{cases} \tilde{z} = f(z) + \theta^+ g_{+-}(z)\,\psi_-(z) + \theta^- g_{-+}(z)\,\psi_+(z) + \theta^+\theta^-\left(\psi_+(z)\,\psi_-(z)\right)', \\ \tilde{\theta}^\pm = \psi_\pm(z) + \theta^\pm g_{\pm\mp}(z) + \theta^\pm\theta^\mp \psi'_\pm(z), \end{cases} \tag{5.99}$$

где $f'(z) = g_{+-}(z)\,g_{-+}(z) + \psi'_+(z)\,\psi_-(z) + \psi'_-(z)\,\psi_+(z)$, и

$$\begin{cases} \tilde{z} = f(z) + \theta^+ g_{--}(z)\,\psi_+(z) + \theta^- g_{++}(z)\,\psi_-(z) - \theta^+\theta^-\left(\psi_+(z)\,\psi_-(z)\right)', \\ \tilde{\theta}^\pm = \psi_\pm(z) + \theta^\mp g_{\pm\pm}(z) - \theta^\pm\theta^\mp \psi'_\pm(z), \end{cases} \tag{5.100}$$

где $f'(z) = g_{++}(z)\,g_{--}(z) + \psi'_+(z)\,\psi_-(z) + \psi'_-(z)\,\psi_+(z)$. Как и в случае расщепленной $N = 2$ полугруппы (4.145), представление полной $N = 2$ SCf полугруппы функциональными матрицами (см. **Определение 5.9**) будет некоторым сужением представления (5.18), а именно

$$\left\{ \begin{array}{cccc} f & h & \chi_- & \chi_+ \\ \psi_+ & \lambda_+ & g_{+-} & g_{++} \\ \psi_- & \lambda_- & g_{--} & g_{-+} \end{array} \right\} \Big|_{SCf\ nonsplit} \longrightarrow \left\{ \begin{array}{ccc} \psi_+ & g_{+-} & g_{++} \\ \psi_- & g_{--} & g_{-+} \end{array} \right\}. \tag{5.101}$$

Поэтому можно определить $N = 2$ SCf полугруппу следующим образом.

Определение 5.23. *Элемент* $\mathbf{s}$ *полной* $N = 2$ *суперконформной полугруппы* $\mathbf{S}_{SCf}^{(N=2)}$ *параметризуется функциональной матрицей*

$$\left\{ \begin{array}{ccc} \psi_+ & g_{+-} & g_{++} \\ \psi_- & g_{--} & g_{-+} \end{array} \right\} \Big|_{g_{\mp\pm}(z) g_{\pm\pm}(z) = 0} \stackrel{def}{=} \mathbf{s} \in \mathbf{S}_{SCf}^{(N=2)}, \tag{5.102}$$

а действие $\mathbf{s}^{(1)} * \mathbf{s}^{(2)} = \mathbf{s}^{(3)}$ *определяется композицией полных преобразований* $Z \to \tilde{Z} \to \tilde{\tilde{Z}}$.

Остальные функции $f(z), h(z), \lambda_\pm(z), \chi_\pm(z)$ определяются из уравнений (5.87)–(5.90), а в обратимом случае — из (5.96)–(5.97).

В необратимом случае при $\epsilon[\det \mathrm{G}_{SCf}] = 0$ (и, следовательно, $\epsilon[\mathrm{per}\, \mathrm{G}_{SCf}] = 0$) число возможных решений системы (5.87)–(5.91) резко увеличивается за счет делителей нуля и нильпотентов среди компонентных функций. Фактически необходимо решить систему двух уравнений над расширенным кольцом, содержащим нильпотенты.

Во-первых, как и в расщепленном случае (см. **Приложение 4.5.1**), ортогональность элементов столбца матрицы G_{SCf} теперь уже означает не зануление одного из сомножителей, а их возможную пропорциональность одной и той же нильпотентной нечетной функции (подобно (4.144)). Более того, уравнения (5.90), используя тот же подход, могут решаться многими способами, например, путем взаимной ортогональности каждого из сомножителей в правой и левой части. Тогда удобно параметризовать все преобразование только нечетными функциями, а элементы матрицы G_{SCf} находить из уравнений (5.90)–(5.91). Отметим, что возможен и половинный случай, когда в одном столбце матрицы G_{SCf} элементы ортогональны за счет нильпотентности, а в другом — за счет зануления одного из них. Следует учесть и "самый необратимый" вариант, когда все элементы матрицы G_{SCf} равны нулю.

Суммируя, можно проклассифицировать возможные преобразования, удовлетворяющие системе (5.87)–(5.91), следующим образом:

1. Обратимые преобразования с $\epsilon[\mathrm{per}\, \mathrm{G}] \neq 0$.

a) $U_{\Lambda_0}(1)$ преобразования $\mathrm{per}\, \mathrm{G}_{SCf} = \det \mathrm{G}_{SCf}$ (матрица G_{SCf} диагональна);

б) $O_{\Lambda_0}(2)$ преобразования $\operatorname{per} \mathrm{G}_{SCf} = -\det \mathrm{G}_{SCf}$ (матрица G_{SCf} антидиагональна).

2. Необратимые преобразования с $\epsilon\left[\operatorname{per} \mathrm{G}_{SCf}\right] = 0$.

а) "Половинный" вариант, когда одно уравнение из (5.91) выполняется, как в обратимом случае, за счет зануления одного или двух сомножителей, а другое — за счет нильпотентной ортогональности;

б) "Полный" необратимый вариант, когда все элементы матрицы G_{SCf} не равны нулю, но взаимонильпотентны.

3. "Самый необратимый" вариант $\mathrm{G}_{SCf} = 0$.

Обратимые случаи рассматривались выше (5.99)–(5.100), поэтому мы рассмотрим необратимые. Последний "самый необратимый" вариант **3** получается из большинства необратимых вариантов **2** путем зануления некоторых компонентных функций. Соответствующие $N = 2$ необратимые SCf преобразования вообще не содержат четных функций и имеют вид

$$\left\{ \begin{array}{l} \tilde{z} = f(z) + \theta^+\theta^- \left(\psi_+(z)\,\lambda_-(z) - \psi_-(z)\,\lambda_+(z)\right), \\ \tilde{\theta}^\pm = \psi_\pm(z) + \theta^\pm\theta^\mp\lambda_\pm(z), \end{array} \right. \tag{5.103}$$

где $f'(z) = \psi'_+(z)\,\psi_-(z) + \psi'_-(z)\,\psi_+(z)$. Матрица G_{SCf} в "половинных вариантах" **2a** содержит один нуль и один элемент, который может быть ненильпотентным, а уравнения (5.90)–(5.91) имеют следующие возможные решения

$$1)\ \mathrm{G}_{SCf} = \begin{pmatrix} g_{+-}(z) & \eta(z)\,\psi'_-(z) \\ 0 & \eta(z)\left(\lambda_+(z) - \psi'_+(z)\right) \end{pmatrix},\ \lambda_-(z) = \psi'_-(z), \tag{5.104}$$

$$2)\ \mathrm{G}_{SCf} = \begin{pmatrix} \eta(z)\left(\lambda_-(z) - \psi'_-(z)\right) & 0 \\ \eta(z)\,\psi'_+(z) & g_{-+}(z) \end{pmatrix},\ \lambda_+(z) = \psi'_+(z), \tag{5.105}$$

$$3)\ \mathrm{G}_{SCf} = \begin{pmatrix} 0 & \eta(z)\left(\lambda_-(z) + \psi'_-(z)\right) \\ g_{--}(z) & \eta(z)\,\psi'_+(z) \end{pmatrix},\ \lambda_+(z) = -\psi'_+(z), \tag{5.106}$$

$$4)\ \mathrm{G}_{SCf} = \begin{pmatrix} \eta(z)\,\psi'_-(z) & g_{++}(z) \\ \eta(z)\left(\lambda_+(z) + \psi'_+(z)\right) & 0 \end{pmatrix},\ \lambda_-(z) = -\psi'_-(z). \tag{5.107}$$

Остальные функции $f(z), h(z), \chi_\pm(z)$ находятся из уравнений (5.87)–(5.89). Параметризация таких преобразований проводится с помощью одной четной функции $g_{ab}(z)$ (ненильпотентный элемент матрицы G_{SCf}) и четырех нечетных функций $\psi_+(z), \psi_-(z), \eta(z), \lambda_+(z)$ (или $\lambda_-(z)$). Например, для варианта 1) (5.104) получаем необратимое $N = 2$ преобразование

$$\left\{ \begin{array}{l} \tilde{z} = f(z) + \theta^- \left[\eta(z)\left(\lambda_+(z) - \psi'_+(z)\right)\psi_+(z) + \eta(z)\,\psi'_-(z)\,\psi_-(z)\right] + \\ \qquad \theta^+ g_{+-}(z)\,\psi_-(z) + \theta^+\theta^- \left[\lambda_+(z)\,\psi_-(z) - \psi'_-(z)\,\psi_+(z)\right], \\ \tilde{\theta}^+ = \psi_+(z) + \theta^+ g_{+-}(z) + \theta^-\eta(z)\,\psi'_-(z) + \theta^+\theta^-\lambda_+(z), \\ \tilde{\theta}^- = \psi_-(z) + \theta^-\eta(z)\left(\lambda_+(z) - \psi'_+(z)\right) - \theta^+\theta^-\psi'_-(z), \end{array} \right. \tag{5.108}$$

где

$$f'(z) = g_{+-}(z)\,\eta(z)\left(\lambda_+(z) - \psi'_+(z)\right) + \psi'_+(z)\,\psi_-(z) + \psi'_-(z)\,\psi_+(z).$$

В случае **2б** "полных" необратимых преобразований все элементы матрицы G_{SCf} отличны от нуля, но нильпотентны. Тогда решение уравнений (5.90)–(5.91) дает

$$1)\ \mathrm{G}_{SCf}=\begin{pmatrix}\eta(z)\Big(\lambda_-(z)-\psi'_-(z)\Big) & \rho(z)\Big(\lambda_-(z)+\psi'_-(z)\Big)\\ \eta(z)\Big(\lambda_+(z)+\psi'_+(z)\Big) & \rho(z)\Big(\lambda_+(z)-\psi'_+(z)\Big)\end{pmatrix}, \qquad (5.109)$$

$$2)\ \mathrm{G}_{SCf}=\begin{pmatrix}\eta(z)\Big(\lambda_+(z)+\psi'_+(z)\Big) & \rho(z)\Big(\lambda_+(z)-\psi'_+(z)\Big)\\ \eta(z)\Big(\lambda_-(z)-\psi'_-(z)\Big) & \rho(z)\Big(\lambda_-(z)+\psi'_-(z)\Big)\end{pmatrix}. \qquad (5.110)$$

Такие преобразования параметризуются шестью нечетными функциями $\psi_\pm(z)$, $\lambda_\pm(z)$, $\eta(z)$, $\rho(z)$ и, например, в первом варианте (5.109) имеют вид

$$\begin{gathered}\tilde{z}=f(z)+\theta^+\theta^-\left[\lambda_+(z)\psi_-(z)-\lambda_-(z)\psi_+(z)\right]+\\ \theta^+\Big[\eta(z)\lambda_+(z)+\eta(z)\lambda_-(z)+\big(\psi_+(z)\psi_-(z)\big)'\Big]+\\ \theta^-\Big[\rho(z)\lambda_-(z)+\rho(z)\lambda_+(z)-\big(\psi_+(z)\psi_-(z)\big)'\Big],\\ \tilde{\theta}^+=\psi_+(z)+\theta^+\eta(z)\Big(\lambda_+(z)+\psi'_+(z)\Big)+\\ \theta^-\rho(z)\Big(\lambda_+(z)-\psi'_+(z)\Big)+\theta^+\theta^-\lambda_+(z),\\ \tilde{\theta}^-=\psi_-(z)+\theta^-\rho(z)\Big(\lambda_-(z)+\psi'_-(z)\Big)+\\ \theta^+\eta(z)\Big(\lambda_-(z)-\psi'_-(z)\Big)-\theta^+\theta^-\lambda_-(z),\end{gathered} \qquad (5.111)$$

где

$$\begin{aligned}f'(z) &= 2\eta(z)\rho(z)\Big[\lambda_-(z)\psi'_+(z)-\lambda_+(z)\psi'_-(z)\Big]+\\ &\quad \psi'_+(z)\psi_-(z)+\psi'_-(z)\psi_+(z).\end{aligned}$$

Иной вариант решения уравнений (5.90)–(5.91) возникает, когда обе функции $\lambda_\pm(z)$ приравниваются к $\psi'_\pm(z)$ с различными знаками, что приводит еще к четырем решениям

$$1)\ \mathrm{G}_{SCf}=\begin{pmatrix}\eta(z)\sigma(z) & \rho(z)\psi'_-(z)\\ \eta(z)\psi'_+(z) & \rho(z)\mu(z)\end{pmatrix},\ \lambda_\pm(z)=\psi'_\pm(z), \qquad (5.112)$$

$$2)\ \mathrm{G}_{SCf}=\begin{pmatrix}\eta(z)\psi'_-(z) & \rho(z)\mu(z)\\ \eta(z)\sigma(z) & \rho(z)\psi'_+(z)\end{pmatrix},\ \lambda_\pm(z)=-\psi'_\pm(z), \qquad (5.113)$$

$$3)\ \mathrm{G}_{SCf}=\begin{pmatrix}\eta(z)\psi'_-(z) & \rho(z)\mu(z)\\ \eta(z)\psi'_+(z) & \rho(z)\sigma(z)\end{pmatrix},\ \lambda_+(z)=\psi'_+(z),\ \lambda_-(z)=-\psi'_-(z), \qquad (5.114)$$

$$4)\ \mathrm{G}_{SCf}=\begin{pmatrix}\eta(z)\mu(z) & \rho(z)\psi'_-(z)\\ \eta(z)\sigma(z) & \rho(z)\psi'_+(z)\end{pmatrix},\ \lambda_+(z)=-\psi'_+(z),\ \lambda_-(z)=\psi'_-(z). \qquad (5.115)$$

Необратимые $N=2$ преобразования, соответствующие, например, варианту (5.112), имеют вид

$$\begin{gathered}\tilde{z}=f(z)+\theta^+\Big[\eta(z)\sigma(z)\psi_-(z)+\eta(z)\psi'_+(z)\psi_+(z)\Big]+\\ \theta^-\Big[\rho(z)\mu(z)\psi_+(z)+\rho(z)\psi'_-(z)\psi_-(z)\Big]+\theta^+\theta^-\big(\psi_+(z)\psi_-(z)\big)',\\ \tilde{\theta}^+=\psi_+(z)+\theta^+\eta(z)\sigma(z)+\theta^-\rho(z)\psi'_-(z)+\theta^+\theta^-\psi'_+(z),\\ \tilde{\theta}^-=\psi_-(z)+\theta^-\rho(z)\mu(z)+\theta^+\eta(z)\psi'_+(z)-\theta^+\theta^-\psi'_-(z),\end{gathered} \qquad (5.116)$$

где

$$f'(z)=\rho(z)\eta(z)\Big[\sigma(z)\mu(z)+\psi'_+(z)\psi'_-(z)\Big]+\psi'_+(z)\psi_-(z)+\psi'_-(z)\psi_+(z). \qquad (5.117)$$

Оставшийся вариант — это биномиальная матрица G, которая содержит два нулевых элемента в одном из столбцов и два ненильпотентных элемента. При этом одна из нечетных координат вырождается (как в (4.76) для $N=1$), а другая сохраняет общий супераналитический вид (5.14). При этом возможны два решения

$$1)\ \mathrm{G}_{SCf}=\begin{pmatrix}0 & g_{++}(z)\\ 0 & g_{-+}(z)\end{pmatrix},\ \lambda_{+}(z)=0,\ \psi_{+}'(z)=0, \tag{5.118}$$

$$2)\ \mathrm{G}_{SCf}=\begin{pmatrix}g_{+-}(z) & 0\\ g_{--}(z) & 0\end{pmatrix},\ \lambda_{-}(z)=0,\ \psi_{-}'(z)=0, \tag{5.119}$$

первое из которых приводит к следующим вырожденным преобразованиям

$$\begin{cases}\tilde{z}=\tilde{\theta}^{-}\alpha+c=\psi_{-}(z)\alpha+\theta^{+}g_{--}(z)\alpha+\theta^{-}g_{-+}(z)\alpha-\theta^{+}\theta^{-}\lambda_{-}(z)\alpha+c,\\ \tilde{\theta}^{+}=\alpha=const,\\ \tilde{\theta}^{-}=\psi_{-}(z)+\theta^{-}g_{-+}(z)+\theta^{+}g_{--}(z)-\theta^{+}\theta^{-}\lambda_{-}(z).\end{cases} \tag{5.120}$$

Для выяснения полугрупповых свойств всех приведенных преобразований необходимо построить их таблицу умножения, подобную приведенной в **Пункте 4.1.4**. Однако, это не представляется возможным из-за неимоверного размера формул и количества различных вариантов. Ограничися лишь замечанием, что $U_{\Lambda_0}(1)$ преобразования (5.99) представляют собой очевидную подполугруппу (или подгруппу в обратимом случае [297, 298, 533, 535]). Также подполугруппы (но не подгруппы) представляют собой вырожденные преобразования с биномиальными матрицами G_{SCf} (5.118)–(5.119) и "самые необратимые" преобразования варианта **3** с нулевой матрицей G (5.103).

5.1.6. Сплетающие четность $N=2$ преобразования. Рассмотрим здесь другие типы редукций (5.49)–(5.50) и соответствующие преобразования, определяемые условиями (5.41)–(5.44). Сначала воспользуемся некоторыми соотношениями, следующими из общей формулы (5.22) и $\mathsf{TPt}^{\pm}$ условий (5.41)–(5.44). Отметим такое соотношение

$$\operatorname{per}\mathrm{H}_{TPt\pm}=-\frac{1}{2}D^{\pm}\Delta^{\mp}_{TPt\pm}\left(z,\theta^{+},\theta^{-}\right), \tag{5.121}$$

следующее из (5.22). Отсюда $D^{\pm}(\operatorname{per}\mathrm{H}_{TPt\pm})=0$ или

$$D^{\pm}D^{\mp}\tilde{\theta}^{\pm}_{TPt\pm}\cdot D^{\pm}\tilde{\theta}^{\mp}_{TPt\pm}=-D^{\pm}D^{\mp}\tilde{\theta}^{\mp}_{TPt\pm}\cdot D^{\pm}\tilde{\theta}^{\pm}_{TPt\pm}. \tag{5.122}$$

Кроме того, из условий $D^{\pm}\Delta^{\pm}_{TPt\mp}(z,\theta^{+},\theta^{-})=0$ (5.42), (5.44) находим

$$D^{\pm}\tilde{\theta}^{+}_{TPt\mp}\cdot D^{\pm}\tilde{\theta}^{-}_{TPt\mp}=0, \tag{5.123}$$

и это свидетельствует о том, что теперь элементы лишь одного столбца матрицы $\mathrm{H}^{T}_{TPt\pm}$ ортогональны (ср. SCf (5.72)), и поэтому $\mathrm{H}^{T}_{TPt\pm}$ более не является scf-матрицей (см. **Подраздел 6.2**). Далее выясним действие $\mathsf{TPt}^{\pm}$ преобразований в касательном пространстве. Из (5.49)–(5.50) следуют законы преобразования производных и дифференциалов для TPt^{+} преобразований (5.41)–(5.42)

$$\begin{pmatrix}\partial\\ D^{-}\end{pmatrix}=\mathcal{R}_{TPt+}\cdot\begin{pmatrix}\tilde{D}^{-}\\ \tilde{D}^{+}\end{pmatrix}, \tag{5.124}$$

$$d\tilde{Z}=d\theta^{+}\cdot\Delta^{-}_{TPt+}(z,\theta^{+},\theta^{-}), \tag{5.125}$$

где $\mathcal{R}_{TPt+}$ — полуматрица (см. **Пункт 6.1.2**) из (5.55). Соответственно для TPt^{-} преобразований (5.43)–(5.44)

$$\begin{pmatrix}\partial\\ D^{+}\end{pmatrix}=\mathcal{R}_{TPt-}\cdot\begin{pmatrix}\tilde{D}^{-}\\ \tilde{D}^{+}\end{pmatrix}, \tag{5.126}$$

$$d\tilde{Z}=d\theta^{-}\cdot\Delta^{+}_{TPt-}(z,\theta^{+},\theta^{-}). \tag{5.127}$$

Замечание **5.24.** Полуматрицы $\mathcal{R}_{TPt+}$ и $\mathcal{R}_{TPt-}$ являются полуминорами (см. **Пункт 6.1.2**) следующих нечетных элементов $\Delta^{-}_{TPt+}(z,\theta^+,\theta^-)$ и $\Delta^{+}_{TPt-}(z,\theta^+,\theta^-)$ в суперматрицах (5.49) и (5.50) соответственно (см. *Замечание* **5.19**).

Из сравнения SCf преобразований касательного пространства (5.64) и формул (5.124) и (5.126) следует, что здесь имеется некоторая аналогия с $(0|2)$ мерным подпространством $(1|2)$ мерного касательного пространства, где матрица H_{SCf} оставляла его инвариантным $T\mathbb{C}^{0|2} \to T\mathbb{C}^{0|2}$.

Замечание **5.25.** В данном нечетном случае полуматрицы $\mathcal{R}_{TPt\pm}$ действуют также в двумерном подпространстве, однако меняют его четность, а именно $T\mathbb{C}^{1|1} \to T\mathbb{C}^{0|2}$.

Поэтому, по аналогии с $N=1$ (см. **Определение 4.75**) можно сформулировать

Определение 5.26. *Редуцированные $N=2$ преобразования, удовлетворяющие следующим условиям $Q(z,\theta^+,\theta^-)=0, \Delta^+(z,\theta^+,\theta^-)=0$ или $Q(z,\theta^+,\theta^-)=0, \Delta^-(z,\theta^+,\theta^-)=0$* (5.41)–(5.44), *действующие в касательном пространстве как $T\mathbb{C}^{1|1} \to T\mathbb{C}^{0|2}$ назовем сплетающими четность (касательного пространства) $N=2$ преобразованиями* (TPt — *twisting parity of tangent space transformations*).

Происхождение этого определения ясно из выражения для четной производной

$$\partial = \partial\tilde{\theta}^{+}_{TPt\pm}\cdot\tilde{D}^{-} + \partial\tilde{\theta}^{-}_{TPt\pm}\cdot\tilde{D}^{+}, \tag{5.128}$$

следующего из (5.124) и (5.126) (ср. SCf (5.66)), а также из TPt формул для четного дифференциала (5.125) и (5.127) (ср. $N=1$ (4.209)–(4.211)). По аналогии с $N=2$ суперконформными дифференциалами (5.67), которые дуальны суперпроизводным $D^{\pm}$ в смысле формулы (5.64), определим $N=2$ TPt дифференциалы, исходя из (5.124) следующим образом (ср. $N=1$ (4.219)).

Определение 5.27. *Назовем $N=2$ TPt супердифференциалами с кручением четности такие объекты $d\tau_{TPt\pm}$, которые преобразуются при сплетающих четность преобразованиях $Z \to \tilde{Z}$ (см.* **Определение 5.26**) *по закону*

$$\begin{pmatrix} d\tilde{\tau}^{even+}_{TPt\pm} & d\tilde{\tau}^{even-}_{TPt\pm} \end{pmatrix} = \begin{pmatrix} d\tau^{odd}_{TPt\pm} & d\tau^{even\pm}_{TPt\pm} \end{pmatrix}\cdot\mathcal{R}_{TPt\pm}, \tag{5.129}$$

где полуматрицы $\mathcal{R}_{TPt\pm}$ определены в (5.27).

В явном виде имеем

$$d\tilde{\tau}^{even+}_{TPt\pm} = d\tau^{odd}_{TPt\pm}\cdot\partial\tilde{\theta}^{+}_{TPt\pm} + d\tau^{even\pm}_{TPt\pm}\cdot D^{\pm}\tilde{\theta}^{+}_{TPt\pm}, \tag{5.130}$$

$$d\tilde{\tau}^{even-}_{TPt\pm} = d\tau^{odd}_{TPt\pm}\cdot\partial\tilde{\theta}^{-}_{TPt\pm} + d\tau^{even\pm}_{TPt\pm}\cdot D^{\pm}\tilde{\theta}^{-}_{TPt\pm}. \tag{5.131}$$

Замечание **5.28.** Четности $d\tilde{\tau}^{even+}_{TPt\pm}$, $d\tilde{\tau}^{even-}_{TPt\pm}$, $d\tau^{even+}_{TPt\pm}$ и $d\tau^{odd-}_{TPt\pm}$ противоположны, поэтому в кокасательном пространстве мы имеем отображение с кручением четности $T^*\mathbb{C}^{1|1} \to T^*\mathbb{C}^{2|0}$ (ср. *Замечание* **5.25**).

По аналогии с суперконформным случаем (5.68) определим внешние TPt$^{\pm}$ дифференциалы

$$\delta_{TPt+} = d\tau^{odd}_{TPt+}\cdot\partial + d\tau^{even+}_{TPt+}\cdot D^{-}. \tag{5.132}$$

$$\delta_{TPt-} = d\tau^{odd}_{TPt-}\cdot\partial + d\tau^{even-}_{TPt-}\cdot D^{+}. \tag{5.133}$$

$$\tilde{\delta}_{TPt\pm} = d\tilde{\tau}^{even+}_{TPt\pm}\cdot\tilde{D}^{-} + d\tilde{\tau}^{even-}_{TPt\pm}\cdot\tilde{D}^{+}. \tag{5.134}$$

Замечание **5.29.** Четность внешних $N=2$ TPt дифференциалов (5.132)–(5.134) фиксирована, они — нечетны при любых сплетающих четность преобразованиях.

Предложение 5.30. *Внешние $N = 2$ TPt дифференциалы инвариантны относительно $N = 2$ TPt преобразований.*

Доказательство. Из определений (5.132)–(5.134) и законов преобразования (5.124), (5.126) и (5.129) имеем, например, для TPt$^+$ преобразований

$$\delta_{TPt+} = \begin{pmatrix} d\tau^{odd}_{TPt\pm} & d\tau^{even\pm}_{TPt\pm} \end{pmatrix} \cdot \begin{pmatrix} \partial \\ D^- \end{pmatrix} =$$

$$\begin{pmatrix} d\tau^{odd}_{TPt\pm} & d\tau^{even\pm}_{TPt\pm} \end{pmatrix} \cdot \mathcal{R}_{TPt+} \cdot \begin{pmatrix} \tilde{D}^- \\ \tilde{D}^+ \end{pmatrix} =$$

$$\begin{pmatrix} d\tilde{\tau}^{even+}_{TPt\pm} & d\tilde{\tau}^{even-}_{TPt\pm} \end{pmatrix} \cdot \begin{pmatrix} \tilde{D}^- \\ \tilde{D}^+ \end{pmatrix} = \tilde{\delta}_{TPt+}.$$

И аналогично для TPt$^-$ преобразований. ■

Таким образом, необратимый аналог $N = 2$ дифференциальной геометрии при TPt преобразованиях оказывается не столь прост и прозрачен, как в SCf случае. Это дает возможность построения $N = 2$ расслоений с кручением четности (см. для $N = 1$ **Пункт 4.7.2**). Исходя из (5.63), а также из теоремы сложения $N = 2$ березинианов, можно трактовать $N = 2$ преобразования следующим образом.

Предположение 5.31. *Если считать $N = 2$ SCf преобразования $N = 2$ суперaналогом обычных голоморфных преобразований* [297, 298], *то для антиголоморфных преобразований, в отличие от $N = 1$ (см.* **Подраздел 4.7**), *имеется два (!) нечетных суперaналога:* TPt$^+$ *и* TPt$^-$ *преобразования.*

5.1.7. Дуальные суперaналитические $N=1$ преобразования и редуцированные $N=2$ преобразования. Необходимость рассмотрения связи $N = 1$ и $N = 2$ редуцированных преобразований обусловлена, прежде всего, обнаружением скрытой $N = 2$ суперконформной симметрии в суперструнной теории [201, 539]. Более того, из расширения аксиоматики [540–542] конформной теории поля [543–546] на $N = 2$ делался вывод о том, что "$N = 2$ суперконформная симметрия более фундаментальна, чем $N = 1$ суперконформная симметрия" [283].

Здесь мы обобщим с учетом необратимости получение дуальных $N = 1$ преобразований из редуцированных $N = 2$ преобразований подобно [390, 539]. Кроме того, в **Пункте 4.5.2** мы рассмотрим вложения $N = 1 \hookrightarrow N = 2$, играющие важную роль в суперструнных вычислениях [304]. Пусть мы имеем $U(1)$ SCf преобразование (5.99), определяемое двумя четными $g_{\pm\mp}(z)$ и двумя нечетными функциями $\psi_\pm(z)$, записанное в виде

$$\mathcal{T}^{(N=2)}_{SCf} : \begin{cases} \tilde{z} = f(z) + \theta^+ g_{-+}(z)\,\psi_+(z) + \theta^- g_{+-}(z)\,\psi_-(z) + \\ \qquad\qquad \theta^+\theta^- \left(\psi_+(z)\,\psi_-(z)\right)', \\ \tilde{\theta}^+ = \psi_+(z) + \theta^+ g_{+-}(z) + \theta^+\theta^- \psi'_+(z), \\ \tilde{\theta}^- = \psi_-(z) + \theta^- g_{-+}(z) - \theta^+\theta^- \psi'_-(z), \end{cases} \tag{5.135}$$

где

$$f'(z) = g_{+-}(z)\,g_{-+}(z) + \psi'_+(z)\,\psi_-(z) + \psi'_-(z)\,\psi_+(z). \tag{5.136}$$

Обратим внимание на то, что правая часть второго уравнения в (5.135) зависит от θ^- только в комбинации $z + \theta^+\theta^-$, а зависимость от θ^+ в третьем уравнении — в комбинации $z - \theta^+\theta^-$. Поэтому естественным является введение новых $N = 2$ координат (Z_A, η_A) и (Z_B, η_B), где $N = 1$ координаты равны $Z_A = (z_A, \theta_A)$ и $Z_B = (z_B, \theta_B)$, по формулам

$$\mathcal{U}_A : \begin{cases} z_A = z + \theta^+\theta^-, \\ \theta_A = \dfrac{\theta^+}{\sqrt{2}}, \\ \eta_A = \dfrac{\theta^-}{\sqrt{2}}, \end{cases} \qquad \mathcal{U}_B : \begin{cases} z_B = z - \theta^+\theta^-, \\ \eta_B = \dfrac{\theta^+}{\sqrt{2}}, \\ \theta_B = \dfrac{\theta^-}{\sqrt{2}}. \end{cases} \tag{5.137}$$

Очевидно, что $\mathrm{Ber}\left(\left(Z_A, \eta_A\right)/Z\right) = \mathrm{Ber}\left(\left(Z_B, \eta_B\right)/Z\right) = 2$. Тогда из (5.135)–(5.137) получаем $N = 2$ SCf преобразования $\mathcal{T}_A^{(N=2)} : \left(Z_A, \eta_A\right) \to \left(\tilde{Z}_A, \tilde{\eta}_A\right)$ и $\mathcal{T}_B^{(N=2)} : \left(Z_B, \eta_B\right) \to \left(\tilde{Z}_B, \tilde{\eta}_B\right)$ в виде*)

$$\mathcal{T}_A^{(N=1)} \quad : \begin{cases} \tilde{z}_A = F_A\left(z_A, \theta_A\right) = f\left(z_A\right) + \psi_+\left(z_A\right)\psi_-\left(z_A\right) + \\ \qquad\qquad \theta_A \cdot g_{+-}\left(z_A\right)\sqrt{2}\psi_-\left(z_A\right), \\ \tilde{\theta}_A = \Psi_A\left(z_A, \theta_A\right) = \sqrt{2}\psi_+\left(z_A\right) + \theta_A \cdot g_{+-}\left(z_A\right), \end{cases} \tag{5.138}$$

$$\mathcal{T}_{\eta_A}^{(N=1)} \quad : \quad \begin{array}{l} \tilde{\eta}_A = \eta_A \cdot H_A\left(z_A, \theta_A\right) + \Phi_A\left(z_A, \theta_A\right) = \\ \sqrt{2}\psi_-\left(z_A\right) + \eta_A \cdot g_{-+}\left(z_A\right) - \theta_A\eta_A \cdot \sqrt{2}\psi'_-\left(z_A\right), \end{array} \tag{5.139}$$

$$\mathcal{T}_B^{(N=1)} \quad : \begin{cases} \tilde{z}_B = F_B\left(z_B, \theta_B\right) = f\left(z_B\right) + \psi_+\left(z_B\right)\psi_-\left(z_B\right) + \\ \qquad\qquad \theta_B \cdot g_{-+}\left(z_B\right)\sqrt{2}\psi_+\left(z_B\right), \\ \tilde{\theta}_B = \Psi_B\left(z_B, \theta_B\right) = \sqrt{2}\psi_-\left(z_B\right) + \theta_B \cdot g_{-+}\left(z_B\right), \end{cases} \tag{5.140}$$

$$\mathcal{T}_{\eta_B}^{(N=1)} \quad : \quad \begin{array}{l} \tilde{\eta}_B = \eta_B \cdot H_B\left(z_B, \theta_B\right) + \Phi_B\left(z_B, \theta_B\right) = \\ \sqrt{2}\psi_+\left(z_B\right) + \eta_B \cdot g_{+-}\left(z_B\right) - \theta_B\eta_B \cdot \sqrt{2}\psi'_+\left(z_B\right). \end{array} \tag{5.141}$$

Обратим внимание на то, что преобразование переменных η_A, η_B в (5.138)–(5.141) "отщепляется", т. е. не входит в первые 2 уравнения, и поэтому можно схематически записать $\mathcal{T}_A^{(N=2)} = \mathcal{T}_A^{(N=1)} \otimes \mathcal{T}_{\eta_A}^{(N=1)}$ и $\mathcal{T}_B^{(N=2)} = \mathcal{T}_B^{(N=1)} \otimes \mathcal{T}_{\eta_B}^{(N=1)}$. Таким образом, мы получаем следующее

Утверждение 5.32. *Каждому $N = 2$ SCf преобразованию без твиста (или $U(1)$) $\mathcal{T}_{\mathrm{SCf}}^{(N=2)} : \left(z, \theta^+, \theta^-\right) \to \left(\tilde{z}, \tilde{\theta}^+, \tilde{\theta}^-\right)$ (5.135) можно поставить в соответствие пару дуальных $N = 1$ (в общем случае не суперконформных, а супераналитических (4.2)) преобразований $\mathcal{T}_A^{(N=1)} : \left(z_A, \theta_A\right) \to \left(\tilde{z}_A, \tilde{\theta}_A\right)$ и $\mathcal{T}_B^{(N=1)} : \left(z_B, \theta_B\right) \to \left(\tilde{z}_B, \tilde{\theta}_B\right)$ по формулам (5.138)–(5.141).*

Тогда легко видеть, что диграмма преобразований

$$\begin{array}{ccc} \eta_A, Z_A & \xrightarrow{\mathcal{T}_A^{(N=1)}} & \tilde{Z}_A, \tilde{\eta}_A \\ \mathcal{U}_A \Big\uparrow & & \Big\uparrow \tilde{\mathcal{U}}_A \\ Z & \xrightarrow{\mathcal{T}_{\mathrm{SCf}}^{(N=2)}} & \tilde{Z} \\ \mathcal{U}_B \Big\downarrow & & \Big\downarrow \tilde{\mathcal{U}}_B \\ \eta_B, Z_B & \xrightarrow{\mathcal{T}_B^{(N=1)}} & \tilde{Z}_B, \tilde{\eta}_B \end{array} \tag{5.142}$$

Примечание. По повторяющимся индексам нет суммирования, и нижеследующие уравнения являются одновременно определением функций $F_A\left(z_A, \theta_A\right)$, $\Psi_A\left(z_A, \theta_A\right)$, $H_A\left(z_A, \theta_A\right)$, $\Psi_A\left(z_A, \theta_A\right)$ и $F_B\left(z_B, \theta_B\right)$, $\Psi_B\left(z_B, \theta_B\right)$, $H_B\left(z_B, \theta_B\right)$, $\Psi_B\left(z_B, \theta_B\right)$.

коммутативна. Важно отметить фундаментальные равенства

$$H_A(z_A,\theta_A) = \operatorname{Ber}^{N=1}\left(\tilde{Z}_A/Z_A\right), \tag{5.143}$$

$$\Phi_A(z_A,\theta_A) = \frac{\dfrac{\partial F_A(z_A,\theta_A)}{\partial\theta_A}}{\dfrac{\partial\Psi_A(z_A,\theta_A)}{\partial\theta_A}}, \tag{5.144}$$

(и аналогичные для $A\to B$), которые следуют непосредственно из $N=2$ SCf условий и требования ковариантности преобразования дифференциалов $dZ = dz + \theta^+ d\theta^- + \theta^- d\theta^+ = dz_A + \eta_A d\theta_A = dz_B + \eta_B d\theta_B$. В обратимом случае, если использовать преобразования $\mathcal{T}_{SCf}^{(N=2)}$ как функции перехода на $N=2$ суперримановой поверхности, а преобразования $\mathcal{T}_A^{(N=1)}$ и $\mathcal{T}_B^{(N=1)}$ — как функции перехода для $(1|1)$ мерных супермногообразий, то получаем

Утверждение 5.33. *Каждой $N=2$ суперримановой поверхности без твиста соответствует пара дуальных $(1|1)$-мерных супермногообразий, компонентные функции перехода которых (см. (4.2)) равны*

$$f_A(z) = f_B(z) = f(z) + \psi_+(z)\psi_-(z), \tag{5.145}$$
$$g_A(z) = g_{+-}(z), \qquad g_B(z) = g_{-+}(z), \tag{5.146}$$
$$\psi_A(z) = \sqrt{2}\psi_+(z), \qquad \psi_B(z) = \sqrt{2}\psi_-(z), \tag{5.147}$$
$$\chi_A(z) = \sqrt{2}\psi_-(z)g_{+-}(z),\ \chi_A(z) = \sqrt{2}\psi_+(z)g_{-+}(z). \tag{5.148}$$

Доказательство. Следует из вида преобразований (5.138)–(5.141). ■

Отсюда можно получить

Предложение 5.34. *Компонентные функции дуальных $N=1$ преобразований (и функции перехода дуальных $(1|1)$ супермногообразий) связаны между собой соотношениями*

$$f'_A(z) = f'_B(z) = g_A(z)g_B(z) + \psi'_A(z)\psi_B(z), \tag{5.149}$$
$$\chi_A(z) = g_A(z)\psi_B(z), \tag{5.150}$$
$$\chi_B(z) = g_B(z)\psi_A(z). \tag{5.151}$$

Доказательство. Следует непосредственно из (5.135)–(5.136) и выражений (5.145)–(5.148). ■

Рассмотрим расщепленные дуальные $N=1$ преобразования, которые не содержат нечетных компонентных функций.

Утверждение 5.35. *Березинианы расщепленных дуальных преобразований взаимообратны относительно $f'(z)$.*

Доказательство. По общей формуле для березиниана $N=1$ супераналитических преобразований (4.95) имеем

$$\operatorname{Ber}^{N=1}\left(\tilde{Z}_A/Z_A\right) = \frac{f'_A(z)}{g_A(z)}, \quad \operatorname{Ber}^{N=1}\left(\tilde{Z}_B/Z_B\right) = \frac{f'_B(z)}{g_B(z)},$$

тогда, пользуясь (5.149) и (5.145), получаем

$$\begin{aligned}\operatorname{Ber}^{N=1}\left(\tilde{Z}_A/Z_A\right)\operatorname{Ber}^{N=1}\left(\tilde{Z}_B/Z_B\right) &= \\ \frac{f'_A(z)}{g_A(z)}\frac{f'_B(z)}{g_B(z)} &= \frac{\left(f'(z)\right)^2}{f'(z)} = f'(z). \end{aligned} \tag{5.152}$$

■

В терминах введенной дуальности $N = 1$ суперконформные преобразования (и в обратимом случае соответствующие им суперримановы поверхности) можно определить следующим образом.

Утверждение 5.36. $N = 1$ *суперконформные преобразования самодуальны.*

Доказательство. Если приравнять функции с индексами A и B в уравнениях дуальности (5.149)–(5.151), то получим $N = 1$ суперконформные условия (4.81). ■

Аналогичные конструкции можно построить и для различных типов необратимых $N = 2$ суперконформных преобразований, рассмотренных в **Пункте 5.1.5** и допускающих “отщепление” одной из нечетных координат (например, (5.108) и (5.116)).

РАЗДЕЛ 6

ПЕРМАНЕНТЫ, SCF-МАТРИЦЫ И НЕОБРАТИМАЯ ГИПЕРБОЛИЧЕСКАЯ ГЕОМЕТРИЯ

В данном разделе исследуются необратимые свойства матриц, содержащих нильпотентные элементы и делители нуля, определенный тип которых возникает при анализе N-расширенных редуцированных преобразований. Показывается, что перманенты играют для них дуальную (по отношению к детерминантам) роль в большинстве принципиальных формул и утверждений (даже в нахождении обратной матрицы). Эти дуальные свойства изучаются в общем случае матриц содержащих нильпотентные элементы, что может быть применено во многих моделях элементарных частиц, использующих суперсимметрию в качестве основополагающего принципа. Введенные матрицы используются для определения обратимых и необратимых дробно-линейных преобразований специального вида, для которых найден новый вид симметрии. Строится необратимая гиперболическая геометрия на четной части суперплоскости, в которой имеется два различно определенных инвариантных двойных отношения и два гиперболических расстояния, аналог производной Шварца и других классических формул.

6.1. Перманенты и их обобщения для матриц с нильпотентными элементами

Перманенты представляют собой объект математического исследования, в настоящее время весьма распространенный, прежде всего, в комбинаторике и линейной алгебре [536]. Теория перманентов дважды стохастических матриц и $(0,1)$-матриц стала сейчас существенной и неотъемлемой частью комбинаторной математики, а именно того ее раздела, где рассматриваются матричные комбинаторные задачи. Интересные сами по себе проблемы, связанные с перманентами, приобрели актуальность также в связи с многообразными их приложениями — как математическими (например, в алгебре и теории вероятностей), так и в других отраслях знания (в квантовой теории поля, физической химии, статистической физике). В своем знаменитом мемуаре 1812 г. Коши развивал теорию детерминантов как специального вида знакопеременных симметрических функций, которые он отличал от обычных симметрических функций, называя последние "перманентными симметрическими функциями". Он ввел также некоторый подкласс симметрических функций, которые были позднее Мюиром названы *перманентами.* Интересно, что еще в 1872 г. рассматривались соотношения между перманентами и детерминантами матриц, элементами которых являлись суть "альтернирующие" (alternate) числа, т. е. антикоммутирующие (!) [547].

С появлением суперматематики роль перманентов принципиально меняется, поскольку элементами матриц могут быть нильпотентные и антикоммутирующие числа и функции, и поэтому многие классические теоремы становятся неприменимыми или модифицируются (см. **Разделы 5** и **6**, а также [3,4,14]).

6.1.1. П е р м а н е н т ы и д е т е р м и н а н т ы . Пусть $\boldsymbol{V}$ есть $n-$мерное пространство со скалярным произведением [536]. Тогда $\mathbb{Z}$-градуированное контравариантное тензорное пространство над $\boldsymbol{V}$, т. е. пространство $\boldsymbol{T}_0(\boldsymbol{V}) = C\dot{+}\boldsymbol{V}\dot{+}\boldsymbol{V}\otimes\boldsymbol{V}\dot{+}\boldsymbol{V}\otimes\boldsymbol{V}\otimes\boldsymbol{V}\dot{+}\ldots$ наследует от $\boldsymbol{V}$ скалярное произведение, определяемое формулой

$$(\boldsymbol{x}_1 \otimes \ldots \otimes \boldsymbol{x}_p, \boldsymbol{y}_1 \otimes \ldots \boldsymbol{y}_p) = \prod_{t=1}^{p} (\boldsymbol{x}_t, \boldsymbol{y}_t) \tag{6.1}$$

для однородных степени p разложимых элементов. Симметрическое пространство $\boldsymbol{V}$ есть область значений определенного на $\boldsymbol{T}_0(\boldsymbol{V})$ оператора симметрии $\sum_{p=0} S_p$, где $S_p = \frac{1}{p!}\sum \sigma$, и суммирование производится по элементам симметрической группы степени p (действие перестановки σ на разложимом тензоре определяется как $\sigma(\boldsymbol{x}_1 \otimes \boldsymbol{x}_2 \ldots \otimes \boldsymbol{x}_p) = \boldsymbol{x}_{\sigma(1)} \otimes \boldsymbol{x}_{\sigma(2)} \ldots \otimes \boldsymbol{x}_{\sigma(p)}$). Каждый S_p эрмитово идемпотентен, так что, если $\boldsymbol{x}_1 \ldots \boldsymbol{x}_p = S_p \boldsymbol{x}_1 \otimes \boldsymbol{x}_2 \ldots \otimes \boldsymbol{x}_p$, то

$$\begin{aligned}(\boldsymbol{x}_1 \ldots \boldsymbol{x}_p, \boldsymbol{y}_1 \ldots \boldsymbol{y}_p) &= (\boldsymbol{x}_1 \otimes \ldots \otimes \boldsymbol{x}_p, S_p \boldsymbol{y}_1 \otimes \ldots \otimes \boldsymbol{y}_p) = \\ \frac{1}{p!}\sum_{\sigma}\prod_{t=1}^{p}\left(\boldsymbol{x}_t, \boldsymbol{y}_{\sigma(t)}\right) &= \frac{1}{p!}\mathrm{per}\,((\boldsymbol{x}_i, \boldsymbol{y}_j)).\end{aligned} \tag{6.2}$$

Таким образом, функция перманента естественно возникает как аналитическое выражение для скалярного произведения в $\boldsymbol{V}^{(p)} = \mathrm{im}\, S_p$ точно таким же образом, как детерминант в p-м внешнем произведении $\wedge^p \boldsymbol{V}$. Это означает, что унитарную геометрию $\boldsymbol{V}^{(p)}$ можно применить для исследования $\mathrm{per}\, A$, и это наблюдение привело к значительному прогрессу в обращении с этой функцией.

Пусть $\mathrm{A} = (a_{ij})$ — матрица размера $m \times n$ над коммутативным кольцом, $m \trianglelefteq n$. Перманент матрицы A, обозначаемый Per A, определяется как

$$\mathrm{Per\,A} = \sum_{\sigma} a_{1\sigma(1)} a_{2\sigma(2)} \ldots a_{m\sigma(m)}, \tag{6.3}$$

где суммирование распространяется на все взаимно однозначные отображения из $\{1, 2, \ldots, m\}$ в $\{1, 2, \ldots n\}$.

Последовательность $\left(a_{1\sigma(1)}, \ldots, a_{m\sigma(m)}\right)$ называется *диагональю*, а произведение $a_{1\sigma(1)}, \ldots, a_{m\sigma(m)}$ — *диагональным произведением матрицы* A. Таким образом, Per A есть сумма диагональных произведений матрицы. Другими словами, Per A есть сумма всех произведений m таких элементов A,что никакие два из них не находятся в одной строке или одном столбце. Отсюда следует, что все члены Per A наряду с другими содержатся в множестве членов, получающихся при перемножении сумм по строке матрицы A.Особенно важен случай $m = n$. Перманент квадратной матрицы A обозначается через per A вместо Per A. В большинстве случаев употребление термина "перманент" фактически ограничивает случаем квадратных матриц.

Пусть $\mathrm{A} = (a_{ij})$ — матрица порядка n. Тогда

$$\mathrm{per\,A}\det \mathrm{A} = \left(\sum_{\sigma \in E}\prod_{i=1}^{n} a_{i\sigma(i)}\right)^2 - \left(\sum_{\sigma \in F}\prod_{i=1}^{n} a_{i\sigma(i)}\right)^2, \tag{6.4}$$

где E и F — множества всех четных и нечетных перестановок соответственно.

Теорема 6.1. *Пусть* $\mathrm{A} = (a_{ij})$ *и* $\mathrm{X} = (x_{ij})$ *— квадратные матрицы порядка* n. *Тогда*

$$\mathrm{per\,A}\det \mathrm{X} = \sum_{\sigma \in S_n} \varepsilon(\sigma)\det(\mathrm{A} * \mathrm{X}_\sigma), \tag{6.5}$$

где X_σ *— матрица,* i*-строка которой есть* $\sigma(i)$*-я строка матрицы* X, $\mathrm{A} \bigcirc \mathrm{X}_\sigma$ *— произведение Адамара,* $a\varepsilon(\sigma)$ *обозначает знак подстановки* σ *из симметрической группы* S_n.

Определение 6.2. *Произведение Адамара двух матриц* $\mathrm{P} = (p_{ij})$ *и* $\mathrm{Q} = (q_{ij})$ *порядка* n *есть* $\mathrm{P} \bigcirc \mathrm{Q} = \mathrm{R}$, *где матрица* $\mathrm{R} = (p_{ij}q_{ij})$.

Для матрицы A порядка n имеем

$$\operatorname{per}(\mathrm{A} - \lambda \mathrm{I}_n) = \lambda^n + \sum_{k=1}^{n} c_k \lambda^{n-k}, \tag{6.6}$$

где $c_k = (-1)^k \sum\limits_{\omega \in Q_{k,n}} \operatorname{per} \mathrm{A}[\omega]$. При этом $\operatorname{per}(\mathrm{A} - \lambda \mathrm{I}_n)$ называется *перманентным характеристическим многочленом* A (см. [536]). Если A — квадратная матрица, то

$$|\operatorname{per} \mathrm{A}|^2 \leq \operatorname{per}(\mathrm{A}\mathrm{A}^*). \tag{6.7}$$

Равенство получается в том и только в том случае, когда A имеет нулевую строку или A есть обобщенная матрица перестановки.

Если U — унитарная матрица, то

$$|\operatorname{per} \mathrm{U}| \geq \det \mathrm{U} \tag{6.8}$$

с равенством в том и только в том случае, когда A диагональна или имеет нулевую строку.

Теорема 6.3. (Теорема Шура) *Если* A — *положительно полуопределенная эрмитова матрица, то*

$$\operatorname{per} \mathrm{A} \geq \det \mathrm{A} \tag{6.9}$$

с равенством в том и только в том случае, когда A *диагональна или имеет нулевую строку.*

Пусть A есть матрица размера $m \times n$, а D и G — диагональные матрицы порядков m и n соответственно. Тогда

$$\operatorname{Per}(\mathrm{DAG}) \neq \operatorname{Per} \mathrm{D} \cdot \operatorname{Per} \mathrm{A} \cdot \operatorname{Per} \mathrm{G}. \tag{6.10}$$

Пусть $\mathrm{A} = (a_{ij}) \in M_n$ есть $(0,1)$-матрица, т. е. матрица, составленная из 0 и 1. Пусть $\mathrm{B} = (b_{ij})$ — матрица "перманентных дополнений" для A, т. е. $b_{ij} = \operatorname{per} \mathrm{A}(j|i)$. Отсюда можно вывести что

$$(\operatorname{per} \mathrm{A})^2 \leq k \operatorname{tr}(\mathrm{B}\mathrm{B}^*), \tag{6.11}$$

где $k = \sum\limits_{i,j} a_{ij}/n^2$.

6.1.2. Полуминоры и полуматрицы. Введем в рассмотрение супераналоги миноров в матрице M — "полуминоры"

$$\mathrm{M}_a = \begin{pmatrix} d & \beta \\ \delta & e \end{pmatrix}, \quad \mathrm{M}_b = \begin{pmatrix} c & \beta \\ \gamma & e \end{pmatrix}, \quad \mathrm{M}_c = \begin{pmatrix} b & \alpha \\ \delta & e \end{pmatrix},$$

$$\mathrm{M}_d = \begin{pmatrix} a & \alpha \\ \gamma & e \end{pmatrix}, \quad \mathrm{M}_e = \begin{pmatrix} a & b \\ c & d \end{pmatrix}, \quad \mathcal{M}_\alpha = \begin{pmatrix} c & d \\ \gamma & \delta \end{pmatrix}, \tag{6.12}$$

$$\mathcal{M}_\beta = \begin{pmatrix} a & b \\ \gamma & \delta \end{pmatrix}, \quad \mathcal{M}_\gamma = \begin{pmatrix} b & \alpha \\ d & \beta \end{pmatrix}, \quad \mathcal{M}_\delta = \begin{pmatrix} a & \alpha \\ c & \beta \end{pmatrix}.$$

Не все полуминоры (6.12) являются суперматрицами в обычном смысле [33], а лишь $\mathrm{M}_a, \mathrm{M}_b, \mathrm{M}_c, \mathrm{M}_d, \mathrm{M}_e$, т. е. полуминоры четных элементов, причем M_e - обычная (не супер) матрица.

Определение 6.4. *Назовем полуминоры* $\mathcal{M}_\alpha, \mathcal{M}_\beta, \mathcal{M}_\gamma, \mathcal{M}_\delta$ *нечетных элементов полуматрицами.*

По аналогии с суперматрицами (см. [33] и **Подраздел 3.1**) обозначим множество 2×2 полуматриц $\mathcal{M}\mathrm{at}\,(1|1)$.

Тогда можно сформулировать общее утверждение.

Предположение 6.5. *В $(p+q) \times (p+q)$-суперматрице общего положения $\mathrm{M} \in \mathrm{Mat}\,(p|q)$ полуминоры четных элементов a_i являются суперматрицами $\mathrm{M}_{a_i} \in \mathrm{Mat}\,(p-1|q-1)$, а полуминоры нечетных элементов α_i являются полуматрицами $\mathcal{M}_{\alpha_i} \in \mathcal{M}\mathrm{at}\,(p-1|q-1)$.*

Определение 6.6. *Назовем горизонтальными полуматрицы $\mathcal{M}_\alpha$, $\mathcal{M}_\beta$, а полуматрицы $\mathcal{M}_\gamma, \mathcal{M}_\delta$ - вертикальными (в зависимости от расположения нечетных элементов).*

Обозначим $\mathcal{M}_\alpha, \mathcal{M}_\beta \in \mathcal{M}\mathrm{at}^H\,(1|1)$ и $\mathcal{M}_\gamma, \mathcal{M}_\delta \in \mathcal{M}\mathrm{at}^V\,(1|1)$. Тогда легко получить следующее

Утверждение 6.7. *Произведение горизонтальной и вертикальной полуматриц дает суперматрицу общего положения, а произведение вертикальной и горизонтальной полурматриц дает обычную (не супер) матрицу.*

В общем случае полуматрицы не образуют полугруппу относительно обычного умножения матриц. Они отличаются от суперматриц перестановкой элементов **только в одном** столбце или строке.

Замечание **6.8.** Полуматрицы следует отличать от нестандартных (точнее, диагональных [35]) форматов суперматриц, применяемых в $N = 2$ суперконформной теории поля [299, 548] и бесконечномерных суперпредставлениях [549].

По аналогии с супертранспонированием [33] и $\mathbf{\Pi}$-транспонированием [32,75] (см. также **Пункт 3.1.3**) введем

Определение 6.9. *Определим вертикальное $\mathbf{\Theta}_V$ и горизонтальное $\mathbf{\Theta}_H$ полутранспонирования как перестановку элементов второго столбца или строки соответственно*

$$\begin{pmatrix} a_1 & a_2 \\ a_3 & a_4 \end{pmatrix}^{\mathbf{\Theta}_V} = \begin{pmatrix} a_1 & a_4 \\ a_3 & a_2 \end{pmatrix}, \tag{6.13}$$

$$\begin{pmatrix} a_1 & a_2 \\ a_3 & a_4 \end{pmatrix}^{\mathbf{\Theta}_H} = \begin{pmatrix} a_1 & a_2 \\ a_4 & a_3 \end{pmatrix} \tag{6.14}$$

независимо от четности элементов.

Утверждение 6.10. *Полутранспонирования являются идемпотентами, поскольку $\mathbf{\Theta}_V^2 = \mathbf{\Theta}_V$ и $\mathbf{\Theta}_H^2 = \mathbf{\Theta}_H$.*

Кроме того, они превращают полуматрицы в суперматрицы и наоборот по формулам

$$\begin{aligned} \mathcal{M}\mathrm{at}^H\,(1|1) &\overset{\mathbf{\Theta}_V}{\leftrightarrow} \mathrm{Mat}\,(1|1)\,, \\ \mathcal{M}\mathrm{at}^V\,(1|1) &\overset{\mathbf{\Theta}_H}{\leftrightarrow} \mathrm{Mat}\,(1|1)\,, \end{aligned} \tag{6.15}$$

а их произведение переводит горизонтальные полуматрицы в вертикальные и наоборот

$$\mathcal{M}\mathrm{at}^H\,(1|1) \overset{\mathbf{\Theta}_V\mathbf{\Theta}_H}{\longleftrightarrow} \mathcal{M}\mathrm{at}^V\,(1|1)\,. \tag{6.16}$$

Однако, $\mathbf{\Theta}_V$ для вертикальных полуматриц и $\mathbf{\Theta}_H$ для горизонтальных полуматриц являются автоморфизмами

$$\begin{aligned} \mathcal{M}\mathrm{at}^H(1|1) &\overset{\mathbf{\Theta}_H}{\leftrightarrows} \mathcal{M}\mathrm{at}^H(1|1)\,, \\ \mathcal{M}\mathrm{at}^V(1|1) &\overset{\mathbf{\Theta}_V}{\leftrightarrows} \mathcal{M}\mathrm{at}^V(1|1)\,. \end{aligned} \tag{6.17}$$

Утверждение 6.11. *Произведение полутранспонирований дает* Π*-транспонирование* (*из* [32, 75])

$$\mathbf{\Theta}_V\mathbf{\Theta}_H = \mathbf{\Pi}. \tag{6.18}$$

Поэтому полутранспонирование можно трактовать как извлечение квадратного корня из $\mathbf{\Pi}$-транспонирования (см. также (3.20)). Горизонтальные и вертикальные полуматрицы описывают вращающие четность отображения линейных двумерных суперпространств

$$\begin{aligned} \mathcal{M}_\alpha, \mathcal{M}_\beta &: \mathbf{\Lambda}^{2|0} \to \mathbf{\Lambda}^{1|1}, \\ \mathcal{M}_\gamma, \mathcal{M}_\delta &: \mathbf{\Lambda}^{1|1} \to \mathbf{\Lambda}^{2|0} \end{aligned} \tag{6.19}$$

соответственно. Тогда, как суперматрицы действуют в суперпространстве $\mathbf{\Lambda}^{1|1}$

$$\mathrm{M}_a, \mathrm{M}_b, \mathrm{M}_c, \mathrm{M}_d : \mathbf{\Lambda}^{1|1} \to \mathbf{\Lambda}^{1|1}, \tag{6.20}$$

а обычная матрица M_e действует в четном пространстве $\mathbf{\Lambda}^{2|0}$

$$\mathrm{M}_e : \mathbf{\Lambda}^{2|0} \to \mathbf{\Lambda}^{2|0}. \tag{6.21}$$

Следствие 6.12. *Полуматрицы, в отличие от обычных матриц и суперматриц, меняют тип пространства, в котором они действуют и вращают четность одной из координат.*

Это легко видеть из следующей диаграммы

$$\begin{array}{ccc} \mathbf{\Lambda}^{1|1} & \xrightarrow[\text{susy}]{\mathrm{M}} & \mathbf{\Lambda}^{1|1} \\ \mathcal{M}\uparrow & & \uparrow\mathcal{M} \\ \mathbf{\Lambda}^{2|0} & \xrightarrow[\text{nonsusy}]{\mathrm{M}} & \mathbf{\Lambda}^{2|0} \end{array} \tag{6.22}$$

где полуматрицы действуют по вертикальным стрелкам, изменяя четно-нечетную сигнатуру пространства, в то время, как (супер)матрицы действуют по горизонтальным, оставляя четно-нечетную сигнатуру неизменной.

Замечание **6.13.** Интересно сравнить и проследить аналогии рассматриваемого изменения четно-нечетной сигнатуры суперпространства с возможными эффектами изменения пространственно-временной сигнатуры обычного пространства [550–553].

Для полуматриц из (6.12) можно ввести нечетные аналоги обычного (не супер) детерминанта и перманента. Различные свойства перманентов [536] и матриц, содержащих нильпотентные элементы, приведены в **Разделе 6**.

Определение 6.14. *Полудетерминант горизонтальной полуматрицы* $\mathcal{M}_\alpha$ *определяется формулой*

$$\delta\mathrm{et}\mathcal{M}_\alpha = \delta\mathrm{et}\begin{pmatrix} c & d \\ \gamma & \delta \end{pmatrix} \overset{def}{=} c\delta - d\gamma. \tag{6.23}$$

Определение 6.15. *Полуперманент горизонтальной полуматрицы $\mathcal{M}_\alpha$ определяется формулой*

$$\pi\mathrm{er}\mathcal{M}_\alpha = \pi\mathrm{er}\begin{pmatrix} c & d \\ \gamma & \delta \end{pmatrix} \stackrel{def}{=} c\delta + d\gamma. \tag{6.24}$$

Аналогичные определения справедливы и для вертикальных полуматриц. Кроме того, в случае суперматриц кроме березиниана мы будем пользоваться и обычными детерминантом и перманентом, например,

$$\det \mathrm{M}_a = \det \begin{pmatrix} d & \beta \\ \delta & e \end{pmatrix} = ed - \delta\beta. \tag{6.25}$$

$$\mathrm{per}\, \mathrm{M}_a = \mathrm{per} \begin{pmatrix} d & \beta \\ \delta & e \end{pmatrix} = ed + \delta\beta. \tag{6.26}$$

Такую же формулу будем применять и для матриц со всеми нечетными элементами

$$\det \begin{pmatrix} \alpha & \beta \\ \gamma & \delta \end{pmatrix} = \alpha\delta - \gamma\beta. \tag{6.27}$$

$$\mathrm{per} \begin{pmatrix} \alpha & \beta \\ \gamma & \delta \end{pmatrix} = \alpha\delta + \gamma\beta. \tag{6.28}$$

Замечание **6.16.** Полудетерминанты и полуперманенты не связаны с квазидетерминантами [554–557], которые применяются для матриц с некоммутирующими элементами и решают некоторые проблемы с обратимостью при изучении систем линейных уравнений над грассмановой алгеброй (см. [558] и приложения в [390]).

Приведем некоторые свойства полудетерминантов и полуперманентов. Очевидно, что они нильпотентны, т. е. для любой полуматрицы $\mathcal{M}$ имеем

$$(\delta\mathrm{et}\mathcal{M})^2 = (\pi\mathrm{er}\mathcal{M})^2 = 0.$$

Кроме того,

$$\delta\mathrm{et}\begin{pmatrix} \det \mathrm{M}_e & \mathrm{per}\, \mathrm{M}_e \\ \delta\mathrm{et}\mathcal{M}_\alpha & \pi\mathrm{er}\mathcal{M}_\alpha \end{pmatrix} = 2cd \cdot \delta\mathrm{et}\mathcal{M}_\beta, \tag{6.29}$$

$$\delta\mathrm{et}\mathcal{M}_\alpha \cdot \pi\mathrm{er}\mathcal{M}_\alpha = 2cd\delta\gamma. \tag{6.30}$$

Последнее соотношение интересно сравнить с аналогичным соотношением для обычных (и супер) матриц

$$\det \mathrm{M}_e \cdot \mathrm{per}\, \mathrm{M}_e = a^2 b^2 \tag{6.31}$$

(см. [536] и **Раздел 6**). Приведем также некоторые полезные и используемые в дальнейшем соотношения между полудетерминантами полуминорами

$$\begin{aligned} b \cdot \delta\mathrm{et}\mathcal{M}_\delta \pm a \cdot \delta\mathrm{et}\mathcal{M}_\gamma &= \alpha \cdot \begin{pmatrix} \mathrm{per} \\ \det \end{pmatrix} \mathrm{M}_e, \\ d \cdot \delta\mathrm{et}\mathcal{M}_\delta \pm c \cdot \delta\mathrm{et}\mathcal{M}_\gamma &= \beta \cdot \begin{pmatrix} \mathrm{per} \\ \det \end{pmatrix} \mathrm{M}_e, \\ c \cdot \delta\mathrm{et}\mathcal{M}_\beta \pm a \cdot \delta\mathrm{et}\mathcal{M}_\alpha &= \gamma \cdot \begin{pmatrix} \mathrm{per} \\ \det \end{pmatrix} \mathrm{M}_e, \\ d \cdot \delta\mathrm{et}\mathcal{M}_\beta \pm b \cdot \delta\mathrm{et}\mathcal{M}_\alpha &= \delta \cdot \begin{pmatrix} \mathrm{per} \\ \det \end{pmatrix} \mathrm{M}_e. \end{aligned} \tag{6.32}$$

Другие свойства матриц с нильпотентными элементами можно найти в **Разделе 6**.

6.2. Свойства scf-матриц и их перманентов

Свойства перманентов обычных матриц отличаются от свойств детерминантов (см. **Пункт 6.1**), что до сих пор существенно ограничивало их применение комбинаторными построениями и вероятностными задачами [536], а также теорией инвариантов [559] и перманентных идеалов [560]. Однако, если матрицы содержат нильпотентные элементы и делители нуля, то для некоторого типа матриц, возникающих при анализе N-расширенных суперконформных преобразований (см. **Раздел 5**), перманенты начинают играть дуальную (по отношению к детерминантам) роль [3]. Поэтому важно рассмотреть эти дуальные свойства в общем случае нильпотентных матриц, что может быть применено и в других моделях, использующих суперсимметрию в качестве основополагающего принципа.

6.2.1. $N=2$ scf-матрицы. Рассмотрим четные 2×2 матрицы с элементами из Λ_0, т. е. $\mathrm{A}=\begin{pmatrix} a & b \\ c & d \end{pmatrix} \in \mathrm{Mat}_{\Lambda_0}(2)$. Тогда из общей формулы (6.3) следует, что

$$\operatorname{per}\mathrm{A} = ad+bc. \tag{6.33}$$

Если определить скалярное произведение стандартным образом

$$\mathrm{A}\times\mathrm{B} \stackrel{def}{=} \operatorname{tr}\mathrm{AB}^T, \tag{6.34}$$

то для перманента суммы матриц получаем

$$\operatorname{per}(\mathrm{A}+\mathrm{B}) = \operatorname{per}\mathrm{A}+\operatorname{per}\mathrm{B}+\mathrm{A}\times\mathrm{B}^M, \tag{6.35}$$

где B^T — транспонированная матрица и B^M — матрица миноров. Из (6.35) следуют важные частные случаи (см. (6.6)), которые будут использованы в дальнейших выкладках,

$$\operatorname{per}(\mathrm{A}-k\mathrm{I}) = k^2 - k\cdot\operatorname{tr}\mathrm{A}+\operatorname{per}\mathrm{A}, \tag{6.36}$$

$$\operatorname{per}\left(\mathrm{A}-\mathrm{A}^{MT}\right) = 2\operatorname{per}\mathrm{A}-\operatorname{tr}\mathrm{A}^2, \tag{6.37}$$

где $k\in\Lambda_0$ и I — единичная матрица. Отсюда следует определение перманента 2×2 матрицы в терминах скалярного произведения

$$\operatorname{per}\mathrm{A} = \frac{1}{2}\operatorname{tr}\mathrm{A}\times\mathrm{A}^M \tag{6.38}$$

(ср. (6.2)).

Замечание **6.17.** Если матрица A не содержит нильпотентных составляющих и положительна и $\operatorname{per}\mathrm{A}=1$, то матрица $\mathrm{B}=\mathrm{A}-\mathrm{I}$ нильпотентна [561].

Введем в рассмотрение еще одну матричную функцию $\operatorname{scf}_{\pm}\mathrm{A}$, которая играет важную роль при рассмотрении свойств матриц, содержащих нильпотентные элементы, по формулам

$$\operatorname{scf}_{+}\mathrm{A} \stackrel{def}{=} ac,\quad \operatorname{scf}_{-}\mathrm{A} \stackrel{def}{=} bd, \tag{6.39}$$

т. е. $\operatorname{scf}_{\pm}\mathrm{A}$ определяет степень ортогональности элементов первого и второго столбца матрицы A соответственно. Необходимость введения функции $\operatorname{scf}_{\pm}\mathrm{A}$ видна из следующего ключевого соотношения

$$\mathrm{A}^{MT}\cdot\mathrm{A} = \begin{pmatrix} \operatorname{per}\mathrm{A} & 2\operatorname{scf}_{-}\mathrm{A} \\ 2\operatorname{scf}_{+}\mathrm{A} & \operatorname{per}\mathrm{A} \end{pmatrix}. \tag{6.40}$$

Сравним это соотношение с подобным для детерминанта

$$\mathrm{A}^{DT}\cdot\mathrm{A} = \begin{pmatrix} \det\mathrm{A} & 0 \\ 0 & \det\mathrm{A} \end{pmatrix} = \det\mathrm{A}\cdot\mathrm{I}, \tag{6.41}$$

где A^D — матрица алгебраических дополнений.

Тогда естественным является следующее

Определение 6.18. *$N=2$ scf-матрица — это 2×2 четная матрица с элементами из Λ_0, у которой элементы столбцов ортогональны*

$$\mathrm{scf}_{\pm}\mathrm{A}_{\mathrm{scf}}=0. \tag{6.42}$$

Следствие 6.19. *Для $N=2$ scf-матриц выполняется соотношение, аналогичное* (6.41)

$$\mathrm{A}_{\mathrm{scf}}^{MT}\cdot\mathrm{A}_{\mathrm{scf}}=\begin{pmatrix}\mathrm{per}\,\mathrm{A}_{\mathrm{scf}} & 0\\ 0 & \mathrm{per}\,\mathrm{A}_{\mathrm{scf}}\end{pmatrix}=\mathrm{per}\,\mathrm{A}_{\mathrm{scf}}\cdot\mathrm{I}, \tag{6.43}$$

и, следовательно, имеет место дуальность

$$\mathrm{per}\,\mathrm{A}_{\mathrm{scf}}\leftrightarrow\det\mathrm{A}_{\mathrm{scf}},\quad \mathrm{A}_{\mathrm{scf}}^{M}\leftrightarrow\mathrm{A}_{\mathrm{scf}}^{D}. \tag{6.44}$$

Тогда понятно, что при $\epsilon\,[\mathrm{per}\,\mathrm{A}_{\mathrm{scf}}]\neq 0$ для scf-матриц можно ввести другое *дуальное* определение обратной матрицы, использующей не детерминант, а перманент [3].

Определение 6.20. *Для $N=2$ scf-матрицы, удовлетворяющей условию $\epsilon\,[\mathrm{per}\,\mathrm{A}_{\mathrm{scf}}]\neq 0$, per-обратная матрица определяется следующей формулой**)

$$\mathrm{A}_{\mathrm{scf}}^{-1per}\stackrel{def}{=}\frac{\mathrm{A}_{\mathrm{scf}}^{MT}}{\mathrm{per}\,\mathrm{A}_{\mathrm{scf}}}. \tag{6.45}$$

Утверждение 6.21. *Для per-обратной матрицы выполняется соотношение*

$$\mathrm{A}_{\mathrm{scf}}^{-1per}\cdot\mathrm{A}_{\mathrm{scf}}=\mathrm{I}. \tag{6.46}$$

Доказательство. Непосредственно получается из (6.43) при условии $\epsilon\,[\mathrm{per}\,\mathrm{A}_{\mathrm{scf}}]\neq 0$. ■

Отметим некоторые свойства $N=2$ scf-матриц, следующие из их определения, которые, однако, не выполняются для обычных матриц. Например, для n-ой степени любой $N=2$ scf-матрицы имеют место соотношения

$$\mathrm{tr}\,\mathrm{A}_{\mathrm{scf}}^{n} = a^n+d^n+\left[1+(-1)^n\right](bc)^{\frac{n}{2}}\,, \tag{6.47}$$

$$\begin{pmatrix}\mathrm{per}\\ \det\end{pmatrix}^{n}\mathrm{A}_{\mathrm{scf}} = \begin{pmatrix}\mathrm{per}\\ \det\end{pmatrix}\mathrm{A}_{\mathrm{scf}}^{n}=(ad)^n+(\pm 1)^n(bc)^n\,. \tag{6.48}$$

Отсюда, в частности, следуют связи между перманентом и детерминантом scf-матриц

$$\mathrm{per}^{\,2n}\mathrm{A}_{\mathrm{scf}} = \det{}^{2n}\,\mathrm{A}_{\mathrm{scf}}, \tag{6.49}$$

$$\mathrm{per}\,\mathrm{A}_{\mathrm{scf}}^{2n} = \det\mathrm{A}_{\mathrm{scf}}^{2n}. \tag{6.50}$$

Утверждение 6.22. *Если хотя бы один из элементов scf-матрицы на каждой из диагоналей нильпотентен и индекс нильпотентности равен 2 или элементы на каждой диагонали ортогональны, то произведение детерминанта на перманент равно нулю.*

Доказательство. Из определений детерминанта и перманента (6.33) получаем

$$\det\mathrm{A}_{\mathrm{scf}}\cdot\mathrm{per}\,\mathrm{A}_{\mathrm{scf}}=a^2d^2-b^2c^2, \tag{6.51}$$

Примечание. Ср. со стандартной формулой $A^{-1}=A^{DT}/\det A$ и (6.41).

откуда и следует утверждение. ■

Кроме того, имеется нетривиальная связь между перманентом и следом scf-матрицы

$$\left(2\mathrm{per}\,\mathrm{A}_{\mathrm{scf}} - \mathrm{tr}\,\mathrm{A}^2_{\mathrm{scf}}\right)\left(2\mathrm{per}\,\mathrm{A}_{\mathrm{scf}} + \mathrm{tr}\,\mathrm{A}^2_{\mathrm{scf}} - \mathrm{tr}^{\,2}\mathrm{A}_{\mathrm{scf}}\right) = 0, \qquad (6.52)$$

где каждый из сомножителей отличен от нуля, а их ортогональность достигается за счет scf-условий (6.42). По-видимому, одной из причин, почему перманенты не применялись широко в приложениях, как детерминанты, служит тот факт, что в общем случае перманент не мультипликативен, т. е. формула Бине-Коши $\det(\mathrm{AB}) = \det\mathrm{A}\cdot\det\mathrm{B}$ не выполняется*) без дополнительных условий для перманентов [536]. Замечательно, что именно уравнения (6.42) и являются требуемыми дополнительными условиями.

Предложение 6.23. (Формула Бине-Коши для перманентов) *Если* $\mathrm{A}_{\mathrm{scf}}$ *и* $\mathrm{B}_{\mathrm{scf}}$ — *любые* scf-*матрицы, то между их перманентами выполняется соотношения*

$$\mathrm{per}\,(\mathrm{A}_{\mathrm{scf}}\cdot\mathrm{B}_{\mathrm{scf}}) = \mathrm{per}\,\mathrm{A}_{\mathrm{scf}}\cdot\mathrm{per}\,\mathrm{B}_{\mathrm{scf}}. \qquad (6.53)$$

Доказательство. Для $N = 2$ scf-матриц соотношение (6.53) следует из (6.33) непосредственным перемножением и затем применением scf-условий (6.42) . ■

Отметим также и другие важные формулы, справедливые для детерминантов и *только* для scf-матриц [3]

$$\mathrm{per}\,\left(\mathrm{A}_{\mathrm{scf}}\cdot\mathrm{B}_{\mathrm{scf}}\cdot\mathrm{A}^{-1}_{\mathrm{scf}}\right) = \mathrm{per}\,\mathrm{B}_{\mathrm{scf}}, \qquad (6.54)$$

$$\mathrm{per}\,\mathrm{A}^{-1}_{\mathrm{scf}} = \mathrm{per}^{\,-1}\mathrm{A}_{\mathrm{scf}}, \qquad (6.55)$$

где $\mathrm{A}^{-1}_{\mathrm{scf}}$ — обратная матрица в обычном определении.

6.2.2. Ортогональные и scf-матрицы . Важным свойством scf-матриц является их связь с ортогональными матрицами при смене базиса [3], что использовалось нами при рассмотрении необратимых редуцированных $N = 2$ и $N = 4$ преобразований (см. **Раздел 5**). Действительно, пусть

$$\mathrm{A}_0 = \mathrm{U}^{-1}\cdot\mathrm{A}\cdot\mathrm{U}, \quad \mathrm{B}_0 = \mathrm{U}^{-1}\cdot\mathrm{B}\cdot\mathrm{U}, \qquad (6.56)$$

где

$$\mathrm{U} = \frac{1}{\sqrt{2}}\begin{pmatrix} 1 & i \\ 1 & -i \end{pmatrix} \qquad (6.57)$$

— матрица перехода*) в комплексный базис, причем

$$\mathrm{U}^T\cdot\mathrm{U} = \begin{pmatrix} 1 & 0 \\ 0 & -1 \end{pmatrix} = \sigma_3,\ \mathrm{U}\cdot\mathrm{U}^T = \begin{pmatrix} 0 & 1 \\ 1 & 0 \end{pmatrix} = \sigma_1, \qquad (6.58)$$

где σ_i — матрицы Паули. Тогда для произведения двух матриц в разных базисах можно получить

$$\mathrm{A}^T_0\cdot\mathrm{B}_0 = \mathrm{U}^{-1}\cdot\mathrm{A}^{MT}\cdot\mathrm{B}\cdot\mathrm{U}. \qquad (6.59)$$

Если выбрать $\mathrm{A}_0 = \mathrm{B}_0$, то получим связь ортогональности в координатном базисе со свойствами scf-матриц в комплексном базисе [3]

$$\begin{aligned}\mathrm{A}^T_0\cdot\mathrm{A}_0 &= \mathrm{U}^{-1}\cdot\mathrm{A}^{MT}\cdot\mathrm{A}\cdot\mathrm{U} = \\ &\mathrm{per}\,\mathrm{A}\cdot\mathrm{I} + \mathrm{scf}_+\mathrm{A}\cdot\sigma^+ + \mathrm{scf}_-\mathrm{A}\cdot\sigma^-, \end{aligned} \qquad (6.60)$$

где I — единичная 2×2 матрица, $\sigma^\pm = \sigma_3 \pm i\sigma_1$ (см. (6.58)).

Примечание. Также, как и инвариантность при линейных операциях над матрицами [536].
Примечание. С нулевым перманентом $\mathrm{per}\,\mathrm{U} = 0$ и $\det\mathrm{U} = -i$.

Утверждение 6.24. *В обратимом случае* $\epsilon[\operatorname{per} \mathrm{A}] \neq 0$ *нормированные на* $\sqrt{\operatorname{per} \mathrm{A}}$ scf-*матрицы подобны ортогональным матрицам.*

Доказательство. Используя scf-условия (6.42) $\mathrm{scf}_{\pm} \mathrm{A}_{\mathrm{scf}} = 0$, из (6.60) находим

$$\mathrm{A}_{0,\mathrm{scf}}^T \cdot \mathrm{A}_{0,\mathrm{scf}} = \operatorname{per} \mathrm{A}_{\mathrm{scf}} \cdot \mathrm{I}. \tag{6.61}$$

Обозначим $\mathrm{N}_{0,\mathrm{scf}} = \mathrm{A}_{0,\mathrm{scf}} / \sqrt{\operatorname{per} \mathrm{A}_{\mathrm{scf}}}$, тогда из (6.61) следует, что матрица $\mathrm{N}_{0,\mathrm{scf}}$ — ортогональная, т. е. $\mathrm{N}_{0,\mathrm{scf}}^T \cdot \mathrm{N}_{0,\mathrm{scf}} = \mathrm{I}$, следовательно $\mathrm{N}_{0,\mathrm{scf}} \in O_{\Lambda_0}(2)$. С другой стороны, пусть

$$\mathrm{N}_{\mathrm{scf}} = \frac{\mathrm{A}_{\mathrm{scf}}}{\sqrt{\operatorname{per} \mathrm{A}_{\mathrm{scf}}}}, \tag{6.62}$$

отсюда и из (6.56) получаем требуемую связь нормированных матриц в различных базисах $\mathrm{N}_{0,\mathrm{scf}} = \mathrm{U}^{-1} \cdot \mathrm{N}_{\mathrm{scf}} \cdot \mathrm{U}$. ■

Следствие 6.25. *Для нормированных* scf-*матриц ортогональность в одном базисе связана с* per-*обратимостью в другом*

$$\mathrm{N}_{0,\mathrm{scf}}^T \cdot \mathrm{N}_{0,\mathrm{scf}} = \mathrm{U}^{-1} \cdot \mathrm{N}_{\mathrm{scf}}^{-1per} \cdot \mathrm{N}_{\mathrm{scf}} \cdot \mathrm{U}, \tag{6.63}$$

где $\mathrm{N}_{\mathrm{scf}}^{-1per}$ *определено в* (6.45).

6.2.3. Обратимость и доопределенные scf-матрицы. Рассмотрим более подробно свойства обратимости scf-матриц.

Утверждение 6.26. *Для одной и той же матрицы**) *числовые части детерминанта и перманента (отличных от нуля* $\operatorname{per} \mathrm{A} \neq 0$, $\det \mathrm{A} \neq 0$*) обращаются в нуль одновременно*

$$\epsilon[\operatorname{per} \mathrm{A}] = 0 \Leftrightarrow \epsilon[\det \mathrm{A}] = 0. \tag{6.64}$$

Доказательство. Следует из определений детерминанта и перманента (6.33) и разложения их в ряд по образующим Λ_0. ■

Следствие 6.27. *Для заданной* scf-*матрицы* $\mathrm{A}_{\mathrm{scf}}$ *при* $\operatorname{per} \mathrm{A}_{\mathrm{scf}} \neq 0$ *и* $\det \mathrm{A}_{\mathrm{scf}} \neq 0$ *обратная и per-обратная* (6.45) *матрицы определены или неопределены одновременно.*

Рассмотрим обратимый случай $\epsilon[\operatorname{per} \mathrm{A}_{\mathrm{scf}}] \neq 0$, $\epsilon[\det \mathrm{A}_{\mathrm{scf}}] \neq 0$, тогда единственным решением scf-условий (6.42) могут быть варианты, когда один из сомножителей обращается в нуль. Отсюда с очевидностью следует

Утверждение 6.28. *Обратимые* scf-*матрицы диагональны или антидиагональны.*

Следствие 6.29. *Для обратимых* scf-*матриц* per-*обратная матрица совпадает с обратной* $\mathrm{A}_{\mathrm{scf}}^{-1per} = \mathrm{A}_{\mathrm{scf}}^{-1}$.

---

*) *Примечание.* Это утверждение справедливо для матриц любого порядка, состоящих из четных элементов.

В необратимом случае $\epsilon[\mathrm{per}\,\mathrm{A_{scf}}] = 0$ нормировка, подобная (6.62), невозможна. Поэтому нужно непосредственно пользоваться scf-условиями (6.42) и ненормированными формулами (6.59)–(6.61). Тогда матрица $\mathrm{A_{scf}}$ не обязательно будет диагональной или антидиагональной, как в **Утверждении 6.28**. Для нахождения *доопределенной* per-*обратной* матрицы $\bar{\mathrm{A}}_{\mathrm{scf}}^{-1per}$ в этом случае необходимо избегать деления в (6.45) и решать уравнение

$$\bar{\mathrm{A}}_{\mathrm{scf}}^{-1per} \cdot \mathrm{per}\,\mathrm{A_{scf}} = \mathrm{A}_{\mathrm{scf}}^{MT} \tag{6.65}$$

с нильпотентными обеими частями. Если аналогично ввести *доопределенную обратную* матрицу $\bar{\mathrm{A}}_{\mathrm{scf}}^{-1}$ по формуле

$$\bar{\mathrm{A}}_{\mathrm{scf}}^{-1} \cdot \det \mathrm{A_{scf}} = \mathrm{A}_{\mathrm{scf}}^{DT}, \tag{6.66}$$

то в общем случае $\bar{\mathrm{A}}_{\mathrm{scf}}^{-1per} \neq \bar{\mathrm{A}}_{\mathrm{scf}}^{-1}$.

Пример **6.30.** Пусть

$$\mathrm{A_{scf}} = \begin{pmatrix} \mu\nu & \alpha\beta \\ \mu\rho & \alpha\gamma \end{pmatrix} \tag{6.67}$$

— нильпотентная scf-матрица, для которой

$$\mathrm{per}\,\mathrm{A_{scf}} = \mu\nu\alpha\gamma + \alpha\beta\mu\rho = \mu\alpha(\gamma\nu + \beta\rho), \tag{6.68}$$

$$\det \mathrm{A_{scf}} = \mu\nu\alpha\gamma - \alpha\beta\mu\rho = \mu\alpha(\gamma\nu - \beta\rho). \tag{6.69}$$

Она необратима, поскольку $\epsilon[\mathrm{per}\,\mathrm{A_{scf}}] = \epsilon[\det \mathrm{A_{scf}}] = 0$. Пусть

$$\bar{\mathrm{A}}_{\mathrm{scf}}^{-1per} = \begin{pmatrix} x_1 & x_2 \\ x_3 & x_4 \end{pmatrix}, \quad \bar{\mathrm{A}}_{\mathrm{scf}}^{-1} = \begin{pmatrix} y_1 & y_2 \\ y_3 & y_4 \end{pmatrix}, \tag{6.70}$$

тогда из (6.65)–(6.66) и (6.67)–(6.69) имеем 2(!) *различные* системы уравнений для определения элементов x_i и y_i

$$\left\{ \begin{array}{l} \mu\alpha(\gamma\nu + \beta\rho)x_1 = \alpha\gamma, \\ \mu\alpha(\gamma\nu + \beta\rho)x_2 = \alpha\beta, \\ \mu\alpha(\gamma\nu + \beta\rho)x_3 = \mu\rho, \\ \mu\alpha(\gamma\nu + \beta\rho)x_3 = \mu\nu, \end{array} \right. \quad \left\{ \begin{array}{l} \mu\alpha(\gamma\nu - \beta\rho)y_1 = \alpha\gamma, \\ \mu\alpha(\gamma\nu - \beta\rho)y_2 = -\alpha\beta, \\ \mu\alpha(\gamma\nu - \beta\rho)y_3 = -\mu\rho, \\ \mu\alpha(\gamma\nu - \beta\rho)y_3 = \mu\nu, \end{array} \right. \tag{6.71}$$

которые могут быть решены разложением по образующим Λ.

6.2.4. Полугруппа $N = 2$ scf-матриц. Наряду с мультипликативностью перманента $N = 2$ scf-матриц (6.53) важным также является поведение введенной матричной функции $\mathrm{scf}_{\pm}\mathrm{A}$ при умножении. Рассмотрим функцию $\mathrm{scf}_{\pm}$ от произведения матриц A и $\mathrm{B} = \begin{pmatrix} p & q \\ r & s \end{pmatrix}$. Пользуясь определением (6.39), получаем

$$\mathrm{scf}_{+}(\mathrm{AB}) = p^2 \cdot \mathrm{scf}_{+}\mathrm{A} + r^2 \cdot \mathrm{scf}_{-}\mathrm{A} + 2\mathrm{per}\,\mathrm{A} \cdot \mathrm{scf}_{+}\mathrm{B}, \tag{6.72}$$

$$\mathrm{scf}_{-}(\mathrm{AB}) = q^2 \cdot \mathrm{scf}_{+}\mathrm{A} + s^2 \cdot \mathrm{scf}_{-}\mathrm{A} + 2\mathrm{per}\,\mathrm{A} \cdot \mathrm{scf}_{-}\mathrm{B}. \tag{6.73}$$

Обозначим множество 2×2 четных матриц, удовлетворяющих условию (6.42), $\mathcal{A}_{\mathrm{scf}} = \bigcup \mathrm{A_{scf}}$. Тогда мы имеем

Предложение 6.31. *Множество $\mathcal{A}_{\mathrm{scf}}$ образует подполугруппу полной линейной полугруппы 2×2 четных матриц.*

Доказательство. Из (6.72)–(6.73) получаем отношения

$$\mathrm{scf}_{\pm}(\mathrm{AB}) = 0 \Leftrightarrow \mathrm{scf}_{\pm}\mathrm{A} = 0 \wedge \mathrm{scf}_{\pm}\mathrm{B} = 0, \tag{6.74}$$

что дает $\mathcal{A}_{\mathrm{scf}} \star \mathcal{A}_{\mathrm{scf}} \subseteq \mathcal{A}_{\mathrm{scf}}$ и этим доказывает утверждение. ■

Определение 6.32. *Линейную полугруппу, изоморфную $\{\mathcal{A}_{\mathrm{scf}}|\cdot\}$, где $(\cdot)$ — матричное умножение, назовем полугруппой $N = 2$ scf-матриц $SCF_{\Lambda_0}(2)$.*

Определение 6.33. *Обратимые элементы из полугруппы* $SCF_{\Lambda_0}(2)$ *образуют группу* $N=2$ *scf-матриц* $GSCF_{\Lambda_0}(2)$.

Определение 6.34. *Небратимые элементы изполугруппы* $SCF_{\Lambda_0}(2)$ *образуют идеал* $ISCF_{\Lambda_0}(2)$.

Поскольку имеется соотношение подобия (6.56) и для scf-матриц выполняется ортогональность (6.61), в обратимом случае получаем

Утверждение 6.35. *Группа* $GSCF_{\Lambda_0}(2)$ *изоморфна ортогональной группе* $O_{\Lambda_0}(2)$.

Нетривиальным является необратимый случай $\epsilon\,[\mathrm{per}\,\mathrm{A}_{\mathrm{scf}}]=0$, когда scf-условия (6.39) выполняются не за счет зануления одного из сомножителей, а за счет ортогональности нильпотентных ненулевых сомножителей. Такие scf-матрицы принадлежат идеалу $ISCF_{\Lambda_0}(2)$ (см. *Пример* **6.30**).

6.3. Неэвклидова плоскость и scf-матрицы

Здесь мы рассмотрим некоторые необычные свойства дробно-линейных преобразований, к которым приводят $N=2$ scf-матрицы.

Поставим в соответствие матрице $\mathrm{A}=\begin{pmatrix} a & b \\ c & d \end{pmatrix} \in \mathrm{Mat}_{\Lambda_0}(2)$ дробно-линейное преобразование $f:\mathbb{C}^{1|0}\to\mathbb{C}^{1|0}$ по формуле (см. например, [562, 563])

$$f_{\mathrm{A}}(z)=\frac{az+b}{cz+d}. \tag{6.75}$$

Доопределим $f_{\mathrm{A}}(z)$ на необратимый случай, когда $cz+d\neq 0$, но $\epsilon\,[cz+d]=0$ по формуле

$$\bar{f}_{\mathrm{A}}(z)(cz+d)=az+b. \tag{6.76}$$

Будем обозначать равенства для доопределенных величин знаком $\mathring{=}$, а именно

$$\bar{f}_{\mathrm{A}}(z)\mathring{=}\frac{az+b}{cz+d}. \tag{6.77}$$

Пусть $\bar{\mathbf{F}}$ —полугруппа всех обратимых и необратимых доопределенных преобразований $\bar{f}_{\mathrm{A}}(z)$, а $L_{\Lambda_0}(2)$ — полугруппа матриц $\mathrm{A}\in\mathrm{Mat}_{\Lambda_0}(2)$. Поскольку для любых двух матриц A и B имеет место

$$\bar{f}_{\mathrm{A}}\circ\bar{f}_{\mathrm{B}}=\bar{f}_{\mathrm{AB}}, \tag{6.78}$$

то отображение полугрупп $\varphi: L_{\Lambda_0}(2)\to\bar{\mathbf{F}}$ есть гомоморфизм*) полугрупп.

Предложение 6.36. *Доопределенные дробно-линейные преобразования* $\bar{f}_{\mathrm{A}}(z)$ *имеют дополнительную неподвижную точку с нильпотентной координатой.*

Доказательство. Неподвижная точка z_{fix} отображения $\bar{f}_{\mathrm{A}}(z)$ определяется формулой $\bar{f}_{\mathrm{A}}(z_{\mathrm{fix}})\mathring{=}z_{\mathrm{fix}}$. Из (6.76) имеем $cz_{\mathrm{fix}}^2+(d-a)\,z_{\mathrm{fix}}-b=0$, откуда следует не одна, как в стандартном рассмотрении при $c\neq 0$ [564], а *две (!)* возможности:

---

*) *Примечание.* Точнее — эпиморфизм с ненулевым ядром $a\cdot\mathrm{I}$, $a\in\Lambda_0$ (см. [563]).

1. $\epsilon[b] \neq 0$, $\epsilon[z_{\text{fix}}] \neq 0$, тогда $z_{\text{fix}}^{(\pm)} \stackrel{\circ}{=} \dfrac{a-d \pm \sqrt{(a+d)^2 - 4\det \mathrm{A}}}{2c}$;

2. $\epsilon[b] = 0$, $\epsilon\left[z_{\text{fix}}^{(0)}\right] = 0$, $\left(z_{\text{fix}}^{(0)}\right)^2 = 0$, тогда $z_{\text{fix}}^{(0)} \stackrel{\circ}{=} \dfrac{b}{d-a}$.

■

Если выбрать в качестве матрицы A комплексную матрицу с единичным детерминантом, то $f_{\mathrm{A}}(z)$ — преобразование Мебиуса, играющее важную роль в теории струн и римановых поверхностей.

6.3.1. Определение и свойства per-отображений. Выберем в качестве A введенные в **Подразделе 6.2** $N = 2$ scf-матрицы A_{scf}. Мы покажем, что наиболее ключевые соотношения будут иметь дуальные, где детерминант заменяется на перманент [3]. Поскольку $N = 2$ scf-матрицы A_{scf} образуют полугруппу $SCF_{\Lambda_0}(2)$ (см. **Предложение 6.31**), то соответствующие дробно-линейные преобразования $\bar{f}_{\mathrm{A}_{\text{scf}}}(z)$ образуют полугруппу $\bar{\mathbf{F}}_{\text{scf}} \subset \bar{\mathbf{F}}$ относительно композиции в силу (6.78), и отображение полугрупп $\varphi_{\text{scf}} : SCF_{\Lambda_0}(2) \to \bar{\mathbf{F}}_{\text{scf}}$ есть также гомоморфизм полугрупп.

Определение 6.37. *Назовем per-отображением дробно-линейное преобразование* (6.77) *с* $N = 2$ scf-*матрицей* $\mathrm{A} = \mathrm{A}_{\text{scf}}$.

Основным для дальнейшего рассмотрения будет

Утверждение 6.38. Per-*отображения (и только они) удовлетворяют следующему тождеству*

$$n_1 \cdot \bar{f}_{\mathrm{A}_{\text{scf}}}(z_1) + n_2 \cdot \bar{f}_{\mathrm{A}_{\text{scf}}}(z_2) \stackrel{\circ}{=}$$

$$\frac{(n_1+n_2)(z_1+z_2)\cdot \operatorname{per}\mathrm{A}_{\text{scf}}}{2(cz_1+d)(cz_2+d)} + \frac{(n_1-n_2)(z_1-z_2)\cdot \det \mathrm{A}_{\text{scf}}}{2(cz_1+d)(cz_2+d)}. \tag{6.79}$$

Доказательство. Обозначим разность между левой и правой частями в (6.79) за $\Delta f(z_1, z_2)$. Для любой матрицы A непосредственно из (6.77) имеем

$$\Delta f(z_1, z_2) = (z_1 z_2 \cdot \mathrm{scf}_+ \mathrm{A} + \mathrm{scf}_- \mathrm{A})(n_1+n_2), \tag{6.80}$$

тогда в силу того, что в нашем случае $\mathrm{A} = \mathrm{A}_{\text{scf}}$ — $N = 2$ scf-матрица, из scf-условий (6.42) $\mathrm{scf}_\pm \mathrm{A}_{\text{scf}} = 0$ получаем $\Delta f(z_1, z_2) = 0$. ■

Из тождества (6.79) явно прослеживается дуальная роль $\operatorname{per}\mathrm{A}_{\text{scf}}$ и $\det \mathrm{A}_{\text{scf}}$. Поэтому наряду с новыми формулами мы будем приводить и стандартные.

Предложение 6.39. *При* per-*отображениях разность координат преобразуется множителем, пропорциональным* $\det \mathrm{A}_{\text{scf}}$, *а сумма координат преобразуется множителем, пропорциональным* $\operatorname{per}\mathrm{A}_{\text{scf}}$.

Доказательство. Действительно, для суммы и разности (а не только для разности [563]) преобразованных координат из (6.79) получаем

$$\bar{f}_{\mathrm{A}_{\text{scf}}}(z_1) + \bar{f}_{\mathrm{A}_{\text{scf}}}(z_2) \stackrel{\circ}{=} \frac{\operatorname{per}\mathrm{A}_{\text{scf}}}{(cz_1+d)(cz_2+d)}(z_1+z_2), \tag{6.81}$$

$$\bar{f}_{\mathrm{A}_{\text{scf}}}(z_1) - \bar{f}_{\mathrm{A}_{\text{scf}}}(z_2) \stackrel{\circ}{=} \frac{\det \mathrm{A}_{\text{scf}}}{(cz_1+d)(cz_2+d)}(z_1-z_2). \tag{6.82}$$

■

Замечание **6.40.** Соотношение(6.82) выполняется не только для scf-матриц, но и для любых матриц A (см. например, [563]).

Замечание **6.41.** Соотношение (6.81) говорит о появлении на $\mathbb{C}^{1|0}$ новой симметрии, связанной с scf-матрицами и перманентами*).

Если элементы $\mathrm{A_{scf}}$ действительны, то из (6.81)–(6.82) находим дуальные формулы

$$\mathrm{Re}\, \bar{f}_{\mathrm{A_{scf}}}(z) \doteq \frac{\mathrm{per\, A_{scf}}}{|cz+d|^2} \cdot \mathrm{Re}\, z, \tag{6.83}$$

$$\mathrm{Im}\, \bar{f}_{\mathrm{A_{scf}}}(z) \doteq \frac{\det \mathrm{A_{scf}}}{|cz+d|^2} \cdot \mathrm{Im}\, z, \tag{6.84}$$

откуда следует, что можно определить *два (!)* "единичных круга" на суперплоскости $\mathbb{C}^{1|0}$

$$\mathrm{Re}\, \bar{f}_{\mathrm{A_{scf}}}(z) = \mathrm{Re}\, z \Leftrightarrow |cz+d| = \sqrt{\mathrm{per\, A_{scf}}}, \tag{6.85}$$

$$\mathrm{Im}\, \bar{f}_{\mathrm{A_{scf}}}(z) = \mathrm{Im}\, z \Leftrightarrow |cz+d| = \sqrt{\det \mathrm{A_{scf}}}. \tag{6.86}$$

Кроме того,

$$\frac{\left|\bar{f}_{\mathrm{A_{scf}}}(z_1) + \bar{f}_{\mathrm{A_{scf}}}(z_2)\right|^2}{\mathrm{Re}\, \bar{f}_{\mathrm{A_{scf}}}(z_1) \cdot \mathrm{Re}\, \bar{f}_{\mathrm{A_{scf}}}(z_2)} \doteq \frac{|z_1+z_2|^2}{\mathrm{Re}\, z_1 \cdot \mathrm{Re}\, z_2}, \tag{6.87}$$

$$\frac{\left|\bar{f}_{\mathrm{A_{scf}}}(z_1) - \bar{f}_{\mathrm{A_{scf}}}(z_2)\right|^2}{\mathrm{Im}\, \bar{f}_{\mathrm{A_{scf}}}(z_1) \cdot \mathrm{Im}\, \bar{f}_{\mathrm{A_{scf}}}(z_2)} \doteq \frac{|z_1-z_2|^2}{\mathrm{Im}\, z_1 \cdot \mathrm{Im}\, z_2}. \tag{6.88}$$

6.3.2. Правые и левые двойные отношения. Пусть $z_1, z_2, z_3, z_4 \in \mathbb{C}^{1|0}$ — четыре различные точки. Определим не одно (как в [563, 565]), а два двойных отношения следующим образом.

Определение 6.42. *Доопределенными правым и левым двойными отношениями назовем такие функции четырех точек*

$$\boldsymbol{D}^{\pm}(z_1, z_2, z_3, z_4) \doteq \frac{(z_1 \pm z_3)(z_2 \pm z_4)}{(z_1 \pm z_4)(z_2 \pm z_3)}. \tag{6.89}$$

Замечание **6.43.** В (6.89) прослеживается 2 отличия от стандартных определений [563]: **1)** наличие наряду с *левым* двойным отношением с разностями координат также и *правого* двойного отношения с их суммами; **2)** распространение определений (нового и известного) на нильпотентную область $\mathbb{C}^{1|0}$ с использованием доопределенного знака равенства $\doteq$ (6.76)–(6.77).

Отметим, что, в частности,

$$\boldsymbol{D}^{\pm}(z, 1, 0, \infty) = z. \tag{6.90}$$

Относительно дробно-линейных преобразований общего вида (6.75) левое двойное отношение (6.89) инвариантно [563, 565] в силу (6.82) и *Замечания* **6.40**. Для per-отображений выполняются оба соотношения (6.81) и (6.82), поэтому для них имеем

*) *Примечание.* Что проясняет происхождение **Определения 6.37**.

Теорема 6.44. *Как правое, так и левое двойные отношения (6.89) инвариантны относительно* per-*отображений*

$$\boldsymbol{D}^{\pm}\left(\bar{f}_{\mathrm{A_{scf}}}(z_1), \bar{f}_{\mathrm{A_{scf}}}(z_2), \bar{f}_{\mathrm{A_{scf}}}(z_3), \bar{f}_{\mathrm{A_{scf}}}(z_4)\right) \doteq \boldsymbol{D}^{\pm}(z_1, z_2, z_3, z_4) = \boldsymbol{r}^{\pm}. \tag{6.91}$$

Доказательство. Рассмотрим преобразованное правое двойное отношение с $\boldsymbol{D}^{+}\left(\bar{f}_{\mathrm{A_{scf}}}(z_1), \bar{f}_{\mathrm{A_{scf}}}(z_2), \bar{f}_{\mathrm{A_{scf}}}(z_3), \bar{f}_{\mathrm{A_{scf}}}(z_4)\right)$. Для различных сумм преобразованных координат воспользуемся (6.81)

$$\bar{f}_{\mathrm{A_{scf}}}(z_i) + \bar{f}_{\mathrm{A_{scf}}}(z_j) \doteq \frac{\operatorname{per}\mathrm{A_{scf}}}{(cz_i + d)(cz_j + d)}(z_i + z_j), \tag{6.92}$$

после чего в числителе и знаменателе (6.89) сократим на $\operatorname{per}\mathrm{A_{scf}}$ от каждой суммы и на общее выражение $(cz_1 + d)(cz_2 + d)(cz_3 + d)(cz_4 + d)$, тогда получим искомое непреобразованное правое двойное отношение $\boldsymbol{D}^{+}(z_1, z_2, z_3, z_4)$. Для левого двойного отношения доказательство проводится аналогично. ■

Следствие 6.45. *Если для двух четверок точек z_i и w_i левые (или правые) двойные отношения совпадают, то существует per-отображение, которое переводит одну четверку в другую $w_i = \bar{f}_{\mathrm{A_{scf}}}(z_i)$.*

Итак, мы доказали, что per-отображения имеют дополнительный инвариант $\boldsymbol{r}_{+}$ — правое двойное отношение $\boldsymbol{D}^{+}(z_1, z_2, z_3, z_4) = \boldsymbol{r}_{+}$, которое зависит не от конкретного значения координат z_1, z_2, z_3, z_4, а от их перестановок $z_{\sigma 1}, z_{\sigma 2}, z_{\sigma 3}, z_{\sigma 4}$, $\sigma \in S_4$, где S_4 — группа перестановок множества из 4 элементов. Введем правые и левые функции $p_{\sigma}^{\pm}(\boldsymbol{r}_{\pm})$ на правых и левых двойных отношениях соответственно по формуле

$$\boldsymbol{D}^{\pm}(z_{\sigma 1}, z_{\sigma 2}, z_{\sigma 3}, z_{\sigma 4}) = p_{\sigma}^{\pm}\left(\boldsymbol{D}^{\pm}(z_1, z_2, z_3, z_4)\right). \tag{6.93}$$

Утверждение 6.46. *Отображения группы перестановок*

$$\omega^{\pm} : \sigma \to p_{\sigma}^{\pm} \tag{6.94}$$

являются гомоморфизмами.

Доказательство. Для двух последовательных перестановок из (6.93) имеем

$$\begin{aligned} p_{\pi}^{\pm}\left[p_{\sigma}^{\pm}\left(\boldsymbol{D}^{\pm}(z_1, z_2, z_3, z_4)\right)\right] &= p_{\pi}^{\pm}\left[\boldsymbol{D}^{\pm}(z_{\sigma 1}, z_{\sigma 2}, z_{\sigma 3}, z_{\sigma 4})\right] = \\ \boldsymbol{D}^{\pm}(z_{\pi\sigma 1}, z_{\pi\sigma 2}, z_{\pi\sigma 3}, z_{\pi\sigma 4}) &= p_{\pi\sigma}^{\pm}\left(\boldsymbol{D}^{\pm}(z_1, z_2, z_3, z_4)\right), \end{aligned} \tag{6.95}$$

т. е. $p_{\pi}^{\pm} p_{\sigma}^{\pm} = p_{\pi\sigma}^{\pm}$, что и доказывает утверждение. ■

Найдем образ, например, транспозиции $\sigma = \sigma_{23} = (2,3)$ при гомоморфизме $\omega^{\pm}$ (6.94). Из (6.91) следует, что имеется два (!) per-отображения $h^{\pm}(z_1)$, переводящих точки z_2, z_3, z_4 в $1, 0, \infty$ соответственно

$$\boldsymbol{D}^{\pm}(z_1, z_2, z_3, z_4) = \boldsymbol{D}^{\pm}\left(h^{\pm}(z_1), 1, 0, \infty\right). \tag{6.96}$$

С другой стороны, пользуясь (6.90), имеем $\boldsymbol{D}^{\pm}(h^{\pm}(z_1), 1, 0, \infty) = h^{\pm}(z_1)$. А из определения инвариантов (6.91) имеем

$$\boldsymbol{r}^{\pm} = \boldsymbol{D}^{\pm}\left(h^{\pm}(z_1), 1, 0, \infty\right) = h^{\pm}(z_1) = \boldsymbol{D}^{\pm}\left(\boldsymbol{r}^{\pm}, 1, 0, \infty\right). \tag{6.97}$$

Применяем далее транспозицию σ_{23} к (6.97) и получаем

$$p_{\sigma_{23}}^{\pm}\left(\boldsymbol{r}^{\pm}\right) = \boldsymbol{D}^{\pm}\left(\boldsymbol{r}^{\pm}, 0, 1, \infty\right) = 1 \pm \boldsymbol{r}^{\pm}, \tag{6.98}$$

и, следовательно, $\sigma_{23} \xrightarrow{\omega^{\pm}} 1 \pm \boldsymbol{r}^{\pm}$. Проделывая подобные выкладки для остальных транспозиций, получаем следующее

Утверждение 6.47. *Образами группы перестановок S_4 при гомоморфизмах ω^+ и ω^- (6.94) являются две (!) конечные группы, каждая из которых состоит из 6 элементов*

$$\omega^+(S_4) = \left\{ \boldsymbol{r}^+, \frac{1}{\boldsymbol{r}^+}, 1+\boldsymbol{r}^+, \frac{1}{1+\boldsymbol{r}^+}, \frac{1+\boldsymbol{r}^+}{\boldsymbol{r}^+}, \frac{\boldsymbol{r}^+}{1+\boldsymbol{r}^+} \right\}, \quad (6.99)$$

$$\omega^-(S_4) = \left\{ \boldsymbol{r}^-, \frac{1}{\boldsymbol{r}^-}, 1-\boldsymbol{r}^-, \frac{1}{1-\boldsymbol{r}^-}, \frac{1-\boldsymbol{r}^-}{\boldsymbol{r}^-}, \frac{\boldsymbol{r}^-}{1-\boldsymbol{r}^-} \right\} \quad (6.100)$$

при $\epsilon[\boldsymbol{r}^\pm] \neq 0$.

Если $\epsilon[\boldsymbol{r}^\pm] = 0$, то количество элементов в (6.99)–(6.100) уменьшается до 4

$$\omega^+(S_4) = \left\{ \boldsymbol{r}^+, 1+\boldsymbol{r}^+, \frac{1}{1+\boldsymbol{r}^+}, \frac{\boldsymbol{r}^+}{1+\boldsymbol{r}^+} \right\}, \quad (6.101)$$

$$\omega^-(S_4) = \left\{ \boldsymbol{r}^-, 1-\boldsymbol{r}^-, \frac{1}{1-\boldsymbol{r}^-}, \frac{\boldsymbol{r}^-}{1-\boldsymbol{r}^-} \right\}. \quad (6.102)$$

Однако другие критические значения инвариантов $\boldsymbol{r}^+$ и $\boldsymbol{r}^-$ не совпадают между собой. Из (6.99)–(6.100) следует, что образы отображений $\omega^\pm$ содержат по 3 элемента, если $1 \pm \boldsymbol{r}^\pm = 1/\boldsymbol{r}^\pm$, т. е. при различных значениях инвариантов

$$\boldsymbol{r}^+_{1,2} = \frac{-1 \pm \sqrt{5}}{2}, \quad (6.103)$$

$$\boldsymbol{r}^-_{1,2} = \frac{1 \pm i\sqrt{3}}{2} \quad (6.104)$$

соответственно. Если $\boldsymbol{r}^- = -1$, то говорят, что точки z_1, z_2, z_3, z_4 образуют гармоническую последовательность [563]. Соответствующее значение инварианта $\boldsymbol{r}^+$ равно $+1$, а такую последовательность точек можно назвать per-*гармонической*. При этом $\omega^+(S_4) = \omega^-(S_4) = \left\{ \frac{1}{2}, 1, 2 \right\}$.

Утверждение 6.48. *Для четырех точек z_1, z_2, z_3, z_4, лежащих на единичном круге, правое $\boldsymbol{D}^+(z_1, z_2, z_3, z_4)$ и левое $\boldsymbol{D}^-(z_1, z_2, z_3, z_4)$ двойные отношения действительны**).

Доказательство. На единичном круге полагаем $z_i = e^{it_i}$, $t_i \in \mathbb{R}$, тогда из (6.89) получаем

$$\boldsymbol{D}^+\left(e^{it_1}, e^{it_2}, e^{it_3}, e^{it_4}\right) = \frac{\cos(t_1 - t_3)\cos(t_2 - t_4)}{\cos(t_1 - t_4)\cos(t_2 - t_3)}, \quad (6.105)$$

$$\boldsymbol{D}^-\left(e^{it_1}, e^{it_2}, e^{it_3}, e^{it_4}\right) = \frac{\sin(t_1 - t_3)\sin(t_2 - t_4)}{\sin(t_1 - t_4)\sin(t_2 - t_3)}. \quad (6.106)$$

Следовательно $\boldsymbol{D}^\pm\left(e^{it_1}, e^{it_2}, e^{it_3}, e^{it_4}\right) \in \mathbb{R}$. ■

Имеется также per-аналог формулы Лаггера [566], позволяющий выразить правое двойное отношение через “угол” ϑ между “прямыми”. Действительно, пусть $\mathrm{tg}\vartheta = \frac{m_1 - m_2}{1 + m_1 m_2}$, тогда из (6.89) можно получить

$$\boldsymbol{D}^\pm(m_1, m_2, +i, -i) = e^{\pm i\vartheta}, \quad (6.107)$$

---

*) *Примечание.* Для левого двойного отношения см., например, [566].

где выражение с нижним знаком представляет собой классическую формулу Лаггера [566].

Если A — матрица, соответствующая дробно-линейному преобразованию $f_{\mathrm{A}}(z)$ (см. (6.75)), то для левого двойного отношения можно вывести формулу

$$\boldsymbol{D}^{-}\left(z, f_{\mathrm{A}}^{\circ 3}(z), f_{\mathrm{A}}^{\circ 2}(z), f_{\mathrm{A}}(z)\right)=\frac{\operatorname{tr}^{2} \mathrm{A}}{\operatorname{det} \mathrm{A}}, \tag{6.108}$$

где $f_{\mathrm{A}}^{\circ n}(z)$ — композиция из n преобразований.

Подобная формула для правого двойного отношения (если $\mathrm{A}=\mathrm{A}_{\mathrm{scf}}$) имеет вид

$$\begin{aligned} \boldsymbol{D}^{+}\left(z, f_{\mathrm{A}_{\mathrm{scf}}}^{\circ 3}(z), f_{\mathrm{A}_{\mathrm{scf}}}^{\circ 2}(z), f_{\mathrm{A}_{\mathrm{scf}}}(z)\right)=z\left(a d^{3}+2 b^{2} c^{2}+a^{3} d\right)= \\ z\left[\operatorname{per} \mathrm{A}_{\mathrm{scf}}\left(\operatorname{tr} \mathrm{A}_{\mathrm{scf}}^{2}+\frac{1}{2} \operatorname{tr}^{2} \mathrm{A}_{\mathrm{scf}}\right)+\frac{1}{4} \operatorname{tr}^{2} \mathrm{A}_{\mathrm{scf}}\left(\operatorname{tr}^{2} \mathrm{A}_{\mathrm{scf}}-\operatorname{tr} \mathrm{A}_{\mathrm{scf}}^{2}\right)\right], \end{aligned} \tag{6.109}$$

где $f_{\mathrm{A}_{\mathrm{scf}}}^{\circ n}(z)$ — композиция n per-отображений.

Отметим, что имеется тесная связь между левым двойным отношением и производной Шварца [567]. Действительно, для любой функции $f(z)$ из (6.89) получаем

$$\begin{aligned} \boldsymbol{D}^{-}(f(z+t a), f(z+t b), f(z+t c), f(z+t d)) &= \\ \boldsymbol{D}^{-}(a, b, c, d)\left[1+\frac{t^{2}}{6}(a-b)(c-d) \boldsymbol{S}_{f}^{-}(z)\right] &+ O\left(t^{3}\right), \end{aligned} \tag{6.110}$$

где $a, b, c, d, t \in \Lambda_{0}$, и производная Шварца определяется формулой

$$\boldsymbol{S}_{f}^{-}(z)=\frac{f^{\prime \prime \prime}(z)}{f^{\prime}(z)}-\frac{3}{2}\left(\frac{f^{\prime \prime}(z)}{f^{\prime}(z)}\right)^{2}. \tag{6.111}$$

Аналогичная формула для правого двойного отношения имеет следующий вид

$$\begin{aligned} \boldsymbol{D}^{+}(f(z+t a), f(z+t b), f(z+t c), f(z+t d)) &= \\ 1+\frac{t^{2}}{6}(a-b)(c-d) \boldsymbol{S}_{f}^{+}(z) &+ \\ \frac{t^{3}}{8}(a-b)(c-d)(a+b+c+d) \boldsymbol{S}_{f}^{(3)+}(z) &+ O\left(t^{4}\right), \end{aligned} \tag{6.112}$$

где функции $\boldsymbol{S}_{f}^{+}(z)$ и $\boldsymbol{S}_{f}^{(3)+}(z)$ равны

$$\boldsymbol{S}_{f}^{+}(z) = -\frac{3}{2}\left(\frac{f^{\prime}(z)}{f(z)}\right)^{2}, \tag{6.113}$$

$$\boldsymbol{S}_{f}^{(3)+}(z) = -\frac{f^{\prime}(z)}{f(z)}\left(\frac{f^{\prime}(z)}{f(z)}\right)^{\prime}. \tag{6.114}$$

Из сравнения выражения в квадратных скобках (6.110) и второй строки в (6.112) следует, что функцию $\boldsymbol{S}_{f}^{+}(z)$ (6.113) можно трактовать как per-аналог производной Шварца [562, 568].

6.3.3. Per-аналог гиперболического расстояния на суперплоскости.

Пусть точки z_1, z_2, z_3, z_4 лежат на одной и той же "геодезической", определяемой лишь точками z_1, z_2, в то время, как точки z_3, z_4 лежат на "единичном круге" (6.85)–(6.86). Тогда можно определить вместо одного [564, 567] два гиперболических расстояния.

Определение 6.49. *Правое и левое гиперболические расстояния в "единичном круге" определяются формулами* [3]

$$\boldsymbol{d}^{\pm}\left(z_{1}, z_{2}\right) \stackrel{def}{=} \ln \boldsymbol{D}^{\pm}\left(z_{1}, z_{2}, z_{3}, z_{4}\right). \tag{6.115}$$

Из **Утверждения 6.48** следует, что, если точки z_1, z_2 лежат на "единичном круге" (6.85)–(6.86), то расстояния $\boldsymbol{d}^{\pm}(z_1, z_2)$ действительны (см. [566,569]). Аддитивность расстояния $\boldsymbol{d}^{\pm}(z_1, z_2)$ (6.115) обеспечивается мультипликативностью правого и левого двойных отношений

$$\boldsymbol{D}^{\pm}(z_1, z_2, z, z')\,\boldsymbol{D}^{\pm}(z_2, z_3, z, z') = \boldsymbol{D}^{\pm}(z_1, z_3, z, z'). \tag{6.116}$$

Имеются и другие формулы для расстояния*) [563,567], которые учитывают явно условие $\operatorname{Im} z \geq 0$, определяющее верхнюю полуплоскость $\mathbb{H}^2_{im}$ [564, 570]. Например, из (6.88) следует, что выражение [563]

$$\boldsymbol{d}^{-}_{im}(z_1, z_2) = \operatorname{Arch}\left(1 + \frac{|z_1 - z_2|^2}{\operatorname{Im} z_1 \operatorname{Im} z_2}\right) \tag{6.117}$$

инвариантно относительно дробно-линейных преобразований. Однако в случае per-отображений (см. **Определение 6.37**) мы имеем другую инвариантность (6.87), что приводит к необходимости рассмотрения "правой полуплоскости" $\mathbb{H}^2_{re}$, определяемой условием $\operatorname{Re} z \geq 0$. Тогда по аналогии с (6.117) можно определить правое расстояние [3]

$$\boldsymbol{d}^{+}_{re}(z_1, z_2) = \operatorname{Arch}\left(1 + \frac{|z_1 + z_2|^2}{\operatorname{Re} z_1 \operatorname{Re} z_2}\right), \tag{6.118}$$

инвариантное относительно per-отображений вследствие (6.87).

В терминах правого двойного отношения $\boldsymbol{D}^{+}(z_1, z_2, z_3, z_4)$ и правого расстояния $\boldsymbol{d}^{+}(z_1, z_2)$ (6.115) (или $\boldsymbol{d}^{+}_{re}(z_1, z_2)$) можно последовательно построить per-аналог гиперболической геометрии [563, 571], тригонометрии [567, 569] на комплексной суперплоскости или в многомерных комплексных суперпространствах [572].

---

*) *Примечание.* Левого в нашем определении.

РАЗДЕЛ 7

ТЕОРИЯ НЕОБРАТИМЫХ СУПЕРМНОГООБРАЗИЙ

В данном разделе рассматривается обобщение понятий супермногообразия, расслоения и гомотопии на необратимый случай. Используемый язык карт и функций перехода позволяет определить полусупермногообразие как необратимый аналог супермногообразия в общепринятом определении функционального подхода. Вводятся необратимые карты, атласы и функции перехода, для которых предлагаются соответствующие уравнения. Находятся обобщенные условия коцикла, а также новый нильпотентный тип ориентируемости полусупермногообразий. Формулируется общий принцип полукоммутативности для необратимых морфизмов. В терминах уравнений на функции перехода определяются морфизмы полурасслоений. Приводятся также условия рефлексивности для полусупермногообразий и полурасслоений. Вводятся четные и нечетные полугомотопии с необратимым четным или нечетным суперпараметром соответственно, которые играют важную роль в классификации полусупермногообразий и построении фундаментальных полугрупп.

Общепринятым считается [573, 574], что идея обратимых супермногообразий впервые была высказана неявно в работах [575, 576] в связи с обобщением классической динамики и дискуссией о классическом пределе для фермионов [577]. Математические аспекты групп и алгебр с антикоммутирующими переменными первоначально рассматривались в работах [578–580], но лишь в рамках формального правила "протаскивания знака" и предписания "о возможности обобщения всех основных понятий анализа, при котором образующие грассмановой алгебры стали бы играть роль, равноправную с вещественными или комплексными переменными" ([33, с. 9]). Именно в этой широко известной фразе и заключалось ограничение на дальнейшее развитие теории супермногообразий в абстрактном направлении: "равноправие" подразумевало в качестве "супераналогов" тривиально подобные (с точностью до замены некоторых знаков с минуса на плюс и четных величин на нечетные) объекты и не позволяло даже предполагать существования иных абстрактых алгебраических и геометрических структур.

В начале 70-х в конкретных моделях элементарных частиц [425, 426] отечественными физиками был открыт новый тип симметрии [110, 423, 424, 581–584] — между коммутирующими бозонами, которые описывают калибровочные взаимодействия, и антикоммутирующими фермионами, которые соответствуют взаимодействующим с их помощью частицам. Однако действительное признание это фундаментальное направление получило только через несколько лет*), когда такая же бозон-фермионная симметрия, но в других моделях, была названа западными учеными красивым и эффектным словом "суперсимметрия" [586–591]. К моменту появления суперсимметрии в физике оказалось, что математический аппарат для ее описания (супергруппы и супералгебры Ли) уже был создан [578, 592]. После чего количество работ по суперобобщениям физических теорий стремительно начало возрастать (см., например, обзоры [593–603] и книги [604–608]). Элементам рассматриваемых теорий присваивалась завораживающая приставка "супер", но реальное "усовершенствование" опять-таки сводилось к заменам знаков и добавлению нечетных величин при неизменных основных абстрактных конструкциях, что, казалось бы, подтверждало математическую гипотезу "равноправия" антикоммутирующих величин [33, 573], но лишь на первый взгляд.

Важно, что суперсимметрия появилась благодаря ослаблению одного из условий теоремы Коулмена-Мандулы о числе симметрий S-матрицы [609] — ограничению

---

*) *Примечание.* История этого периода подробно изложена в [585].

только коммутирующими генераторами так, что "...можно представить себе, что дальнейшее ослабление условий может привести к новым симметриям" [610, с. 2] (например, неассоциативные генераторы рассматривались в [611, 612]). Именно введение антикоммутирующих генераторов [578, 580, 582, 613] позволило единым образом рассмотреть внутренние и пространственно-временные симметрии [110, 586, 588], т. е. объединить бозоны и фермионы в обобщенные мультиплеты – суперполя [589, 591, 614] и ввести суперпространство [111] как главную арену для "суперпревращений" элементарных частиц [596, 606, 615–617]. Так, согласно феноменологии объединенных суперсимметричных [72, 618, 619] и суперструнных [620, 621] теорий, каждой наблюдаемой частице должен соответствовать "суперпартнер" с противоположной статистикой (хотя и есть попытки включить в число суперпартнеров имеющиеся частицы [622] или вообще их не вводить [623]). Многочисленные экспериментальные поиски таких частиц (см. обзоры [15, 16, 624, 625]) пока не привели к их непосредственному обнаружению*) [630–633]. Это наводит на мысль о том, что, возможно, математические основания суперсимметричных теорий элементарных частиц нуждаются в дальнейшем внутреннем развитии. Действительно, "равноправие" антикоммутирующих величин подразумевало однозначный ответ на вопрос "в каких категориях?" — в тех же, что и раньше: групп, топологических пространств и многообразий, хотя и "супер". Существенным оказывается то, что эта впечатляющая приставка не изменяла самого абстрактного и теоретико-категорного содержания понятий ("хотя ничего "супер" в суперматематике нет..." [236, с. 6]). Например, супергруппа [634–636] является группой и не более того, т. е. принадлежит к категории групп [637–641], пусть с некоторыми дополнительными свойствами. То же касается суперпространств и супермногообразий. Добавление необратимых нильпотентных координат и направлений не позволяло изменить сами категории, а только несколько модифицировать уже имеющиеся в жестких рамках "гипотезы равноправия" [573].

Однако хорошо известно, что необратимые объекты описываются не группами, а *полугруппами**) [29–31, 70], которые содержат группы как составную обратимую часть. Следовательно, категория групп [643] слишком узка для того, чтобы строить на ее основе суперсимметричные модели элементарных частиц (см. [5]). Основным и фундаментальным объектом таких моделей является понятие супермногообразия [34, 60, 421, 592, 644, 645] (см. **Приложение 1**). Здесь мы построим необратимый аналог супермногообразий — полусупермногообразия, а также аналоги сопутствующих объектов — расслоений и гомотопий.

Необратимое расширение понятия супермногообразия представляется естественным в связи с предположениями, сделанными во многих работах относительно внутренней необратимости конкретных конструкций. Например, "... общая суперриманова поверхность не имеет числовой части" [74], "... возможно не существует обратимых операторов проектирования (числового отображения [67]) вообще" [646], или "... числовая часть даже может не существовать в самых экстремальных примерах" [647]. В частности, при исследовании свойств необратимости суперконформной симметрии [6, 9] предполагалось [2, 14] возможное существование суперсимметричных объектов, аналогичных суперримановым поверхностям, но без числовой части, и предварительно показано, как их строить [10].

Необратимость в теории супермногообразий [68, 648–650] в действительности является результатом добавления нечетных нильпотентных элементов [258, 651] и делителей нуля [124, 333, 334, 652], возникающих в алгебрах Грассмана-Банаха (см. [653, 654] для нетривиальных примеров). В бесконечномерном случае [655–659] имеются (топологически) квазинильпотентные нечетные элементы, которые на самом деле не нильпотентны [259], в некоторых супералгебрах можно построить чисто дýховые элементы,

---

Примечание. Удивительно, однако, что структура генетического кода человека описывается супералгебрами Ли [626–629].

Примечание. Впервые полугруппы были введены харьковским математиком Сушкевичем еще в 30-х годах [642].

которые не нильпотентны даже топологически [114] или ввести аналог обратимого нечетного символа [260], а также использовать методы нестандартного анализа [660,661]. Высказывалась даже противоположная "равноправию" идея о том, что "четная геометрия = коллективному эффекту бесконечномерной нечетной геометрии" [662] (см. ее конкретную реализацию в [663]). Кстати, чисто нечетные многообразия рассматривались в [664–666], также вводились экзотические супермногообразия с нильпотентными четными координатами [667], супераналоги многообразий Фробениуса [668, 669] с нефиксированной метрикой [670, 671] и финслеровых пространств [672–676], рассматривалась гравитация [677] и супергравитация [678] с необратимым репером. Список общих проблем с нечетными направлениями (и, следовательно, связанных с необратимостью) для супермногообразий приведен в [679]. Отметим, что делались попытки абстрактного обобщения супералгебр и супермногообразий на тернарные структуры [680] и моноидальные категории [681, 682], а также исследовать нильпотентность [312, 337, 683], обратимость [684] и полугруппы теоретико-категорными методами [685, 686]. С другой стороны, полугруппы возникали в теории супералгебр Ли [687], градуированных алгебр [688, 689] и алгебр Ли [690, 691], топологической квантовой теории поля [692], свободная полугруппа возникала при обобщении фермионных и бозонных коммутационных соотношений [693], суперполугруппа трансляций в $\mathbb{R}_+^{1|1}$ применялась при суперполевой формулировке характера Черна [694], полугруппа Брандта использовалась в тензорных конструкциях теории струн [695].

Необходимо также напомнить о возможности определения супермногообразия без введения понятия топологического пространства [696]. Здесь мы предлагаем пойти дальше в этом направлении и отказаться от рассмотрения конкретной внутренней структуры из подстилающих алгебр*) (грассмановых или более общих), а все определения необратимых супермногообразий давать в терминах абстрактной теории полугрупп [20].

7.1. Обратимые супермногообразия и подходы к их описанию

Существуют две основные математические концепции супермногообразия. Первая, разработанная Березиным [33,573,578,592,613,644], Лейтесом [32,34,48,580,697,698] и Костантом [699], называемая алгебраической, состоит в расширении пучка вещественных функций на действительном многообразии до пучка $\mathbb{Z}_2$-градуированных коммутативных алгебр [60, 75, 392, 394, 421, 646, 700–707]. Второй подход, функциональный, развитый в работах Роджерс [67, 636, 655, 708–710], ДеВитта [113] и Владимирова-Воловича [68, 711] (см. обзор в [236]), сводится к модификации определения самого многообразия [238, 256, 257, 275, 649, 656, 712, 713]. В работе [714] делалась попытка объединить эти два подхода и рассмотреть бесконечномерные супермногообразия алгебраического подхода с мультиградуировкой. Сравнительный анализ различных подходов к определению супермногообразий проводился в [236, 237, 648, 715–719].

7.1.1. Алгебраический подход. Супермногообразие *алгебраического подхода* — это пара $(\mathfrak{X}, \mathcal{O}_{\mathfrak{X}})$, где $\mathfrak{X}$ — C^{∞}-многообразие и $\mathcal{O}_{\mathfrak{X}}$-пучок $\mathbb{Z}_2$-градуированных коммутативных алгебр, удовлетворяющих следующим условиям: 1) существует сюръективное отображение пучков $\sigma : \mathcal{O}_{\mathfrak{X}} \to C^{\infty}$, где C^{∞} — пучок гладких действительных функций на $\mathfrak{X}$; 2) существует открытое покрытие $\{\mathscr{U}_i\}$ на $\mathfrak{X}$ и изоморфизмы $\mathbb{Z}_2$-градуированных коммутативных алгебр:

$$\varphi_i : \mathcal{O}_{\mathfrak{X}}|_{\mathscr{U}_i} \to \Lambda \otimes C^{\infty}|_{\mathscr{U}_i}, \tag{7.1}$$

где Λ — алгебра Грассмана, имеющая конечное число K канонических антикоммутирующих образующих $\{\xi_1, \ldots \xi_K\}$.

Примечание. Названной в [113] "скелетом" супермногообразия.

Такое определение супермногообразий обобщает алгебраическое определение действительного гладкого многообразия [720, 721].

Изоморфизмы φ_i означают, что $\mathcal{O}_{\mathfrak{X}}$ локально можно рассматривать как пучок ростков функций на $\mathfrak{X}$ со значением в алгебре Грассмана Λ. Любая такая функция f полностью определяется семейством 2^K действительных функций $f_{i_1 \ldots i_r}$, входящих в разложение (2.1) при $n = K$. Если рассматривать f как суперполе, ему будет соответствовать супермультиплет, все элементы которого — функции $\mathfrak{X} \to \mathbb{R}$, и, следовательно, эти функции могут рассматриваться как классические поля.

Система координат на области $\mathcal{U}_i$ тривиализации супермногообразия $(\mathfrak{X}, \mathcal{O}_{\mathfrak{X}})$ состоит из координат $\{x_i\}$ на многообразии $\mathfrak{X}$ и образующих $\mathbb{Z}_2$-градуированной алгебры $\mathcal{O}_{\mathfrak{X}}|_{\mathcal{U}_i}$. В качестве таких образующих можно выбрать координатные функции $[x_i] : \mathcal{U}_i \to \mathbb{R}$ и локально постоянные на $\mathcal{U}_i$ функции $[\xi_A]$ со значением в образующих алгебрах Грассмана. Таким образом нечетные координаты появляются как нечетные образующие $\mathbb{Z}_2$-градуированной алгебры функций.

В качестве суперкоординатных преобразований выступают автоморфизмы пучка $(\mathfrak{X}, \mathcal{O}_{\mathfrak{X}})$. Существует однозначное соответствие между такими автоморфизмами и семейством $\{y_i([x_i], [\xi_A]), \eta_A([x_i], [\xi_A])\}$ локальных сечений пучка $\mathcal{O}_{\mathfrak{X}}$. По заданному сечению автоморфизм определяется как: $x_i \to y_i(x_i, 0)$, $f([y_i], [\eta_A]) \to f([x_i], [\xi_A])$. Таким образом, четные образующие пучка $[x_i]$ отождествляются с координатами в обычном смысле. Однако такое отождествление нарушается при суперкоординатном преобразовании, поскольку четные образующие $[y_i]$ пучка в отличие от новых координат содержат нильпотентную часть.

Нечетные образующие пучка $[\xi_A]$ не являются координатами в обычном смысле. Например, в алгебраическом подходе не существует глобальных трансляций $[\xi_A] \to [\xi_A + \alpha]$, где α — нечетный элемент Λ, не зависящий от ξ_A. Следовательно, координаты $[x_i], [\xi_A]$ супермногообразия и суперполя $f([x_i], [\xi_A])$ допускают представления супералгебры Пуанкаре, но не супергруппы Пуанкаре.

Необходимо отметить, что элементы супергрупп Ли параметризуются определенным набором четных и нечетных элементов Λ [32, 33, 578]. И, таким образом, нечетные координаты группового пространства отличаются от функциональных нечетных координат $[\xi_A]$. Поэтому групповое пространство супергрупп Ли не является супермногообразием в рамках алгебраического подхода.

7.1.2. Функциональный подход. На алгебре Грассмана может быть задана структура банаховой алгебры. Это можно сделать, например, с помощью нормы вида [67]

$$\|\xi\| = \sum \left| a^{A_1 \ldots A_J} \right|, \; \xi = \sum_{J=0}^{K} a^{A_1 \ldots A_J} \xi_{A_1} \ldots \xi_{A_J}. \tag{7.2}$$

Суперпространство *функционального подхода* [236] размерности $(n|m)$ определяется как прямое произведение n экземпляров четной части Λ и m экземпляров нечетной части Λ: $B^{n|m} = \Lambda_0^n \times \Lambda_1^m$. С одной стороны, такое суперпространство может рассматриваться как Λ-оболочка $\mathbb{Z}_2$-градуированного векторного пространства $L^{n|m} = L_0 \oplus L_1 = \mathbb{R}^n \oplus \mathbb{R}^m$, которая получается умножением четных (нечетных) элементов L на четные (нечетные) элементы Λ. При таком подходе в качестве базиса $B^{n|m}$ выступают $(n+m)$ базисных векторов пространства $L : \{l_i, i = 1, \ldots, n; l_j, j = 1, \ldots, m\}$, а в качестве координат — элементы $\{x_i, \theta_j\}$ из $B^{n|m}$. С другой стороны, $B^{n|m}$ является $R^{2^{L-1}(n+m)}$ — мерным действительным векторным пространством [722, 723].

На суперпространстве $B^{n|m}$ рассматриваются Λ-значные функции $f(x_i, \theta_j)$. Их дифференцирование по грассмановым координатам определяется аналогично обычному дифференцированию на банаховых пространствах с учетом специфики, связанной с антикоммутированием нечетных координат [724, 725].

Для задания как четной, так и нечетной координаты в функциональном подходе необходимо и достаточно задать 2^{K-1} действительных коэффициентов разложения ее по базису Λ. Существует аналогия с комплексным анализом, где переменная $z = x + iy$ содержит две действительные переменные x и y. Эта аналогия может быть расширена. Например, условие супердифференцируемости ведет к уравнениям для производных по действительным координатам, аналогичным условиям Коши-Римана [68]. На суперпространстве $\mathscr{M}^{n|m}$ может быть построена теория контурного интегрирования [726–730], в том числе в нечетном секторе [731, 732] и в некомпактном случае [733].

Супермногообразием $\mathscr{M}^{n|m}$ размерности $(n|m)$ называется банахово многообразие, допускающее атлас $\left\{\mathscr{U}_i, \psi_i : \mathscr{U}_i \to B^{n|m}\right\}$, функции перехода которого — супергладкие. Можно построить касательное суперрасслоение $T\mathscr{M}^{n|m}$ над многообразием $\mathscr{M}^{n|m}$. Типичным слоем его будет суперпространство $B^{n|m}$, и структурной группой будет супергруппа Ли $L(n|m)$ автоморфизмов $B^{n|m}$.

Понятия суперпространства, супермногообразия, суперрасслоения в функциональном подходе являются непосредственными градуированными обобщениями понятий обычной дифференциальной геометрии.

7.1.3. Различия между алгебраическим и функциональным подходами. Нечетные координаты $[\xi_A]$ в алгебраическом подходе являются образующими алгебры Грассмана, в то время как координаты θ_j принимают значения во всей нечетной части Λ. Индексы i — это индексы $\mathbb{Z}_2$-градуированного векторного пространства L, а не индексы образующих Λ. Поскольку при строгом рассмотрении нечетные координаты $[\xi_A]$ алгебраического подхода выступают как образующие алгебры функций со значениями в Λ, то в функциональном подходе не существует понятия нечетных переменных, а запись вида $f(\xi)$ лишь уточняет по какой системе образующих производится разложение. Напротив, в подходе функциональном нечетные величины θ_j могут рассматриваться как нечетные переменные, каждая из которых содержит 2^{K-1} "скрытых" индексов Λ. Четные, координаты супермногообразия функционального подхода x_i не являются вещественными, а принимают значения в четной части Λ. Следовательно,в подходе функциональном необходима особая процедура для придания физического смысла мультиплетам, отвечающим суперполям.

Функции в алгебраическом и функциональном подходах, принимая значения в Λ, определены на совершенно разных множествах ($\mathbb{R}$ и $B^{n|m}$ соответственно). В алгебраическом подходе разложение функции по нечетным образующим $[\xi_A]$ есть ее разложение по базису области значений, в то время как в функциональном подходе разложение функции по нечетным переменным θ_j аналогично разложению в ряд Тейлора. Кроме того, при нечетном числе генераторов в Λ существует неоднозначнсть в определении производных $\partial/\partial\theta$, которая отсутствует при алгебраическом определении $\partial/\partial\xi_A$ в алгебраическом подходе [734].

Для придания физического смысла суперполевым моделям необходимо с каждым супермногообразием $\mathscr{M}^{n|m}$ связать действительное многообразие и установить соответствие между функциями на них. При рассмотрении тривиального супермногообразия — области в $B^{n|m}$ — трудностей не возникает, так как $\mathbb{R}^n \subset B^{n|m}$ и существует взаимнооднозначное соответствие между супергладкими функциями на $B^{n|0}$ (т.е. элементами супермультиплета $f_{i_1 \ldots i_r}(x_i)$ для суперполя $f(x_i, \theta_j)$) и гладкими функциями на $\mathbb{R}^n$ (физическими полями $f_{i_1 \ldots i_r}(x_0)$). Хотя переход от $f_{i_1 \ldots i_r}(x_i)$ к $f_{i_1 \ldots i_r}(x_0)$ не оговаривается в физических работах, он необходим, так как физические поля — функции вещественных переменных.

Сложнее дело обстоит в общем случае. Нетривиальная склейка областей $B^{n|m}$ затрудняет выделение $\mathbb{R}^n$. Для этого обычно используется отображение ϵ, ставящее в соответствие элементу Λ его действительную часть. На супермногообразии определяется отношение эквивалентности: $x \sim y \left(x, y \in \mathcal{M}^{n|m}\right)$, если существует карта $(\mathcal{U}, \psi): x \in \mathcal{U}, y \in \mathcal{U}$ и $\epsilon\psi(x) = \epsilon\psi(y)$. Однако это отношение не выявляется в общем случае независимым от выбора карты (если карты имеют несвязное пересечение). На супермногообразии можно задать такой атлас, что ϵ-эквивалентность будет определена глобальнона многообразии [254, 735, 736]. Однако фактор супермногообразия по такому отношению эквивалентности не всегда будет даже топологическим многообразием.

Эта проблема является общей для всех моделей, использующих формализм суперполей, и остается принципиальной для физической интерпретации супергеометрического формализма [239, 737, 738].

7.2. Обратимые супермногообразия в терминах окрестностей

Рассмотрим стандартное определение супермногообразия $\mathcal{M}$ в терминах окрестностей [68, 185, 238], которое отличается от определения обычного многообразия [739, 740] лишь "супер" терминологией. Следующее построение является общепринятым для описания многообразий [741] и супермногообразий [113, 236] в терминах окрестностей. Супермногообразие покрывается набором суперобластей $\mathcal{U}_\alpha$, таких,что $\mathcal{M} = \bigcup_\alpha \mathcal{U}_\alpha$.

Затем в каждой области выбираются некоторые функции (*координатные отображения*) $\varphi_\alpha : \mathcal{U}_\alpha \to D^{n|m} \subset \mathbb{R}^{n|m}$, где $\mathbb{R}^{n|m}$ представляет собой суперпространство,в котором существуют "супершары" и $D^{n|m}$ открытая область в $\mathbb{R}^{n|m}$. Далее, пара $\{\mathcal{U}_\alpha, \varphi_\alpha\}$ называется *локальной картой*, а объединение карт $\bigcup_\alpha \{\mathcal{U}_\alpha, \varphi_\alpha\}$ объявляется атласом *супермногообразия*.

Затем вводятся склеивающие функций перехода следующим образом. Пусть $\mathcal{U}_{\alpha\beta} = \mathcal{U}_\alpha \cap \mathcal{U}_\beta \neq \varnothing$ и

$$\begin{aligned} \varphi_\alpha &: \mathcal{U}_\alpha \to V_\alpha \subset \mathbb{R}^{n|m}, \\ \varphi_\beta &: \mathcal{U}_\beta \to V_\beta \subset \mathbb{R}^{n|m}. \end{aligned} \tag{7.3}$$

К тому же, вышеупомянутые морфизмы ограничиваются $\varphi_\alpha : \mathcal{U}_{\alpha\beta} \to V_{\alpha\beta} = V_\alpha \cap \varphi_\alpha(\mathcal{U}_{\alpha\beta})$ и $\varphi_\beta : \mathcal{U}_{\alpha\beta} \to V_{\beta\alpha} = V_\beta \cap \varphi_\beta(\mathcal{U}_{\alpha\beta})$. Отображения $\Phi_{\alpha\beta} : V_{\beta\alpha} \to V_{\alpha\beta}$, которые необходимы, чтобы сделать следующую диаграмму

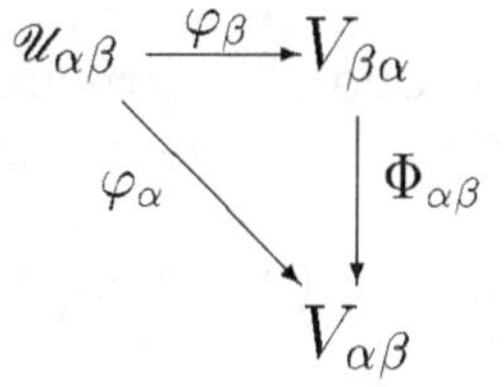

$$\begin{array}{ccc} \mathcal{U}_{\alpha\beta} & \xrightarrow{\varphi_\beta} & V_{\beta\alpha} \\ {\scriptstyle \varphi_\alpha} \searrow & & \downarrow {\scriptstyle \Phi_{\alpha\beta}} \\ & V_{\alpha\beta} & \end{array} \tag{7.4}$$

коммутирующей, называются *функциями перехода* многообразия в данном атласе. Здесь мы подчеркиваем, во-первых, что $\mathcal{U}_{\alpha\beta} \subset \mathcal{M}$, а $V_{\alpha\beta}, V_{\beta\alpha} \subset \mathbb{R}^{n|m}$. Во-вторых, из (7.4) обычно делается вывод, что

$$\Phi_{\alpha\beta} = \varphi_\alpha \circ \varphi_\beta^{-1}. \tag{7.5}$$

(Супер) функции перехода $\Phi_{\alpha\beta}$ дают нам возможность к восстановить все (супер) многообразие $\mathcal{M}$ из индивидуальных карт и координатых отображений. В самом деле, они содержат всю информацию о (супер) многообразии. Они могут принадлежать к различным функциональным классам, что дает возможность уточнить более узкие классы многообразий и супермногообразий, например (супер) гладкие, аналитические, липшицевы и другие [741, 742]. В большинстве случаев "супер" только формально различает окрестностное определение многообразия и супермногообразия (что дает нам возможность записать его в скобках) и свойства функций $\Phi_{\alpha\beta}$, большинство же формул при этом остаются прежними [67, 113, 254]. Здесь мы не обсуждаем их подробно и пытаемся налагать минимум ограничений на $\Phi_{\alpha\beta}$, концентрируя наше внимание на их абстрактных свойствах и обобщениях, следующих из них. Дополнительно, из (7.5) следует, что функции перехода удовлетворяют условиям коцикла

$$\Phi_{\alpha\beta}^{-1} = \Phi_{\beta\alpha} \tag{7.6}$$

на пересечениях $\mathscr{U}_\alpha \cap \mathscr{U}_\beta$ и

$$\Phi_{\alpha\beta} \circ \Phi_{\beta\gamma} \circ \Phi_{\gamma\alpha} = 1_{\alpha\alpha} \tag{7.7}$$

на тройных пересечениях $\mathscr{U}_\alpha \cap \mathscr{U}_\beta \cap \mathscr{U}_\gamma$, где $1_{\alpha\alpha} \stackrel{def}{=} \mathrm{id}\,(\mathscr{U}_\alpha)$. Обычно предполагается, что все отображения φ_α являются гомеоморфизмами, и они могут описываться взаимооднозначными обратимыми непрерывными (супер) гладкими функциями (т. е. происходит "переход" в обоих направлениях между любыми двумя пересекающимися областями $\mathscr{U}_\alpha \cap \mathscr{U}_\beta \neq \varnothing$). Можно было бы предположить, что логично не отличать $\mathscr{U}_\alpha$ и $D^{n|m}$, т. е. локально супермногообразия представляются как целостное суперпространство $\mathbb{R}^{n|m}$. Однако, дело не только в более богатой структуре расслоении [369, 743, 744] и пучка [32, 34, 699] из-за рассмотрения всех построений над алгеброй Грассмана (или над более общей алгеброй [68, 114, 275, 654]). Проблема заключается в ином абстрактном уровне построений, если условия обратимости в некоторой мере ослаблены.

7.3. Необратимые супермногообразия

Ранее существовал следующий общий рецепт: имеются готовые объекты (например вещественные многообразия, которые могут быть исследованы почти визуально), а затем, используя различные приемы и догадки, вычислялись ограничения на функции перехода (см., например, [562,739,741]). Несмотря на это, необратимые функции просто исключались из рассмотрения супермногообразий [469,645,722] (произнося магические слова "факторизуя по нильпотентам, мы опять получаем известный результат"), вследствие желания быть в наиболее близкой аналогии с интуитивно ясным и понимаемым несуперсимметричным случаем. Здесь мы идем в *обратном* направлении: известно, что в суперматематике необратимые переменные и функции *существуют*. Какие объекты могут быть построены посредством них? Что дает "факторизация по ненильпотентам", т. е. рассмотрение негрупповых особенностей теории? Как изменятся общий абстрактный смысл самых важных понятий, например многосвязных областей и расслоений? Мы сейчас попытаемся оставить в стороне внутреннее строение необратимых объектов, аналогичных супермногообразиям, и сконцентрируем наше внимание на общих абстрактных определениях.

Очевидно, что среди ординарных (несуперсимметричных) функций и отображений также существуют необратимые [272, 276] (и нереверсивные [745]), но тип необратимости, рассматриваемый здесь, весьма специальный: он возникает только из-за существования нильпотентов в подстилающей суперbegалгебре [259, 653, 654]. Здесь мы не рассматриваем конкретные уравнения и способы их решения, мы только используем факт их существования, чтобы переформулировать некоторые определения и расширить известные понятия.

7.3.1. Полусупермногообразия. Теперь мы сформулируем окрестностное определение объекта, аналогичного супермногообразию, т. е. попытаемся ослабить требование обратимости координатных отображений [7]. Рассмотрим некоторое обобщенное (в каком смысле, будет пояснено ниже) суперпространство $\mathscr{M}$, покрытое открытыми множествами $\mathscr{U}_\alpha$ как $\mathscr{M} = \bigcup\limits_\alpha \mathscr{U}_\alpha$. Предположим, что отображения $\varphi_\alpha : \mathscr{U}_\alpha \to V_\alpha \subset \mathbb{R}^{n|m}$ не все обратимые гомеоморфизмы, т. е. среди них имеются необратимые отображения. Именно в этом смысле суперпространство $\mathscr{M}$ является необратимо обобщенным, и вместо $\mathbb{R}^{n|m}$ можно рассматривать также некоторое его необратимое обобщение.

Определение 7.1. *Карта есть пара* $\{\mathscr{U}_\alpha^{inv}, \varphi_\alpha^{inv}\}$, *где* φ_α^{inv} *— обратимый морфизм. Полукарта есть пара* $\{\mathscr{U}_\alpha^{noninv}, \varphi_\alpha^{noninv}\}$, *где* φ_α^{noninv} *— необратимые морфизмы.*

Определение 7.2. *Полуатлас* $\{\mathscr{U}_\alpha, \varphi_\alpha\}$ *есть объединение карт и полукарт* $\{\mathscr{U}_\alpha^{inv}, \varphi_\alpha^{inv}\} \cup \{\mathscr{U}_\alpha^{noninv}, \varphi_\alpha^{noninv}\}$.

Определение 7.3. *Полусупермногообразие есть суперпространство* $\mathscr{M}$, *представленное в качестве полуатласа* $\mathscr{M} = \bigcup\limits_\alpha \{\mathscr{U}_\alpha, \varphi_\alpha\}$.

Определим аналог функций перехода полусупермногообразий*). Мы должны рассматривать ту же диаграмму (7.4), но мы не можем использовать (7.5) из-за необратимости некоторых φ_α.

Определение 7.4. *Склеивающие функции полуперехода полусупермногообразия определяются уравнениями*

$$\Phi_{\alpha\beta} \circ \varphi_\beta = \varphi_\alpha \tag{7.8}$$

$$\Phi_{\beta\alpha} \circ \varphi_\alpha = \varphi_\beta. \tag{7.9}$$

Замечание **7.5.** Чтобы найти $\Phi_{\alpha\beta}$, уравнение (7.8) не может быть решено с помощью (7.5). Вместо этого мы должны искать искусственные приемы его решения, как в предыдущем подразделе, разложением в ряд по генераторам суперbegin алгебры (см. например, [752–754]), либо используя абстрактные методы теории полугрупп [29,92], которые рассматривают решения уравнений как классы эквивалентности.

Функции $\Phi_{\beta\alpha}$ теперь находятся не из (7.6), где левая часть не вполне определена, а из коммутативной диаграммы

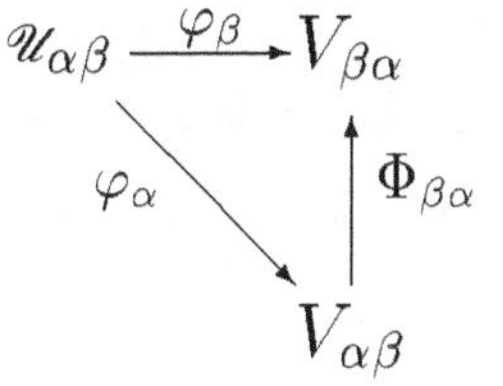

(7.10)

и уравнения (7.9), следующего из нее. Однако теперь функции $\Phi_{\beta\alpha}$ могут быть также необратимыми, и, следовательно, условия коцикла (7.6)–(7.7) должны быть модифицированы, чтобы не использовать обратимость [20].

Замечание **7.6.** Даже в стандартном случае условия коцикла (7.7) для супермногообразий автоматически не удовлетворяются, когда условие (7.5) имеет место, и поэтому они должны быть наложены искусственно дополнительными требованиями [469].

Таким образом, вместо (7.6) и (7.7) мы получаем

Примечание. Отметим, что имеется сходная терминология для других (отличных от рассматриваемого) обобщений многообразий: полуримановы многообразия [746–748], полупсевдоримановы пространства [553], полуинвариантные подмногообразия [749–751].

Утверждение 7.7. *Функции полуперехода полусупермногообразия удовлетворяют следующим отношениям*

$$\Phi_{\alpha\beta} \circ \Phi_{\beta\alpha} \circ \Phi_{\alpha\beta} = \Phi_{\alpha\beta} \tag{7.11}$$

на $\mathscr{U}_\alpha \cap \mathscr{U}_\beta$ *пересечениях и*

$$\Phi_{\alpha\beta} \circ \Phi_{\beta\gamma} \circ \Phi_{\gamma\alpha} \circ \Phi_{\alpha\beta} = \Phi_{\alpha\beta}, \tag{7.12}$$

$$\Phi_{\beta\gamma} \circ \Phi_{\gamma\alpha} \circ \Phi_{\alpha\beta} \circ \Phi_{\beta\gamma} = \Phi_{\beta\gamma}, \tag{7.13}$$

$$\Phi_{\gamma\alpha} \circ \Phi_{\alpha\beta} \circ \Phi_{\beta\gamma} \circ \Phi_{\gamma\alpha} = \Phi_{\gamma\alpha} \tag{7.14}$$

на тройных пересечениях $\mathscr{U}_\alpha \cap \mathscr{U}_\beta \cap \mathscr{U}_\gamma$ *и*

$$\Phi_{\alpha\beta} \circ \Phi_{\beta\gamma} \circ \Phi_{\gamma\rho} \circ \Phi_{\rho\alpha} \circ \Phi_{\alpha\beta} = \Phi_{\alpha\beta}, \tag{7.15}$$

$$\Phi_{\beta\gamma} \circ \Phi_{\gamma\rho} \circ \Phi_{\rho\alpha} \circ \Phi_{\alpha\beta} \circ \Phi_{\beta\gamma} = \Phi_{\beta\gamma}, \tag{7.16}$$

$$\Phi_{\gamma\rho} \circ \Phi_{\rho\alpha} \circ \Phi_{\alpha\beta} \circ \Phi_{\beta\gamma} \circ \Phi_{\gamma\rho} = \Phi_{\gamma\rho}, \tag{7.17}$$

$$\Phi_{\rho\alpha} \circ \Phi_{\alpha\beta} \circ \Phi_{\beta\gamma} \circ \Phi_{\gamma\rho} \circ \Phi_{\rho\alpha} = \Phi_{\rho\alpha} \tag{7.18}$$

на $\mathscr{U}_\alpha \cap \mathscr{U}_\beta \cap \mathscr{U}_\gamma \cap \mathscr{U}_\rho$.

Здесь первое соотношение (7.11) призвано обобщить первое условие коцикла (7.6), тогда как другие соотношения соответствуют (7.7). Мы называем соотношения (7.11)–(7.18) *башенными соотношениями* [20].

Определение 7.8. *Полусупермногообразие — рефлексивное, если, в дополнение к* (7.11)–(7.18), *функции полуперехода* $\Phi_{\alpha\beta}$ *удовлетворяют условиям рефлексивности*

$$\Phi_{\beta\alpha} \circ \Phi_{\alpha\beta} \circ \Phi_{\beta\alpha} = \Phi_{\beta\alpha} \tag{7.19}$$

на $\mathscr{U}_\alpha \cap \mathscr{U}_\beta$ *пересечениях и*

$$\Phi_{\alpha\gamma} \circ \Phi_{\gamma\beta} \circ \Phi_{\beta\alpha} \circ \Phi_{\alpha\gamma} = \Phi_{\alpha\gamma}, \tag{7.20}$$

$$\Phi_{\gamma\beta} \circ \Phi_{\beta\alpha} \circ \Phi_{\alpha\gamma} \circ \Phi_{\gamma\beta} = \Phi_{\gamma\beta}, \tag{7.21}$$

$$\Phi_{\beta\alpha} \circ \Phi_{\alpha\gamma} \circ \Phi_{\gamma\beta} \circ \Phi_{\beta\alpha} = \Phi_{\beta\alpha} \tag{7.22}$$

на тройных пересечениях $\mathscr{U}_\alpha \cap \mathscr{U}_\beta \cap \mathscr{U}_\gamma$ *и*

$$\Phi_{\alpha\rho} \circ \Phi_{\rho\gamma} \circ \Phi_{\gamma\beta} \circ \Phi_{\beta\alpha} \circ \Phi_{\alpha\rho} = \Phi_{\alpha\rho}, \tag{7.23}$$

$$\Phi_{\rho\gamma} \circ \Phi_{\gamma\beta} \circ \Phi_{\beta\alpha} \circ \Phi_{\alpha\rho} \circ \Phi_{\rho\gamma} = \Phi_{\rho\gamma}, \tag{7.24}$$

$$\Phi_{\gamma\beta} \circ \Phi_{\beta\alpha} \circ \Phi_{\alpha\rho} \circ \Phi_{\rho\gamma} \circ \Phi_{\gamma\beta} = \Phi_{\gamma\beta}, \tag{7.25}$$

$$\Phi_{\beta\alpha} \circ \Phi_{\alpha\rho} \circ \Phi_{\rho\gamma} \circ \Phi_{\gamma\beta} \circ \Phi_{\beta\alpha} = \Phi_{\beta\alpha} \tag{7.26}$$

на $\mathscr{U}_\alpha \cap \mathscr{U}_\beta \cap \mathscr{U}_\gamma \cap \mathscr{U}_\rho$.

Замечание **7.9.** Можно было бы считать, что условия рефлексивности (7.19)–(7.26) отличаются от (7.11)–(7.18) лишь индексом перестановки, однако, это так. Функции $\Phi_{\alpha\beta}$, входящие в эти две системы уравнений, являются теми же самыми, и, следовательно, последние представляют собой систему независимых уравнений, накладываемых на $\Phi_{\alpha\beta}$.

Предложение 7.10. *Соотношения, аналогичные* (7.11)–(7.26), *но имеющие два или более множителей в правой части, следуют из предыдущих.*

Доказательство. Например, рассмотрим

$$\Phi_{\alpha\beta} \circ \Phi_{\beta\gamma} \circ \Phi_{\gamma\alpha} \circ \Phi_{\alpha\beta} \circ \Phi_{\beta\gamma} = \Phi_{\alpha\beta} \circ \Phi_{\beta\gamma}. \tag{7.27}$$

Умножая справа на $\Phi_{\alpha\beta}$, мы выводим

$$\Phi_{\alpha\beta} \circ \Phi_{\beta\gamma} \circ \Phi_{\gamma\alpha} \circ \Phi_{\alpha\beta} \circ \Phi_{\beta\gamma} \circ \Phi_{\alpha\beta} = \Phi_{\alpha\beta} \circ \Phi_{\beta\gamma} \circ \Phi_{\alpha\beta}. \tag{7.28}$$

Затем, используя (7.11), мы получаем

$$\Phi_{\alpha\beta} \circ \Phi_{\beta\gamma} \circ \Phi_{\gamma\alpha} \circ \Phi_{\alpha\beta} = \Phi_{\alpha\beta}, \tag{7.29}$$

что совпадает с (7.12). ■

Замечание **7.11.** В любых действиях с необратимыми функциями $\Phi_{\alpha\beta}$ мы не имеем права сокращать, поскольку полугруппа функций $\Phi_{\alpha\beta}$ представляет собой полугруппу без сокращений, и мы вынуждены использовать методы, подобные [266, 274, 755, 756].

Следствие 7.12. *Соотношения* (7.11)–(7.26) *удовлетворяются тождественно в стандартном обратимом случае, т. е. когда условия* (7.5), (7.6) *и* (7.7) *выполняются.*

Замечание **7.13.** Уравнения (7.8)–(7.9), определяющие функции полуперехода $\Phi_{\alpha\beta}$, могут не иметь единственных решений, и в таком случае $\Phi_{\alpha\beta}$ должны рассматриваться, в качестве соответствующих множеств функций.

Следствие 7.14. *Функции* $\Phi_{\alpha\beta}$, *удовлетворяющие* (7.11)–(7.26), *могут быть рассмотрены как некоторое необратимое суперобобщение функций перехода для коциклов в чеховских когомологиях покрытий* [757, 758].

7.3.2. Ориентации полусупермногообразий. Известно, что ориентации обычных многообразий определяется знаком якобиана функций перехода $\Phi_{\alpha\beta}$, записанным в зависимости от локальных координат на $\mathscr{U}_\alpha \cap \mathscr{U}_\beta$ пересечениях [562, 739, 740]. Поскольку этот знак принадлежит $\mathbb{Z}_2$, существуют две ориентации на $\mathscr{U}_\alpha$. Две перекрывающиеся карты называются *согласованно ориентироваными* (или *сохраняющими ориентацию*), если $\Phi_{\alpha\beta}$ имеет положительный якобиан, и многообразие называется *ориентируемым*, если его можно покрыть такими картами. Следовательно, обычных многообразий имеется два типа: ориентируемый и неориентируемый [280, 739].

В суперсимметричном случае роль якобиана играет березиниан [33, 573], который имеет "знак", принадлежащий к $\mathbb{Z}_2 \oplus \mathbb{Z}_2$ [645, 759], и таким образом здесь имеется четыре ориентации на $\mathscr{U}_\alpha$ и пять соответствующих типов ориентируемости супермногообразия [696, 760].

Определение 7.15. *В случае, если не обращающийся в нуль березиниан функций* $\Phi_{\alpha\beta}$ *является нильпотентным (и поэтому не имеет определенного знака в предыдущем смысле), существует дополнительная нильпотентная ориентация полусупермногообразия на* $\mathscr{U}_\alpha$ *и, соответственно, шестой (по классификации* [696, 760]) *тип ориентируемости — нильпотентная ориентируемость.*

Степень нильпотентности березиниана позволяет нам систематизировать полусупермногообразия, имеющие нильпотентую ориентируемость.

7.3.3. Препятственность и полумногообразия. Полусупермногообразия, определенные выше, представляют собой аналог так называемых препятственных полумногообразий [413, 415–418, 761]. Однако здесь мы определим *препятственность* в несколько ином смысле, чем определяется препятствие в [33], связав ее с необратимостью. Запишем (7.5), (7.6) и (7.7) в виде следующего (бесконечного) ряда

$$n = 1: \quad \Phi_{\alpha\alpha} = 1_{\alpha\alpha}, \tag{7.30}$$

$$n = 2: \quad \Phi_{\alpha\beta} \circ \Phi_{\beta\alpha} = 1_{\alpha\alpha}, \tag{7.31}$$

$$n = 3: \quad \Phi_{\alpha\beta} \circ \Phi_{\beta\gamma} \circ \Phi_{\gamma\alpha} = 1_{\alpha\alpha}, \tag{7.32}$$

$$n = 4: \quad \Phi_{\alpha\beta} \circ \Phi_{\beta\gamma} \circ \Phi_{\gamma\delta} \circ \Phi_{\delta\alpha} = 1_{\alpha\alpha} \tag{7.33}$$

$$\dots \quad \dots$$

Определение 7.16. *Полумногообразие $\mathscr{M}$ — препятственное, если некоторые из условий коцикла* (7.30)–(7.33) *нарушаются.*

Замечание **7.17.** Введенное понятие препятственного многообразия не должно смешиваться с понятием препятствия для обыкновенных многообразий [413,414] и супермногообразий [33,419] или препятствием к расширению [757,762] и в теории характеристических классов [763,764].

Пусть, начиная с некоторого $n = n_\Pi$, все условия коцикла высшего порядка выполняются.

Определение 7.18. *Степень препятственности полумногообразия представляет собой максимальное n_Π, для которого условия коцикла* (7.30)–(7.33) *нарушаются. Если все из их выполняются, то $n_\Pi \stackrel{def}{=} 0$.*

Следствие 7.19. *Обычные многообразия (с обратимыми функциями перехода) имеют нулевую препятственность, и степень препятственности для них равна нулю, т. е. для них $n_\Pi = 0$.*

Предположение 7.20. *Препятственные полумногообразия могут также иметь ненулевое обычное препятствие которое может быть вычислено с помощью расширения общепринятых методов вычисления препятствий* [33,414,415] *на необратимый случай.*

Поэтому, используя степень препятственности n_Π, мы имеем возможность систематизировать полумногообразия должным образом. В поиске аналогий мы можем сопоставить полусупермногообразия с суперчислами как в *Таблице* 7.1.

Далее учтем тот факт, что чистые духовые суперчисла существуют только при наличии нечетных направлений [113,238,256,736].

Замечание **7.21.** Препятственные полусупермногообразия имеют не равную нулю нечетную размерность.

Более того, очевидно чистые духовые суперчисла не содержат единицу.

Замечание **7.22.** Препятственные полусупермногообразия не могут иметь тождественных функций полуперехода.

Как возможные функции полуперехода для препятственных полусупермногообразий можно рассматривать преобразования, вращающие четность касательного пространства введенные в [2,8,10]. Объекты, полученные таким образом, могут быть рассмотрены как необратимые аналоги суперримановых поверхностей [74,183,765].

7.3.4. Полугруппа башенных тождеств. Рассмотрим ряд отображений $\mathrm{e}^{(n)}_{\alpha\alpha} : \mathscr{U}_\alpha \to \mathscr{U}_\alpha$ полумногообразия $\mathscr{M}$ в себя вида

$$\mathrm{e}^{(1)}_{\alpha\alpha} = \Phi_{\alpha\alpha}, \tag{7.34}$$

Таблица 7.1

Сравнительные типы суперчисел и полусупермногообразий

Суперчисла	**Полусупермногообразия**
Обыкновенные не равные нулю числа (обратимые)	Обыкновенные дифференцируемые многообразия (функции перехода обратимы)
Суперчисла, имеющие не обращающуюся в нуль числовую часть (обратимые)	Супермногообразия (функции перехода обратимы)
Чистые духовые суперчисла без числовой части (необратимые)	Препятственные полусупермногообразия (функции перехода необратимы)

$$\mathrm{e}^{(2)}_{\alpha\alpha} = \Phi_{\alpha\beta} \circ \Phi_{\beta\alpha}, \tag{7.35}$$

$$\mathrm{e}^{(3)}_{\alpha\alpha} = \Phi_{\alpha\beta} \circ \Phi_{\beta\gamma} \circ \Phi_{\gamma\alpha}, \tag{7.36}$$

$$\mathrm{e}^{(4)}_{\alpha\alpha} = \Phi_{\alpha\beta} \circ \Phi_{\beta\gamma} \circ \Phi_{\gamma\delta} \circ \Phi_{\delta\alpha} \tag{7.37}$$

$$\ldots \quad \ldots$$

Мы будем называть $\mathrm{e}^{(n)}_{\alpha\alpha}$ *башенными тождествами*, которые вытекают из башенных соотношений (7.11)–(7.18). Из формул (7.30)–(7.33) следует

Утверждение 7.23. *Для обычных супермногообразий все башенные тождества совпадают с обычным тождественным отображением*

$$\mathrm{e}^{(n)}_{\alpha\alpha} = 1_{\alpha\alpha}. \tag{7.38}$$

Замечание **7.24.** В тривиальном случае, когда все $\Phi_{\alpha\beta}$ являются тождественными отображениями, очевидно, что соотношения (7.34)–(7.37) удовлетворяются тождественно.

Степень препятственности может трактоваться в качестве максимального $n = n_{\Pi}$, для которой башенные тождества отличаются от тождества, т. е. соотношение (7.38) нарушено. Таким образом, башенные тождества задают меру отличия полусупермногообразия от обыкновенного супермногообразия. Будучи внутренней характеристикой, башенные тождества играют важную роль в описании полусупермногообразий [20]. Исследуем некоторый их свойства более подробно.

Предложение 7.25. *Башенные тождества являются единицами для функций полуперехода*

$$\mathrm{e}^{(n)}_{\alpha\alpha} \circ \Phi_{\alpha\beta} = \Phi_{\alpha\beta}, \tag{7.39}$$

$$\Phi_{\alpha\beta} \circ \mathrm{e}^{(n)}_{\beta\beta} = \Phi_{\alpha\beta}. \tag{7.40}$$

Доказательство. Следует прямо из соотношений (7.11)–(7.18) и определений (7.11)–(7.18). ■

Предложение 7.26. *Башенные тождества являются идемпотентами*

$$e_{\alpha\alpha}^{(n)} \circ e_{\alpha\alpha}^{(n)} = e_{\alpha\alpha}^{(n)}. \tag{7.41}$$

Доказательство. Мы доказываем утверждение для $n = 2$ и для другого n его можно доказать по индукции. Запишем (7.41) как

$$e_{\alpha\alpha}^{(2)} \circ e_{\alpha\alpha}^{(2)} = e_{\alpha\alpha}^{(2)} \circ \Phi_{\alpha\beta} \circ \Phi_{\beta\alpha} = \left(e_{\alpha\alpha}^{(2)} \circ \Phi_{\alpha\beta}\right) \circ \Phi_{\beta\alpha}.$$

Затем, используя (7.39), мы получаем

$$\left(e_{\alpha\alpha}^{(2)} \circ \Phi_{\alpha\beta}\right) \circ \Phi_{\beta\alpha} = \Phi_{\alpha\beta} \circ \Phi_{\beta\alpha} = e_{\alpha\alpha}^{(2)}.$$

■

Несуперсимметричные функциональные уравнения подобного вида были исследованы в [766].

Определение 7.27. *Сопряженные башенные тождества соответствуют тому же разбиению полусупермногообразия и состоят из функций полуперехода, взятых в противоположном порядке*

$$\tilde{e}_{\alpha\alpha}^{(1)} = e_{\alpha\alpha}^{(1)}, \tag{7.42}$$

$$\tilde{e}_{\alpha\alpha}^{(2)} = e_{\alpha\alpha}^{(2)}, \tag{7.43}$$

$$\tilde{e}_{\alpha\alpha}^{(3)} = \Phi_{\alpha\gamma} \circ \Phi_{\gamma\beta} \circ \Phi_{\beta\alpha}, \tag{7.44}$$

$$\tilde{e}_{\alpha\alpha}^{(4)} = \Phi_{\alpha\delta} \circ \Phi_{\delta\gamma} \circ \Phi_{\gamma\beta} \circ \Phi_{\beta\alpha} \tag{7.45}$$

$$\ldots \quad \ldots$$

Сопряженные башенные тождества также играют роль башенных тождеств, но для условий рефлексивности (7.19)–(7.26). По аналогии с (7.39)–(7.40) мы имеем

Предложение 7.28. *Сопряженныя башенные тождества являются рефлексивными единицами, но для функций полуперехода* $\Phi_{\beta\alpha}$

$$\tilde{e}_{\beta\beta}^{(n)} \circ \Phi_{\beta\alpha} = \Phi_{\beta\alpha}, \tag{7.46}$$

$$\Phi_{\beta\alpha} \circ \tilde{e}_{\alpha\alpha}^{(n)} = \Phi_{\beta\alpha}. \tag{7.47}$$

Предложение 7.29. *При одном и том же разбиении сопряженные башенные тождества аннулируют башенные тождества в следующем смысле*

$$e_{\alpha\alpha}^{(n)} \circ \tilde{e}_{\alpha\alpha}^{(n)} = e_{\alpha\alpha}^{(2)}. \tag{7.48}$$

Доказательство. Рассмотрим пример $n = 3$. Используя определения, мы выводим

$$e_{\alpha\alpha}^{(3)} \circ \tilde{e}_{\alpha\alpha}^{(3)} = \Phi_{\alpha\beta} \circ \Phi_{\beta\gamma} \circ \Phi_{\gamma\alpha} \circ \Phi_{\alpha\gamma} \circ \Phi_{\gamma\beta} \circ \Phi_{\beta\alpha}$$
$$= \Phi_{\alpha\beta} \circ \Phi_{\beta\gamma} \circ (\Phi_{\gamma\alpha} \circ \Phi_{\alpha\gamma}) \circ \Phi_{\gamma\beta} \circ \Phi_{\beta\alpha} = \Phi_{\alpha\beta} \circ \Phi_{\beta\gamma} \circ e_{\gamma\gamma}^{(2)} \circ \Phi_{\gamma\beta} \circ \Phi_{\beta\alpha}$$
$$= \Phi_{\alpha\beta} \circ (\Phi_{\beta\gamma} \circ \Phi_{\gamma\beta}) \circ \Phi_{\beta\alpha} = \Phi_{\alpha\beta} \circ e_{\beta\beta}^{(2)} \circ \Phi_{\beta\alpha} = \Phi_{\alpha\beta} \circ \Phi_{\beta\alpha} = e_{\alpha\alpha}^{(2)}.$$

Для остальных n утверждение доказывается по индукции. ■

Определение 7.30. *Полусупермногообразие называется точным, если башенные тождества не зависят от разбиения.*

Умножение башенных тождеств для точного полусупермногообразия определяется следующим образом

$$\mathrm{e}^{(n)}_{\alpha\alpha} \circ \mathrm{e}^{(m)}_{\alpha\alpha} = \mathrm{e}^{(n+m)}_{\alpha\alpha}. \tag{7.49}$$

Утверждение 7.31. *Умножение* (7.49) *ассоциативно.*

Следовательно, мы можем дать

Определение 7.32. *Башенные тождества точного полусупермногообразия образуют башенную полугруппу относительно умножения* (7.49).

Таким образом, мы получили количественное описание внутренних свойств необратимости полусупермногообразий.

Предположение 7.33. *Введенная башенная полугруппа играет ту же роль для полусупермногообразий, что и фундаментальная группа для обыкновенных многообразий* [757, 767, 768].

7.3.5. Обобщенная регулярность и полукоммутативные диаграммы. Полученные выше построения имеют общее значение для любого числа необратимых отображений. Расширение $n = 2$ коцикла, задаваемое (7.11), может быть рассмотрено как некоторая аналогия с регулярными [769–772] или псевдообратными [773] элементами в полугруппах [139, 774–776] или обобщенными обратными в теории матриц [777–781] и в теории обобщенных инверсных морфизмов [782, 783]. Соотношения (7.12)–(7.18) с высшими n могут рассматриваться как необратимый аналог регулярности для коциклов высшего порядка. Следовательно, по аналогии с (7.11)–(7.18), естественно сформулировать общее

Определение 7.34. *Отображение $\Phi_{\alpha\beta}$ называется n-регулярным, если оно удовлетворяет условиям*

$$\overbrace{\Phi_{\alpha\beta} \circ \Phi_{\beta\gamma} \circ \ldots \circ \Phi_{\rho\alpha} \circ \Phi_{\alpha\beta}}^{n+1} = \Phi_{\alpha\beta} + permutations \tag{7.50}$$

на пересечениях $\overbrace{\mathscr{U}_\alpha \cap \mathscr{U}_\beta \cap \ldots \cap \mathscr{U}_\rho}^{n}$.

В этом определении формула (7.11) описывает 3-регулярные отображения, соотношения (7.12)–(7.14) соответствуют 4-регулярным отображениям, и (7.15)–(7.18) дают 5-регулярные отображения.

Замечание **7.35.** Очевидно, что 3-регулярность совпадает с обычной полугрупповой регулярностью [30, 92].

Иное определение n-регулярности может задаваться формулами (7.39)–(7.40). Условия регулярности высшего порядка существенно изменяют общий диаграммный метод для морфизмов, когда используются необратимые единицы*). В самом деле, коммутативность диаграмм для обратимых морфизмов основана на зависимостях (7.30)–(7.33), т. е. на том факте, что башенные тождества являются в этом случае обычными тождествами (7.38). Когда морфизмы необратимы (полусупермногообразие имеет не обращающуюся в нуль препятственность), мы не можем "вернуться в ту же точку", поскольку в общем случае $\mathrm{e}_{\alpha\alpha}^{(n)} \neq 1_{\alpha\alpha}$, и мы вынуждены рассматривать "незамкнутые" диаграммы из-за того факта, что соотношение $\mathrm{e}_{\alpha\alpha}^{(n)} \circ \Phi_{\alpha\beta} = \Phi_{\alpha\beta}$ теперь несократимо.

Подводя итог, мы предлагаем следующую интуитивно непротиворечивую замену стандартного диаграммного метода в применении к необратимым морфизмам [7, 20]. В каждом случае мы добавляем новую стрелку, которая соответствует дополнительному множителю в (7.39).

Таким образом, для $n = 2$ мы получаем обобщение диаграммного исчисления как на *Рис.* 7.1, что описывает переход от обратимого морфизма (7.31) к необратимому (7.11) и с абстрактной точки зрения представляет собой условие регулярности для морфизмов [782].

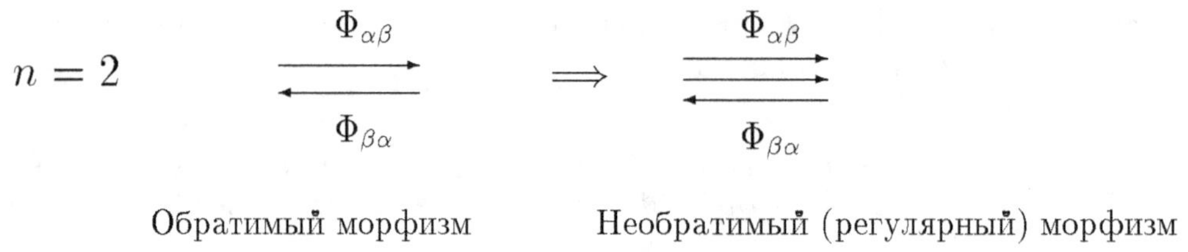

Рис. 7.1. *Переход от обратимого к необратимому морфизму при $n = 2$*

Более необычной полукоммутативной диаграммой является треугольная на *Рис.* 7.2, которая обобщает на необратимый случай условие коцикла (7.7).

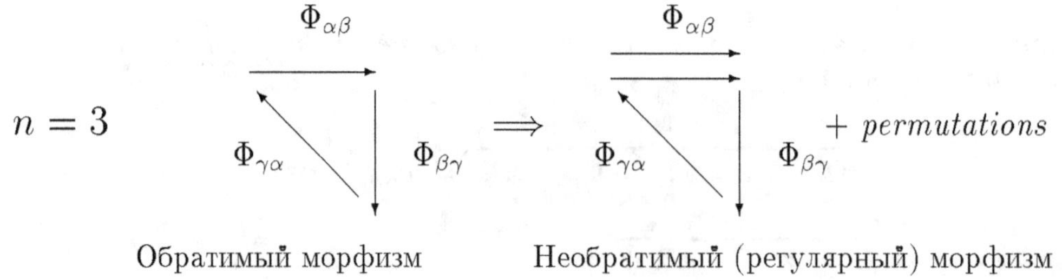

Рис. 7.2. *Обобщение условия коцикла на необратимый вариант составляющих морфизмов*

---

*) *Примечание.* Отметим, что в несуперсимметричном случае похожая конструкция ("multiply wrapped cycles") для многообразий Калаби-Яу рассматривалась в [784].

По аналогии мы можем представить полукоммутативные диаграммы для n-регулярности более высокого порядка, что можно рассмотреть также в рамках обобщенных категорий [679, 785–791].

7.4. Примеры полусупермногообразий

В качестве примера [25] рассмотрим возможные необратимые обобщения модельных супермногообразий Роджерс [710], которые являются важным ингредиентом функционального подхода [67, 68, 236].

7.4.1. М о д е л ь н ы е с у п е р м н о г о о б р а з и я . Пусть $B_2^{1,2}$ — алгебра Грассмана-Банаха вида $B_2^{1,2} = \{\langle x, \xi, \eta \rangle\}$, где

$$x = a_1 \mathbf{1} + a_2 \beta_1 \beta_2, \tag{7.51}$$

$$\xi = b_1 \beta_1 + b_2 \beta_2, \tag{7.52}$$

$$\eta = c_1 \beta_1 + c_2 \beta_2. \tag{7.53}$$

и $a_i, b_i, c_i \in \mathbb{R}$, $\mathbf{1}$ — единица алгебры и β_i — антикоммутирующие нечетные нильпотентные образующие $\beta_1 \beta_2 = -\beta_2 \beta_1$. Для того, чтобы ввести операцию, сопоставим алгебре $B_2^{1,2}$ (по аналогии с [67]) множество верхнетреугольных матриц вида

$$\begin{pmatrix} 1 & x & \xi \\ 0 & 1 & \eta \\ 0 & 0 & 1 \end{pmatrix}. \tag{7.54}$$

Легко видеть, что произведение матриц сохраняет грассманову структуру (то есть оставлет на четном месте четный элемент x, а на нечетных местах — нечетные ξ, η). Это позволяет ввести на множестве $B_2^{1,2}$ корректную операцию умножения $(*)$ вида

$$\langle x, \xi, \eta \rangle * \langle y, \rho, \sigma \rangle = \langle x + y, \xi + \rho + x\sigma, \eta + \sigma \rangle, \tag{7.55}$$

порожденную произведением матриц (7.54). Эта операция ассоциативна в силу ассоциативности произведения матриц. Поскольку для каждого элемента $\langle x, \xi, \eta \rangle$ существует единственный обратный $\langle -x, -\xi + x\eta, -\eta \rangle$, то множество $B_2^{1,2}$ с опрерацией $(*)$ является группой, которую мы обозначим $\mathbf{G}$. Для группы $\mathbf{G}$ выполняются следующие глобальные свойства:

$$x^2 \neq 0, x\xi \neq 0, x\eta \neq 0, \xi\eta \neq 0, \tag{7.56}$$

если все вещественные коеэффициенты отличны от 0 и $\det \begin{pmatrix} b_1 & b_2 \\ c_1 & c_2 \end{pmatrix} \neq 0$. Другое представление $\mathcal{T}_G$ группы $\mathbf{G}$ может быть введено с помощью прямоугольных матриц из вещественных коэффициентов. Элемент $\langle x, \xi, \eta \rangle$ с коэффициентами (7.51)–(7.53) представляется матрицей

$$t_{x,\xi,\eta} = \mathcal{T}_G\left(\langle x, \xi, \eta \rangle\right) = \left\{ \begin{array}{cc} a_1 & a_2 \\ b_1 & b_2 \\ c_1 & c_2 \end{array} \right\}, \tag{7.57}$$

а произведение порождается произведением элементов (7.55)

$$t_{x,\xi,\eta} \circledast t_{y,\rho,\sigma} = \left\{ \begin{array}{cc} a_1 & a_2 \\ b_1 & b_2 \\ c_1 & c_2 \end{array} \right\} \circledast \left\{ \begin{array}{cc} d_1 & d_2 \\ e_1 & e_2 \\ f_1 & f_2 \end{array} \right\} = \left\{ \begin{array}{cc} a_1 + d_1 & a_2 + d_2 \\ b_1 + e_1 + a_1 f_1 & b_2 + e_2 + a_1 f_2 \\ c_1 + f_1 & c_2 + f_2 \end{array} \right\}. \tag{7.58}$$

Данное представление рассматриваемое как обычное 6-мерное многообразие является частным примером "скелета" супермногообразия [113]. В общем случае размерность "скелета" $(m|n)$-мерного супермногообразия на грассмановой алгеброй B_L равна $2^{L-1}(m+n)$. Выделим в группе $\mathbf{G}$ дискретную подгруппу $\mathbf{D} = \{\langle p, \mu, \nu \rangle\}$ с целыми коэффициентами, определяющуюся следующими условиями

$$p = m_1\mathbf{1} + m_2\beta_1\beta_2, \tag{7.59}$$
$$\mu = n_1\beta_1 + n_2\beta_2, \tag{7.60}$$
$$\nu = k_1\beta_1 + k_2\beta_2. \tag{7.61}$$

где $m_i, n_i, k_i \in \mathbb{Z}$. Построим фактор-группу $\mathbf{G} \,/\, \mathbf{D}$. Классы элементов $\langle x, \xi, \eta\rangle$ и $\langle x', \xi', \eta'\rangle$ совпадают $[\langle x, \xi, \eta\rangle] = [\langle x', \xi', \eta'\rangle]$, если существует такой элемент $\langle p, \mu, \nu\rangle \in \mathbf{D}$, что

$$x = x' + p, \tag{7.62}$$
$$\xi = \xi' + \mu + x'\nu, \tag{7.63}$$
$$\eta = \eta' + \nu. \tag{7.64}$$

Таким образом множество $B_2^{1,2}$ приобретает дополнительную (порожденную факторизацией) нетривиальную топологию. Можно показать, что полученное топологическое пространство является G^∞-супермногообразием размерности $(1|2)$ над грассмановой алгеброй B_2 с соответствующими картами, как было упомянуто в работе [655], где также было рассмотрено редуцированное (по отношению к (7.57)) следующее представление

$$\mathcal{T}_G^{Rogers}(\langle x, \xi, \eta\rangle) = \left\{ \begin{array}{cc} a_1 & 0 \\ b_1 & 0 \\ c_1 & 0 \end{array} \right\}, \tag{7.65}$$

соответствующее алгебре $B_1^{1,2}$. Выясним, приводит ли другие редуцирования (пророждающиеся уравнениями на коэффициенты, а не на переменные супермногообразия) к супермногообразиям. Рассмотрим подмножество $\mathbf{G}'$ группы $\mathbf{G}$, полученное из $\mathbf{G}$ при помощи следующего редуцирования

$$\mathcal{T}_{G'}(\langle x, \xi, \eta\rangle) = \left\{ \begin{array}{cc} 0 & a \\ b & 0 \\ 0 & c \end{array} \right\}. \tag{7.66}$$

В таком представлении координаты равны

$$x = a\beta_1\beta_2, \tag{7.67}$$
$$\xi = b\beta_1, \tag{7.68}$$
$$\eta = c\beta_2, \tag{7.69}$$

а произведение в $\mathbf{G}'$определяется формулой

$$\left\{ \begin{array}{cc} 0 & a \\ b & 0 \\ 0 & c \end{array} \right\} \circledast \left\{ \begin{array}{cc} 0 & d \\ e & 0 \\ 0 & f \end{array} \right\} = \left\{ \begin{array}{cc} 0 & a+d \\ b+e & 0 \\ 0 & c+f \end{array} \right\}. \tag{7.70}$$

В терминах "скелета" операция редуцирования является пересечением трех гиперплоскостей. Полученное подпространство инвариантно относительно действия $\circledast$. Понятно, что множество $\mathbf{G}'$ является подгруппой группы $\mathbf{G}$, так как опрерация $(*)$ и взятие обратного не выводят за пределы $\mathbf{G}'$, а единица $\mathbf{G}$ принадлежит $\mathbf{G}'$ и, очевидно, равна $\langle 0, 0, 0\rangle$, которая представляется нулевой матрицей (7.66). Из (7.70) следует, что $\mathbf{G}'$ изоморфна $\mathbb{R} \times \mathbb{R} \times \mathbb{R}$, но неизоморфна группе над $B_1^{1,2}$, представление которой задано в (7.65), а действие (в наших обозначениях) имеет вид

$$\left\{ \begin{array}{cc} a & 0 \\ b & 0 \\ c & 0 \end{array} \right\} \circledast \left\{ \begin{array}{cc} d & 0 \\ e & 0 \\ f & 0 \end{array} \right\} = \left\{ \begin{array}{cc} a+d & 0 \\ b+e+af & 0 \\ c+f & 0 \end{array} \right\}. \tag{7.71}$$

Для $\mathbf{G}'$, в отличие от группы $\mathbf{G}$, глобальные свойства таковы:

$$x^2 = 0, \; x\xi = 0, \; x\eta = 0, \; \xi\eta \neq 0. \tag{7.72}$$

Первые три соотношения можно считать уравнениями редуцированной группы $\mathbf{G}'$, а последнее свойство выполняется только при условии $bc \neq 0$. Аналогичным образом редуцируем дискретную группу $\mathbf{D}$, что можно представить матрицей с целыми элементами

$$\mathcal{T}_{D'}(\langle x,\xi,\eta\rangle) = \left\{ \begin{array}{cc} 0 & m \\ n & 0 \\ 0 & k \end{array} \right\}, \tag{7.73}$$

Видно, что $\mathbf{D}'$ является дискретной подгруппой группы $\mathbf{D}$ и представляется прямым произведением $\mathbb{Z}\times\mathbb{Z}\times\ \mathbb{Z}$. По аналогии с (7.62)–(7.64) профакторизуем группу $\mathbf{G}'$по $\mathbf{D}'$: элементы $\langle x,\xi,\eta\rangle$ и $\langle x',\xi',\eta'\rangle$ совпадают $[\langle x,\xi,\eta\rangle] = [\langle x',\xi',\eta'\rangle]$, если существует такой элемент $\langle p,\mu,\nu\rangle \in \mathbf{D}'$, что

$$x = x' + p, \tag{7.74}$$

$$\xi = \xi' + \mu, \tag{7.75}$$

$$\eta = \eta' + \nu. \tag{7.76}$$

Покажем, что $\mathbf{G}' \,/\, \mathbf{D}'$ — G^∞-супермногообразие размерности $(1|2)$ над грассмановой алгеброй B_1 с обратимыми картами. Рассмотрим следующие множества в $\mathbf{G}'$

$$S_1 = \left\{\langle a\beta_1\beta_2, b\beta_1, c\beta_2\rangle \mid \frac{1}{5} < a < \frac{4}{5}\right\}, \tag{7.77}$$

$$S_2 = \left\{\langle a\beta_1\beta_2, b\beta_1, c\beta_2\rangle \mid \frac{1}{5} < b < \frac{4}{5}\right\}, \tag{7.78}$$

$$S_3 = \left\{\langle a\beta_1\beta_2, b\beta_1, c\beta_2\rangle \mid \frac{1}{5} < c < \frac{4}{5}\right\}, \tag{7.79}$$

$$T_1 = \left\{\langle a\beta_1\beta_2, b\beta_1, c\beta_2\rangle \mid -\frac{2}{5} < a < \frac{2}{5}\right\}, \tag{7.80}$$

$$T_2 = \left\{\langle a\beta_1\beta_2, b\beta_1, c\beta_2\rangle \mid -\frac{2}{5} < b < \frac{2}{5}\right\}, \tag{7.81}$$

$$T_3 = \left\{\langle a\beta_1\beta_2, b\beta_1, c\beta_2\rangle \mid -\frac{2}{5} < c < \frac{2}{5}\right\} \tag{7.82}$$

и восемь их пересечений

$$\begin{array}{ll} V_1 = S_1 \cap S_2 \cap S_3, & V_5 = S_1 \cap T_2 \cap T_3, \\ V_2 = T_1 \cap S_2 \cap S_3, & V_6 = T_1 \cap S_2 \cap T_3, \\ V_3 = S_1 \cap T_2 \cap S_3, & V_7 = T_1 \cap T_2 \cap S_3, \\ V_4 = S_1 \cap S_2 \cap T_3, & V_8 = T_1 \cap T_2 \cap T_3. \end{array} \tag{7.83}$$

Рассмотрим восемь координатных окрестностей $U_i = [V_i]$ на $\mathbf{G}' \,/\, \mathbf{D}'$, состоящих из классов эквивалентности всех элементов, принадлежащих V_i, где $i = 1, 2, \ldots 8$. Так как размерность редуцированной группы равна трем, что совпадает с размерностью "скелета" супермногообразия $B_1^{1,2}$, то естественно рассматривать карты на соответствующей алгебре $B_1^{1,2}$. Введем на U_i локальные карты $\Psi_i : U_i \to \hat{V}_i$, где $\hat{V}_i$ — область в алгебре Грассмана-Банаха $B_1^{1,2}$. Сопоставим каждому множеству S_i в $B_2^{1,2}$ множество $\hat{S}_i$ в $B_1^{1,2}$ следующим образом: если елемент $\langle a\beta_1\beta_2, b\beta_1, c\beta_2\rangle \in S_i, \beta_i \in B_2$, то элемент $\langle a\mathbf{1}, b\beta, c\beta\rangle \in \hat{S}_i, \beta \in B_1$. Точно также сопоставим каждому множеству $T_i \subset B_2^{1,2}$ множество $\hat{T}_i \subset B_1^{1,2}$. Обозначим это сопоставление f. Тогда области $\hat{V}_i \subset B_1^{1,2}$ являются образами отображения f, и определяются такими же формулами, что и (7.77)–(7.83). Этим преобразованием мы сохраняем линейную структуру "скелета", но не сохраняем операцию $\circledast$. Зададим Ψ_i явным образом в терминах классов эквивалентности. Пусть класс элемента $\mathbf{p} \in V_i$ принадлежит координатной окрестности U_i, тогда $\Psi_i([\mathbf{p}]) = f(\mathbf{p})$. Определение корректно, так как для каждого класса $[\mathbf{p}]$ существует его единственный представитель в V_i. Функции Ψ_i являются гомеоморфизмами. Функций перехода $\Psi_i \circ \Psi_j^{-1}$ между картами на $\mathbf{G}' \,/\, \mathbf{D}'$ всего $8^2 - 8 = 56$. Приведем явный вид одной из них $\Psi_4 \circ \Psi_1^{-1} : \Psi_1(U_1 \cap U_4) \to \Psi_4(U_1 \cap U_4)$. Класс элемент $\langle x, \xi, \eta \rangle = \langle (a+m)\,\mathbf{1}, (b+n)\,\beta, (c+k)\,\beta \rangle$, где $m, n, k \in \mathbb{Z}$, принадлежит пересечению $U_1 \cap U_4$ в двух вариантах, для которых функция перехода $\Psi_4 \circ \Psi_1^{-1}$ выглядит следующим образом

$$\begin{aligned} \Psi_4 \circ \Psi_1^{-1}(\langle a\mathbf{1}, b\beta, c\beta \rangle) &= \langle a\mathbf{1}, b\beta, c\beta \rangle, \\ \frac{1}{5} &< a < \frac{4}{5}, \frac{1}{5} < b < \frac{4}{5}, \frac{1}{5} < c < \frac{2}{5}, \end{aligned} \tag{7.84}$$

$$\begin{aligned} \Psi_4 \circ \Psi_1^{-1}(\langle a\mathbf{1}, b\beta, c\beta \rangle) &= \langle a\mathbf{1}, b\beta, (c-1)\,\beta \rangle, \\ \frac{1}{5} &< a < \frac{4}{5}, \frac{1}{5} < b < \frac{4}{5}, \frac{3}{5} < c < \frac{4}{5}. \end{aligned} \tag{7.85}$$

Функции перехода $\Psi_i \circ \Psi_j^{-1}$ являются G^∞-гладкими, таким образом $\mathbf{G}' \,/\, \mathbf{D}'$ с соответствующими картами является супермнообразием, хотя введеная функция f не сохраняет операцию $\circledast$ на "скелете" и не является гомоморфизмом.

7.4.2. Многозначность и полусупермногообразия. Рассмотрим теперь алгебру Грассмана-Банаха $B_1^{1,2}$ вида $B_1^{1,2} = \{\langle a\mathbf{1}, b\beta, c\beta \rangle, a, b, c \in \mathbb{R}\}$, где $\mathbf{1}$ — единица алгебры и β — нечетная образующая. Для того, чтобы ввести полугрупповую структуру на множестве $B_1^{1,2}$, сопоставим каждому элементу $\langle a\mathbf{1}, b\beta, c\beta \rangle$ необратимую матрицу вида

$$\begin{pmatrix} 1 & a\mathbf{1} & b\beta \\ 0 & 1 & c\beta \\ 0 & 0 & 0 \end{pmatrix}. \tag{7.86}$$

Введем на $B_1^{1,2}$ операцию $(*)$, порожденную стандартным произведением матриц (7.86) следующим образом:

$$\langle a_1\mathbf{1}, b_1\beta, c_1\beta \rangle * \langle a_2\mathbf{1}, b_2\beta, c_2\beta \rangle = \langle (a_1+a_2)\,\mathbf{1}, (b_2 + a_1 c_2)\,\beta, c_2\beta \rangle. \tag{7.87}$$

Операция $(*)$ введена корректно, поскольку, как и прежде, на нечетных местах остаются нечетные элементы, а на четном месте — четный элемент, то есть матрицы сохраняют свою грассманову структуру. В дальнейшем будем представлять элемент $\mathbf{s} = \langle a\mathbf{1}, b\beta, c\beta \rangle$ как $[a, b, c] = T_S(\langle a\mathbf{1}, b\beta, c\beta \rangle)$, где $a, b, c \in \mathbb{R}$, имея в виду одностолбцовый аналог (7.57) (то есть, для краткости в обозначениях будем отождествлять представление с элементом).

Множество $B_1^{1,2}$ с введенной на ней операцией $(*)$ образует полугруппу $\mathbf{S} = \bigcup \mathbf{s}$ (см. напр. [92,135]), поскольку ассоциативность следует из ассоциативности умножения матриц.

Опишем основные свойства построенной полугруппы $\mathbf{S}$:

1. Левая разрешимость $\forall [s_1, s_2, s_3], [t_1, t_2, t_3] \in \mathbf{S}$, $\exists!$ $[u_1, u_2, u_3] \in \mathbf{S}$ такое, что $[s_1, s_2, s_3] * [u_1, u_2, u_3] = [t_1, t_2, t_3]$, поскольку соответствующие компонентные уравнения $t_1 = s_1 + u_1, t_2 = u_2 + s_1 u_3, t_3 = u_3$ имеют решение $[t_1 - s_1, t_2 - s_1 t_3, t_3]$, и оно единственно. В частности, $\forall \mathbf{s} \in \mathbf{S}, \exists!\, \mathbf{t} \in \mathbf{S}$ такое, что $\mathbf{s} * \mathbf{t} = \mathbf{s}$, т. е. каждый элемент является левым нулем для единственного элемента.

2. Элемент $[0, 0, 0]$ является правым нулем полугруппы $\mathbf{S}$.

3. Левых нулей в полугруппе $\mathbf{S}$ не существует.

4. Для любого элемента полугруппы $\mathbf{S}$ имеем $[s_1, s_2, s_3]^{*n} = [ns_1, s_2 + (n-1)\,s_1, s_3]$.

5. Левыми единицами полугруппы $\mathbf{S}$ являются элементы вида $[0, s_2, s_3]$ и только они, следовательно $[0, s_2, s_3]^{*n} = [0, s_2, s_3]$, и такими элементами исчерпываются все идемпотенты полугруппы $\mathbf{S}$.

6. Правых единиц в полугруппе $\mathbf{S}$ не существует.

7. Полугруппа $\mathbf{S}$ — полугруппа с левым сокращением.

8. Центр полугруппы $\mathrm{Cent}\,(\mathbf{S}) = \varnothing$.

9. Каждый элемент $[s_1, s_2, s_3]$ обладает семейством $\{\mathbf{t} = [-s_1, t_2, t_3] \mid t_2, t_3 \in \mathbb{R}\}$ элементов, регулярных к нему ($\mathbf{s} * \mathbf{t} * \mathbf{s} = \mathbf{s}$), которые также являются инверсными ($\mathbf{t} * \mathbf{s} * \mathbf{t} = \mathbf{t}$), а идемпотенты строятся с помощью их произведений [92, 135].

Рассмотрим идеальную структуру полугруппы $\mathbf{S}$. Множества $\mathbf{I}_a = \{[s_1, s_2, a] \in \mathbf{S} \mid s_1, s_2 \in \mathbb{R}\}$, где $a \in \mathbb{R}$, являются левыми идеалами $\mathbf{S} * \mathbf{I}_a = \mathbf{I}_a$. Идеалы $\mathbf{I}_a$ не пересекаются $\mathbf{I}_a \cap \mathbf{I}_b = \varnothing$ при $a \neq b$ и покрывают всю полугруппу $\bigcup \mathbf{I}_a = \mathbf{S}$. Правых идеалов нет.

Множество $D = \{[m_1, m_2, m_3] \in \mathbf{S} \mid m_i \in \mathbb{Z}\}$ является подполугруппой полугруппы $\mathbf{S}$, но не идеалом.

Выделим в полугруппе $\mathbf{S}$ подмножество $\mathbf{T}$, заданное уравнением сферы в трехмерном пространстве вещественных коэффициентов

$$\mathbf{T} = \left\{[x, y, z] \in \mathbf{S} \mid x^2 + y^2 + z^2 = 1,\ x, y, z \in \mathbb{R}\right\}. \tag{7.88}$$

Поскольку $\mathbf{T}$ — подмножество топологического пространства $B_1^{1,2}$, то $\mathbf{T}$ — топологическое пространство с индуцированной топологией [792]. Выберем в $\mathbf{T}$ координатные окрестности $\mathbf{U}_a = \{[x, y, z] \in \mathbf{T} \mid z > a\}$, $|a| < 1$. Введем карты $\Psi_a : \mathbf{U}_a \to \Psi_a(\mathbf{U}_a) \subset \mathbf{I}_a$. Функция Ψ_a задана следующим условием: Ψ_a от аргумента $[x, y, z] \in \mathbf{U}_a$ равна произведению элемента $[x, y, z]$ и его проекции на плоскость $z = a$, являющуюся образом $\mathbf{I}_a$ в трехмерном пространстве вещественных коэффициентов

$$\Psi_a([x, y, z]) = [x, y, z] * [x, y, a] = [2x, y + xa, a]. \tag{7.89}$$

Ясно, что $\Psi_a(\mathbf{U}_a)$ — область в $\mathbf{I}_a$. Функции Ψ_a взаимно-однозначны при $a \geq 0$. Поскольку функции, порождающие Ψ_a непрерывны, то и сама Ψ_a непрерывна. Рассмотрим обратную функцию Ψ_a^{-1} при $a \geq 0$. Из определения (7.89) следует явный вид этой функции

$$\Psi_a^{-1}([x, y, a]) = \left[\frac{x}{2}, y - xa, \sqrt{1 - \frac{x^2}{4} - (y - xa)^2}\right]. \tag{7.90}$$

При $a \geq 0$ функция Ψ_a^{-1} непрерывна, поэтому Ψ_a — гомеоморфизм. Эти карты являются стандартными обратимыми картами на топологическом пространстве $\mathbf{T}$. Необратимые карты возникают при $a < 0$. Рассмотрим этот случай.

Функции Ψ_a склеивают точки $[x, y, z]$ и $[x, y, -z]$ при $|z| < -a$. Выбрав одну из ветвей однозначности, можно говорить об обратных функциях $\Psi_{a(\pm)}^{-1}$, где $\Psi_{a(+)}^{-1}$ означает верхнюю "верхнюю" ветвь, а $\Psi_{a(-)}^{-1}$ — "нижнюю". Области значения этих функций равны

$$\Psi_{a(+)}^{-1}(\Psi_a(\mathbf{U}_a)) = \{[x, y, z] \in \mathbf{T} \mid z > 0\}, \tag{7.91}$$

$$\Psi_{a(-)}^{-1}(\Psi_a(\mathbf{U}_a)) = \{[x, y, z] \in \mathbf{T} \mid z \in (a, 0) \cup (-a, 1)\}. \tag{7.92}$$

"Верхняя" ветвь $\Psi^{-1}_{a(+)}$ является непрерывной функцией, а "нижняя" ветвь $\Psi^{-1}_{a(-)}$ является непрерывной функцией на множестве $\Psi_a(\mathbf{U}_a)\setminus\mathbf{Z}$, где $\mathbf{Z}$ — множество меры 0, задаваемое объединением корней уравнений

$$1-\frac{x^2}{4}-(y-xa)^2=0 \quad \text{и} \quad \sqrt{1-\frac{x^2}{4}-(y-xa)^2}=-a. \tag{7.93}$$

Выбрав одну из ветвей однозначности для необратимых карт, можно говорить о функциях перехода между картами $\mathbf{I}_a$ и $\mathbf{I}_b$, которые имеют вид

$$[2x, y+xa, a] \overset{\Psi^{-1}_{a(\pm)}}{\longmapsto} [x, y, \pm z] \overset{\Psi_b}{\longmapsto} [2x, y+xb, b]. \tag{7.94}$$

Таким образом, явный вид функций перехода $\Psi_b\circ\Psi^{-1}_{a(\pm)}$ задается формулой

$$[x,y,a] \overset{\Psi^{-1}_{a(\pm)}}{\longmapsto} \left[\frac{x}{2}, y-\frac{xa}{2}, \pm\sqrt{1-\frac{x^2}{4}-\left(y-\frac{xa}{2}\right)^2}\right] \overset{\Psi_b}{\longmapsto} \left[x, y-\frac{xa}{2}+\frac{xb}{2}, b\right]. \tag{7.95}$$

Если рассматривать $\Psi_b\circ\Psi^{-1}_{a(\pm)}$ как функцию на $B^{1,1}_1$, то мы получим

$$\Psi_b\circ\Psi^{-1}_{a(\pm)}([x\mathbf{1}, y\beta]) = \left[x\mathbf{1}, \left(y-\frac{xa}{2}+\frac{xb}{2}\right)\beta\right], \tag{7.96}$$

то есть $\Psi_b\circ\Psi^{-1}_{a(\pm)}$ является G^∞-функцией. Поэтому топологическое пространство $\mathbf{S}$ с данным набором карт является гладким полусупермногообразием [7, 20], в котором необратимость возникает вследствие неднозначности.

7.5. Необратимость и полурасслоения

Подобный принцип замены обратимости морфизма на его регулярность может быть использован для необратимого расширения суперрасслоений [713, 744, 793], если определять их глобально на основе открытых покрытий и функций перехода [743, 794]. Следуя стандартным определениям расслоений [742, 763, 795], но ослабляя обратимость, построим новые объекты, аналогичные суперрасслоениям*).

7.5.1. Определение полурасслоений. Пусть E и $\mathscr{M}$ представляют собой *полное* (*расслоенное*) суперпространство и *базовое* полусупермногообразие соответственно, и $\pi : E \to \mathscr{M}$ представляет собой *полупроективное отображение*, которое не обязательно обратимо (но может быть гладким). Обозначим F_b множество точек E, которые отображаются в $b\in\mathscr{M}$ (*прообраз* b), т. е. *полуслой над* b есть $F_b \overset{def}{=} \{x\in E \mid \pi(x)=b\}$. Тогда, $F=\bigcup F_b$ представляет собой *полуслой.*

Определение 7.36. *Полурасслоение определяется следующим набором* $\mathfrak{L} \overset{def}{=} (E,\mathscr{M},F,\pi)$.

Сечение $\boldsymbol{s}:\mathscr{M}\to F$ расслоения $(E,\mathscr{M},F,\pi)$ обычно определяется соотношением $\pi(\boldsymbol{s}(b))=b$, которое в виде $\pi\circ\boldsymbol{s}=1_m$ весьма похоже на (7.6), (7.31) и выполняется тождественно только для обратимых отображений π и $\boldsymbol{s}$. Следовательно, очень мало обыкновенных нетривиальных расслоений допускают соответствующие сечения [763]. Таким образом, используя аналогию с (7.11), мы приходим к следующему определению [7].

Примечание. В дальнейшем мы будем отбрасывать "супер", если это не влияет существенно на ход рассуждений.

Определение 7.37. *Полусечение* $\boldsymbol{s}$ *полурасслоения* $\mathfrak{L} = (E, \mathscr{M}, F, \pi)$ *определяется уравнением*

$$\pi \circ \boldsymbol{s} \circ \pi = \pi. \tag{7.97}$$

Рефлексивное полусечение $\boldsymbol{s}_{refl}$ *удовлетворяет дополнительному условию*

$$\boldsymbol{s}_{refl} \circ \pi \circ \boldsymbol{s}_{refl} = \boldsymbol{s}_{refl}. \tag{7.98}$$

Пусть $\tilde{\pi} : \mathscr{M} \times F \to \mathscr{M}$ представляет собой канонический индекс полуоператора проектирования на первый множитель $\tilde{\pi}(b, f) = b$, $f \in F$, тогда $\tilde{\pi}$ приводит к *расслоению-произведению.* Если $\lambda : E \to \mathscr{M} \times F$ представляет собой морфизм (называемый *тривиализацией*), тогда $\tilde{\pi} \circ \lambda = \pi$, и полурасслоение $\mathfrak{L} = (E, \mathscr{M}, F, \pi)$ является *тривиальным.* Если существует непрерывное отображение $\eta : \mathscr{M} \to F$, тогда полурасслоение $(\mathscr{M} \times F, \mathscr{M}, F, \tilde{\pi})$ допускает сечение $\boldsymbol{s} : \mathscr{M} \to \mathscr{M} \times F$ заданное формулой $\boldsymbol{s}(b) = (b, \eta(b))$. Пусть для заданной суперобласти $\mathscr{U}_\alpha$ в полусупермногообразии имеем соответственную суперобласть в базе

$$E_\alpha \stackrel{def}{=} \{x \in E \mid \pi_\alpha(x) = b,\, b \in \mathscr{U}_\alpha \subset \mathscr{M}\}$$

(здесь мы намеренно не используем стандартное обозначение $\pi^{-1}(\mathscr{U}_\alpha)$ для E_α, так как теперь допускается, чтобы π_α было необратимым), где $\pi_\alpha : E_\alpha \to \mathscr{U}_\alpha$ представляет собой сужение отображения π на суперобласть $\mathscr{U}_\alpha$, т. е. $\pi_\alpha \stackrel{def}{=} \pi \mid_{\mathscr{U}_\alpha}$.

Определение 7.38. *Полурасслоение, определяемое* $\mathfrak{L} = (E, M, F, \pi)$, *называется локально тривиальным, если* $\forall b \in \mathscr{M}$ *существуют суперобласти* $\mathscr{U}_\alpha \ni b$ *такие, что можно найти тривиализирующие морфизмы* $\lambda_\alpha : E_\alpha \to \mathscr{U}_\alpha \times F$ *удовлетворяющие* $\tilde{\pi}_\alpha \circ \lambda_\alpha = \pi_\alpha$.

Так что диаграмма

$$\begin{array}{ccc} E_\alpha & \xrightarrow{\lambda_\alpha} & \mathscr{U}_\alpha \times F \\ & {\scriptstyle \pi_\alpha} \searrow & \downarrow {\scriptstyle \tilde{\pi}_\alpha} \\ & & \mathscr{U}_\alpha \end{array} \tag{7.99}$$

коммутирует.

Определение 7.39. *Полусечение локально тривиального полурасслоения* $\mathfrak{L}$ *дается отображениями* $\boldsymbol{s}_\alpha : \mathscr{U}_\alpha \to E$, *которые удовлетворяют условиям совместимости*

$$\lambda_\alpha \circ \boldsymbol{s}_\alpha \mid_b = \lambda_\beta \circ \boldsymbol{s}_\beta \mid_b, \;\; b \in \mathscr{U}_\alpha \cap \mathscr{U}_\beta. \tag{7.100}$$

Теперь пусть $\{\mathscr{U}_\alpha, \lambda_\alpha\}$ представляет собой тривиализирующее покрытие такое, что $\bigcup \mathscr{U}_\alpha = \mathscr{M}$ и $\mathscr{U}_\alpha \cap \mathscr{U}_\beta \neq \varnothing \Rightarrow E_\alpha \cap E_\beta \neq \varnothing$. Тогда мы требуем, чтобы тривиализирующие морфизмы λ_α находились в соответствии, и это значит, что диаграммы

$$\begin{array}{ccc} E_\alpha \cap E_\beta & \xrightarrow{\lambda_\beta} & \mathscr{U}_\alpha \cap \mathscr{U}_\beta \times F \\ & {\scriptstyle \lambda_\alpha} \searrow & \downarrow {\scriptstyle \Lambda_{\alpha\beta}} \\ & & \mathscr{U}_\alpha \cap \mathscr{U}_\beta \times F \end{array} \tag{7.101}$$

и

$$
\begin{array}{ccc}
E_\alpha \cap E_\beta & \xrightarrow{\lambda_\beta} & \mathscr{U}_\alpha \cap \mathscr{U}_\beta \times F \\
& \searrow^{\lambda_\alpha} & \uparrow \Lambda_{\beta\alpha} \\
& & \mathscr{U}_\alpha \cap \mathscr{U}_\beta \times F
\end{array}
\qquad (7.102)
$$

должны коммутировать,где $\Lambda_{\alpha\beta}$ и $\Lambda_{\beta\alpha}$ — отображения, действующие вдоль полуслоя F.

Определение 7.40. *Склеивающие функции полуперехода локально тривиального полурасслоения $\mathfrak{L} = (E, \mathscr{M}, F, \pi)$ определяются уравнениями*

$$\Lambda_{\alpha\beta} \circ \lambda_\beta = \lambda_\alpha, \qquad (7.103)$$

$$\Lambda_{\beta\alpha} \circ \lambda_\alpha = \lambda_\beta. \qquad (7.104)$$

Утверждение 7.41. *Функции полуперехода полурасслоения $\mathfrak{L}$ удовлетворяют следующим соотношениям*

$$\Lambda_{\alpha\beta} \circ \Lambda_{\beta\alpha} \circ \Lambda_{\alpha\beta} = \Lambda_{\alpha\beta} \qquad (7.105)$$

на $\mathscr{U}_\alpha \cap \mathscr{U}_\beta$ пересечениях и

$$\Lambda_{\alpha\beta} \circ \Lambda_{\beta\gamma} \circ \Lambda_{\gamma\alpha} \circ \Lambda_{\alpha\beta} = \Lambda_{\alpha\beta}, \qquad (7.106)$$

$$\Lambda_{\beta\gamma} \circ \Lambda_{\gamma\alpha} \circ \Lambda_{\alpha\beta} \circ \Lambda_{\beta\gamma} = \Lambda_{\beta\gamma}, \qquad (7.107)$$

$$\Lambda_{\gamma\alpha} \circ \Lambda_{\alpha\beta} \circ \Lambda_{\beta\gamma} \circ \Lambda_{\gamma\alpha} = \Lambda_{\gamma\alpha} \qquad (7.108)$$

на тройных пересечениях $\mathscr{U}_\alpha \cap \mathscr{U}_\beta \cap \mathscr{U}_\gamma$ и

$$\Lambda_{\alpha\beta} \circ \Lambda_{\beta\gamma} \circ \Lambda_{\gamma\rho} \circ \Lambda_{\rho\alpha} \circ \Lambda_{\alpha\beta} = \Lambda_{\alpha\beta}, \qquad (7.109)$$

$$\Lambda_{\beta\gamma} \circ \Lambda_{\gamma\rho} \circ \Lambda_{\rho\alpha} \circ \Lambda_{\alpha\beta} \circ \Lambda_{\beta\gamma} = \Lambda_{\beta\gamma}, \qquad (7.110)$$

$$\Lambda_{\gamma\rho} \circ \Lambda_{\rho\alpha} \circ \Lambda_{\alpha\beta} \circ \Lambda_{\beta\gamma} \circ \Lambda_{\gamma\rho} = \Lambda_{\gamma\rho}, \qquad (7.111)$$

$$\Lambda_{\rho\alpha} \circ \Lambda_{\alpha\beta} \circ \Lambda_{\beta\gamma} \circ \Lambda_{\gamma\rho} \circ \Lambda_{\rho\alpha} = \Lambda_{\rho\alpha} \qquad (7.112)$$

на $\mathscr{U}_\alpha \cap \mathscr{U}_\beta \cap \mathscr{U}_\gamma \cap \mathscr{U}_\rho$.

Определение 7.42. *Полурасслоение $\mathfrak{L}$ называется рефлексивным, если, в дополнение к (7.105)–(7.112), функции полуперехода удовлетворяют условиям рефлексивности*

$$\Lambda_{\beta\alpha} \circ \Lambda_{\alpha\beta} \circ \Lambda_{\beta\alpha} = \Lambda_{\beta\alpha} \qquad (7.113)$$

на $\mathscr{U}_\alpha \cap \mathscr{U}_\beta$ пересечениях и

$$\Lambda_{\alpha\gamma} \circ \Lambda_{\gamma\beta} \circ \Lambda_{\beta\alpha} \circ \Lambda_{\alpha\gamma} = \Lambda_{\alpha\gamma}, \qquad (7.114)$$

$$\Lambda_{\gamma\beta} \circ \Lambda_{\beta\alpha} \circ \Lambda_{\alpha\gamma} \circ \Lambda_{\gamma\beta} = \Lambda_{\gamma\beta}, \qquad (7.115)$$

$$\Lambda_{\beta\alpha} \circ \Lambda_{\alpha\gamma} \circ \Lambda_{\gamma\beta} \circ \Lambda_{\beta\alpha} = \Lambda_{\beta\alpha} \qquad (7.116)$$

на тройных пересечениях $\mathscr{U}_\alpha \cap \mathscr{U}_\beta \cap \mathscr{U}_\gamma$ и

$$\Lambda_{\alpha\rho} \circ \Lambda_{\rho\gamma} \circ \Lambda_{\gamma\beta} \circ \Lambda_{\beta\alpha} \circ \Lambda_{\alpha\rho} = \Lambda_{\alpha\rho}, \qquad (7.117)$$

$$\Lambda_{\rho\gamma} \circ \Lambda_{\gamma\beta} \circ \Lambda_{\beta\alpha} \circ \Lambda_{\alpha\rho} \circ \Lambda_{\rho\gamma} = \Lambda_{\rho\gamma}, \qquad (7.118)$$

$$\Lambda_{\gamma\beta} \circ \Lambda_{\beta\alpha} \circ \Lambda_{\alpha\rho} \circ \Lambda_{\rho\gamma} \circ \Lambda_{\gamma\beta} = \Lambda_{\gamma\beta}, \qquad (7.119)$$

$$\Lambda_{\beta\alpha} \circ \Lambda_{\alpha\rho} \circ \Lambda_{\rho\gamma} \circ \Lambda_{\gamma\beta} \circ \Lambda_{\beta\alpha} = \Lambda_{\beta\alpha} \qquad (7.120)$$

на $\mathscr{U}_\alpha \cap \mathscr{U}_\beta \cap \mathscr{U}_\gamma \cap \mathscr{U}_\rho$.

Для заданного $b \in \mathscr{U}_\alpha \cap \mathscr{U}_\beta$ склеивающие функции перехода $\Lambda_{\alpha\beta}$ описывают морфизмы полуслоя F в себя условием

$$\Lambda_{\alpha\beta} : (b, f) \to (b, L_{\alpha\beta} f)\,, \tag{7.121}$$

где $L_{\alpha\beta} : \mathscr{U}_\alpha \cap \mathscr{U}_\beta \to F$ и $f \in F$. Функции $L_{\alpha\beta}$ удовлетворяют обобщенным условиям коцикла аналогичного (7.105)–(7.120).

Замечание **7.43.** Сечения и функции перехода расслоения необратимы даже в стандартном случае [403, 796]. Но такой вид необратимости имеет природу, отличную от той, которая может иметь место в суперсимметричных объектах.

Это можно сравнить с необратимостью обычных функций [263, 276] и необратимостью суперфункций, что имеет место из-за присутствия нильпотентов и делителей нуля. Подразумевается, что стандартные функции перехода должны быть гомеоморфизмами, а сечения должны быть во взаимооднозначном соответствии*) с отображениями из базы в слой [237, 800]. Наши определения (7.11)–(7.26) и (7.97)–(7.120) расширяют их, допуская включение в рассмотрение должным образом также и необратимые суперфункции.

7.5.2. Морфизмы полурасслоений. Пусть мы имеем два полурасслоения $\mathfrak{L} = (E, \mathscr{M}, F, \pi)$ и $\mathfrak{L}' = (E', \mathscr{M}', F', \pi')$.

Определение 7.44. *Морфизм полурасслоения* $\mathbf{f} : \mathfrak{L} \to \mathfrak{L}'$ *состоит из двух морфизмов* $\mathbf{f} = (\mathrm{f}_E, \mathrm{f}_{\mathscr{M}})$, *где* $\mathrm{f}_E : E \to E'$ *и* $\mathrm{f}_{\mathscr{M}} : \mathscr{M} \to \mathscr{M}'$, *удовлетворяют* $\mathrm{f}_{\mathscr{M}} \circ \pi = \pi' \circ \mathrm{f}_E$, *так что диаграмма*

$$\begin{array}{ccc} E & \xrightarrow{\mathrm{f}_E} & E' \\ {\scriptstyle\pi}\downarrow & & \downarrow{\scriptstyle\pi'} \\ \mathscr{M} & \xrightarrow{\mathrm{f}_{\mathscr{M}}} & \mathscr{M}' \end{array} \tag{7.122}$$

коммутативна.

Пусть

$$E_b = \{x \in E \mid \pi(x) = b,\, b \in \mathscr{U} \subset \mathscr{M}\}\,,$$

тогда $\mathrm{f}_E(E_b) \subset E'_{\mathrm{f}_{\mathscr{M}}(b)}$ для каждого b, и полуслой над $b \in \mathscr{M}$ переносится в полуслой над $\mathrm{f}_{\mathscr{M}}(b) \in \mathscr{M}'$, так, что f_E представляет собой морфизм слоя. Если полурасслоение имеет сечение (что может быть не всегда), то морфизм f_E действует следующим образом $\mathfrak{s}(b) \to \mathfrak{s}'(\mathrm{f}_{\mathscr{M}}(b))$. В большинстве приложений расслоенных пространств морфизм $\mathrm{f}_{\mathscr{M}}$ есть тождество, и $\mathbf{f}_0 \overset{def}{=} (\mathrm{f}_E, \mathrm{id})$ называется *b-морфизмом* [403]. Тем не менее, в случае полурасслоений может иметь место обратная ситуация, когда $\mathrm{f}_{\mathscr{M}}$ представляет собой необратимый морфизм. Для каждого заданного $b \in \mathscr{M}$ существуют тривиализирующие отображения $\lambda : E_b \to \mathscr{U} \times F$ и $\lambda' : E_{\mathrm{f}_{\mathscr{M}}(b)} \to \mathscr{U}' \times F'$, $\mathrm{f}_{\mathscr{M}}(\mathscr{U}) \subset \mathscr{U}'$, которые приводят к отображению полуслоя h_b, определяемого коммутативной диаграммой

$$\begin{array}{ccc} E_b & \xrightarrow{\mathrm{f}_E(b)} & E'_{\mathrm{f}_{\mathscr{M}}(b)} \\ {\scriptstyle\lambda}\downarrow & & \downarrow{\scriptstyle\lambda'} \\ \mathscr{U} \times F & \xrightarrow{h_b} & \mathscr{U}' \times F' \end{array} \tag{7.123}$$

---

*) *Примечание.* Интересные примеры невзаимооднозначных (несуперсимметричных) отображений и диффеоморфизмов приведены в [242, 797–799].

Чтобы локально описать морфизм полурасслоений $\mathfrak{L} \xrightarrow{\mathrm{f}} \mathfrak{L}'$, мы выбираем открытые покрытия $\mathscr{M} = \bigcup \mathscr{U}_\alpha$ и $\mathscr{M}' = \bigcup \mathscr{U}'_{\alpha'}$ наряду с тривиализациями λ_α и $\lambda'_{\alpha'}$ (см. (7.99)). Тогда связь между функциями полуперехода $\Lambda_{\alpha\beta}$ и $\Lambda'_{\alpha'\beta'}$ (7.103)–(7.104) двух полурасслоений $\mathfrak{L}$ и $\mathfrak{L}'$ может быть найдена из коммутативной диаграммы

$$\begin{array}{ccc} \mathscr{U}_{\alpha\beta} \times F & \xrightarrow{\Lambda_{\alpha\beta}} & \mathscr{U}_{\alpha\beta} \times F \\ {\scriptstyle h_\alpha}\big\downarrow & & \big\downarrow{\scriptstyle h_\beta} \\ \mathscr{U}'_{\alpha'\beta'} \times F' & \xrightarrow{\Lambda'_{\alpha'\beta'}} & \mathscr{U}'_{\alpha'\beta'} \times F' \end{array} \tag{7.124}$$

где морфизмы h_α определяются диаграммой

$$\begin{array}{ccc} E & \xrightarrow{\mathrm{f}_E} & E' \\ {\scriptstyle \lambda_\alpha}\big\downarrow & & \big\downarrow{\scriptstyle \lambda'_{\alpha'}} \\ \mathscr{U}_\alpha \times F & \xrightarrow{h_\alpha} & \mathscr{U}'_{\alpha'} \times F' \end{array} \tag{7.125}$$

Из (7.124) мы имеем соотношение между функциями полуперехода

$$h_\alpha \circ \Lambda_{\alpha\beta} = \Lambda'_{\alpha'\beta'} \circ h_\beta \tag{7.126}$$

которое выполняется тождественно также и для необратимых h_α, тогда как в обратимом случае [403, 796] уравнение (7.126) решается относительно $\Lambda'_{\alpha'\beta'}$ стандартным образом $\Lambda'_{\alpha'\beta'} = h_\alpha \circ \Lambda_{\alpha\beta} \circ h_\beta^{-1}$, что может рассматриваться как эквивалентность коциклов. Однако в общем случае (7.126) представляет собой систему суперуравнений, которые должны решаться стандартными [33] либо расширенными [390] методами суперанализа [236].

Предположим, $\mathscr{M}$ допускает тривиализирующие покрытия $\{\mathscr{U}_\alpha, \lambda_\alpha\}$ и $\{\mathscr{U}'_{\alpha'}, \lambda'_{\alpha'}\}$. В общем случае они не связаны между собой, и функции полуперехода $\Lambda_{\alpha\beta}$ и $\Lambda'_{\alpha'\beta'}$ независимы. Однако, если $\mathscr{M}$ представляет собой базовое суперпространство для двух полурасслоений $\mathfrak{L}$ и $\mathfrak{L}'$, которые связаны b-морфизмом $\mathfrak{L} \xrightarrow{\mathrm{f}_0} \mathfrak{L}'$, тогда $\Lambda_{\alpha\beta}$ и $\Lambda'_{\alpha'\beta'}$ должны находиться в соответствии.

Предложение 7.45. *Функции полуперехода $\Lambda_{\alpha\beta}$ и $\Lambda'_{\alpha'\beta'}$ двух полурасслоений находятся в соответствии, если существуют дополнительные отображения $\tilde{\Lambda}_{\alpha'\beta}$: $\mathscr{U}'_{\alpha'} \cap \mathscr{U}_\beta$ и $\tilde{\Lambda}_{\alpha\beta'} : \mathscr{U}_\alpha \cap \mathscr{U}'_{\beta'}$ связанные между собой соотношениями*

$$\tilde{\Lambda}_{\alpha'\beta} \circ \tilde{\Lambda}_{\beta\alpha'} \circ \tilde{\Lambda}_{\alpha'\beta} = \tilde{\Lambda}_{\alpha'\beta} \tag{7.127}$$

на $\mathscr{U}'_{\alpha'} \cap \mathscr{U}_\beta$ и

$$\tilde{\Lambda}_{\alpha\beta'} \circ \tilde{\Lambda}_{\beta'\alpha} \circ \tilde{\Lambda}_{\alpha\beta'} = \tilde{\Lambda}_{\alpha\beta'} \tag{7.128}$$

на $\mathscr{U}_\alpha \cap \mathscr{U}'_{\beta'}$ пересечениях.

Условия соответствия для $\Lambda_{\alpha\beta}$ и $\Lambda'_{\alpha'\beta'}$ имеют вид

$$\tilde{\Lambda}_{\alpha'\beta} \circ \Lambda_{\beta\gamma} \circ \tilde{\Lambda}_{\gamma\alpha'} \circ \tilde{\Lambda}_{\alpha'\beta} = \tilde{\Lambda}_{\alpha'\beta}, \tag{7.129}$$

$$\Lambda_{\beta\gamma} \circ \tilde{\Lambda}_{\gamma\alpha'} \circ \tilde{\Lambda}_{\alpha'\beta} \circ \Lambda_{\beta\gamma} = \Lambda_{\beta\gamma}, \tag{7.130}$$

$$\tilde{\Lambda}_{\gamma\alpha'} \circ \tilde{\Lambda}_{\alpha'\beta} \circ \Lambda_{\beta\gamma} \circ \tilde{\Lambda}_{\gamma\alpha'} = \tilde{\Lambda}_{\gamma\alpha'} \tag{7.131}$$

на тройных пересечениях $\mathscr{U}'_{\alpha'} \cap \mathscr{U}_\beta \cap \mathscr{U}_\gamma$ и

$$\Lambda'_{\alpha'\beta'} \circ \tilde{\Lambda}_{\beta'\gamma} \circ \tilde{\Lambda}_{\gamma\alpha'} \circ \Lambda'_{\alpha'\beta'} = \Lambda'_{\alpha'\beta'}, \tag{7.132}$$

$$\tilde{\Lambda}_{\beta'\gamma} \circ \tilde{\Lambda}_{\gamma\alpha'} \circ \Lambda'_{\alpha'\beta'} \circ \tilde{\Lambda}_{\beta'\gamma} = \tilde{\Lambda}_{\beta'\gamma}, \tag{7.133}$$

$$\tilde{\Lambda}_{\gamma\alpha'} \circ \Lambda'_{\alpha'\beta'} \circ \tilde{\Lambda}_{\beta'\gamma} \circ \tilde{\Lambda}_{\gamma\alpha'} = \tilde{\Lambda}_{\gamma\alpha'} \tag{7.134}$$

на $\mathscr{U}'_{\alpha'} \cap \mathscr{U}'_{\beta'} \cap \mathscr{U}_\gamma$ *пересечениях.*

Тогда

$$\tilde{\Lambda}_{\alpha'\beta} \circ \Lambda_{\beta\gamma} \circ \Lambda_{\gamma\rho} \circ \tilde{\Lambda}_{\rho\alpha'} \circ \tilde{\Lambda}_{\alpha'\beta} = \tilde{\Lambda}_{\alpha'\beta}, \tag{7.135}$$

$$\Lambda_{\beta\gamma} \circ \Lambda_{\gamma\rho} \circ \tilde{\Lambda}_{\rho\alpha'} \circ \tilde{\Lambda}_{\alpha'\beta} \circ \Lambda_{\beta\gamma} = \Lambda_{\beta\gamma}, \tag{7.136}$$

$$\Lambda_{\gamma\rho} \circ \tilde{\Lambda}_{\rho\alpha'} \circ \tilde{\Lambda}_{\alpha'\beta} \circ \Lambda_{\beta\gamma} \circ \Lambda_{\gamma\rho} = \Lambda_{\gamma\rho}, \tag{7.137}$$

$$\tilde{\Lambda}_{\rho\alpha'} \circ \tilde{\Lambda}_{\alpha'\beta} \circ \Lambda_{\beta\gamma} \circ \Lambda_{\gamma\rho} \circ \tilde{\Lambda}_{\rho\alpha'} = \tilde{\Lambda}_{\rho\alpha'} \tag{7.138}$$

на $\mathscr{U}'_{\alpha'} \cap \mathscr{U}_\beta \cap \mathscr{U}_\gamma \cap \mathscr{U}_\rho$ *и*

$$\Lambda'_{\alpha'\beta'} \circ \tilde{\Lambda}_{\beta'\gamma} \circ \Lambda_{\gamma\rho} \circ \tilde{\Lambda}_{\rho\alpha'} \circ \tilde{\Lambda}_{\alpha\beta'} = \Lambda'_{\alpha'\beta'}, \tag{7.139}$$

$$\tilde{\Lambda}_{\beta'\gamma} \circ \Lambda_{\gamma\rho} \circ \tilde{\Lambda}_{\rho\alpha'} \circ \Lambda'_{\alpha'\beta'} \circ \tilde{\Lambda}_{\beta'\gamma} = \tilde{\Lambda}_{\beta'\gamma}, \tag{7.140}$$

$$\Lambda_{\gamma\rho} \circ \tilde{\Lambda}_{\rho\alpha'} \circ \Lambda'_{\alpha'\beta'} \circ \tilde{\Lambda}_{\beta'\gamma} \circ \Lambda_{\gamma\rho} = \Lambda_{\gamma\rho}, \tag{7.141}$$

$$\tilde{\Lambda}_{\rho\alpha'} \circ \Lambda'_{\alpha'\beta'} \circ \tilde{\Lambda}_{\beta'\gamma} \circ \Lambda_{\gamma\rho} \circ \tilde{\Lambda}_{\rho\alpha'} = \tilde{\Lambda}_{\rho\alpha'} \tag{7.142}$$

на $\mathscr{U}'_{\alpha'} \cap \mathscr{U}'_{\beta'} \cap \mathscr{U}_\gamma \cap \mathscr{U}_\rho$ *и*

$$\Lambda'_{\alpha'\beta'} \circ \Lambda'_{\beta'\gamma'} \circ \tilde{\Lambda}_{\gamma'\rho} \circ \tilde{\Lambda}_{\rho\alpha'} \circ \Lambda'_{\alpha'\beta'} = \Lambda'_{\alpha'\beta'}, \tag{7.143}$$

$$\Lambda'_{\beta'\gamma'} \circ \tilde{\Lambda}_{\gamma'\rho} \circ \tilde{\Lambda}_{\rho\alpha'} \circ \Lambda'_{\alpha'\beta'} \circ \tilde{\Lambda}_{\beta'\gamma} = \tilde{\Lambda}_{\beta'\gamma}, \tag{7.144}$$

$$\tilde{\Lambda}_{\gamma'\rho} \circ \tilde{\Lambda}_{\rho\alpha'} \circ \Lambda'_{\alpha'\beta'} \circ \Lambda'_{\beta'\gamma'} \circ \tilde{\Lambda}_{\gamma'\rho} = \tilde{\Lambda}_{\gamma'\rho}, \tag{7.145}$$

$$\tilde{\Lambda}_{\rho\alpha'} \circ \Lambda'_{\alpha'\beta'} \circ \Lambda'_{\beta'\gamma'} \circ \tilde{\Lambda}_{\gamma'\rho} \circ \tilde{\Lambda}_{\rho\alpha'} = \tilde{\Lambda}_{\rho\alpha'} \tag{7.146}$$

на $\mathscr{U}'_{\alpha'} \cap \mathscr{U}'_{\beta'} \cap \mathscr{U}'_{\gamma'} \cap \mathscr{U}_\rho$.

Доказательство. Конструируем сумму тривиализирующих покрытий $\{\mathscr{U}_\alpha, \lambda_\alpha\}$ и $\{\mathscr{U}'_{\alpha'}, \lambda'_{\alpha'}\}$, а затем используем (7.105)–(7.112). ■

Предложение 7.46. *Функции полуперехода* $\Lambda_{\alpha\beta}$ *и* $\Lambda'_{\alpha'\beta'}$ *рефлексивно находятся в соответствии, если существуют дополнительные рефлексивные отображения* $\tilde{\Lambda}_{\alpha'\beta} : \mathscr{U}'_{\alpha'} \cap \mathscr{U}_\beta$ *и* $\tilde{\Lambda}_{\alpha\beta'} : \mathscr{U}_\alpha \cap \mathscr{U}'_{\beta'}$ *связанные между собой (в дополнение к* (7.127)–(7.128)) *рефлексивными отношениями*

$$\tilde{\Lambda}_{\beta\alpha'} \circ \tilde{\Lambda}_{\alpha'\beta} \circ \tilde{\Lambda}_{\beta\alpha'} = \tilde{\Lambda}_{\beta\alpha'} \tag{7.147}$$

на $\mathscr{U}'_{\alpha'} \cap \mathscr{U}_\beta$ *и*

$$\tilde{\Lambda}_{\beta'\alpha} \circ \tilde{\Lambda}_{\alpha\beta'} \circ \tilde{\Lambda}_{\beta'\alpha} = \tilde{\Lambda}_{\beta'\alpha} \tag{7.148}$$

на $\mathscr{U}_\alpha \cap \mathscr{U}'_{\beta'}$ *пересечениях.*

Рефлексивные функции полуперехода $\Lambda_{\alpha\beta}$ *и* $\Lambda'_{\alpha'\beta'}$ *должны удовлетворять (в дополнение к* (7.129)–(7.146)) *следующим соотношениям рефлексивной согласованности*

$$\tilde{\Lambda}_{\alpha'\gamma} \circ \Lambda_{\gamma\beta} \circ \tilde{\Lambda}_{\beta\alpha'} \circ \tilde{\Lambda}_{\alpha'\gamma} = \tilde{\Lambda}_{\alpha'\gamma}, \tag{7.149}$$

$$\Lambda_{\gamma\beta} \circ \tilde{\Lambda}_{\beta\alpha'} \circ \tilde{\Lambda}_{\alpha'\gamma} \circ \Lambda_{\gamma\beta} = \Lambda_{\gamma\beta}, \tag{7.150}$$

$$\tilde{\Lambda}_{\beta\alpha'} \circ \tilde{\Lambda}_{\alpha'\gamma} \circ \Lambda_{\gamma\beta} \circ \tilde{\Lambda}_{\beta\alpha'} = \tilde{\Lambda}_{\beta\alpha'} \qquad (7.151)$$

на $\mathscr{U}'_{\alpha'} \cap \mathscr{U}_{\beta} \cap \mathscr{U}_{\gamma}$ *и*

$$\tilde{\Lambda}_{\alpha'\gamma} \circ \tilde{\Lambda}_{\gamma\beta'} \circ \Lambda'_{\beta'\alpha'} \circ \tilde{\Lambda}_{\alpha'\gamma} = \tilde{\Lambda}_{\alpha'\gamma}, \qquad (7.152)$$

$$\tilde{\Lambda}_{\gamma\beta'} \circ \Lambda'_{\beta'\alpha'} \circ \tilde{\Lambda}_{\alpha'\gamma} \circ \tilde{\Lambda}_{\gamma\beta'} = \tilde{\Lambda}_{\gamma\beta'}, \qquad (7.153)$$

$$\Lambda'_{\beta'\alpha'} \circ \tilde{\Lambda}_{\alpha'\gamma} \circ \Lambda'_{\gamma\beta'} \circ \Lambda'_{\beta'\alpha'} = \Lambda'_{\beta'\alpha'} \qquad (7.154)$$

на $\mathscr{U}'_{\alpha'} \cap \mathscr{U}'_{\beta'} \cap \mathscr{U}_{\gamma}$ *пересечениях.*

Тогда

$$\tilde{\Lambda}_{\alpha'\rho} \circ \Lambda_{\rho\gamma} \circ \Lambda_{\gamma\beta} \circ \tilde{\Lambda}_{\beta\alpha'} \circ \tilde{\Lambda}_{\alpha'\rho} = \tilde{\Lambda}_{\alpha'\rho}, \qquad (7.155)$$

$$\Lambda_{\rho\gamma} \circ \Lambda_{\gamma\beta} \circ \tilde{\Lambda}_{\beta\alpha'} \circ \tilde{\Lambda}_{\alpha'\rho} \circ \Lambda_{\rho\gamma} = \Lambda_{\rho\gamma}, \qquad (7.156)$$

$$\Lambda_{\gamma\beta} \circ \tilde{\Lambda}_{\beta\alpha'} \circ \tilde{\Lambda}_{\alpha'\rho} \circ \Lambda_{\rho\gamma} \circ \Lambda_{\gamma\beta} = \Lambda_{\gamma\beta}, \qquad (7.157)$$

$$\tilde{\Lambda}_{\beta\alpha'} \circ \tilde{\Lambda}_{\alpha'\rho} \circ \Lambda_{\rho\gamma} \circ \Lambda_{\gamma\beta} \circ \tilde{\Lambda}_{\beta\alpha'} = \tilde{\Lambda}_{\beta\alpha'} \qquad (7.158)$$

на $\mathscr{U}'_{\alpha'} \cap \mathscr{U}_{\beta} \cap \mathscr{U}_{\gamma} \cap \mathscr{U}_{\rho}$ *и*

$$\tilde{\Lambda}_{\alpha'\rho} \circ \Lambda_{\rho\gamma} \circ \tilde{\Lambda}_{\gamma\beta'} \circ \Lambda'_{\beta'\alpha'} \circ \tilde{\Lambda}_{\alpha'\rho} = \tilde{\Lambda}_{\alpha'\rho}, \qquad (7.159)$$

$$\Lambda_{\rho\gamma} \circ \tilde{\Lambda}_{\gamma\beta'} \circ \Lambda'_{\beta'\alpha'} \circ \tilde{\Lambda}_{\alpha'\rho} \circ \Lambda_{\rho\gamma} = \Lambda_{\rho\gamma}, \qquad (7.160)$$

$$\tilde{\Lambda}_{\gamma\beta'} \circ \Lambda'_{\beta'\alpha'} \circ \tilde{\Lambda}_{\alpha'\rho} \circ \Lambda_{\rho\gamma} \circ \tilde{\Lambda}_{\gamma\beta'} = \tilde{\Lambda}_{\gamma\beta'}, \qquad (7.161)$$

$$\Lambda'_{\beta'\alpha'} \circ \tilde{\Lambda}_{\alpha'\rho} \circ \Lambda_{\rho\gamma} \circ \tilde{\Lambda}_{\gamma\beta'} \circ \Lambda'_{\beta'\alpha'} = \Lambda'_{\beta'\alpha'} \qquad (7.162)$$

на $\mathscr{U}'_{\alpha'} \cap \mathscr{U}'_{\beta'} \cap \mathscr{U}_{\gamma} \cap \mathscr{U}_{\rho}$ *и*

$$\tilde{\Lambda}_{\alpha'\rho} \circ \tilde{\Lambda}_{\rho\gamma'} \circ \Lambda'_{\gamma'\beta'} \circ \Lambda'_{\beta'\alpha'} \circ \tilde{\Lambda}_{\alpha'\rho} = \tilde{\Lambda}_{\alpha'\rho}, \qquad (7.163)$$

$$\tilde{\Lambda}_{\rho\gamma'} \circ \Lambda'_{\gamma'\beta'} \circ \Lambda'_{\beta'\alpha'} \circ \tilde{\Lambda}_{\alpha'\rho} \circ \tilde{\Lambda}_{\rho\gamma'} = \tilde{\Lambda}_{\rho\gamma'}, \qquad (7.164)$$

$$\Lambda'_{\gamma'\beta'} \circ \Lambda'_{\beta'\alpha'} \circ \tilde{\Lambda}_{\alpha'\rho} \circ \tilde{\Lambda}_{\rho\gamma'} \circ \Lambda'_{\gamma'\beta'} = \Lambda'_{\gamma'\beta'}, \qquad (7.165)$$

$$\Lambda'_{\beta'\alpha'} \circ \tilde{\Lambda}_{\alpha'\rho} \circ \tilde{\Lambda}_{\rho\gamma'} \circ \Lambda'_{\gamma'\beta'} \circ \Lambda'_{\beta'\alpha'} = \Lambda'_{\beta'\alpha'} \qquad (7.166)$$

на $\mathscr{U}'_{\alpha'} \cap \mathscr{U}'_{\beta'} \cap \mathscr{U}'_{\gamma'} \cap \mathscr{U}_{\rho}$.

Аналогично мы можем определять и исследовать главные и ассоциированные полурасслоения со структурной полугруппой.

7.6. Необратимость и полугомотопии

Здесь мы кратко остановимся на некоторых возможностях расширения понятия гомотопии на необратимые непрерывные отображения [20].

Гомотопия [562, 757, 767, 768] представляет собой непрерывное отображение между двумя отображениями пространств $f : \mathscr{X} \to \mathscr{Y}$ и $g : \mathscr{X} \to \mathscr{Y}$ в пространстве $\boldsymbol{C}(\mathscr{X}, \mathscr{Y})$ отображений $\mathscr{X} \to \mathscr{Y}$ таковых, что $\gamma_{t=0}(x) = f(x)$, $\gamma_{t=1}(x) = g(x)$, $x \in \mathscr{X}$. Отображения $f(x)$ и $g(x)$ называются *гомотопными.* Другими словами [758] гомотопия из $\mathscr{X}$ в $\mathscr{Y}$ представляет собой непрерывную функцию $\gamma : \mathscr{X} \times I \to \mathscr{Y}$, где $I = [0.1]$ единичный интервал. Для заданного $t \in I$ имеются *шаги* $\gamma_t : \mathscr{X} \to \mathscr{Y}$ определяемые, как $\gamma_t(x) = \gamma(x, t)$. Гомотопическое отношение, делящее $\boldsymbol{C}(\mathscr{X}, \mathscr{Y})$ на множество классов эквивалентности $\pi(\mathscr{X}, \mathscr{Y})$, называется *гомотопическими классами,* которые представляют собой множество связных компонент из $\boldsymbol{C}(\mathscr{X}, \mathscr{Y})$. Поэтому для $\pi(\bullet, \mathscr{Y})$ (где $\bullet$ представляет собой точку) гомотопические классы соответствуют связным компонентам $\mathscr{Y}$. Если $\boldsymbol{C}(\mathscr{X}, \mathscr{Y})$ связны, тогда гомотопия между $f(x)$ и $g(x)$ может выбираться как их среднее, т. е.

$$\gamma_t(x) = tf(x) + (1-t)g(x). \qquad (7.167)$$

Два отображения f и g *гомотопически эквивалентны*, если $f \circ g$ и $g \circ f$ гомотопны тождественному отображению. Теперь предположим $\mathscr{X}$ и $\mathscr{Y}$ — супермногообразия в некотором из определений [67, 68, 74, 254] или полусупермногообразие в нашей формулировке (см. **Определение 7.3**), тогда существует возможность расширения понятия гомотопии*) [20]. Идея заключается в том, чтобы расширить определение параметра t. В стандартном случае единичный интервал $I = [0, 1]$ выбирался для простоты, поскольку любые два отрезка на оси вещественных чисел гомеоморфны, и поэтому они топологически эквивалентны [768].

В случае супермногообразий [697, 804, 805], а особенно полусупермногообразий [20] ситуация существенно отличается. Мы имеем три топологически разделенных случая:

1. Параметр $t \in \Lambda_0$ четный и имеет числовую часть, т.е. $\epsilon(t) \neq 0$.

2. Параметр $t \in \Lambda_0$ четный и не имеет числовой части, т.е. $\epsilon(t) = 0$.

3. Параметр $\tau \in \Lambda_1$ нечетный (любой нечетный элемент не имеет числовой части).

Первая возможность может быть сведена стандартному случаю посредством соответствующего гомеоморфизма, и такой t может всегда рассматриваться в единичном интервале $I = [0, 1]$. Однако следующие две возможности топологически не связаны с первой и между собой.

Определение 7.47. *Четная полугомотопия между двумя отображениями полусуперпространств $f : \mathscr{X} \to \mathscr{Y}$ и $g : \mathscr{X} \to \mathscr{Y}$ представляет собой необратимое (в общем случае) отображение $\mathscr{X} \to \mathscr{Y}$, зависящее от нильпотентного четного параметра $t \in \Lambda_0$ без числовой части и двух четных констант $a, b \in \Lambda_0$ без числовой части таких, что*

$$\begin{aligned} \Delta I^{ab} \gamma^{even}_{t=a} &= \Delta I^{ab} f(x), \\ \Delta I^{ab} \gamma^{even}_{t=b} &= \Delta I^{ab} g(x), \end{aligned} \tag{7.168}$$

где

$$\begin{gathered} \gamma^{even}_t(x) = \Gamma^{even}(x, t), \ \Gamma^{even} : \mathscr{X} \times I^{ab} \to \mathscr{Y}, \\ I^{ab} = [a, b], \ \Delta I^{ab} = b - a. \end{gathered} \tag{7.169}$$

Определение 7.48. *Нечетная полугомотопия между двумя отображениями $f : \mathscr{X} \to \mathscr{Y}$ и $g : \mathscr{X} \to \mathscr{Y}$ представляет собой необратимое (в общем случае) отображение $\mathscr{X} \to \mathscr{Y}$, зависящее на нильпотентного нечетного параметра $\tau \in \Lambda_1$ и двух нечетных констант $\mu, \nu \in \Lambda_1$ таких, что*

$$\begin{aligned} \Delta \mathcal{I}^{\alpha\beta} \gamma^{odd}_{\tau=\alpha} &= \Delta \mathcal{I}^{\alpha\beta} f(x), \\ \Delta \mathcal{I}^{\alpha\beta} \gamma^{odd}_{\tau=\beta} &= \Delta \mathcal{I}^{\alpha\beta} g(x), \end{aligned} \tag{7.170}$$

где

$$\begin{gathered} \gamma^{odd}_\tau(x) = \Gamma^{odd}(x, \tau), \Gamma^{odd} : \mathscr{X} \times \mathcal{I}^{\alpha\beta} \to \mathscr{Y}, \\ \mathcal{I}^{\alpha\beta} = [\alpha, \beta], \ \Delta \mathcal{I}^{\alpha\beta} = \beta - \alpha. \end{gathered} \tag{7.171}$$

Замечание **7.49.** В (7.169) и (7.171) величины I^{ab} и $\mathcal{I}^{\alpha\beta}$ не являются отрезками в обычном смысле, так как среди переменных без числовой части нет возможности устанавливить отношение упорядоченности [237, 254, 735], и поэтому ΔI^{ab} и $\Delta \mathcal{I}^{\alpha\beta}$ только формальные обозначения обозначения.

---

*) *Примечание.* Для различных несуперсимметричных обобщений гомотопии см. [801–803].

Тем не менее, мы можем привести пример аналога среднего (7.167) для нечетной полугомотопии

$$(\beta-\alpha)\,\gamma_{\tau}^{odd}(x)=(\beta-\tau)\,f(x)+(\tau-\alpha)\,g(x)\,, \tag{7.172}$$

который может удовлетворять условиям супергладкости.

Замечание **7.50.** В (7.168) и (7.170) нельзя сокращать левую и правую части на I^{ab} и $\mathcal{I}^{\alpha\beta}$ соответственно, потому что решения для полугомотопий γ_t^{even} и γ_{τ}^{odd} рассматриваются как отношения эквивалентности. Это отчетливо видно из (7.172), где деление на $(\beta-\alpha)$ невозможно, тем не менее решение для $\gamma_{\tau}^{odd}(x)$ существует.

Наиболее важное свойство полугомотопий — это их возможная необратимость, которая следует из нильпотентности t и τ и определений (7.168) и (7.170). Поэтому, $\mathscr{Y}$ не может быть супермногообразием, оно может быть только полусупермногообразием [7, 20].

Предположение 7.51. *Полугомотопии играют ту же роль в изучении свойств непрерывности и классификации полусупермногообразий, какую обычные гомотопии играют для обычных многообразий.*

СПИСОК ЛИТЕРАТУРЫ

1. Дуплий С. А. *Полугрупповые методы в суперсимметричных теориях элементарных частиц.* - Харьков: *Докторская диссертация, Харьковский госуниверситет,* math-ph/9910045, 1999. - 483 с.

2. Duplij S. *On semigroup nature of superconformal symmetry* // *J. Math. Phys.* - 1991. - V. **32**. - Г 11. - P. 2959–2965.

3. Duplij S. *On $N = 4$ super Riemann surfaces and superconformal semigroup* // *J. Phys.* - 1991. - V. **A24**. - Г 13. - P. 3167–3179.

4. Duplij S. *Semigroup of $N = 1,2$ superconformal transformations and conformal superfields* // *Acta Phys. Pol.* - 1990. - V. **B21**. - Г 10. - P. 783–811.

5. Duplij S. *Towards gauge principle for semigroups* // *Acta Phys. Pol.* - 1992. - V. **B23**. - Г 7. - P. 733–743.

6. Duplij S. *Some abstract properties of semigroups appearing in superconformal theories* // *Semigroup Forum.* - 1997. - V. **54**. - Г 2. - P. 253–260.

7. Duplij S. *On semi-supermanifolds* // *Pure Math. Appl.* - 1998. - V. **9**. - Г 3-4. - P. 283–310.

8. Duplij S. *Superconformal-like transformations and nonlinear realizations* // *Southwest J. Pure and Appl. Math.* - 1998. - V. **2**. - P. 85–112.

9. Duplij S. *On an alternative supermatrix reduction* // *Lett. Math. Phys.* - 1996. - V. **37**. - Г 3. - P. 385–396.

10. Duplij S. *Noninvertible $N=1$ superanalog of complex structure* // *J. Math. Phys.* - 1997. - V. **38**. - Г 2. - P. 1035–1040.

11. Duplij S. *Supermatrix representations of semigroup bands* // *Pure Math. Appl.* - 1996. - V. **7**. - Г 3-4. - P. 235–261.

12. Duplij S. *On superconformal-like transformations and their nonlinear realization* // *Supersymmetries and Quantum Symmetries.* - Heidelberg: *Springer-Verlag*, 1998. - P. 243–251.

13. Дуплий С. А. *О типах $N = 2$ суперконформных преобразований* // *Теор. мат. физ.* - 1991. - Т. **86**. - Г 1. - С. 138–143.

14. Дуплий С. А. *Идеальное строение суперконформных полугрупп* // *Теор. мат. физ.* - 1996. - Т. **106**. - Г 3. - С. 355–374.

15. Дуплий С. А. *Поиски суперсимметричных партнеров на ускорителях высоких энергий.* **I** // *Пробл. яд. физ. и косм. лучей.* - 1985. - Т. **24**. - С. 82–96.

16. Дуплий С. А. *Поиски суперсимметричных партнеров на ускителях высоких энергий.* **II** // Пробл. яд. физ. и косм. лучей. - 1986. - Т. **26**. - С. 1–22.

17. Дуплий С. А. *Нильпотентная механика и суперсимметрия* // Пробл. яд. физ. и косм. лучей. - 1988. - Т. **30**. - С. 41–49.

18. Дуплий С. А. *Об $N = 2$ суперконформных преобразованиях* // Пробл. яд. физ. и косм. лучей. - 1990. - Т. **33**. - С. 22–38.

19. Дуплий С. А. *Об $N = 1$ суперконформной инвариантности* // Ядерная физика. - 1990. - Т. **52**. - Ѓ 4(10). - С. 1169–1175.

20. Duplij S. *Noninvertibility and "semi-" analogs of (super) manifolds, fiber bundles and homotopies.* - Kaiserslautern: 1996. - 30 p. (*Preprint / Univ. Kaiserslautern*; KL-TH-96/10, q-alg/9609022).

21. Duplij S. *Nonlinear realization of $N = 1$ superconformal-like transformations.* - Kaiserslautern: 1998. - 15 p. (*Preprint / Univ. Kaiserslautern*; KL-TH 98/02).

22. Duplij S. *Ideal structure of superconformal semigroups.* - Kaiserslautern: 1995. - 50 p. (*Preprint / Univ. Kaiserslautern*; KL-TH 95/4, CERN-SCAN-9503192).

23. Duplij S. *Superconformal-like twisting parity morphisms, deformations and odd cocycles* // *Kharkov State University Journal (Vestnik KSU), ser. Nuclei, Particles and Fields.* - 1999. - V. **453**. - Ѓ 3(7). - P. 3–8.

24. Duplij S. *Noninvertibility and additional symmetries on hyperbic superplane* // *Kharkov State University Journal (Vestnik KSU), ser. Nuclei, Particles and Fields.* - 1999. - V. **463**. - Ѓ 4(8). - P. 3–6.

25. Duplij S., Chursin M. *On structure of smooth semisupermanifolds* // *Kharkov State University Journal (Vestnik KSU), ser. Nuclei, Particles and Fields.* - 2000. - V. **481**. - Ѓ 2(10). - P. 22–26.

26. Duplij S., Marcinek W. *Higher regularity properties of mappings and morphisms.* - Wrocław: 2000. - 12 p. (*Preprint / Univ. Wrocław*; IFT UWr 931/00, math-ph/0005033).

27. Duplij S., Marcinek W. *On higher regularity and monoidal categories* // *Kharkov State University Journal (Vestnik KSU), ser. Nuclei, Particles and Fields.* - 2000. - V. **481**. - Ѓ 2(10). - P. 27–30.

28. Duplij S. *On supermatrix idempotent operator semigroups.* - Kharkov: 2000. - 11 p. (*Preprint / Kharkov National Univ.*, math.FA/0006001).

29. Ляпин Е. С. *Полугруппы.* - М.: Физматгиз, 1960. - 562 с.

30. Клиффорд А., Престон Г. *Алгебраическая теория полугрупп.* Т. **1**. - М.: Мир, 1972. - 283 с.

31. Howie J. M. *An Introduction to Semigroup Theory.* - London: *Academic Press*, 1976. - 270 p.

32. Лейтес Д. А. *Теория супермногообразий.* - Петрозаводск: *Карельский филиал АН СССР*, 1983. - 199 с.

33. Березин Ф. А. *Введение в алгебру и анализ с антикоммутирующими переменными.* - М.: *Изд-во МГУ*, 1983. - 208 с.

34. Лейтес Д. А. *Введение в теорию супермногообразий* // *Успехи мат. наук.* - 1980. - Т. **35**. - Г 1. - С. 3–57.

35. Delduc F., Gieres F., Gourmelen S., Theisen S. *Non-standard matrix formats of Lie superalgebras.* - München: 1999. - 19 p. (*Preprint* / *Max-Planck-Inst.*; MPI-PhT/98-94, `math-ph/9901017`).

36. Abramov V., Kerner R., Le Roy B. *Hypersymmetry: a $\mathbb{Z}_3$-graded generalization of supersymmetry* // *J. Math. Phys.* - 1997. - V. **38**. - P. 1650–1669.

37. Le Roy B. *A $\mathbb{Z}_3$-graded generalization of supermatrices* // *J. Math. Phys.* - 1996. - V. **37**. - P. 474–483.

38. Sergeev A. *The center of enveloping algebra for Lie superalgebra $Q(n, \mathbb{C})$* // *Lett. Math. Phys.* - 1983. - V. **7**. - P. 177–179.

39. Shander V. *Invariant functions on supermatrices.* - Stockholm: 1998. - 24 p. (*Preprint* / *Univ. Stockholm*, `math.RT/9810112`).

40. Sergeev A. *The invariant polynomials on simple Lie superalgebras.* - Stockholm: 1998. - 28 p. (*Preprint* / *Univ. Stockholm*, `math.RT/9810111`).

41. Sergeev A. *Orthogonal polynomials and Lie superalgebras.* - Stockholm: 1998. - 7 p. (*Preprint* / *Univ. Stockholm*, `math.RT/9810110`).

42. Sergeev A. *An analog of the classical invariant theory for Lie superlagebras.* - Stockholm: 1998. - 25 p. (*Preprint* / *Univ. Stockholm*, `math.RT/9810113`).

43. Yamada M. *Construction of commutative z-semigroups* // *Proc. Japan Acad.* - 1964. - V. **40**. - P. 94–98.

44. Sergeev A. *An analog of the classical invariant theory for Lie superlagebras.* **II**. - Stockholm: 1999. - 25 p. (*Preprint* / *Univ. Stockholm*, `math.RT/9904079`).

45. Nazarov M. *Yangian of the queer Lie superalgebra.* - York: 1999. - 28 p. (*Preprint* / *Univ. York*, `math.QA/9902146`).

46. Olshanski G. *Quantized universal enveloping superalgebra of type Q and a super-extension of the Hecke algebra* // Lett. Math. Phys. - 1992. - V. **24**. - P. 93–102.

47. Bernstein J., Leites D. *Irreducible representations of type Q, odd trace and odd determinant* // *C. R. Acad. Bulg. Sci.* - 1992. - V. **35**. - Г 3. - P. 285–286.

48. Bernstein J., Leites D. *Linear algebra in superspace* // Seminar on Supermanifolds. - Г 13. - Stockholm: *Univ. Stockholm*, 1987. - P. 158–229.

49. Кобаяси Ш. *Группы преобразований в дифференциальной геометрии.* - М.: *Наука*, 1986. - 223 с.

50. Kawakubo K. *The Theory of Transformation Groups.* - New York: *Clarendon Press*, 1991. - 337 p.

51. Damgaard P. H. *Langevin equations with Grassmann variables* // *Prog. Theor. Phys. Suppl.* - 1993. - V. **111**. - P. 43–52.

52. Grosche C. *Seilberg supertrace formula for super Riemann surfaces, analytic properties of Selberg super Zeta-functions and multiloop contributions for the fermionic string* // *Comm. Math. Phys.* - 1990. - V. **133**. - Г 3. - P. 433–486.

53. Petrie T., Randall J. D. *Transformation Groups on Manifolds.* - New York: *Dekker*, 1984. - 425 p.

54. Guillemin V. *The integrability problem for G-structures* // Trans. *Amer. Math. Soc.* - 1966. - V. **116**. - P. 544–567.

55. Lott J. *Torsion constraints in supergeometry* // *Comm. Math. Phys.* - 1990. - V. **133**. - Г 4. - P. 563–615.

56. Супруненко Д. А. *Группы матриц.* - М.: *Наука*, 1972. - 349 с.

57. Mostow G. D. *On maximal subgroups of real Lie groups* // *Adv. Math.* - 1961. - V. **74**. - Г 3. - P. 503–517.

58. Мерзляков Ю. И. *Рациональные группы.* - М.: *Наука*, 1987. - 448 с.

59. Kelarev A. V., van der Merwe A. B., van Wyk L. *The minimum number of idempotent generators of an upper triangular matrix algebra* // J. *Algebra.* - 1998. - V. **205**. - P. 605–616.

60. Рослый А. А., Худавердян О. М., Шварц А. С. *Суперсимметрия и комплексная геометрия* // Современные проблемы математики. *Итоги науки и техники.* Т. **32**. - М.: *ВИНИТИ*, 1988. - С. 247–284.

61. Rosly A., Schwarz A. *Geometry of $N = 1$ supergravity* // *Comm. Math. Phys.* - 1984. - V. **95**. - Г 1. - P. 161.

62. Schwarz A. S. *Supergravity, complex geometry and G-structures* // *Comm. Math. Phys.* - 1982. - V. **87**. - Г 1. - P. 37–63.

63. Giddings S. B., Nelson P. *The geometry of super Riemann surfaces* // *Comm. Math. Phys.* - 1988. - V. **116**. - Г 4. - P. 607–634.

64. Giddings S. B., Nelson P. *Torsion constraints and super Riemann surfaces* // *Phys. Rev. Lett.* - 1987. - V. **59**. - Г 23. - P. 2619–2622.

65. Kanno H., Myung Y. *Torsion constraints of $(2,0)$ supergravity and line integrals on $N = 2$ super Riemann surfaces* // *Phys. Rev.* - 1989. - V. **40**. - Г 6. - P. 1974–1979.

66. Govindarajan S., Nelson P., Wong E. *Semirigid geometry* // *Comm. Math. Phys.* - 1992. - V. **147**. - Г 2. - P. 253–275.

67. Rogers A. *A global theory of supermanifolds* // *J. Math. Phys.* - 1980. - V. **21**. - Г 5. - P. 1352–1365.

68. Владимиров В. С., Волович И. В. *Суперанализ.* **I**. *Дифференциальное исчисление* // *Теор. мат. физ.* - 1984. - Т. **59**. - Г 1. - С. 3–27.

69. Кон П. *Универсальная алгебра.* - М.: *Мир*, 1968. - 351 с.

70. Биркгоф Г. *Теория структур.* - М.: *ИЛ*, 1952. - 407 с.

71. Грин М., Шварц Д., Виттен Э. *Теория суперструн. Введение.* Т. **1**. - М.: *Мир*, 1990. - 518 с.

72. Mohapatra R. N. *Unification and Supersymmetry: The Frontiers of Quark-lepton Physics.* - Berlin: *Springer-Verlag*, 1986. - 309 p.

73. Грин М., Шварц Д., Виттен Э. *Теория суперструн. Петлевые амплитуды, аномалии и феноменология.* Т. **2**. - М.: *Мир*, 1990. - 656 с.

74. Crane L., Rabin J. M. *Super Riemann surfaces: uniformization and Teichmüller theory // Comm. Math. Phys.* - 1988. - V. **113**. - Ѓ 4. - P. 601–623.

75. Манин Ю. И. *Калибровочные поля и комплексная геометрия.* - М.: *Наука*, 1984. - 335 с.

76. Гантмахер Ф. Р. *Теория матриц.* - М.: *Наука*, 1988. - 548 с.

77. Urrutia L. F., Morales N. *The Cayley-Hamilton theorem for supermatrices // J. Phys.* - 1994. - V. **A27**. - Ѓ 6. - P. 1981–1997.

78. Backhouse N. B., Fellouris A. G. *On the superdeterminant function for supermatrices // J. Phys.* - 1984. - V. **17**. - Ѓ 6. - P. 1389–1395.

79. Hussin V., Nieto L. M. *Supergroups factorizations through matrix realization // J. Math. Phys.* - 1993. - V. **34**. - Ѓ 9. - P. 4199–4220.

80. Backhouse N. B., Fellouris A. G. *Grassmann analogs of classical matrix groups // J. Math. Phys.* - 1985. - V. **26**. - Ѓ 6. - P. 1146–1151.

81. Berenstein D. E., Urrutia L. F. *The relation between the Mandelstam and the Cayley-Hamilton identities // J. Math. Phys.* - 1994. - V. **35**. - P. 1922–1930.

82. Alfaro J., Medina R., Urrutia L. F. *Orthogonality relations and supercharacter formulas of $U(m|n)$ representations // J. Math. Phys.* - 1997. - V. **38**. - P. 5319–5349.

83. Kobayashi Y., Nagamishi S. *Characteristic functions and invariants of supermatrices // J. Math. Phys.* - 1990. - V. **31**. - Ѓ 11. - P. 2726–2730.

84. Urrutia L. F., Morales N. *An extension of the Cayley-Hamilton theorem to the case of supermatrices // Lett. Math. Phys.* - 1994. - V. **32**. - Ѓ 3. - P. 211–219.

85. Jodeit M., Lam T. Y. *Multiplicative maps of matrix semigroups //* Archiv Math. - 1969. - V. **20**. - P. 10–16.

86. Ponizovskii J. S. *On irreducible matrix semigroups //* Semigroup Forum. - 1982. - V. **24**. - P. 117–148.

87. Rhodes J. *Infinite iteration of matrix semigroups* **II** *// J. Algebra.* - 1986. - V. **100**. - P. 25–137.

88. Putcha M. S. *Linear Algebraic Monoids.* - Cambridge: *Cambridge Univ. Press*, 1988.

89. Okniński J. *Semigroup Algebras.* - New York: *Dekker*, 1990. - 245 p.

90. Kelarev A. *A simple matrix semigroup which is not completely simple //* Semigroup Forum. - 1988. - V. **37**. - P. 123–125.

91. Okniński J. *Semigroups of Matrices.* - Singapore: *World Sci.*, 1998. - 453 p.

92. Howie J. M. *Fundamentals of Semigroup Theory.* - Oxford: *Clarendon Press*, 1995. - 362 p.

93. Petrich M. *Inverse Semigroups.* - New York: *Wiley*, 1984. - 214 p.

94. McAlister D. B. *Representations of semigroups by linear transformations.* **1,2** // *Semigroup Forum.* - 1971. - V. **2**. - P. 189–320.

95. Скорняков Л. А. *Обратимые матрицы над дистрибутивными кольцами* // *Сиб. мат. журнал.* - 1986. - Т. **27**. - Г 2. - С. 182–185.

96. Okniński J., Ponizovskii J. S. *A new matrix representation theorem for semigroups* // *Semigroup Forum.* - 1996. - V. **52**. - P. 293–305.

97. Petrich M. *Semigroups and rings of linear transformations.* - Philadelphia: 1969. - 97 p. (*Preprint* / Pennsylvania *State Univ.*; Lectures).

98. Darling R. W. R., Mukherjea A. *Probability measures on semigroups of nonnegative matrices* // The *Analytical* and *Topological* Theory of *Semigroups.* - Berlin: *Walter de Gruyter*, 1990. - P. 361–377.

99. Mukherjea A. *Convergence in distribution of products of random matrices: a semigroup approach* // Trans. *Amer. Math. Soc.* - 1987. - V. **303**. - P. 395–411.

100. Lallement G., Petrich M. *Irreducible matrix representations of finite semigroups* // *Trans. Amer. Math. Soc.* - 1969. - V. **139**. - P. 393–412.

101. Zalstein Y. *Studies in the representation theory of finite semigroups* // Trans. Amer. *Math. Soc.* - 1971. - V. **161**. - P. 71–87.

102. Brown D. R., Friedberg M. *Linear representations of certain compact semigroups* // *Trans. Amer. Math. Soc.* - 1971. - V. **160**. - P. 453–465.

103. Baker J. W., Lashkarizadeh-Bami M. *On the representations of certain idempotent topological semigroups* // Semigroup *Forum.* - 1992. - V. **44**. - P. 245–254.

104. Baker J. W. *Measure algebras on semigroups* // The Analytical and Topological *Theory* of *Semigroups.* - New York: *Walter de Cruyter*, 1990. - P. 221–252.

105. Пяртли С. А. *Псевдонормируемость топологических полугрупповых колец* // *Успехи* мат. *наук.* - 1992. - Т. **47**. - Г 3. - С. 171–172.

106. Ruppert W. *Compact Semitopological Semigroups: An Intrinsic Theory.* - Berlin: *Springer-Verlag*, 1984. - 342 p.

107. Ponizovskii J. S. *On matrix semigroups over a field* $\mathbb{K}$ *conjugate to matrix semigroups over a proper subfield of* $\mathbb{K}$ // Semigroups with *Applications.* - Singapore: *World Sci.*, 1992. - P. 1–5.

108. Ponizovskii J. S. *On a type of matrix semigroups* // Semigroup *Forum.* - 1992. - V. **44**. - P. 125–128.

109. Okniński J. *Linear representations of semigroups* // Monoids and Semigroups with *Applications.* - River Edge: *World Sci.*, 1991. - P. 257–277.

110. Волков Д. В., Акулов В. П. *Об универсальном взаимодействии нейтрино // Письма в ЖЭТФ*. - 1972. - Т. **16**. - Ґ 11. - С. 621–624.

111. Wess J., Zumino B. *Superspace formulation of supergravity // Phys. Lett*. - 1977. - V. **B66**. - Ґ 5. - P. 361–365.

112. Gates S. J., Grisaru M. T., Rocek M., et al. *Superspace*. - Reading: *Benjamin*, 1983.

113. De Witt B. S. *Supermanifolds*. - Cambridge: *Cambridge Univ. Press*, 2nd edition. - 1992. - 407 p.

114. Pestov V. *Ground algebras for superanalysis // Rep. Math. Phys*. - 1991. - V. **29**. - Ґ 3. - P. 275–287.

115. Petrich M. *Introduction to Semigroups*. - Columbus: *Merill*, 1973. - 221 p.

116. Cohen H. *Bands on trees //* Semigroup *Forum*. - 1989. - V. **39**. - Ґ 1. - P. 59–64.

117. Sizer W. S. *Representations of semigroups of idempotents // Czech. Math. J*. - 1980. - V. **30**. - P. 369–375.

118. de Albuquerque L. M. *Some properties of certain semigroups of idempotent elements // Rev. Fac. Ci. Univ. Coimbra*. - 1965. - V. **35**. - P. 21–36.

119. Magill K. D. *Semigroups of functions generated by idempotents //* J. London Math. *Soc*. - 1969. - V. **44**. - P. 236–242.

120. Eberhard C., Williams W., Kinch L. *Idempotent-generated regular semigroups // J. Austr. Math. Soc*. - 1973. - V. **15**. - P. 27–34.

121. Hall T. E. *On the natural ordering of $\mathcal{J}$-classes and of idempotents in a regular semigroup //* Glasgow *Math. J*. - 1970. - V. **11**. - P. 350–352.

122. Cliford A. H. *The partial groupoid of idempotents of regular semigroup //* Semigroup *Forum*. - 1975. - V. **10**. - Ґ 3. - P. 262–268.

123. Dawlings R. J. H. *Products of idempotents in the semigroup of singular endomorphisms of a finite-dimensional space // Proc. Roy. Soc.* Edinburgh. - 1981. - V. **A91**. - Ґ 1. - P. 123–133.

124. Cliff G. H. *Zero divisors and idempotents in group rings // Can. J. Math*. - 1980. - V. **32**. - P. 596–602.

125. Feller E. H., Gantos R. L. *Completely injective semigroups with central idempotents that are unions of groups //* Glasgow *Math. J*. - 1969. - V. **10**. - P. 16–20.

126. Cezus F. A. *Pseudo-idempotents in semigroups of functions // J. Austr. Math. Soc*. - 1974. - V. **18**. - Ґ 2. - P. 182–187.

127. Erdos J. A. *On products of idempotent matrices //* Glasgow *Math. J*. - 1967. - V. **8**. - P. 118–122.

128. Berger M. A. *Central limit theorem for product of random matrices //* Trans. Amer. *Math. Soc*. - 1984. - V. **285**. - P. 777–803.

129. Furstenberg H. *Non-commuting random products //* Trans. Amer. Math. Soc. - 1963. - V. **108**. - P. 377–428.

130. Lajos S. *Generalized ideals in semigroups* // Acta Sci. *Math. Seged.* - 1961. - V. **22**. - Г 1. - P. 217–222.

131. Lajos S. *Bi-ideals in semigroups.* **I**. *A survey* // *Pure Math. Appl.* - 1992. - V. **A2**. - Г 3–4. - P. 215–237.

132. Kuroki N. *Fuzzy generalized bi-ideals in semigroups* // *Inform. Sci.* - 1992. - V. **66**. - Г 3. - P. 235–243.

133. Davies E. B. *One-Parameter Semigroups.* - London: *Academic Press*, 1980. - 230 p.

134. Голдстейн Д. *Полугруппы линейных операторов и их приложений.* - Киев: *Выща школа*, 1989. - 347 с.

135. Clifford A. H., Preston G. B. *The Algebraic Theory of Semigroups.* V. **1** - Providence: *Amer. Math. Soc.*, 1961.

136. Lallement G. *Semigroups and Combinatorial Applications.* - New York: *Willey*, 1979.

137. Higgins P. M. *A semigroup with an epimorphically embedded subband* // *Bull. Amer. Math. Soc.* - 1983. - V. **27**. - P. 231–242.

138. Yang S. J., Barker G. P. *Generalized Green's relations* // *Czech. Math. J.* - 1992. - V. **42**. - Г 2. - P. 211–224.

139. Hall T. *Congruences and Green's relations on regular semigroups* // *Glasgow Math. J.* - 1972. - V. **11**. - P. 167–175.

140. Knizhnik V. G. *Covariant fermionic vertex in superstrings* // *Phys. Lett.* - 1985. - V. **160B**. - P. 403–407.

141. Friedan D., Qiu Z., Shenker S. *Superconformal invariance in two dimensions and the tricritical Ising model* // *Phys. Lett.* - 1985. - V. **151B**. - Г 1. - P. 37–43.

142. Eichenherr H. *Minimal operator algebras in superconformal quantum field theory* // *Phys. Lett.* - 1985. - V. **151B**. - Г 1. - P. 26–30.

143. Книжник В. Г. *Суперконформные алгебры в двух измерениях* // Теор. мат. физ. - 1986. - Т. **66**. - Г 1. - С. 68–72.

144. Neveu A., Schwarz J. H. *Quark model of dual pions* // *Phys. Rev.* - 1971. - V. **D4**. - Г 4. - P. 1109–1111.

145. Кетов С. В. *Введение в квантовую теорию струн и суперструн.* - Новосибирск: *Наука*, 1990. - 368 с.

146. Kaku M. *Introduction to Superstrings.* - Berlin: *Springer-Verlag*, 1988. - 568 p.

147. Kaku M. *String Field Theory, Conformal Fields and Topology.* - Berlin: *Springer-Verlag*, 1991. - 535 p.

148. Филлипов А. Т. *Введение в теорию суперструн.* - Дубна: 1988. - 79 с. (*Препринт / ОИЯИ*; P2-88-188).

149. Scherk J., Schwarz J. H. *Dual model approach to a renormalizable theory of gravitation* // *Superstrings.* V. **1**. - Singapore: *World Sci.*, 1985. - P. 218–222.

150. Schwarz J. H. *The second superstring revolution.* - Pasadena: 1996. - 8 p. (*Preprint / CALTECH*, hep-th/9607067).

151. Schwarz J. H. *String theory symmetries.* - Pasadena: 1995. - 13 p. (*Preprint / CALTECH*, hep-th/9503127).

152. Schwarz J. H., Seiberg N. *String theory, supersymmetry, unification, and all that.* - Princeton: 1998. - 22 p. (*Preprint / Inst. Adv. Study*; IASSNS-HEP-98/27, hep-th/9803179).

153. Schwarz J. H. *Supersymmetry in string theory // Quarks, Symmetries and Strings.* - Singapore: *World Sci.*, 1991. - P. 89–99.

154. Schwarz J. H. *The power of M theory // Phys. Lett.* - 1996. - V. **B367**. - P. 97–103.

155. Kaku M. *Introduction to Superstrings and M-Theory.* - Berlin: *Springer-Verlag*, 1998. - 587 p.

156. Schwarz J. H. *From superstrings to M theory.* - Pasadena: 1998. - 21 p. (*Preprint / CALTECH*; CALT-68-2184, hep-th/9807135).

157. Schwarz J. H. *Superstring dualities // Nucl. Phys. Proc. Suppl.* - 1996. - V. **49**. - P. 183–190.

158. Haack M., Körs B., Lüst D. *Recent developments in string theory: From perturbative dualities to M-theory.* - Berlin: 1999. - 58 p. (*Preprint / Humboldt Univ.*, hep-th/9904033).

159. Li M. *Introduction to M theory.* - Chicago: 1998. - 76 p. (*Preprint / Univ. Chicago*, hep-th/9811019).

160. Townsend P. K. *Four lectures on M-theory.* - Cambridge: 1996. - 55 p. (*Preprint / DAMTP*, hep-th/9612121).

161. Banks T. *Matrix theory.* - Piscataway: 1997. - 72 p. (*Preprint / Rutgers Univ.*; RU-97-76, hep-th/9710231).

162. Duff M. J. *M-Theory (the theory formerly known as strings) // Int. J. Mod. Phys.* - 1996. - V. **A11**. - P. 5623–5642.

163. Fuchs J., Schweigert C. *D-brane conformal field theory.* - Geneva: 1998. - 7 p. (*Preprint / CERN*; CERN-TH/98-17, hep-th/9801190).

164. Dijkgraaf R. *The mathematics of fivebranes.* - Amsterdam: 1998. - 10 p. (*Preprint / Univ. Amsterdam*, hep-th/9810157).

165. Johnson C. V. *Études on D-branes.* - Lexington: 1998. - 56 p. (*Preprint / Univ. Kentucky*; UK/98-19, hep-th/9812196).

166. de Wit B. *Supermembranes and super matrix models.* - Utrecht: 1999. - 41 p. (*Preprint / Inst. Theor. Phys.*; THU-99/05, hep-th/9902051).

167. Chryssomalakos C., de Azcárraga J. A., Izquierdo J. M., Pérez Bueno J. C. *The geometry of branes and extended superspaces.* - Valladolid: 1999. - 34 p. (*Preprint / Univ. de Valladolid*; FTUV-99/20, hep-th/9904137).

168. Kallosh R. *Black holes, branes and superconformal symmetry.* - Stanford: 1999. - 9 p. (*Preprint / Stanford Univ.*; SU-ITP-99/4, hep-th/9901095).

169. Claus P., Derix M., Kallosh R., Kumar J., Townsend P. K., Van Proeyen A. *Black holes and superconformal mechanics.* - Stanford: 1998. - 9 p. (*Preprint / Stanford Univ.*; SU-ITP-98/27, hep-th/9804177).

170. de Azcárraga J. A., Izquierdo J. M., Pérez Bueno J. C., Townsend P. K. *Superconformal mechanics, black holes and non-linear realizations.* - Cambridge: 1998. - 20 p. (*Preprint / DAMTP*; DAMTP-1998-136, hep-th/9810230).

171. Maldacena J. *The large $\mathcal{N}$ limit of superconformal field theories and supergravity.* - Cambridge: 1997. - 20 p. (*Preprint / Harvard Univ.*; HUTP-97/A097, hep-th/9711200).

172. Douglas M. R., Randjbar-Daemi S. *Two lectures on the AdS/CFT correspondence.* - Trieste: 1999. - 21 p. (*Preprint / ICTP*; IC/99/7, hep-th/9902022).

173. Ghezelbash A. M., Khorrami M., Aghamohammadi A. *Logarithmic conformal field theories and AdS correspondence.* - Tehran: 1998. - 9 p. (*Preprint / Alzahra Univ.*, hep-th/9807034).

174. Kallosh R., Van Proeyen A. *Conformal symmetry of supergravities in AdS spaces.* - Leuven: 1998. - 14 p. (*Preprint / Kath. Univ.*; KUL-TF-98/20, hep-th/9804099).

175. D'Hoker E., Freedman D. Z., Skiba W. *Field theory tests for correlators in the AdS/CFT correspondence.* - Cambridge: 1998. - 14 p. (*Preprint / MIT*; MIT-CTP-2756, hep-th/9807098).

176. Witten E. *AdS/CFT correspondence and topological field theory.* - Princeton: 1998. - 33 p. (*Preprint / Inst. Adv. Study*, hep-th/9812012).

177. Elitzur S., Feinerman O., Giveon A., Tsabar D. *String theory on $AdS_3 \times S^3 \times S^3 \times S^1$.* - Jerusalem: 1998. - 12 p. (*Preprint / Hebrew Univ.*; RI-11-98, hep-th/9811245).

178. Aharony O., Oz Y., Yin Z. *M theory on $AdS_p \times S^{11-p}$ and superconformal field theories.* - Piscataway: 1998. - 12 p. (*Preprint / Rutgers Univ.*; RU-98-05, hep-th/9803051).

179. Giveon A., Kutasov D., Seiberg N. *Comments on string theory on AdS_3.* - Princeton: 1998. - 46 p. (*Preprint / Inst. Adv. Study*; IASSNS-HEP-98-52, hep-th/9806194).

180. Leigh R. G., Rozali M. *The large N limit of the (2,0) superconformal field theory.* - Urbana: 1998. - 11 p. (*Preprint / Univ. of Illinois*; ILL-(TH)-98-01, hep-th/9803068).

181. Giddings S. B. *A brief introduction to super Riemann surface theory // Superstrings '88.* - Singapore: World Sci., 1989. - P. 129–158.

182. D'Hoker E., Phong D. H. *A geometry of string perturbation theory // Rev. Mod. Phys.* - 1988. - V. **60**. - Г 4. - P. 917–1065.

183. Rabin J. M. *Super Riemann surfaces // Mathematical Aspects of String Theory.* - Singapore: World Sci., 1987. - P. 345–367.

184. Batchelor M., Bryant P. *Graded Riemann surfaces // Comm. Math. Phys.* - 1988. - V. **114**. - Г 2. - P. 243–255.

185. Rabin J. M. *Supermanifolds and super Riemann surfaces // Super Field Theories.* - New York: *Plenum Press*, 1987. - P. 557–569.

186. Rabin J. M., Topiwala P. *Super Riemann surfaces are algebraic curves.* - San Diego: 1988. - 32 p. (*Preprint / Univ. California*).

187. D'Hoker E., Phong D. H. *Superstrings, super Riemann surfaces and supermoduli space.* - Los Angeles: 1989. - 25 p. (*Preprint / Univ. California*; UCLA/89/TEP/32).

188. Bershadsky M. *Super-Riemann surfaces, loop measure, etc... // Nucl. Phys.* - 1988. - V. **B310**. - Ѓ 1. - P. 79–100.

189. D'Hoker E., Phong D. H. *On determinants of Laplacians on Riemann surfaces // Comm. Math. Phys.* - 1986. - V. **104**. - P. 537–576.

190. Книжник В. Г. *Многопетлевые амплитуды в теории квантовых струн и комплексная геометрия* // Успехи физ. наук. - 1989. - Т. **159**. - Ѓ 3. - С. 401–454.

191. Baranov A. M., Schwarz A. S. *On the multiloop contribution to the string theory // Int. J. Mod. Phys.* - 1987. - V. **A2**. - Ѓ 6. - P. 1773.

192. Knizhnik V. G. *Multiloop Amplitudes in the Theory of Quantum Strings and Complex Geometry.* - London: *Harwood Academic*, 1989. - 78 p.

193. Морозов А. Ю. *Двухпетлевая суперструнная статистическая сумма* // Ядерная физика. - 1988. - Т. **48**. - Ѓ 3. - С. 869–885.

194. Баранов М. А., Манин Ю. И., Фролов И. В., Шварц А. С. *Многопетлевой вклад в фермионной струне* // Ядерная физика. - 1986. - Т. **43**. - Ѓ 4. - С. 1053–1056.

195. Баранов А. М., Шварц А. С. *О многопетлевом вкладе в теорию струны // Письма в ЖЭТФ.* - 1985. - Т. **42**. - С. 419–422.

196. Manin Y. I. *Neveu-Schwarz scheaves and differential equations for Mamford superforms // J. Geom.* and *Phys.* - 1988. - V. **5**. - Ѓ 2. - P. 161–181.

197. Polyakov A. M. *Quantum geometry of bosonic string // Phys. Lett.* - 1981. - V. **B103**. - Ѓ 2-3. - P. 207–211.

198. Polyakov A. M. *Quantum geometry of fermionic string // Phys. Lett.* - 1981. - V. **B103**. - Ѓ 2-3. - P. 211–214.

199. Knizhnik V. G. *Covariant superstring fermion amplitudes from the sum over fermionic surfaces // Phys. Lett.* - 1986. - V. **B178**. - Ѓ 1. - P. 21–27.

200. Belavin A., Knizhnik V. *Algebraic geometry and the geometry of quantum strings // Phys. Lett.* - 1986. - V. **B168**. - P. 201–206.

201. Friedan D., Martinec E., Shenker S. *Conformal invariance, supersymmetry and string theory // Nucl. Phys.* - 1986. - V. **B271**. - Ѓ 1. - P. 93–165.

202. Aoki K. *Conformal field theory on super Riemann surfaces.* - Princeton: 1989. - 78 p. (*Preprint / Princeton Univ.*; Ph.D.Thesis).

203. Martinec E. *Conformal field theory on a (super)-Riemann surface // Nucl. Phys.* - 1987. - V. **B281**. - Ѓ 1-2. - P. 157–210.

204. Sonoda H. *Simple superconformal field theories in two dimensions* // Nucl. Phys. - 1988. - V. **B302**. - Ѓ 1. - P. 104–122.

205. Баранов М. А., Фролов И. В., Шварц А. С. *Геометрия двумерных суперконформных теорий поля* // Теор. мат. физ. - 1987. - Т. **70**. - Ѓ 1. - С. 92–103.

206. Баранов М. А., Фролов И. В., Шварц А. С. *Геометрия суперконформного пространства модулей* // Теор. мат. физ. - 1989. - Т. **79**. - Ѓ 2. - С. 241–252.

207. Rosly A. A., Schwarz A. S., Voronov A. A. *Geometry of superconformal manifolds* // Comm. Math. Phys. - 1988. - V. **119**. - Ѓ 1. - P. 129–152.

208. Rosly A. A., Schwarz A. S., Voronov A. A. *Superconformal geometry and string theory* // Comm. Math. Phys. - 1989. - V. **120**. - Ѓ 3. - P. 437–450.

209. Левин А. М., Спокойный Б. Л. *Суперконформная геометрия и теория фермионных струн.* - Черноголовка, М.: 1987. - 46 с. (*Препринт* / Инст. теор. физ.).

210. Манин Ю. И. *Критические размерности струнных теорий и дуализирующий пучок в пространстве модулей (супер)кривых* // Функц. анализ и его прил. - 1986. - Т. **20**. - Ѓ 3. - С. 88–89.

211. Schwarz A. S. *Fermionic string and universal moduli space* // Nucl. Phys. - 1989. - V. **B317**. - Ѓ 2. - P. 323–343.

212. Miki K. *Fermionic strings: zero modes and supermoduli* // Nucl. Phys. - 1987. - V. **B291**. - Ѓ 2. - P. 349–368.

213. Penkava M., Schwarz A. *A_∞ algebras and the cohomology of moduli spaces.* - Davis: 1994. - 17 p. (*Preprint* / Univ. California, hep-th/9408064).

214. Ferrara S. *Recent issues on the moduli space of 2-d superconformal field theories* // Nucl. Phys. Proc. Suppl. - 1989. - V. **11**. - P. 342–349.

215. D'Hoker E., Phong D. H. *Superholomorphic anomalies and supermoduli space* // Nucl. Phys. - 1987. - V. **B292**. - Ѓ 2. - P. 317–329.

216. Hodgkin L. *Super Teichmüller spaces: punctures and elliptic points* // Lett. Math. Phys. - 1988. - V. **15**. - P. 159–163.

217. Натанзон С. М. *Пространства модулей суперримановых поверхностей* // Мат. заметки. - 1989. - Т. **45**. - Ѓ 4. - С. 111–116.

218. Cohn J. D. *Modular geometry of superconformal field theory* // Nucl. Phys. - 1988. - V. **B306**. - Ѓ 2. - P. 239–270.

219. Hodgkin L. *A direct calculation of super-Teichmüller space* // Lett. Math. Phys. - 1987. - V. **14**. - P. 47–53.

220. Martellini M., Teofilatto P. *Global structure of the superstring partition function and resolution of the supermoduli measure ambiguity* // Phys. Lett. - 1988. - V. **B211**. - Ѓ 3. - P. 293–300.

221. Falqui G., Reina C. *Supermoduli and superstrings.* - Trieste: 1988. - 22 p. (*Preprint* / SISSA; S.I.S.S.A. 169 FM).

222. Atick J. J., Rabin J. M., Sen A. *An ambiguity in fermionic string perturbation theory // Nucl. Phys.* - 1988. - V. **B299**. - P. 279–287.

223. Hodgkin L. *Problems of fields on super Riemann surfaces // J. Geom. and Phys.* - 1989. - V. **6**. - Г 3. - P. 333–338.

224. Rabin J. M. *Old and new fields on super Riemann surfaces // Class. Q. Grav.* - 1996. - V. **13**. - P. 875–880.

225. Rogers A., Langer M. *New fields on super Riemann surfaces // Class. Q. Grav.* - 1994. - V. **11**. - P. 2619–2626.

226. Danilov G. S. *Unimodular transformations of the supermanifolds and the calculation of the multi-loop amplitudes in the superstring theory // Nucl. Phys.* - 1996. - V. **B463**. - P. 443–488.

227. Danilov G. S. *The calculation of Feynman diagrams in the superstring perturbation theory // Phys. Rev.* - 1995. - V. **D51**. - P. 4359–4386.

228. Danilov G. S. *Finiteness of multi-loop superstring amplitudes.* - St.-Petersburg: 1998. - 15 p. (*Preprint / Nucl. Phys. Inst.*, hep-th/9801013).

229. Giddings S. B., Nelson P. *Line bundles on super Riemann surfaces // Comm. Math. Phys.* - 1988. - V. **118**. - P. 289–302.

230. Rabin J. M. *Status of the algebraic approach to super Riemann surfaces // Physics and Geometry.* - New York: *Plenum Press*, 1991. - P. 653–668.

231. Matsuzaki K., Taniguchi M. *Hyperbolic Manifolds and Kleinian Groups.* - Oxford: *Clarendon Press*, 1998. - 272 p.

232. Натанзон С. М. *Топологический тип и модули римановых и клейновых суперповерхностей // Исследования по топологии.* Зап. науч. семин. ЛОМИ. Т. **167**. - Ленинград: *Наука*, 1988. - С. 179–185.

233. Натанзон С. М. *Супернакрытия, SNEC-группы и внутренние группы римановых и клейновых суперповерхностей // Успехи мат. наук.* - 1990. - Т. **45**. - Г 2. - С. 217–218.

234. Натанзон С. М. *Клейновы суперповерхности // Мат. заметки.* - 1990. - Т. **48**. - Г 2. - С. 72–82.

235. Натанзон С. М. *Клейновы поверхности // Успехи мат. наук.* - 1990. - Т. **45**. - Г 6. - С. 47–90.

236. Хренников А. Ю. *Суперанализ.* - М.: *Наука*, 1997. - 304 с.

237. Rabin J. M., Crane L. *How different are the supermanifolds of Rogers and DeWitt? // Comm. Math. Phys.* - 1985. - V. **102**. - Г 1. - P. 123–137.

238. Rabin J. M., Crane L. *Global properties of supermanifolds // Comm. Math. Phys.* - 1985. - V. **100**. - Г 2. - P. 141–160.

239. Bruzzo U. *Geometry of rigid supersymmetry // Hadronic J.* - 1986. - V. **9**. - Г 1. - P. 25–30.

240. Vandyk M. A. *Space-time symmetries in the theory of supergravity, 4: Comparison between space-time and superspace formalisms // Gen. Rel. Grav.* - 1990. - V. **22**. - Г 11. - P. 1259–1270.

241. Delbourgo R., Hart W., Kenny B. G. *Dependence of universal constants upon multiplication period in nonlinear maps.* - Hobart: 1984. - 10 p. (*Preprint / Univ. Tasmania*).

242. Lambert D., Kibler M. *An algebraic and geometric approach to non-bijective quadratic transformations // J. Phys.* - 1988. - V. **A21**. - Г 2. - P. 307–343.

243. Tabunschyk K. V. *The Hamilton-Jakobi method for the classical mechanics in Grassmann algebra.* - Lviv: 1998. - 10 p. (*Preprint / Inst. Cond. Matter Phys.*; ICMP-98-22E, hep-th/9811020).

244. Акулов В. П., Дуплий С. А. *Квазиклассическое квантование в суперсимметричной квантовой механике // Укр. физ. журнал.* - 1988. - Т. **33**. - Г 2. - С. 309–311.

245. Manton N. S. *Deconstructing supersymmetry.* - Cambridge: 1998. - 19 p. (*Preprint / Univ. Cambridge*; DAMTP 1998-39, hep-th/9806077).

246. Akulov V. P., Duplij S. *Nilpotent marsh and SUSY QM.* - New York: 1998. - 8 p. (*Preprint / City Coll. of City Univ.*, hep-th/9809089).

247. Громов Н. А. *Контракция и аналитические продолжения классических групп. Единый подход.* - Сыктывкар: *Уральское отделение АН СССР*, 1990. - 220 с.

248. Gromov N. A. *Contraction of algebraical structures and different couplings of Cayley-Klein and Hopf structures // Group Theory in Physics.* - Edirne: *Turkish Journal of Physics, Vol. 21, No. 3*, 1995. - P. 113–119.

249. Ballesteros A., Gromov N. A., Herranz F. J., del Olmo M. A., Santander M. *Lie bialgebra contractions and quantum deformations of quasiorthogonal algebras // J. Math. Phys.* - 1995. - V. **36**. - P. 5916–5937.

250. Barbaro M. B., Molinari A., Palumbo F. *Bosonization and even Grassmann variables // Nucl. Phys.* - 1997. - V. **B487**. - P. 492–511.

251. Palumbo F. *Nilpotent commuting scalar fields and random walk // Phys. Lett.* - 1994. - V. **B328**. - P. 79–83.

252. Palumbo F. *Nilpotent commuting fields // Nucl. Phys. Proc. Suppl.* - 1994. - V. **34**. - P. 522–531.

253. Palumbo F. ϕ^4 *theory with even elements of a Grassmann algebra // Phys. Rev.* - 1994. - V. **D50**. - P. 2826–2829.

254. Bryant P. *Global properties of supermanifolds and their bodies // Math. Proc. Cambridge Phil. Soc.* - 1990. - V. **107**. - Г 5. - P. 501–523.

255. Гальперин А., Иванов Е., Огиевецкий В. *Грассманова аналитичность и расширение суперсимметрии // Письма в ЖЭТФ.* - 1981. - Т. **33**. - Г 3. - С. 176–181.

256. Pestov V. *Interpreting superanalycity in terms of convergent series // Class. Q. Grav.* - 1989. - V. **6**. - Г 8. - P. L145–L149.

257. Pestov V. *Soul expansion of G^∞ superfunctions* // J. Math. Phys. - 1993. - V. **34**. - Г 7. - P. 3316–3323.

258. Иващук В. Д. *Обратимость элементов в бесконечномерных банаховых алгебрах Грассмана* // Теор. мат. физ. - 1990. - Т. **84**. - Г 1. - С. 13–22.

259. Pestov V. *A contribution to nonstandard superanalysis* // J. Math. Phys. - 1992. - V. **33**. - Г 10. - P. 3263–3273.

260. Leites D., Peiqi X. *Supersymmetry of the Schrödinger and Korteweg-de Vries operators*. - Stockholm: 1997. - **15** p. (*Preprint* / *Univ. Stockholm*, hep-th/9710045).

261. Hsiang W. H. *Invertibility and monotonicity on function systems* // An. Inst. Math. Univ. Nac. Aut. Mexico. - 1988. - V. **28**. - P. 27–45.

262. Magill K. D. *Recent results and open problems in semigroups of continuous selfmaps* // Russian Math. Surv. - 1980. - V. **35**. - Г 1. - P. 91–97.

263. Schein B. M. *Relation algebras and function semigroups* // Semigroup Forum. - 1970. - V. **1**. - Г 1. - P. 1–62.

264. Когаловский С. Р. *О мультипликативных полугруппах колец* // Теория полугрупп и ее приложения. - Саратов: Изд-во Саратовского университета, 1965. - С. 251–261.

265. Gilmer R. *Multiplicative Ideal Theory*. - New York: Dekker, 1972.

266. Császár A., Thümmel E. *Multiplicative semigroups of continuous mappings* // Acta Math. Hung. - 1990. - V. **56**. - Г 3-4. - P. 189–204.

267. Hiley D. M., Wilson M. C. *Associative algebras satisfying a semigroup identity*. - Tuscaloosa: 1998. - **11** p. (*Preprint* / *Univ. Alabama*, math.RA/9802039).

268. Eremenko A. *On the characterization of a riemann surface by its semigroup of endomorphisms* // Trans. Amer. Math. Soc. - 1993. - V. **338**. - Г 1. - P. 123–131.

269. Hinkkanen A. *Functions conjugating to entire functions and semigroups of analytic endomorphisms* // Complex Variables Theory Appl. - 1992. - V. **18**. - Г 3–4. - P. 149–154.

270. Неретин Ю. А. *Голоморное расширение представлений группы диффеоморфизмов* // Мат. сборник. - 1989. - Т. **180**. - Г 5. - С. 635–657.

271. Неретин А. Ю. *О комплексной полугруппе, содержащей группу диффеоморфизмов окружности* // Функц. анализ и его прил. - 1987. - Т. **21**. - Г 2. - С. 82–83.

272. Magill K. D. *On restrictive semigroups of continuous functions* // Fund. Math. - 1971. - V. **71**. - P. 131–137.

273. Magill K. D. *Restrictive semigroups of closed functions* // Can. J. Math. - 1968. - V. **20**. - P. 1215–1229.

274. Вечтомов Е. М. *О полугруппах непрерывных частичных функций на топологических пространствах* // Успехи мат. наук. - 1990. - Т. **45**. - Г 4. - С. 143–144.

275. Jadczyk A., Pilch K. *Superspaces and supersymmetries* // Comm. Math. Phys. - 1981. - V. **78**. - P. 373–390.

276. Magill K. D. *A survey of semigroups of continuous selfmaps* // Semigroup Forum. - 1975. - V. **11**. - Г 1. - P. 1–189.

277. Putcha M. S. *Matrix semigroups* // Proc. Amer. Math. Soc. - 1983. - V. **88**. - P. 386–390.

278. Distler J., Nelson P. *Semirigid supergravity* // Phys. Rev. Lett. - 1991. - V. **66**. - Г 15. - P. 1955–1959.

279. Nelson P. *Holomorphic coordinates for supermoduli space* // Comm. Math. Phys. - 1988. - V. **115**. - Г 1. - P. 167–175.

280. де Рам Ж. *Дифференцируемые многообразия.* - М.: *ИЛ*, 1956. - 250 с.

281. Teofilatto P. *Line bundles and divisors on a super Riemann surface* // Lett. Math. Phys. - 1987. - V. **14**. - P. 271–277.

282. Левин А. М. *Суперсимметричные эллиптические кривые* // Функц. анализ и его прил. - 1987. - Т. **21**. - Г 3. - С. 83–84.

283. Schwarz A. S. *Superanalogs of symplectic and contact geometry and their applications to quantum field theory.* - Davis: 1994. - 17 p. (*Preprint / Univ. California*; UC Davis-94-06-01, hep-th-9406120).

284. Kobayashi S. *Transformation groups in differential geometry.* - Berlin: *Springer-Verlag*, 1972. - 276 p.

285. D'Ambra G., Gromov M. *Lectures on transformation groups: geometry and dynamics* // *Surveys in Differential Geometry.* - Bethlehem: *Lehigh University*, 1991. - P. 19–111.

286. Howe P. *Super Weil transformations in two dimensions* // J. Phys. - 1979. - V. **A12**. - P. 393–401.

287. Howe P. *Supergeometry in superspace* // Nucl. Phys. - 1982. - V. **B199**. - P. 309–324.

288. Howe P. S., Papadopoulos G. *$N = 2$, $D = 2$ supergeometry* // Class. Q. Grav. - 1987. - V. **4**. - Г 1. - P. 11–21.

289. Abraham E. R., Howe P. S., Townsend P. K. *Spacetime versus world-surface conformal invariance for particles, strings and membranes* // Class. Q. Grav. - 1989. - V. **6**. - Г 11. - P. 1541–1546.

290. Howe P. S., Sezgin E., West P. C. *Aspects of superembeddings* // Supersymmetry and *Quantum Field Theory.* - Heidelberg: *Springer-Verlag*, 1998. - P. 65–79.

291. Adawi T., Cederwall M., Gran U., Holm M., Nilsson B. E. W. *Superembeddings, non-linear supersymmetry and 5-branes.* - Göteborg: 1997. - 28 p. (*Preprint / Chalmers Univ. Tech.*; Göteborg-ITP-97-15, hep-th/9711203).

292. Magill K. D. *Homomorphic images of restrictive star semigroups* // Glasgow Math. J. - 1970. - V. **11**. - Г 1. - P. 59–71.

293. Heath J. *2-to-1 maps with hereditarily indecomposable images* // Proc. Amer. Math. Soc. - 1991. - V. **113**. - Г 3. - P. 839–846.

294. Hu P. *Holomorphic mappings between spaces of different dimensions.* **I.** // Math. Z. - 1993. - V. **214**. - P. 567–577.

295. Mendes Lopes M., Pardini R. *Triple canonical surfaces of minimal degree.* - Lisboa: 1998. - 37 p. (*Preprint / Univ. de Lisboa*, math.AG/9807006).

296. Kulikov V. S. *Jacobian conjecture and nilpotent mappings.* - Moscow: 1998. - 10 p. (*Preprint / Steklov Math. Inst.*, math.AG/9803143).

297. Cohn J. D. $N = 2$ *super Riemann surfaces* // Nucl. Phys. - 1987. - V. **B284**. - Г 2. - P. 349–364.

298. Schoutens K. $O(N)$*-extended superconformal field theory in superspace* // Nucl. Phys. - 1988. - V. **B295**. - Г 4. - P. 634–652.

299. Gieres F., Gourmelen S. $d = 2$, $N = 2$ *superconformally covariant operators and super* W*-algebras* // J. Math. Phys. - 1998. - V. **39**. - Г 6. - P. 3453–3475.

300. Saidi E. H., Zakkari M. *Integral representation of the* $N = 4$ *conformal anomaly* // Int. J. Mod. Phys. - 1991. - V. **6**. - Г 17. - P. 2999–3029.

301. Falqui G., Reina C. $N = 2$ *super Riemann surfaces and algebraic geometry* // J. Math. Phys. - 1990. - V. **31**. - Г 4. - P. 948–952.

302. Friedan D. *Notes on string theory and two dimensional conformal field theory* // Unified String Theories. - Singapore: World Sci., 1986. - P. 118–149.

303. Berkovits N. *Supersheet functional integration and the calculation of N.S.R. scattering amplitudes involving arbitraly many external Ramond string.* - Chicago: 1988. - 17 p. (*Preprint / Enrico Fermi Inst.*; EFI 88-87).

304. Berkovits N. *A super Koba-Nielsen formula for the scattering of two massless Ramond fermions with* $N = 2$ *massless Neveu-Schwarz bosons* // Phys. Lett. - 1989. - V. **B219**. - P. 278–284.

305. Berkovits N. *Supersheet functional integration integration and the integracting Neveu-Schwarz string* // Nucl. Phys. - 1988. - V. **B304**. - Г 3. - P. 537–556.

306. Higgins P. M. *Techniques of Semigroup Theory.* - Oxford: Oxford University Press, 1992. - 254 p.

307. Grillet P.-A. *Semigroups. An Introduction to the Structure Theory.* - New York: Dekker, 1995. - 416 p.

308. Teofilatto P. *Discrete supergroups and super Riemann surfaces* // J. Math. Phys. - 1988. - V. **29**. - Г 11. - P. 2389–2396.

309. Aizenstat A. J. *On endomorphism semigroups with the only main ideal chain* // Russian Math. Surv. - 1963. - V. **4**. - Г 2. - P. 12–17.

310. Magill K. D., Subbiah S. *Semigroups whose regular* $\mathcal{J}$*-classes form well-ordered chains* // Semigroup Forum. - 1981. - V. **22**. - P. 89–91.

311. Jones P. R. *Inverse semigroups whose full inverse subsemigroups form a chain* // *Glasgow Math. J.* - 1981. - V. **22**. - Г 2. - P. 159–165.

312. Munn W. D. *Nil ideals in inverse semigroup algebras* // J. London Math. Soc. - 1987. - V. **35**. - P. 433–438.

313. Shevrin L. N. *Nilsemigroups with certain finiteness conditions* // Math. Sbornik. - 1961. - V. **55**. - Г 4. - P. 473–480.

314. Grillet P. A. *Nilsemigroups on trees* // Semigroup Forum. - 1991. - V. **43**. - P. 187–201.

315. Grillet P. A. *Stratified semigroups* // Semigroup Forum. - 1995. - V. **50**. - Г 1. - P. 25–36.

316. Sullivan R. P. *Semigroups generated by nilpotent transformations* // J. Algebra. - 1987. - V. **110**. - Г 2. - P. 324–343.

317. Grillet P.-A. *The commutative cohomology of nilsemigroups* // J. Pure Appl. Algebra. - 1992. - V. **82**. - Г 3. - P. 233–251.

318. Shevrin L. N. *On two longstanding problems concerning nilsemigroups* // Semigroups *With Applications.* - River Edge: World Sci., 1992. - P. 222–235.

319. Grillet P. A. *A construction of finite commutative nilsemigroups* // Commun. Algebra. - 1991. - V. **19**. - Г 11. - P. 3145–3172.

320. Sullivan R. P. *Continuous nilpotents on topological spaces* // J. Austr. Math. Soc. - 1987. - V. **A43**. - Г 1. - P. 127–136.

321. Almeida J. *On direct product decompositions of finite $\mathcal{J}$-trivial semigroups* // Int. J. Algebra Comput. - 1991. - V. **1**. - Г 3. - P. 329–337.

322. Grillet P. A., Petrich M. *Ideal extensions of semigroups* // Pacific J. Math. - 1968. - V. **26**. - P. 493–508.

323. Bogdanović S., Ćirić M. *Retractive nil-extensions of regular semigroups.* **2** // Proc. Japan Acad. - 1992. - V. **A68**. - Г 6. - P. 126–130.

324. Wang L. M. *Ideal nil-extentions of semigroups with semimodular congruence lattices* // Semigroup Forum. - 1993. - V. **47**. - P. 353–358.

325. Clifford A. H. *Remarks on 0-minimal quasi-ideals in semigroups* // Semigroup Forum. - 1978. - V. **16**. - Г 2. - P. 183–196.

326. Steinfeld O. *Quasi-ideals in Rings and Semigroups.* - Budapest: Akadémiai Kiado, 1978.

327. Steinfeld O., Thang T. T. *Remarks on canonical quasi-ideals in semigroups* // Beitrage Alg. Geom. - 1988. - V. **26**. - P. 127–135.

328. Catino F. *On bi-ideals in eventually regular semigroups* // Riv. Mat. Pure Appl. - 1989. - V. **4**. - P. 89–92.

329. Miccoli M. M. *Bi-ideals in orthodox semigroups* // Note Mat. - 1987. - V. **7**. - Г 1. - P. 83–89.

330. Hmelnitsky I. L. *On semigroups with the idealizer condition* // Semigroup Forum. - 1985. - V. **32**. - P. 135–144.

331. Long D. Y. *A necessary and sufficient condition for the Shevrin problem* // Chinese *Ann. Math.* - 1992. - V. **A13**. - Γ 3. - P. 360–363.

332. Shevrin L. N., Prosvirov A. S. *Semigroups with isotone idealizer function* // Trans. *Moscow Math. Soc.* - 1973. - V. **29**. - P. 235–246.

333. Huckaba J. A. *Commutative Rings with Zero Divisors.* - New York: *Dekker*, 1988.

334. Visweswaran S. *A note on universally zero-divisor ring* // *Bull. Austr. Math. Soc.* - 1991. - V. **43**. - Γ 2. - P. 233–240.

335. Abrhan I. *Note on the set of nilpotent elements and on redicals of semigroups* // *Mat. Gasopis Sloven. Akad. Vied.* - 1971. - V. **21**. - P. 124–130.

336. Garba G. U. *Nilpotents in semigroups of partial one-to-one transformations* // Semi*group Forum.* - 1994. - V. **48**. - Γ 1. - P. 37–49.

337. Gomes G. M. S., Howie J. M. *Nilpotents in finite symmetric inverse semigroups* // *Proc. Edinburgh Math. Soc.* - 1987. - V. **30**. - Γ 3. - P. 383–395.

338. King D. R. *The component groups of nilpotents in exceptional simple Lie algebras* // *Commun. Algebra.* - 1992. - V. **20**. - Γ 1. - P. 219–284.

339. Howie J. M. *Embeddingsemigroupsin nilpotent-generated semigroups* // *Math. Slovaca.* - 1989. - V. **39**. - Γ 1. - P. 47–54.

340. Giri R. D., Wazalwar A. K. *Prime ideals and prime radicals in noncommutative semigroups* // *Kyungpook Math. J.* - 1993. - V. **33**. - Γ 1. - P. 37–48.

341. Levi I. *Green's relations on G-normal semigroups.* - Louisville: 1992. - 15 p. (*Preprint / Univ. Louisvile*).

342. Levi I., Seif S. *On congruences of G-normal semigroups* // Semigroup Forum. - 1991. - V. **43**. - P. 93–113.

343. Levi I. *Normal sets and their order-automorphisms* // *Note Mat.* - 1987. - V. **7**. - P. 159–166.

344. Levi I. *Order-automorphisms of normal subsets of a power set* // *Discr. Math.* - 1987. - V. **66**. - P. 139–155.

345. Schein B. M. *Cosets in groups and semigroups* // *Semigroups With Applications.* - River Edge: *World Sci.*, 1992. - P. 205–221.

346. Levi I. *Normal semigroups of one-to-one transformations* // *Proc. Edinburgh Math. Soc.* - 1991. - V. **34**. - P. 65–76.

347. Symons J. S. V. *Normal transformation semigroups* // *J. Austr. Math. Soc.* - 1976. - V. **A22**. - P. 385–390.

348. Levi I. *Automorphisms of normal partial transformation semigroups* // Glasgow *Math. J.* - 1987. - V. **29**. - P. 149–157.

349. Levi I., Williams W. *Normal semigroups of partial one-to-one transformations,* **2** // Semigroup Forum. - 1991. - V. **43**. - P. 344–356.

350. Meakin J. *The partially ordered set of* $\mathcal{J}$*-classes of a semigroup* // J. London Math. Soc. - 1980. - V. **21**. - P. 244–256.

351. Petrich M. *The translational hull in semigroups and rings* // Semigroup Forum. - 1970. - V. **1**. - P. 293–360.

352. Ault J. *Translational hull of an inverse semigroup* // Glasgow Math. J. - 1973. - V. **14**. - P. 56–64.

353. Anderson L., Hunter R., Koch R. *Some results on stability in semigroups* // Trans. Amer. Math. Soc. - 1965. - V. **117**. - P. 521–529.

354. Штерн А. И. *Квазипредставления и псевдопредставления* // Функц. анализ и его прил. - 1991. - Т. **25**. - Ѓ 2. - С. 70–73.

355. Файзиев В. А. *О псевдохарактерах свободной полугруппы, инвариантных относительно ее эндоморфизмов* // Успехи мат. наук. - 1992. - Т. **47**. - Ѓ 2. - С. 205–206.

356. Файзиев В. А. *О псевдохарактерах, инвариантных относительно эндоморфизмов полугрупп* // ДАН Тадж. ССР. Сер. Математика. - 1988. - Т. **31**. - Ѓ 9. - С. 567–569.

357. Anderson J. *Characters of commutative semigroups.* **1** // Math. Sem. Notes. - 1979. - V. **7**. - Ѓ 2. - P. 301–308.

358. Comfort W. W., Hill P. *On extending nonvanishing semicharacters* // Proc. Amer. Math. Soc. - 1966. - V. **17**. - P. 936–941.

359. Ross K. A. *Extending characters on semigroups* // Proc. Amer. Math. Soc. - 1961. - V. **12**. - P. 15.

360. Brown D. R., Friedberg M. *A new notion of semicharacter* // Trans. Amer. Math. Soc. - 1969. - V. **141**. - P. 387–401.

361. Grassmann H. *Characters and the structure of finite semigroups* // Semigroup Forum. - 1984. - V. **30**. - P. 211–220.

362. McAlister D. B. *Characters of finite semigroups* // J. Algebra. - 1972. - V. **22**. - P. 183–200.

363. Manin Y. I. *Topics in Noncommutative Differential Geometry.* - Princeton: *Princeton University Press*, 1991.

364. Felipe R., Ongay F. *N-extended superelliptic integrable systems* // J. Math. Phys. - 1998. - V. **39**. - Ѓ 7. - P. 3730–3737.

365. Delduc F., Gallot L. *Supersymmetric Drinfeld-Sokolov reduction* // J. Math. Phys. - 1998. - V. **39**. - Ѓ 9. - P. 4729–4745.

366. Huang W.-J. *Superconformal covariantization of superdifferential operator on* $(1|1)$ *superspace and classical* $N = 2$ W *superalgebras* // J. Math. Phys. - 1994. - V. **35**. - Ѓ 5. - P. 2570–2582.

367. Devchand C., Schiff J. *The supersymmetric Camassa-Holm equation and geodesic flow on the superconformal group.* - Ramat Gan: 1998. - 13 p. (*Preprint / Bar-Ilan Univ.*, solv-int/9811016).

368. Konisi G., Saito T., Takahasi W. *Super differential forms on super riemann surfaces // Progr. Theor. Phys.* - 1994. - V. **92**. - Г 4. - P. 889–903.

369. Bruzzo U., Pérez J. A. D. *Line bundles over families of (super) Riemann surfaces.* **II***: The graded case // J. Geom. and Phys.* - 1993. - V. **10**. - Г 2. - P. 269–286.

370. Majid S., Oeckl R. *Twisting of quantum differentials and the Planck scale Hopf algebra.* - Cambridge: 1998. - 37 p. (*Preprint / DAMTP*; DAMTP-1998-118, math.QA/9811054).

371. Cho S. *The superconformal structures of super Riemann surfaces //* Progr. Theor. *Phys.* - 1991. - V. **86**. - Г 5. - P. 959–962.

372. Alexandrov M., Kontsevich M., Schwarz A., Zaboronsky O. *The geometry of the master equation and topological quantum field theory //* Int. J. Mod. Phys. - 1997. - V. **A12**. - P. 1405–1430.

373. Schwarz A., Zaboronsky O. *Supersymmetry and localization // Comm. Math. Phys.* - 1997. - V. **183**. - P. 463–476.

374. Zaboronsky O. *Dimensional reduction in supersymmetric field theories.* - Davis: 1996. - 11 p. (*Preprint / Univ. California*, hep-th/9611157).

375. Shoikhet B. *On the duflo formula for L_∞-algebras and Q-manifolds.* - Moscow: 1998. - 11 p. (*Preprint / Independent Univ.*, math.QA/9812009).

376. Kravchenko O. *Deformations of Batalin-Vilkovisky algebras.* - Strasbourg: 1999. - 8 p. (*Preprint / Inst. Rech. Math. Avan.*, math.QA/9903191).

377. Ginsburg V. *Twisted cotangent bundles and twisted differential operators //* Seminar on *Supermanifolds.* - Г 24. - Stockholm: *Univ. Stockholm*, 1987. - P. 1–11.

378. Kostant B. *Quantization and unitary representations //* Lect. Notes Math. - 1970. - V. **170**. - P. 87–208.

379. Mudrov A. I. *Twisting cocycles in fundamental representation and triangular bicrossproduct Hopf algebras.* - Petersburg: 1998. - 19 p. (*Preprint / Univ. Petersburg*, math.QA/9804024).

380. Sergeev A. *Irreducible representations of solvable Lie superalgebras.* - Stockholm: 1998. - 7 p. (*Preprint / Univ. Stockholm*, math.RT/9810109).

381. Gaberdiel M. R. *Fusion of twisted representations // Int. J. Mod. Phys.* - 1997. - V. **A12**. - P. 5183–5194.

382. Zakrzewski S. *Classical mechanical systems based on Poisson symmetry.* - Warsaw: 1996. - 9 p. (*Preprint / Univ. Warsaw*, dg-ga/9612005).

383. Zakrzewski S. *Free motion on the Poisson $SU(N)$ group // J. Phys. A.* - 1997. - V. **A30**. - P. 6535–6543.

384. Barannikov S., Kontsevich M. *Frobenius manifolds and formality of Lie algebras of polyvector fields.* - Bonn: 1997. - 12 p. (*Preprint / Max-Planck-Inst.*, `alg-geom/9710032`).

385. Sabbah C. *On a twisted De Rham complex.* - Palaiseau: 1998. - 15 p. (*Preprint / École Polytechnique*, `math.AG/9805087`).

386. Tsou S. T., Zois I. P. *Geometric interpretation of the two index potential as twisted de Rham cohomology.* - Oxford: 1997. - 9 p. (*Preprint / Math. Inst.*, `hep-th/9703033`).

387. Walther U. *Algorithmic computation of de Rham cohomology of complements of complex affine varieties.* - Minneapolis: 1998. - 25 p. (*Preprint / Univ. Minnesota*, `math.AG/9807176`).

388. Bresser P., Saito M., Youssin B. *Filtered perverse compexes.* - University Park: 1996. - 21 p. (*Preprint / Pennsylvania Univ.*, `alg-geom/9607020`).

389. Rakowski M., Thompson G. *Connections on vector bundles over super Riemann surfaces // Phys. Lett.* - 1989. - V. **B220**. - Г 4. - P. 557–561.

390. Bergvelt M. J., Rabin J. M. *Super curves, their Jacobians, and super KP equations.* - San Diego: 1996. - 64 p. (*Preprint / Univ. California*, `alg-geom/9601012`).

391. Topiwala P., Rabin J. M. *The super GAGA principle and families of super Riemann surfaces // Proc. Amer. Math. Soc.* - 1991. - V. **113**. - Г 1. - P. 11–20.

392. Rothstein M. *Deformations of complex supermanifolds // Proc. Amer. Math. Soc.* - 1985. - V. **95**. - Г 2. - P. 255–260.

393. Vaintrob A. Y. *Deformations of complex structures on supermanifolds //* Seminar on *Supermanifolds.* - V. **24**. - Г 6. - Stockholm: *Univ. Stockholm*, 1987. - P. 1–139.

394. Вайнтроб А. Ю. *Деформации комплексных суперпространств и когерентных пучков на них //* Современные проблемы математики. *Итоги* науки и техники. Т. **9**. - М.: *ВИНИТИ*, 1986. - С. 125–211.

395. Ninnemann H. *Deformations of super Riemann surfaces // Comm. Math. Phys.* - 1992. - V. **150**. - Г 2. - P. 267–288.

396. Falqui G., Reina C. *A note on global structure of supermoduli spaces // Comm. Math. Phys.* - 1990. - V. **128**. - Г 2. - P. 247–261.

397. Kodaira K., Spenser D. C. *Multifoliate structures // Adv. Math.* - 1961. - V. **74**. - Г 1. - P. 52–100.

398. Kodaira K. *Complex Manifolds and Deformations of Complex Structure.* - Berlin: *Springer-Verlag*, 1986. - 312 p.

399. Burns D. *Some background and examples in deformation theory //* Complex Manifold *Techniques in Theoretical Physics.* - London: *Pitman*, 1979. - P. 135–165.

400. Spenser D. *Deformation of structures on manifolds defined by transitive continuos pseudogroups // Ann. Math.* - 1962. - V. **76**. - Г 2. - P. 306–312.

401. de Montigny M., Patera J. *Discrete and continuous graded contractions of Lie algebras and superalgebras // J. Phys.* - 1991. - V. **A24**. - P. 525–548.

402. Moody R. V., Patera J. *Discrete and continuous graded contractions of representations of Lie algebras* // *J. Phys.* - 1991. - V. **A24**. - P. 2227–2258.

403. Husemoller D. *Fibre Bundles.* - Berlin: *Springer-Verlag*, 1994. - 353 p.

404. Ботт Р., Ту Л. В. *Дифференциальные формы в алгебраической топологии.* - М.: *Наука*, 1989. - 336 с.

405. Постников М. М. *Дифференциальная геометрия.* - М.: *Наука*, 1988. - 496 с.

406. Baranov A. M., Manin Y. I., Frolov I. V., Schwarz A. S. *A superanalog of the Selberg trace formula and multiloop contributions for fermionic strings* // *Comm. Math. Phys.* - 1987. - V. **111**. - Г 3. - P. 373–392.

407. Ekstrand C. $\mathbb{Z}_2$*-Graded cocycles in higher dimensions* // *Lett. Math. Phys.* - 1998. - V. **43**. - P. 359–378.

408. Ekstrand C. *Neutral particles and super Schwinger terms.* - Stockholm: 1999. - 13 p. (*Preprint* / *Royal Inst. Technology*, hep-th/9903148).

409. LeBrun C., Rothstein M. *Moduli of super Riemann surfaces* // *Comm. Math. Phys.* - 1988. - V. **117**. - Г 1. - P. 159–176.

410. Hodgkin L. *On metrics and super-Riemann surfaces* // *Lett. Math. Phys.* - 1987. - V. **14**. - P. 177–184.

411. Воронов А. А. *Формула для меры Мамфорда в теории суперструн* // *Функц. анализ и его прил.* - 1988. - Т. **22**. - Г 2. - С. 67–68.

412. Bershadsky M., Radul A. *Fermionic fields on* $\mathbb{Z}_N$*-curves* // *Comm. Math. Phys.* - 1988. - V. **116**. - Г 4. - P. 689–700.

413. Стинрод Н. *Топология косых произведений.* - М.: *Мир*, 1953. - 341 с.

414. Baues H. J. *Obstruction Theory.* - Berlin: *Springer-Verlag*, 1977. - 176 p.

415. Clemens H. *Cohomology and obstructions.* - Salt Lake City: 1998. - 31 p. (*Preprint* / *Univ. Utah*, math.AG/9809127).

416. Bloch S. *Semiregularity and de Rham cohomology* // *Invent. Math.* - 1972. - V. **17**. - P. 51–66.

417. Friedman R., Morgan J. W. *Obstruction bundles, semiregularity, and Seiberg-Witten.* - New York: 1995. - 35 p. (*Preprint* / *Columbia Univ.*, alg-geom/9509007).

418. Clemens H. *On the geometry of formal Kuranishi theory.* - Salt Lake City: 1999. - 30 p. (*Preprint* / *Univ. Utah*, math.AG/9901084).

419. Паламодов В. П. *Инварианты аналитических* $\mathbb{Z}_2$ *многообразий* // *Функц. анализ и его прил.* - 1983. - Т. **18**. - Г 1. - С. 78–79.

420. McArtur I. N. *An obstruction to factorization of determinants on super-Teichmüller parameters in* (1, 0) *supergravity* // *Nucl. Phys.* - 1988. - V. **B296**. - P. 929–954.

421. Воронов А. А., Манин Ю. И., Пенков И. Б. *Элементы супергеометрии* // *Современные проблемы математики. Итоги науки и техники.* Т. **9**. - М.: *ВИНИТИ*, 1986. - С. 3–25.

422. Акулов В. П., Волков Д. В. *Голдстоуновские поля со спином* $\frac{1}{2}$ // *Теор. мат. физ.* - 1974. - Т. **18**. - Г 1. - С. 35–47.

423. Volkov D. V., Akulov V. P. *Is the neutrino a Goldstone particle?* // *Phys. Lett.* - 1973. - V. **B46**. - P. 109–112.

424. Пашнев А. И. *Нелинейная реализация группы симметрии со спинорными параметрами* // Теор. мат. физ. - 1974. - Т. **20**. - Г 1. - С. 141–144.

425. Волков Д. В. *Феноменологические лагранжианы взаимодействия голдстоуновских частиц.* - Киев: 1969. - 23 с. (*Препринт* / *Инст. теор. физики*; ИТФ-69-75).

426. Волков Д. В. *Феноменологические лагранжианы* // *ЭЧАЯ.* - 1973. - Т. **4**. - Г 1. - С. 1–57.

427. Coleman S., Wess J., Zumino B. *Structure of phenomenological lagrangians.* **I** // *Phys. Rev.* - 1969. - V. **177**. - Г 5. - P. 2239–2247.

428. Callan C. G., Coleman S., Wess J., Zumino B. *Structure of phenomenological lagrangians.* **II** // *Phys. Rev.* - 1977. - V. **177**. - Г 5. - P. 2247–2250.

429. Bando M., Kuramoto T., Maskawa T., Uehara S. *Non-linear realization in supersymmetric theories* // *Progr. Theor. Phys.* - 1984. - V. **72**. - Г 2. - P. 313–349.

430. Deguchi S. *A non-linear realisation of local internal supersymmetry* // *J. Phys. A: Math. Gen.* - 1989. - V. **22**. - P. 227–240.

431. Pashnev A. *Nonlinear realization of the (super)diffeomorphism groups, geometrical objects and integral invariants in superspace.* - Dubna: 1997. - 12 p. (*Preprint* / *JINR*; E2-97-122, hep-th/9704203).

432. Bagger J. A. *Weak-scale supersymmetry: Theory and practice* // *QCD* and Beyond *(TASI '95)*. - Singapore: *World Sci.*, 1996. - P. 134–185.

433. Bagger J., Galperin A. *Matter couplings in partially broken extended supersymmetry* // *Phys. Lett.* - 1994. - V. **B336**. - Г 1. - P. 25–31.

434. Bagger J., Wess J. *Partial breaking of extended supersymmetry* // *Phys. Lett.* - 1984. - V. **B138**. - Г 1,2,3. - P. 105–110.

435. Bagger J., Galperin A. *The tensor Goldstone multiplet for partially broken supersymmetry* // *Phys. Lett.* - 1997. - V. **B412**. - P. 296–300.

436. Bagger J. *Partial breaking of extended supersymmetry* // *Nucl.Phys.Proc.Suppl.* - 1997. - V. **52A**. - P. 362–368.

437. Ferrara S., Maiani L., West P. C. *Non-linear representations of extended supersymmetry with central charges* // *Z. Phys.* - 1983. - V. **C19**. - P. 267–273.

438. Samuel S., Wess J. *A superfield formulation of the non-linear realization of supersymmetry and its coupling to supergravity* // *Nucl. Phys.* - 1983. - V. **B221**. - Г 1. - P. 153–177.

439. Samuel S., Wess J. *Secret supersymmetry* // *Nucl. Phys.* - 1984. - V. **B233**. - Г 3. - P. 488–510.

440. Акулов В. П., Бандос И. А., Зима В. Г. *Нелинейная реализация расширенной суперконформной симметрии* // Теор. мат. физ. - 1983. - Т. **56**. - Г 1. - С. 3–14.

441. Marchildon L. *Nonlinear realization of the superconformal group and conformal supergravity* // Phys. Rev. - 1978. - V. **18**. - Г 8. - P. 2804–2809.

442. Hamamoto S. *Nonlinear realization of graded conformal group* // Progr. Theor. Phys. - 1980. - V. **63**. - Г 6. - P. 2095–2111.

443. Hamamoto S. *Nonlinear realization of affine group on superspace* // Progr. Theor. Phys. - 1980. - V. **64**. - Г 4. - P. 1453–1465.

444. Hughes J., Polchinski J. *Partially broken supersymmetry and superstring* // Nucl. Phys. - 1986. - V. **B278**. - Г 1. - P. 147–169.

445. Kunitomo H. *On the nonlinear realization of the superconformal symmetry* // Phys. Lett. - 1995. - V. **B343**. - Г 1. - P. 144–146.

446. Berkovits N., Vafa C. *On the uniqueness of string theory* // Mod. Phys. Lett. - 1994. - V. **A9**. - P. 653–657.

447. Kunitomo H., Sakuguchi M., Tokura A. *A hierarchy of super w strings* // Progr. Theor. Phys. - 1994. - V. **92**. - P. 1019–1032.

448. Ishikawa H., Kato M. *Note on $N = 0$ string as $N = 1$ string* // Mod. Phys. Lett. - 1994. - V. **A9**. - P. 725–728.

449. Kato M. *Physical spectra in string theories.* - Tokyo: 1995. - 17 p. (*Preprint / University of Tokyo*; UT-Komaba/95-12, hep-th/9512201).

450. Berkovits N., Ohta N. *Embeddings for non-critical superstrings* // Phys. Lett. - 1994. - V. **B334**. - Г 1. - P. 72–78.

451. McArthur I. N. *Gauging of nonlinearly realized symmetries* // Nucl. Phys. - 1995. - V. **B452**. - P. 456–467.

452. McArthur I. N. *The Berkovits-Vafa construction and nonlinear realizations* // Phys. Lett. - 1995. - V. **B342**. - Г 1. - P. 94–98.

453. Ivanov E., Krivonos S., Pichugin A. *Nonlinear realizations of w_3 symmetry* // Phys. Lett. - 1992. - V. **B284**. - P. 260–267.

454. Belucci S., Gribanov V., Krivonos S., Pashnev A. *Nonlinear realizations of $W_3^{(2)}$ algebra* // Phys. Lett. - 1994. - V. **A191**. - P. 216–222.

455. Belucci S., Gribanov V., Ivanov E., Krivonos S., Pashnev A. *Nonlinear realizations of superconformal and W algebras as embeddings of strings* // Nucl. Phys. - 1998. - V. **B510**. - P. 477–501.

456. Inanov E., Krivonos S., Leviant V. *Geometric superfield approach to superconformal mechanics* // J. Phys. - 1989. - V. **A22**. - Г 19. - P. 4201–4222.

457. Bandos I. A., Sorokin D., Volkov D. *On the generalized action principle for superstrings and supermembranes* // Phys. Lett. - 1995. - V. **B352**. - P. 269–275.

458. Bandos I. A., Sorokin D., Tonin M., Pasti P., Volkov D. V. *Superstrings and supermembranes in the doubly supersymmetric geometrical approach* // *Nucl. Phys.* - 1995. - V. **B446**. - P. 79–118.

459. Kallosh R. *Volkov-Akulov theory and D-branes* // Supersymmetry and Quantum *Field Theory*. - Heidelberg: *Springer-Verlag*, 1998. - P. 49–58.

460. Claus P., Kallosh R., Kummar J., Townsend P. K., van Proeyen A. *Conformal theory of M2, D3, M5, and 'D1+D5' branes*. - Stanford: 1998. - 32 p. (*Preprint / Stanford Univ.*; SU-ITP-98/02, hep-th/9801206).

461. Rocek M., Tseytlin A. A. *Partial breaking of global $D = 4$ supersymmetry, constrained superfields, and 3-brane actions*. - Stony Brook: 1998. - 28 p. (*Preprint / Inst. Theor. Phys.*; ITP-SB-98-68, hep-th/9811232).

462. Bellucci S., Ivanov E., Krivonos S. *Partial breaking of $N = 1$ $D = 10$ supersymmetry*. - Dubna: 1998. - 12 p. (*Preprint / JINR*, hep-th/9811244).

463. Ivanov E., Krivonos S. *$N = 1$ $D = 4$ supermembrane in the coset approach*. - Dubna: 1999. - 11 p. (*Preprint / JINR*, hep-th/9901003).

464. Ivanov E. A., Kapustnikov A. A. *General relationship between linear and nonlinear realisations of supersymmetry* // *J. Phys.* - 1978. - V. **A11**. - Γ 12. - P. 2375–2384.

465. Ivanov E. A., Kapustnikov A. A. *The non-linear realisation structure of models with spontaneously broken supersymmetry* // *J. Phys.* - 1982. - V. **G8**. - Γ 2. - P. 167–191.

466. Uematsu T., Zachos C. K. *Structure of phenomenological lagrangians for broken supersymmetry* // *Nucl. Phys.* - 1982. - V. **B201**. - Γ 2. - P. 250–268.

467. Lindström U., Roček M. *Constrained local superfields* // *Phys. Rev.* - 1979. - V. **D19**. - Γ 8. - P. 2300–2303.

468. Roček M. *Linearizing the Volkov-Akulov model* // *Phys. Rev. Lett.* - 1978. - V. **41**. - Γ 7. - P. 451–453.

469. Nelson P. *Lectures on supermanifolds and strings* // Particles, Strings and Supernovae. - Teaneck: *World Sci.*, 1989. - P. 997–1073.

470. Wess J. *Nonlinear realization of supersymmetry* // Mathematical Aspects of Superspace. - Dordrecht: *D. Reidel*, 1984. - P. 1–14.

471. Kobayashi K., Uematsu T. *Non-linear realization of superconformal symmetry* // *Nucl. Phys.* - 1986. - V. **B263**. - Γ 2. - P. 309–324.

472. Zumino B. *Non-linear realization of supersymmetry in anti De Sitter space* // *Nucl. Phys.* - 1977. - V. **B127**. - P. 189–201.

473. Наймарк М. А. *Теория представлений групп*. - М.: *Наука*, 1976. - 559 с.

474. Кириллов А. А. *Элементы теории представлений*. - М.: *Наука*, 1978. - 343 с.

475. Капустников А. А. *Нелинейная реализация супергравитации Эйнштейна* // *Теор. мат. физ.* - 1981. - Т. **47**. - Γ 2. - С. 198–209.

476. Wess J. *Nonlinear realization of the $N = 1$ supersymmetry* // Quantum Theory of Particles and Fields. - Singapore: *World Sci.*, 1983. - P. 223–234.

477. Ivanov E. A., Kapustnikov A. A. *Geometry of spontaneously broken local $N = 1$ supersymmetry in superspace* // Nucl. Phys. - 1990. - V. **B333**. - P. 439–470.

478. Bershadsky M. A., Knizhnik V. G., Teitelman M. G. *Superconformal symmetry in two dimensions* // Phys. Lett. - 1985. - V. **151B**. - Г 1. - P. 31–36.

479. Kato M., Kuroki T. *World volume noncommutativity versus target space noncommutativity*. - Tokyo: 1999. - 17 p. (*Preprint* / Univ. Tokyo; UT-Komaba/99-3, hep-th/9902004).

480. Banks T., Dixon L. *Contrainsts on string vacua with spacetime supersymmetry* // Nucl. Phys. - 1988. - V. **B307**. - Г 1. - P. 93–108.

481. Schwimmer A., Seiberg N. *Comments on the $N = 2, 3, 4$ superconformal algebras in two dimensions* // Phys. Lett. - 1987. - V. **184**. - Г 2,3. - P. 191–196.

482. Ohta N., Osabe S. *Hidden extended superconformal symmetries in superstrings* // Phys. Rev. - 1989. - V. **39**. - Г 6. - P. 1641–1647.

483. Gepner D. *Space-time supersymmetry in compactifield string theory and superconformal models* // Nucl. Phys. - 1988. - V. **B296**. - Г 4. - P. 757–778.

484. Ademollo M., Brink L., D'Adda A. et al. *Dual string models with non-abelian color and flavour symmetries* // Nucl. Phys. - 1976. - V. **B114**. - Г 2. - P. 297–316.

485. Ademollo M., Brink L., D'Adda A. et al. *Dual string with $U(1)$ color symmetry* // Nucl. Phys. - 1976. - V. **B111**. - P. 77–110.

486. Brink L., Schwarz J. H. *Local complex supersymmetry in two-dimensions* // Nucl. Phys. - 1977. - V. **B121**. - P. 285–314.

487. Bershadsky M. A. *Superconformal algebras in two-dimensions with arbitrary N* // Phys. Lett. - 1986. - V. **B174**. - P. 285–291.

488. Coquereaux R., Frappat L., Ragoucy E. *Extended super-Kac-Moody algebras and their super derivation algebras* // Comm. Math. Phys. - 1990. - V. **133**. - Г 1. - P. 1–36.

489. Ragoucy E., Sorba P. *Extended Kac-Moody algebras and applications* // Int. J. Mod. Phys. - 1992. - V. **A7**. - P. 2883–2972.

490. Chaichian M., Leites D. A., Lukierski J. *General $D = 1$ local supercoordinate transformations and their supercurrent algebras* // Phys. Lett. - 1990. - V. **B236**. - Г 1. - P. 27–32.

491. Gates S. J., Rana L. *Superspace geometrical representations of extended super Virasoro algebras*. - College Park: 1998. - 13 p. (*Preprint* / Univ. Maryland; UMDEPP 98-114, hep-th/9806038).

492. Lykken D. J. *Finitely-reducible realizations of the $N = 2$ superconformal algebra* // Nucl. Phys. - 1989. - V. **B313**. - Г 2. - P. 473–491.

493. Nam S. *The Kac formula for the $N = 1$ and the $N = 2$ super-conformal algebras* // Phys. Lett. - 1986. - V. **B172**. - P. 323–338.

494. Bershadsky M., Ooguri H. *Hidden $Osp(N, 2)$ symmetries in superconformal field theories* // Phys. Lett. - 1989. - V. **B229**. - P. 374–381.

495. Dörrzapf M. *Superconformal field theories and their representations.* - Cambridge: 1995. - 204 p. (*Preprint / DAMTP*; Ph.D. Thesis).

496. Baulieu L., Green M. B., Rabinovici E. *Superstrings frim theories with* $N > 1$ *world-sheet supersymmetry.* - Paris: 1996. - 21 p. (*Preprint / Univ. Paris VI*; PAR-LPTHE 96-15, hep-th/9611136v2).

497. Dörrzapf M. *The definition of Neveu-Schwarz superconformal fields and uncharged superconformal transformation.* - Cambridge: 1997. - 29 p. (*Preprint / Harvard Univ.*; HUTP-97/A051, hep-th/9712107).

498. Baulieu L., Ohta N. *Worldsheets with extended supersymmetry.* - Paris: 1997. - 15 p. (*Preprint / LPTHE*; PAR-LPTHE 96-37, hep-th/9609207v2).

499. Pickering A. G. M., West P. C. *Chiral Green's functions in superconformal field theory.* - Liverpool: 1999. - 32 p. (*Preprint / Univ. Liverpool*; LTH-452, hep-th/9904076).

500. Ito K. *Extended superconformal algebras on* AdS_3. - Kyoto: 1998. - 10 p. (*Preprint / Yukawa Inst. Theor. Phys.*; YITP-98-74, hep-th/9811002).

501. Berenstein D., Leigh R. G. *Spacetime supersymmetry in* AdS_3 *backgrounds.* - Urbana: 1999. - 13 p. (*Preprint / Iniv. Illinois*; ILL-(TH)-99-01, hep-th/9904040).

502. Andreev O. *On affine Lie superalgebras,* AdS_3/CFT *correspondence and world-sheets.* - Moscow: 1999. - 19 p. (*Preprint / Landau Inst. Theor. Phys.*; LANDAU-99/HEP-A1, hep-th/9901118).

503. Nishimura M., Tanii Y. *Super Weyl anomalies in the* AdS/CFT *correspondence.* - Saitama: 1999. - 16 p. (*Preprint / Saitama Univ.*; STUPP-99-156, hep-th/9904010).

504. de Boer J., Pasquinucci A., Skenderis K. AdS/CFT *dualities involving large 2d* $N = 4$ *superconformal symmetry.* - Leuven: 1999. - 32 p. (*Preprint / Kath. Univ.*; KUL-TF-99/11, hep-th/9904073).

505. Ivanov E. A., Krivonos S. O., Leviant V. M. *A new class of superconformal* σ*-models with the Wess-Zumino action.* - Dubna: 1987. - 17 p. (*Preprint / JINR*; E2-87-357).

506. Schellekens A. N. *Cloning* $SO(N)$ *level* 2. - Amsterdam: 1998. - 10 p. (*Preprint / NIKHEF-H*; NIKHEF-98-020, math.QA/9806162).

507. Vecchia P. D., Petersen J. L., Zheng H. B. *N=2 extended superconformal theories in two dimensions* // Phys. Lett. - 1985. - V. **162B**. - Г 4. - P. 327–332.

508. Kiritsis E. B. *Structure of* $N = 2$ *superconformally invariant unitary "minimal" theories: Operator algebra and correlation functions* // Phys. Rev. - 1987. - V. **36**. - Г 10. - P. 3048–3065.

509. Yu M., Zheng H. B. $N = 2$ *superconformal invriance in two-dimensional quantum field theories* // Nucl. Phys. - 1986. - V. **B288**. - Г 1. - P. 275–300.

510. Ito K. $N = 2$ *super coulomb gas formalism* // Nucl. Phys. - 1990. - V. **B332**. - Г 3. - P. 566–582.

511. Aspinwall P. S. *The moduli space of* $N = 2$ *superconformal field theories.* - Ithaca: 1994. - 53 p. (*Preprint / Cornell Univ.*; CLNS-94/1307, hep-th/9412115).

512. Chung W.-S., Kang S.-K., Lee J.-J., You C.-K., Kim J.-K. *$N = 2$ superconformal gravity and osp(2/2) Kac-Moody algebra in $(1+1)$ dimensions* // *Phys. Lett.* - 1990. - V. **B238**. - Г 2,3,4. - P. 252–256.

513. Shaflekhani A., Chung W. S. *$N = 2$ superconformal field theory on the basis of osp(2|2)*. - Tehran: 1997. - 10 p. (*Preprint / Inst. Studies Theor. Phys. and Math.*, hep-th/9703222).

514. Delduc F., Gieres F., Gourmelen S. *$d = 2$, $N = 2$ superconformal symmetries and models* // *Class. Q. Grav.* - 1997. - V. **14**. - P. 1623–1649.

515. Martinec E. *M-theory and $N = 2$ strings.* - Chicago: 1997. - 29 p. (*Preprint / Enrico Fermi Inst.*, hep-th/9710122).

516. Hanany A., Hori K. *Branes and $N = 2$ theories in two dimensions.* - Princeton: 1997. - 70 p. (*Preprint / Inst. Adv. Study*; IASSNS-HEP-97/81, hep-th/9707192).

517. Obers N. A., Pioline B. *U-duality and M-theory.* - Palaiseau: 1998. - 154 p. (*Preprint / Centre de Phys. Theor.*; CPHT-S639-0898, hep-th/9809039).

518. Argurio R. *Brane physics in M-theory.* - Bruxelles: 1998. - 204 p. (*Preprint / Univ. Libre de Bruxelles*; ULB-TH-98/15, Ph.D. Thesis, hep-th/9807171).

519. Bachas C. P. *Lectures on D-branes.* - Palaiseau: 1998. - 60 p. (*Preprint / Ecole Polytechnique*; CPHT/CL-615-0698, hep-th/9806199).

520. Nicolai H., Helling R. *Supermembranes and M(atrix) theory.* - Potsdam: 1998. - 46 p. (*Preprint / Albert-Einstein Inst.*; AEI-093, hep-th/9809103).

521. Giveon A., Kutasov D. *Brane dynamics and gauge theory.* - Jerusalem: 1998. - 289 p. (*Preprint / Hebrew Univ.*; RI-2-98, hep-th/9802067).

522. Ooguri H., Vafa C. *Geometry of $N = 2$ string* // *Nucl. Phys.* - 1991. - V. **B361**. - Г 2. - P. 469–518.

523. Bonini M., Gava E., Iengo R. *Amplitudes in the $N = 2$ string* // *Mod. Phys. Lett.* - 1991. - V. **A6**. - Г 9. - P. 795–803.

524. Li M. *Gauge symmetries and amplitudes in $N = 2$ strings* // *Nucl. Phys.* - 1992. - V. **B395**. - P. 129–137.

525. Berkovits N. *Super-Poincaré invariant superstring field theory* // *Nucl. Phys.* - 1985. - V. **B450**. - P. 90–102.

526. Kazama Y., Suzuki H. *Characterization of $N = 2$ superconformal models generated by the coset space method* // *Phys. Lett.* - 1989. - V. **216**. - Г 1,2. - P. 112–116.

527. Ohta N., Suzuki H. *$N = 2$ superconformal models and their free field realization* // *Nucl. Phys.* - 1990. - V. **B322**. - Г 1. - P. 146–168.

528. Kazama Y., Suzuki H. *Bosonic construction of conformal field theories with extended supersymmetry* // *Mod. Phys. Lett.* - 1988. - V. **4**. - Г 3. - P. 235–242.

529. Семихатов А. М. *Суперсимметричные косет-модели в терминах свободных суперполей* // *Письма в ЖЭТФ*. - 1989. - Т. **50**. - Г 11. - С. 441–445.

530. Font A., Ibanes L. E., Quevedo F. *String compactifications and* $N = 2$ *superconformal coset constructions* // *Phys. Lett.* - 1989. - V. **224**. - Г 1,2. - P. 79–88.

531. Kazama Y., Suzuki H. *New* $N = 2$ *superconformal field theories and superstrings compactificacion* // *Nucl. Phys.* - 1989. - V. **B321**. - Г 1. - P. 232–268.

532. Натанзон С. М. *Топологические инварианты и модули гиперболических* $N = 2$ *римановых суперповерхностей* // *Мат. сборник.* - 1993. - Т. **184**. - Г 5. - С. 15–31.

533. Cho S. $N = 2$ *super Riemann surfaces* // *Progr. Theor. Phys.* - 1993. - V. **90**. - Г 2. - P. 455–463.

534. Myung Y. S. *Spin structures in* $N = 2$ *super Riemann surfaces of genus* 1 // *Int. J. Mod. Phys.* - 1988. - V. **A4**. - Г 11. - P. 2779–2787.

535. Melzer E. $N = 2$ *supertori and their representation as algebraic curves* // *J. Math. Phys.* - 1988. - V. **29**. - P. 1555–1568.

536. Минк Х. *Перманенты.* - М.: *Мир*, 1982. - 213 с.

537. Ano N. *Geometrical aspect of topologically twisted two-dimensional conformal superalgebra* // *J. Math. Phys.* - 1996. - V. **37**. - P. 880–894.

538. Panda S., Roy S. *On the twisted* $N = 2$ *superconformal structure in* $2 - d$ *gravity coupled to matter* // *Phys. Lett.* - 1993. - V. **B317**. - P. 533–539.

539. Dolgikh S. N., Rosly A. A., Schwarz A. S. *Supermoduli spaces* // *Comm. Math. Phys.* - 1990. - V. **135**. - P. 91–100.

540. Segal G. B. *The definition of conformal field theory* // *Differential Geometrical Methods In Theoretical Physics.* - Singapore: *World Sci.*, 1987. - P. 165–171.

541. Segal G. *Two-dimensional conformal field theories and modular functions* // *Mathematical Physics.* - Singapore: *World Sci.*, 1989. - P. 22–37.

542. Gaberdiel M. R., Goddard P. *Axiomatic conformal field theory.* - Cambridge: 1998. - 51 p. (*Preprint* / *DAMTP*; DAMTP-1998-135, `hep-th/9810019`).

543. Belavin A. A., Polyakov A. M., Zamolodchikov A. B. *Infinite conformal symmetry in two-dimensional quantum field theory* // *Nucl. Phys.* - 1984. - V. **B241**. - P. 333–387.

544. Gawedzki K. *Lectures on conformal field theory.* - Bures-sur-Yvette: 1997. - 67 p. (*Preprint* / *IHES*; IHES-P-97-2).

545. Gaitsgory D. *Notes on 2D conformal field theory and string theory.* - Princeton: 1998. - 68 p. (*Preprint* / *Inst. Adv. Study*, `math.AG/9811061`).

546. Fröhlich J., Gawedzki K. *Conformal field theory and geometry of strings.* - Bures-sur-Yvette: 1993. - 44 p. (*Preprint* / *IHES*, `hep-th/9310187`).

547. Spoottiswoode W. *On determinants of alternative numbers* // *Proc. London Math. Soc.* - 1872. - V. **7**. - P. 100–112.

548. Bershadsky M., Lerche W., Nemeschansky D., Warner N. P. *Extended* $N = 2$ *superconformal structure of gravity and* W *gravity coupled to matter* // *Nucl. Phys.* - 1993. - V. **B401**. - P. 304–347.

549. Kac V. G., van de Leur J. W. *Super boson-fermion correspondence // Ann. Inst. Fourier.* - 1987. - V. **37**. - P. 99–137.

550. Dereli T., Önder M., Tucker R. W. *Signature transitions in quantum cosmology // Class. Q. Grav.* - 1993. - V. **10**. - Ѓ 8. - P. 1425–1434.

551. Sakharkov A. D. *Cosmological transitions with a change in metric signature.* - Stanford: 1984. - 24 p. (*Preprint / SLAC*; SLAC TRANS-0211).

552. Dray T., Manoque C. A., Tucker R. W. *The scalar field equation in the presence of signature change // Phys. Rev.* - 1993. - V. **D48**. - P. 2587–2590.

553. Iliev B. Z. *On metric-connection compatibility and the signature change of space-time.* - Sofia: 1998. - 18 p. (*Preprint / Inst. Nucl. Research*, gr-qc/9802058).

554. Гельфанд И. М., Ретах В. С. *Детерминанты матриц над антикоммутативными кольцами // Функц. анализ и его прил.* - 1991. - Т. **25**. - Ѓ 2. - С. 91–102.

555. Гельфанд И. М., Ретах В. С. *Теория некоммутативных детерминантов и характеристических функций графов // Функц. анализ и его прил.* - 1993. - Т. **26**. - Ѓ 4. - С. 231–246.

556. Etingof P., Retakh V. *Quantum determinants and quasideterminants.* - Cambridge: 1998. - 8 p. (*Preprint / Harvard Univ.*, math.QA/9808065).

557. Gelfand I., Krob D., Lascoux A., Leclerc B., Retakh V., Thibon Y.-J. *Noncommutative symmetric functions // Adv. Math.* - 1995. - V. **112**. - Ѓ 2. - P. 218–348.

558. Ueno K., Yamada H., Ikeda K. *Algebraic study of the super-KP hierarchy and the ortho-symplectic super-KP hierarchy // Comm. Math. Phys.* - 1989. - V. **124**. - P. 57–78.

559. Hu S.-J., Kang M. C. *Efficient generation of the ring of invariants // J. Algebra.* - 1996. - V. **180**. - P. 341–363.

560. Laubenbacher R., Swanson I. *Permanental ideals.* - Las Cruses: 1998. - 13 p. (*Preprint / New Mexico State Univ.*, math.RA/9812112).

561. Nicholson V. A. *Matrices with permanent equal to one // Linear Algebra and Appl.* - 1975. - V. **12**. - P. 185–188.

562. Дубровин Б. А., Новиков С. П., Фоменко А. Т. *Современная геометрия.* - М.: *Наука*, 1986. - 759 с.

563. Бердон А. *Геометрия дискретных групп.* - М.: *Наука*, 1986. - 299 с.

564. Цишанг Х., Фогт Э., Колдевай Х. Д. *Поверхности и разрывные группы.* - М.: *Наука*, 1988. - 684 с.

565. Siegel C. *Topics in Complex Function Theory.* - New York: *Wiley*, 1971. - 371 p.

566. Лелон-Ферран Ж. *Основания геометрии.* - М.: *Мир*, 1989. - 311 с.

567. Альфорс Л. *Преобразования Мёбиуса в многомерном пространстве.* - М.: *Мир*, 1986. - 110 с.

568. Duval C., Ovsienko V. *Lorentzian worldlines and Schwarzian derivative.* - Marseille: 1998. - 4 p. (*Preprint / Centre de Phys. Theor.*; CPT-98/P.3691, `math.DG/9809062`).

569. Никулин В. В., Шафаревич И. Р. *Геометрии и группы.* - М.: Наука, 1983. - 239 с.

570. Хелгасон С. *Группы и геометрический анализ.* - М.: Мир, 1987. - 735 с.

571. Пятецкий-Шапиро И. И. *Геометрия классических областей и теория автоморфных функций.* - М.: Физматгиз, 1961. - 191 с.

572. Апанасов Б. Н. *Геометрия дискретных групп и многообразий.* - М.: Наука, 1991. - 426 с.

573. Березин Ф. А. *Математические основы суперсимметричных теорий поля* // *Ядерная физика.* - 1979. - Т. **29**. - Ѓ 6. - С. 1670–1687.

574. Nelson P. *Introduction to supermanifolds* // *Int. J. Mod. Phys.* - 1988. - V. **A3**. - Ѓ 3. - P. 585–590.

575. Martin J. L. *General classical dynamics, and the 'classical analogue' of a Fermi oscillator* // *Proc. Roy. Soc. London.* - 1959. - V. **A251**. - Ѓ 12571. - P. 536–543.

576. Martin J. L. *The Feymann principle for a Fermi system* // *Proc. Roy. Soc. London.* - 1959. - V. **A251**. - Ѓ 1267. - P. 543–549.

577. Schwinger J. *A note on the quantum dynamical principle* // *Phil. Mag.* - 1953. - V. **44**. - Ѓ 3. - P. 1171–1193.

578. Березин Ф. А., Кац Г. И. *Группы Ли с коммутирующими и антикоммутирующими параметрами* // *Мат. сборник.* - 1970. - Т. **82**. - Ѓ 3. - С. 343–359.

579. Кац Г. И., Коронкевич А. И. *Теорема Фробениуса для функций от коммутирующих и антикоммутирующих аргументов* // Функц. анализ и его прил. - 1971. - Т. **5**. - Ѓ 1. - С. 78–80.

580. Лейтес Д. А. *Спектры градуированно коммутативных колец* // *Успехи мат. наук.* - 1974. - Т. **29**. - Ѓ 3. - С. 209–210.

581. Волков Д. В. *Феноменологические лагранжианы, инвариантные относительно групп симметрии, содержащих в качестве подгруппы группу Пуанкаре.* - М.: 1971. - 14 с. (*Препринт / ФИАН*; 141).

582. Ставраки Г. Л. *Некоторая нелокальная модель полевых взаимодействий и алгебра операторов полей* // Физика высоких энергий и элементарных частиц. - Киев: *Наукова думка*, 1967. - С. 296–312.

583. Gorenstein M., Shelest V., Sitenko Y., Zinovjev G. *Statistical aspects of Neveu and Schwarz dual model.* - Kiev: 1973. - 12 p. (*Preprint / Inst. Theor. Phys.*; ITP-73-62E, `hep-th/9810030`).

584. Гольфанд Ю. А., Лихтман Е. П. *Расширение генераторов группы Пуанкаре и нарушение P-инвариантности* // *Письма в ЖЭТФ.* - 1971. - Т. **13**. - Ѓ 8. - С. 452–455.

585. Volkov D. V. *Supergravity before and after* 1976. - Geneva: 1994. - 7 p. (*Preprint / CERN*; CERN-TH-7226/94, hep-th/9404153).

586. Wess J., Zumino B. *Supergauge transformations in four dimensions // Nucl. Phys.* - 1974. - V. **B70**. - Ѓ 1. - P. 39–50.

587. Wess J., Zumino B. *Supergauge invariant extension of quantum electrodynamics // Nucl. Phys.* - 1974. - V. **B70**. - Ѓ 1. - P. 1–13.

588. Salam A., Strathdee J. *Supergauge transformations // Nucl. Phys.* - 1974. - V. **B76**. - P. 477–491.

589. Salam A., Strathdee J. *Feynman rules for superfields // Nucl. Phys.* - 1975. - V. **B86**. - P. 142–152.

590. Salam A., Strathdee J. *A theorem concerning Goldstone fermions // Lett. Math. Phys.* - 1975. - V. **1**. - P. 3–10.

591. Salam A., Strathdee J. *On superfields and Fermi-Bose symmetry // Phys. Rev.* - 1975. - V. **D11**. - P. 1521–1535.

592. Березин Ф. А., Лейтес Д. А. *Супермногообразия // ДАН СССР*. - 1975. - Т. **224**. - Ѓ 3. - С. 505–508.

593. Волков Д. В. *Тенденции в развитии суперсимметричных теорий // Укр. физ. журнал*. - 1987. - Т. **32**. - Ѓ 7. - С. 1782–1801.

594. Весс Й. *Супергравитация — супергравитация* // Геометрические идеи в физике. - М.: *Мир*, 1983. - С. 124–150.

595. Salam A., Strathdee J. *Supersymmetry and superfields* // Fortschr. *Phys.* - 1978. - V. **26**. - P. 57–123.

596. West P. *Introduction to rigid supersymmetric theories.* - London: 1998. - 47 p. (*Preprint / King's College*; KCL-MTH-98-20, hep-th/9805055).

597. Gawedzki K. *Supersymmetries — mathematics of supergeometry* // Annales Poincare *Phys.Theor.* - 1977. - V. **27**. - P. 335–366.

598. Strathdee J. *Extended Poincare supersymmetry // Int. J. Mod. Phys.* - 1987. - V. **A2**. - P. 273–289.

599. Gates S. J. *Basic canon in* $D = 4, N = 1$ *superfield theory: Five primer lectures.* - College Park: 1998. - 104 p. (*Preprint / Univ. Maryland*, hep-th/9809064).

600. Стретди Д. *Введение в суперсимметрию* // Введение в супергравитацию. - М.: *Мир*, 1985. - С. 19–34.

601. Зумино Б. *Супергравитация и великое объединение* // Геометрические идеи в *физике*. - М.: *Мир*, 1983. - С. 190–202.

602. Dell J., Smolin L. *Graded manifold theory as the geometry of supersymmetry // Comm. Math. Phys.* - 1979. - V. **66**. - P. 197–222.

603. Corwin L., Ne'erman Y., Sternberg S. *Graded Lie algebras in mathematics and physics (Bose-Fermi symmetry) // Rev. Math. Phys.* - 1975. - V. **47**. - P. 573–603.

604. Уэст П. *Введение в суперсимметрию и супергравитацию.* - М.: *Мир*, 1989. - 332 с.

605. Весс Ю., Беггер Д. *Суперсимметрия и супергравитация.* - М.: *Мир*, 1986. - 178 с.

606. van Nieuwenhuizen P., West P. *Principles of Supersymmetry and Supergravity.* - Cambridge: *Cambridge Univ. Press*, 1989. - 453 p.

607. Bailin D., Love A. *Supersymmetric Gauge Field Theory and String Theory.* - Bristol: *Institute of Physics*, 1994. - 322 p.

608. Капустников А. А. *Суперсимметрия.* - Днепропетровск: *Изд-во ДГУ*, 1984. - 83 с.

609. Coleman S., Mandula J. *All possible symmetries of the S matrix // Phys. Rev.* - 1967. - V. **159**. - P. 1251–1267.

610. Lykken J. D. *Introduction to supersymmetry.* - Batavia: 1996. - 67 p. (*Preprint / FNAL*; FERMILAB-PUB-96/445-T, hep-th/9612114).

611. Wills-Toro L. A. *(I,q)-graded superspace formalism for a $Z_2 \times (Z_4 \times Z_4)$-graded extension of the Poincaré algebra.* - Granada: 1994. - 30 p. (*Preprint / Univ. Granada*; UG-FT-49/94).

612. Wills-Toro L. A. *Symmetry transformations with noncommutative and nonassociative parameters // Int. J. Theor. Phys.* - 1997. - V. **36**. - Г 12. - P. 2963–2997.

613. Березин Ф. А., Маринов М. С. *Классический спин и алгебра Грассмана // Письма в ЖЭТФ.* - 1975. - Т. **21**. - Г 11. - С. 678–680.

614. Огиевецкий В. И., Мезинческу Л. *Симметрии между бозонами и фермионами и суперполя // Успехи физ. наук.* - 1975. - Т. **117**. - С. 637–689.

615. Lopuszanski J. *An Introduction to Symmetry and Supersymmetry in Quantum Field Theory.* - World Sci.: *Singapore*, 1991. - 373 p.

616. Deligne P., Freed D. S. *Supersolutions.* - Princeton: 1999. - 130 p. (*Preprint / Inst. Adv. Study*, hep-th/9901094).

617. Martin S. P. *A supersymmetry primer.* - Ann Arbor: 1999. - 102 p. (*Preprint / Randall Phys. Lab.*, hep-ph/9709356, v. 3).

618. Nath P. *SUSY/SUGRA/String phenomenology.* - Evanston: 1998. - 15 p. (*Preprint / Northeastern Univ.*, hep-ph/9708221).

619. Louis J., Brunner I., Huber S. *The supersymmetric standard model.* - Halle: 1998. - 38 p. (*Preprint / Martin-Luther-Univ. Halle-Wittenberg*, hep-ph/9811341).

620. Kokonelis C. E. *Theoretical and phenomenological aspects of superstring theories.* - Brighton: 1998. - 187 p. (*Preprint / Sussex Univ.*; CK-TH-98-002, hep-th/9812061).

621. Ibanez L. E., Munoz C., Rigolin S. *Aspect of Type* I *string phenomenology.* - Madrid: 1998. - 45 p. (*Preprint / Univ. Autónoma*; IFT-UAM/CSIC-98-28, hep-ph/9812397).

622. Deo B. B. *Supersymmetry in the standard model.* - Bhubaneswar: 1998. - 6 p. (*Preprint / Utkal Univ.*, hep-th/9806183).

623. Mansouri F. *Exactlocal supersymmetry, absence of superpartners, and noncommutative geometries.* - Cincinnati: 1998. - 16 p. (*Preprint / Univ. Cincinnati*, hep-th/9704187).

624. Gunion J. F., Haber H. E. *Low-energy supersymmetry at future colliders.* - Santa Cruz: 1997. - 21 p. (*Preprint / Inst. for Part. Phys.*; SCIPP 97-37, hep-ph/9806330).

625. Baer H. A. *Supersymmetry at supercolliders* // Particles and fields *'91*. V. **1**. - Singapore: *World Sci.*, 1991. - P. 472–474.

626. Bashford J. D., Tsohantjis I., Jarvis P. D. *Codon and nucleotide assignments in a supersymmetric model of the genetic code* // *Phys. Lett.* - 1997. - V. **A233**. - P. 481–488.

627. Bashford J. D., Tsohantjis I., Jarvis P. D. *A supersymmetric model for the evolution of the genetic code* // *Proc. Natl. Acad. Sci. USA.* - 1998. - V. **95**. - P. 987–992.

628. Forger F. M., Sachse R. S. *Lie superalgebras and the multiplet structure of the genetic code* **I**: *Codon representations.* - Sao Paulo: 1998. - 23 p. (*Preprint / Inst. de Mat. e Estat.*, math-ph/9808001).

629. Bashford J. D., Jarvis P. D., Tsohantjis I. *Supersymmetry and the genetic code* // *Physical Applications and Mathematical Aspects of Geometry, Groups, and Algebras.* - Singapore: *World Sci.*, 1997. - P. 826–831.

630. Stavros K. *Prospects for supersymmetry at LEP*200 // *From Superstrings to Supergravity.* - Singapore: *World Sci.*, 1994. - P. 113–130.

631. Dutta B., Muller D. J., Nandi S. *Gauge mediated supersymmetry signals at the Tevatron involving τ leptons.* - Stillwater: 1998. - 22 p. (*Preprint / Oklahoma State Univ.*; OSU-HEP-98-4, hep-ph/9807390).

632. Buscher V. *Searches for supersymmetry at LEP*2 // *Nucl. Phys. Proc. Suppl.* - 1998. - V. **65**. - P. 302–326.

633. Kachelriess M. *Ultrahigh-energy cosmic rays and supersymmetry.* - Assergi: 1998. - 9 p. (*Preprint / Lab. Naz. del Gran Sasso*, hep-ph/9806322).

634. Bars I. *Supergroups and their representations* // Introduction to Supersymmetry in *Particle and Nuclear Physics.* - New York: *Plenum Press*, 1984. - P. 107–184.

635. Rittenberg V., Scheunert M. *Elementary constructions of graded Lie groups* // *J. Math. Phys.* - 1978. - V. **19**. - P. 709–713.

636. Rogers A. *Super Lie groups: global topology and local structure* // *J. Math. Phys.* - 1981. - V. **22**. - Г 6. - P. 939–945.

637. MacLane S. *Categories for the Working Mathematician.* - Berlin: *Springer-Verlag*, 1971. - 189 p.

638. Dodson C. T. J. *Categories, Bundles and Spacetime Topology.* - Kent: *Shiva Publishing*, 1980. - 421 p.

639. Mitchell B. *Theory of Categories.* - New York: *Academic Press*, 1965. - 346 p.

640. Segal G. *Categories and homology theory* // *Topology.* - 1974. - V. **13**. - P. 293–312.

641. Quinn F. *Group categories and their field theories.* - Blacksburg: 1998. - 36 p. (*Preprint / Virginia State Univ.*, math.GT/9811047).

642. Сушкевич А. К. *Теория обобщенных групп.* - Харьков: *Изд-во ХГУ*, 1937. - 147 с.

643. Pultr A., Trnkova V. *Combinatorial, Algebraic and Topological Representations of Groups, Semigroups and Categories.* - Prague: *Prague Univ.*, 1980. - 236 p.

644. Березин Ф. А. *Дифференциальные формы на супермногообразиях // Ядерная физика.* - 1979. - Т. **30**. - Ѓ 4. - С. 1168–1174.

645. Tuynman G. M. *An introduction to supermanifolds.* - Lille: 1995. - 256 p. (*Preprint / Univ. de Lille*).

646. Penkov I. B. *$\mathcal{D}$-modules on supermanifolds // Inv. Math.* - 1981. - V. **71**. - Ѓ 3. - P. 501–512.

647. Bryant P. *Supermanifolds, supersymmetry and Berezin integration // Complex Differential Geometry and Supermanifolds in Strings and Fields.* - Berlin: *Springer-Verlag*, 1988. - P. 150–167.

648. Bartocci C., Bruzzo U., Hernandez-Ruiperez D. *The Geometry of Supermanifolds.* - Dordrecht: *Kluwer*, 1991. - 242 p.

649. Хренников А. Ю. *Функциональный суперанализ // Успехи мат. наук.* - 1988. - Т. **43**. - Ѓ 2. - С. 87–114.

650. Kupsch J., Smolyanov O. G. *Function representations for Fock superalgebras.* - Kaiserslautern: 1997. - 33 p. (*Preprint / Univ. Kaiserslautern*; KL-TH-97/7, hep-th/9708069).

651. Иващук В. Д. *Об аннуляторах в бесконечномерных банаховых алгебрах Грассмана // Теор. мат. физ.* - 1990. - Т. **79**. - Ѓ 1. - С. 30–40.

652. Schweitzer M., Finch S. *Zero divisors in associative algebras over infinite fields.* - Cambridge: 1999. - 8 p. (*Preprint / MathSoft Inc.*, math.RA/9903182).

653. Хренников А. Ю. *Псевдотопологические коммутативные супералгебры с нильпотентными духами // Мат. заметки.* - 1990. - Т. **48**. - Ѓ 2. - С. 114–122.

654. Shestakov I. P. *Superalgebras as a building material for constructing counterexamples // Hadronic Mechanics and Nonpotential Interaction.* - Commack, NY: *Nova Sci. Publ.*, 1992. - P. 53–64.

655. Rogers A. *Graded manifolds, supermanifolds and infinite-dimensional Grassmann algebras // Comm. Math. Phys.* - 1986. - V. **105**. - P. 374–384.

656. Pestov V. G. *On enlargability of infinite-dimensional Lie superalgebras // J. Geom. and Phys.* - 1993. - V. **10**. - P. 295–314.

657. Inoue A., Maeda Y. *Foundations of calculus on super Euclidean space $\mathbb{R}^{m|n}$ based on a Fréchet-Grassmann algebra // Kodai Math. J.* - 1991. - V. **14**. - Ѓ 1. - P. 72–112.

658. Schmitt T. *Infinite dimensional supermanifolds // Seminar Analysis of the Karl-Weierstrass-Institute.* - Leipzig: *Teubner*, 1988. - P. 256–268.

659. Jadczyk A., Pilch K. *Selfduality of the infinite dimensional Grassmann algebra.* - Wroclaw: 1980. - 12 p. (*Preprint / Inst. Theor. Phys.*; WROCLAW-515).

660. Pestov V. *Nonstandard hulls of normed Grassmannian algebras and their application in superanalysis* // *Soviet Math. Dokl.* - 1991. - V. **317**. - Ѓ 3. - P. 565–569.

661. Pestov V. G. *Nonstandard hulls of Banach-Lie groups and algebras.* - Wellington: 1992. - 12 p. (*Preprint* / Victoria Univ., funct-an/9205003).

662. Манин Ю. И. *Новые направления в геометрии* // Успехи мат. наук. - 1984. - Т. **39**. - Ѓ 6. - С. 47–73.

663. Pestov V. G. *An analytic structure emerging in presence of infinitely many odd coordinates.* - Wellington: 1992. - 9 p. (*Preprint* / Victoria Univ., funct-an/9211008).

664. Rabin J. M. *Berezin integration on general fermionic supermanifolds* // Commun. *Math. Phys.* - 1986. - V. **103**. - P. 431–445.

665. Rabin J. M. *Berezin integration on general fermionic supermanifolds* // Comm. Math. *Phys.* - 1986. - V. **103**. - P. 431–439.

666. Rabin J. M. *Manifold and supermanifold: Global aspects of supermanifold theory* // *Topological* Properties and Global Structure of Space and Time. - New York: *Plenum Press*, 1985. - P. 169–176.

667. Konechny A., Schwarz A. *On* $(k \oplus l \mid q)$*-dimensional supermanifolds.* - Davis: 1997. - 19 p. (*Preprint* / *Univ.* of *California*, hep-th/9706003).

668. Manin Y. I., Merkulov S. A. *Semisimple Frobenius (super)manifolds and quantum cohomology of* P^r // Topolog. Methods in Nonl. Analysis. - 1997. - V. **9**. - Ѓ 1. - P. 107–161.

669. Hertling C., Manin Y. *Weak Frobenius manifolds.* - Bonn: 1988. - 9 p. (*Preprint* / *Max-Planck-Inst.*, math.QA/9810132).

670. Dubrovin B. *Geometry of 2D topological field theories* // Lect. Notes Math. - 1996. - V. **1620**. - P. 120–348.

671. Dubrovin B. *Painlevé transcendents andtwo-dimensional topological field theory.* - Trieste: 1998. - 117 p. (*Preprint / SISSA*; SISSA 24/98/FM, math.AG/9803107).

672. Vacaru S. I. *Superstrings in higher order extensions of Finsler superspaces* // Nucl. *Phys.* - 1997. - V. **B494**. - P. 590–656.

673. Vacaru S. *Interactions and strings in higher order anisotropic and inhomogeneous superspace and isospaces.* - Palm Harbor: 1997. - 33 p. (*Preprint* / *Inst.* Basic *Research*, physics/9706038).

674. Vacaru S. I. *Spinors, nonlinear connections, and nearly autoparallel maps of generalized Finsler spaces.* - Chisinău: 1996. - 77 p. (*Preprint* / *Inst. Appl. Phys.*, dg-ga/9609004).

675. Рунд Х. *Дифференциальная геометрия финслеровых пространств.* - М.: Наука, 1981. - 502 с.

676. Beil R. G. *New class of Finsler metrics* // Int. J. Theor. Phys. - 1989. - V. **28**. - Ѓ 6. - P. 659–667.

677. Bimonte G., Musto R., Stern A., Vitale P. *Comments on the non-commutative description of classical gravity.* - Tuscaloosa: 1998. - 13 p. (*Preprint / Univ.* Alabama; UAHEP982, `gr-qc/9805022`).

678. Dragon N., Günter H., Theis U. *Supergravity with a noninvertible vierbein.* - Hannover: 1997. - 8 p. (*Preprint / Univ.* Hannover; ITP-UH-21/97, `hep-th/9707238`).

679. Leites D. *Selected problems of supermanifold theory // Duke Math. J.* - 1987. - V. **54**. - Г 2. - P. 649–656.

680. Sitarz A. *On the n-ary algebras, semigroups and their universal covers.* - Paris: 1998. - 10 p. (*Preprint / Univ.* Pierre et Marie Curie, `math.RA/9807019`).

681. Любашенко В. В. *Березиниан в некоторых моноидальных категориях // Укр. мат. журнал.* - 1986. - Т. **38**. - Г 5. - С. 588–592.

682. Balteanu C., Fiedorowicz Z., Schwaenzl R., Vogt R. *Iterated monoidal categories.* - Columbus: 1998. - 55 p. (*Preprint / Ohio* State Univ.; 98-5, `math.AT/9808082`).

683. Bohta S. G., Buys A. *Nilpotence, solvability and radicals in categories // Quaestiones Math.* - 1991. - V. **14**. - Г 2. - P. 129–137.

684. Sotomayor J. *Inversion of smooth mappings // Z. Angew. Math. Phys.* - 1990. - V. **41**. - Г 2. - P. 306–310.

685. Beehler E., Johanson A. *Semigroups and the structure of categories // Math. Slovak.* - 1976. - V. **26**. - Г 3. - P. 207–216.

686. Brooks B. P., Clark W. E. *On the categoricity of semigroup-theoretical properties //* Semigroup Forum. - 1971/72. - V. **3**. - Г 3. - P. 259–266.

687. Kang S.-J., Kwon J.-H. *Graded Lie superalgebras, supertrace formula, and orbit Lie superalgebras.* - Seoul: 1998. - 54 p. (*Preprint /* Seoul Nat. Univ., `math.RT/9809025`).

688. Kelarev A. *On semigroup graded PI-algebras //* Semigroup Forum. - 1993. - V. **47**. - P. 294–298.

689. Kelarev A. *Radicals of graded rings and applications to semigroup rings //* Commun. Algebra. - 1992. - V. **20**. - Г 3. - P. 681–700.

690. Juriev D. V. *On the infinite-dimensional hidden symmetries.* **II.** *q_R-conformal modular functors.* - Moscow: 1997. - 21 p. (*Preprint /* Res. Center for Math. Phys. and Informatics "Thalassa Aitheria", `funct-an/9701009`).

691. Juriev D. V. *Hidden symmetries and categorical representation theory.* - Moscow: 1996. - 6 p. (*Preprint /* Res. Center for Math. Phys. and Informatics "Thalassa Aitheria", `q-alg/9612026`).

692. Kontsevich M., Manin Y. *Gromov-Witten classes, quantum cohomology, and enumerative geometry // Comm. Math. Phys.* - 1994. - V. **164**. - Г 3. - P. 525–562.

693. Parks A. D. *The Fermi and Bose congruences for free semigroups on two generators // J. Math. Phys.* - 1992. - V. **33**. - Г 11. - P. 3649–3652.

694. Lesniewski A., Osterwalder K. *Superspace formulation of the Chern character of a theta-summable Fredholm module* // Comm. Math. Phys. - 1995. - V. **168**. - P. 643–651.

695. Gaberdiel M. R., Zwiebach B. *Tensor constructions of open string theories* **II***: Vector bundles, D-branes and orientifold groups* // Phys. Lett. - 1997. - V. **B410**. - Ѓ 151. - P. 11.

696. Минахин В. В. *Березинианы в подстановочных структурах* // Функц. анализ и его прил. - 1988. - Т. **22**. - Ѓ 4. - С. 90–91.

697. Bernstein J., Leites D. *Calculus on superdomains* // Seminar on Supermanifolds. - Ѓ 13. - Stockholm: *Univ. Stockholm*, 1987. - P. 247–313.

698. Leites D., Poletaeva E. *Analogues of the Riemannian structure on supermanifolds* // Seminar on Supermanifolds. - Ѓ 9. - Stockholm: *Univ. Stockholm*, 1987. - P. 286–296.

699. Kostant B. *Graded manifolds, graded Lie theory and prequantization* // Lett. Math. Phys. - 1977. - V. **570**. - P. 177–300.

700. Alekseevsky D. V., Cortés V., Devchand C., Semmelmann U. *Killing spinors are Killing vector fields in Riemann supergeometry*. - Potsdam: 1997. - 14 p. (*Preprint / Max-Plack-Inst.*; MPI 97-29, dg-ga/9704002).

701. Flenner H., Sundararaman D. *Analytic geometry of complex superspaces* // Trans. Amer. Math. Soc. - 1992. - V. **330**. - Ѓ 1. - P. 1–39.

702. Воронов А. А., Манин Ю. И. *Суперклеточные разбиения суперпространств флагов* // Современные проблемы математики. Итоги науки и техники. Т. **9**. - М.: *ВИНИТИ*, 1986. - С. 27–70.

703. Eastwood M., LeBrun C. *Thickening and supersymmetric extensions of complex manifolds* // Amer. J. Math. - 1986. - V. **108**. - Ѓ 5. - P. 1177–1192.

704. Haske C., Well R. O. *Serre duality on complex supermanifolds* // Duke Math. J. - 1987. - V. **54**. - Ѓ 2. - P. 493–500.

705. LeBrun C., Poon Y. S., Wells R. O. *Projective embeddings of complex supermanifolds* // Comm. Math. Phys. - 1990. - V. **126**. - Ѓ 3. - P. 433–452.

706. Choquet-Bruhat Y. *Graded Bundles and Supermanifolds*. - Naples: *Bibliopolis*, 1990. - 214 p.

707. Bernstein J. *Lectures on supersymmetry*. - Princeton: 1996. - 22 p. (*Preprint / Ins. Adv. Study*).

708. Rogers A. *Integration and global aspects of supermanifolds* // Topological Properties and Global Structure of Space and Time. - New York: *Plenum Press*, 1985. - P. 199–219.

709. Rogers A. *Aspects to geometrical approach to supermanifold* // Mathematical Aspects of Superspace. - Dordrecht: *D. Reidel*, 1984. - P. 135–147.

710. Rogers A. *Some examples of compact supermanifolds with non-Abelian fundamental group* // J. Math. Phys. - 1981. - V. **22**. - Ѓ 3. - P. 443–444.

711. Волович И. В. *Λ-супермногообразия и расслоения // ДАН СССР.* - 1983. - Т. **269**. - Г 3. - С. 524–527.

712. Хренников А. Ю. *Принцип соответствия в квантовых теориях поля и релятивистской бозонной струны // Мат. сборник.* - 1989. - Т. **180**. - Г 6. - С. 763–786.

713. Bartocci C., Bruzzo U. *Some remarks on the differential-geometric approach to supermanifolds // J. Geom. and Phys.* - 1987. - V. **4**. - Г 3. - P. 391–404.

714. Molotkov V. *Infinite-dimensional $\mathbb{Z}_2^k$ supermanifolds.* - Trieste: 1984. - 52 p. (*Preprint / ICTP*; IC/84/183).

715. Захаров О. А. *Об определении суперпространства в теории супергравитации // Изв. вузов. Физика.* - 1989. - Т. **32**. - Г 4. - С. 65–70.

716. Schmitt T. *Supergeometry and quantum field theory, or: What is a classical configuration // Rev. Math. Phys.* - 1997. - V. **9**. - P. 993–1052.

717. Bryant P. *De Witt supermanifolds and infinite-dimensional ground rings // J. London Math. Soc.* - 1989. - V. **39**. - Г 2. - P. 347–368.

718. Cianci R. *Introduction to Supermanifolds.* - Naples: *Bibliopolis*, 1990. - 176 p.

719. Batchelor M. *Two approaches to supermanifolds // Trans. Amer. Math. Soc.* - 1980. - V. **258**. - P. 257–270.

720. Годеман Р. *Алгебраическая топология и теория пучков.* - М.: *ИЛ*, 1961. - 319 с.

721. Kashiwara M., Schapira P. *Scheaves on Manifolds.* - Berlin: *Springer-Verlag*, 1990. - 235 p.

722. Boyer C. P., Gitler S. *The theory of G^∞-supermanifolds // Trans. Amer. Math. Soc.* - 1984. - V. **285**. - Г 1. - P. 241–267.

723. Boyer C. P. *On the structure of supermanifolds // Symposium on Algebraic Topology in Honor of José Adem.* - Providence: *Amer. Math. Soc.*, 1982. - P. 53–59.

724. Batchelor M. *The structure of supermanifolds // Trans. Amer. Math. Soc.* - 1979. - V. **253**. - P. 329–338.

725. Batchelor M. *Graded manifolds and supermanifolds // Mathematical Aspects of Superspace.* - Dordrecht: *Reidel*, 1984. - P. 91.

726. Прохоров Л. В. *Интегралы над алгеброй Грассмана // Теор. мат. физ.* - 1981. - Т. **47**. - Г 2. - С. 210–215.

727. Гайдук А. В., Худавердян О. М., Шварц А. С. *Интегрирование по поверхностям в суперпространстве // Теор. мат. физ.* - 1982. - Т. **52**. - Г 3. - С. 375–383.

728. Гельфанд И. М., Минахин В. В., Шандер В. Н. *Интегрирование на супермногообразиях и суперпреобразования Радона // Функц. анализ и его прил.* - 1986. - Т. **20**. - Г 4. - С. 67–69.

729. Воронов Ф. Ф., Зорич А. В. *Интегрирование на векторных расслоениях // Функц. анализ и его прил.* - 1988. - Т. **22**. - Г 2. - С. 14–25.

730. Voronov T. *Supermanifold forms and integration. A dual theory.* - Moscow: 1996. - 20 p. (*Preprint* / *Moscow State Univ.*, dg-ga/9603009).

731. Rogers A. *Fermionic path integration and Grassmann Brownian motion* // *Comm. Math. Phys.* - 1987. - V. **113**. - P. 353–368.

732. Rogers A. *Consistent superspace integration* // *J. Math. Phys.* - 1985. - V. **26**. - Ѓ 3. - P. 385–392.

733. Alfaro J., Urrutia L. F. *Berezin integration on noncompact supermanifolds.* - Mexico: 1998. - 5 p. (*Preprint* / *Univ. Nac. Autonoma*, hep-th/9810130).

734. Kobayashi Y., Nagamachi S. *The chain rule of differentiation in superspace* // *Lett. Math. Phys.* - 1986. - V. **11**. - Ѓ 4. - P. 293–297.

735. Catenacci R., Reina C., Teofilatto P. *On the body of supermanifolds* // *J. Math. Phys.* - 1985. - V. **26**. - Ѓ 4. - P. 671–674.

736. Matsumoto S., Kakazu K. *A note on topology of supermanifolds* // *J. Math. Phys.* - 1986. - V. **27**. - Ѓ 11. - P. 2690–2692.

737. Yappa Y. A. *On the interpretation of anticommuting variables in the theory of superspace* // *Lett. Math. Phys.* - 1987. - V. **14**. - Ѓ 2. - P. 157–159.

738. Яппа Ю. А. *О геометрической интерпретации суперпространства* // *Вестник ЛГУ.* - 1988. - Ѓ 4. - С. 21–27.

739. Бишоп Р. Л., Криттенден Р. Д. *Геометрия многообразий.* - М.: *Мир*, 1967. - 335 с.

740. Шварц Д. *Дифференциальная геометрия и топология.* - М.: *Мир*, 1970. - 221 с.

741. Kosinski A. A. *Differential Manifolds.* - Boston: *Academic Press*, 1993. - 243 p.

742. Okubo T. *Differential Geometry.* - New York: *Dekker*, 1987. - 425 p.

743. Bruzzo U., Cianci R. *Mathematical theory of super fibre bundles* // *Class. Q. Grav.* - 1984. - V. **1**. - Ѓ 3. - P. 213–226.

744. Grasso M., Teofilatto P. *Gauge theories, flat superforms and reduction of super fiber bundles* // *Rep. Math. Phys.* - 1987. - V. **25**. - Ѓ 1. - P. 53–71.

745. Roberts J. A. G., Capel H. W. *Area preserving mappings that are not reversible* // *Phys. Lett.* - 1992. - V. **A162**. - Ѓ 3. - P. 243–248.

746. Akivis M. A., Goldberg V. V. *On geometry of hypersurfaces of a pseudoconformal space of lorentzian signature.* - Beer-Sheva: 1998. - 20 p. (*Preprint* / *Univ. Negev*, math.DG/9806087).

747. Akivia M. A., Goldberg V. V. *On a normalization of a Grassmann manifold.* - Newark: 1998. - 8 p. (*Preprint* / *Univ. Heights*, math.DG/98068088).

748. Ehrlich P. E., Sanchez M. *Some semi-Riemannian volume comparison theorems.* - Granada: 1998. - 20 p. (*Preprint* / *Univ. Granada*, math.DG/9811166).

749. Kobayashi M. *Semi-invariant submanifolds in an f-manifold with complemented frames* // *Tensor.* - 1990. - V. **49**. - P. 154–177.

750. Bejan C.-L. *Almost semi-invariant submanifolds of cosymplectic manifold.* - Timisoara: 1984. - 11 p. (*Preprint* / *Univ. Timisoara*; 76).

751. Ianus S., Mihal I. *Semi-invariant submanifolds of an almost paracontact manifold* // *Tensor.* - 1982. - V. **39**. - P. 195–200.

752. Fatyga B. W., Kostelecky V. A. *Grassmann-valued fluid dynamics* // *J. Math. Phys.* - 1989. - V. **30**. - Ґ 7. - P. 1464–1472.

753. Turbiner A. *Lie-algebraic approach to the theory of polynomial solutions.* **II**. *Differential equations in one real and one Grassmann variables and* 2×2 *matrix differential equations.* - Zurich: 1992. - 23 p. (*Preprint* / *ETH-Honggerberg*; ETH-TH/92-21, `hep-th/9209080`).

754. Cianci R. *Superspace first-order partial differential equations through the Cartan-Kähler integration theorem* // *J. Math. Phys.* - 1988. - V. **29**. - Ґ 10. - P. 2156–2161.

755. Hofer R. D. *Restrictive semigroups of continuous selfmaps on connected spaces* // *Proc. London Math. Soc.* - 1972. - V. **25**. - P. 358–384.

756. Magill K. D. *Homomorphisms of semigroups of continuous selfmaps* // *Bull. Alld. Math. Soc.* - 1987. - V. **2**. - P. 1–36.

757. MacLane S. *Homology.* - Berlin: *Springer-Verlag*, 1967. - 541 p.

758. Switzer R. M. *Algebraic Topology—Homotopy and Homology.* - Berlin: *Springer-Verlag*, 1975.

759. Voronov T. *Geometric Integration on Supermanifolds.* - New York: *Gordon and Breach*, 1991.

760. Шандер В. Н. *Ориентации супермногообразий* // Функц. анализ и его прил. - 1988. - Т. **22**. - Ґ 1. - С. 91–92.

761. Ruberman D. *An obstruction to smooth isotropy in dimension* 4. - Waltham: 1998. - 17 p. (*Preprint* / *Brandeis Univ.*, `math.GT/9807041`).

762. Bohr C. *On the relation between lifting obstructions and ordinary obstructions.* - München: 1998. - 9 p. (*Preprint* / *Math. Inst.*, `math.AT/9812054`).

763. Milnor J. W., Stasheff J. D. *Characteristic Classes.* - Princeton: *Princeton University Press*, 1974. - 231 p.

764. Kamber F. W., Tondeur P. *Foliated bundles and characteristic classes* // *Lect. Notes Math.* - 1975. - V. **493**. - P. 1–234.

765. Rogers A. *Super Riemann surfaces* // The Interface of Mathematics and Particle *Physics.* - New York: *Clarendon Press*, 1990. - P. 87–96.

766. Bednarek A., Wallace A. *The functional equation* $(xy)(yz) = xz$ // *Rev. Remaine Math. Pures Appl.* - 1971. - V. **16**. - P. 3–6.

767. Fomenko A. T., Fuchs D. B., Gutenmacher V. L. *Homotopic Topology.* - Budapest: *Akadémiai Kiadó*, 1986.

768. Фоменко А. Т., Фукс Д. Б. *Курс гомотопической топологии.* - М.: *Наука*, 1989. - 494 с.

769. Hall T. E. *On regular semigroups* // *J. Algebra*. - 1973. - V. **24**. - P. 1–24.

770. Ault J. *Regular semigroups which are extensions* // *Pacific J. Math*. - 1972. - V. **41**. - P. 303–306.

771. Cliford A. H. *The fundamental representation of a regular semigroup* // *Semigroup Forum*. - 1975/76. - V. **10**. - Ґ 1. - P. 84–92.

772. Ault J., Petrich M. *The structure of W-regular semigroups* // *J. Reine Angew. Math*. - 1971. - V. **251**. - P. 110–141.

773. Munn W. D., Penrose R. *Pseudoinverses in semigroups* // *Math. Proc. Cambridge Phil. Soc*. - 1961. - V. **57**. - P. 247–250.

774. Fabrici I. *Classes of regularity in semigroups* // *Mat. Gasopis Sloven. Akad. Vied*. - 1969. - V. **19**. - P. 299–304.

775. Fitz-Gerald D. G. *On inverses of products of idempotents in regular semigroups* // *J. Austr. Math. Soc*. - 1972. - V. **13**. - P. 335–337.

776. Cliford A. H. *The fundamental representation of a completely regular semigroup* // *Semigroup Forum*. - 1976. - V. **12**. - Ґ 4. - P. 341–346.

777. Penrose R. *A generalized inverse for matrices* // *Math. Proc. Cambridge Phil. Soc*. - 1955. - V. **51**. - P. 406–413.

778. Rao C. R., Mitra S. K. *Generalized Inverse of Matrices and its Application*. - New York: *Wiley*, 1971. - 251 p.

779. Miao J.-M. *General expressions for the Moore-Penrose inverse of a* 2×2 *block matrix* // *Linear Alg. and Appl*. - 1991. - V. **151**. - Ґ 1. - P. 1–15.

780. Decell H. P. *A characterization of the maximal subgroups of the semigroup of* $n\times n$ *complex matrices* // Theory and Application of Generalized Inverses of Matrices. - Lubbock: *Texas Techn. Press*, 1968. - P. 177–182.

781. Rabson G. *The Generalized Inverses in Set Theory and Matrix Theory*. - Providence: *Amer. Math. Soc*., 1969. - 324 p.

782. Nashed M. Z. *Generalized Inverses and Applications*. - New York: *Academic Press*, 1976. - 321 p.

783. Davis D. L., Robinson D. W. *Generalized inverses of morphisms* // *Linear Algebra Appl*. - 1972. - V. **5**. - P. 329–338.

784. Thomas R. P. *An obstructed bundle on a Calabi-Yau* 3*-fold*. - Oxford: 1999. - 8 p. (*Preprint* / *Math. Inst*., `math.AG/9903034`).

785. Рокіцький . О. *Ідеальні розширення півкатегорій* // *ДАН УРСР*. - 1974. - Ґ 4. - С. 310–313.

786. Simpson C. *On the Breen-Baez-Dolan stabilization hypothesis for Tamsamani's weak n-categories*. - Tolouse: 1998. - 17 p. (*Preprint* / *CNRS*, `math.CT/9810058`).

787. Leinster T. *General operads and multicategories*. - Cambridge: 1998. - 34 p. (*Preprint* / *Univ. Cambridge*, `math.CT/9810053`).

788. Breen L. *Braided n-categories and Σ-structures.* - Paris: 1998. - 25 p. (*Preprint / Univ. Paris*, math.CT/9810045).

789. Leinster T. *Generalized enrichment for categories and multicategories.* - Cambridge: 1999. - 79 p. (*Preprint / Univ. Cambridge*, math.CT/9901139).

790. Gaucher P. *Homotopy invariants of multiple categories and concurrency in computer science.* - Strasbourg: 1999. - 34 p. (*Preprint / Inst. Rech. Math. Avan.*, math.CT/9902151).

791. Simpson C. *Homotopy types of strict 3-groupoids.* - Tolouse: 1998. - 29 p. (*Preprint / CNRS*, math.CT/9810059).

792. Постников М. М. *Гладкие многообразия.* - М.: *Наука*, 1987. - 478 с.

793. Sardanashvily G. *On the geometric arena of supermechanics.* - Moscow: 1999. - 6 p. (*Preprint / Moscow State Univ.*, math-ph/9903040).

794. Czyz J. *On graded bundles and their moduli spaces // Rep. Math. Phys.* - 1986. - V. **23**. - Ѓ 2. - P. 199–246.

795. Шварц А. С. *Квантовая теория поля и топология.* - М.: *Наука*, 1989. - 398 с.

796. Lang S. *Differential and Riemannian Manifolds.* - Berlin: *Springer-Verlag*, 1995. - 363 p.

797. Pinchuk S. *A counterexample to the real Jacobian conjecture // Math. Z.* - 1994. - V. **217**. - P. 1–4.

798. Gwoździewicz J. *Geometry of Pinchuk's map.* - Krakow: 1999. - 7 p. (*Preprint / Jagellonian Univ.*, math.AG/9903026).

799. Coupet B., Pinchuk S., Sukhov A. *On partial analyticity of CR mappings.* - Marseille: 1999. - 14 p. (*Preprint / Univ. de Provence*, math.CV/9901007).

800. Porter R. D. *Introduction to Fibre Bundles.* - New York: *Dekker*, 1977. - 170 p.

801. Hurwitz C. M. *On the homotopy theory of monoids // J. Austr. Math. Soc.* - 1989. - V. **A47**. - Ѓ 1. - P. 171–185.

802. McDuff D. *On the classifying spaces of descrete monoids // Topology.* - 1979. - V. **18**. - P. 313–320.

803. Kallel S. *An interpolation between homology and stable homotopy.* - Vancouver: 1998. - 15 p. (*Preprint / Univ. British Columbia*, math.AT/9810068).

804. Bernstein J., Leites D. *The supermanifolds // Seminar on Supermanifolds.* - Ѓ 14. - Stockholm: *Univ. Stockholm*, 1987. - P. 1–44.

805. Воронов Ф. Ф., Зорич А. В. *Теория бордизмов и гомотопические свойства супермногообразий // Функц. анализ и его прил.* - 1987. - Т. **21**. - Ѓ 3. - С. 77–78.

www.ingramcontent.com/pod-product-compliance
Lightning Source LLC
Chambersburg PA
CBHW081114170526
45165CB00008B/2448
9781483908410